普通高等教育规划教材

金属挤压与拉拔及周期冷轧成型工程学

温景林　主编

北　京
冶金工业出版社
2021

内 容 简 介

本书内容系统且全面，作者曾是冶金部精品教材《金属塑性加工学——挤压、拉拔与管材冷轧》主要编写人之一，也是金属塑性加工学教授。本书作者在总结以往教学、科研和现场工作经验基础上编写成此书，其内容涵盖了金属塑性加工的方方面面，从挤压成型理论、工具和工艺；拉拔成型原理、工具和工艺，冷轧管材原理、工艺和周期式冷轧管机，直到产品质量控制等，每章均配有适量的思考练习题，为近年金属压力加工教材佳作之一。本书可作为大学本科教学使用，对生产现场也有重要的指导作用，亦可以供其他行业，如机械制造、精密仪器以及医用装备的科研、生产单位借鉴参考。

图书在版编目(CIP)数据

金属挤压与拉拔及周期冷轧成型工程学/温景林主编. —北京：冶金工业出版社，2021.2
普通高等教育规划教材
ISBN 978-7-5024-8714-0

Ⅰ.①金… Ⅱ.①温… Ⅲ.①金属—挤压—工艺学—高等学校—教材 ②金属—拉拔—工艺学—高等学校—教材 ③冷轧—成型—高等学校—教材 Ⅳ.①TG3

中国版本图书馆 CIP 数据核字（2021）第 019256 号

出 版 人　苏长永
地　　址　北京市东城区嵩祝院北巷 39 号　邮编　100009　电话　（010）64027926
网　　址　www.cnmip.com.cn　电子信箱　yjcbs@cnmip.com.cn
责任编辑　程志宏　美术编辑　吕欣童　版式设计　禹　蕊
责任校对　石　静　责任印制　李玉山
ISBN 978-7-5024-8714-0

冶金工业出版社出版发行；各地新华书店经销；三河市双峰印刷装订有限公司印刷
2021 年 2 月第 1 版，2021 年 2 月第 1 次印刷
787mm×1092mm　1/16；26.75 印张；465 千字；417 页
49.00 元

冶金工业出版社　投稿电话　（010）64027932　投稿信箱　tougao@cnmip.com.cn
冶金工业出版社营销中心　电话　（010）64044283　传真　（010）64027893
冶金工业出版社天猫旗舰店　yjgycbs.tmall.com
（本书如有印装质量问题，本社营销中心负责退换）

前　言

《金属挤压与拉拔及周期冷轧成型工程学》系一部讲述金属材料塑性加工成型与控制的教学用书，与《金属塑性变形与轧制理论》（第 2 版，赵志业，1994）、《金属塑性加工学——轧制理论与工艺》（第 3 版，王廷溥、齐克敏，2019）以及《轧制过程自动化》（第 3 版，丁修堃，2013）等构成了全面系统的金属塑性加工成型工程的完整教材体系。本书编写参考了《金属塑性加工学——挤压、拉拔及冷轧管》以及近年出版的相关教材，同时考虑到现代材料加工成型与控制学科的发展，使得新材料、新技术、新工艺及新装备不断涌现，并在金属管、棒、型、线材及零件等生产方面获得广泛应用，为满足材料成型与控制工程专业及其相关专业的教学、科研及生产需要，我们组织编写了本教材。

本书编写的过程中，作者在总结以往教学、科研和现场工作经验基础上，结合前人在此领域所获得的重要的研究成果和任课老师需求，反复推敲形成编写大纲，其内容涵盖了金属塑性加工的方方面面，从挤压成型理论、工模具结构与设计、工艺及其参数、设备结构与类型；拉拔成型原理、工模具结构与设计、工艺及其参数，装备类型；周期式冷轧管原理、工艺与设备，直到产品质量控制等，内容丰富，图文并茂。并且作者考虑到挤压、拉拔及周期冷轧管技术在有色金属管棒型线材产品生产中应用较为广泛，因此，教材内容涉及到有色金属加工工艺较为详尽。另外，为了帮助读者理解和运用教材中所讲述的一些原则、原理及计算公式，书中适当地列出了一些重要的典型例题，并在每章后均配有适量的思考练习题，帮助读者巩固所学内容。

本书内容共分三篇 18 章，第一篇金属挤压；第二篇金属拉拔；第三篇周期冷轧，参加本书撰写的有丁桦（第 11、12 章）、曹富荣（第 4、10 章）、温景林（第 1、2、3、5~9、13~18 章），全书由温景林统稿并担任主编。本书可作为高等院校金属材料成型与控制工程专业教材，也可作为大专院校、科研院所及企业单位科技人员的参考书。

由于作者水平有限，书中不妥之处，敬请批评指正。

编著者

2019 年 10 月

目　　录

第一篇　金　属　挤　压

第二篇 金 属 拉 拔

第三篇　周　期　冷　轧

第一篇

金 属 挤 压

1 金属挤压概述

1.1 金属挤压基本概念

金属挤压是指放在挤压筒或凹模腔内的坯料，通过挤压杆或凸模对金属坯料施加压力，使坯料产生塑性变形而挤出模孔，获得一定断面形状和尺寸的金属压力加工方法，如图 1-1 所示。

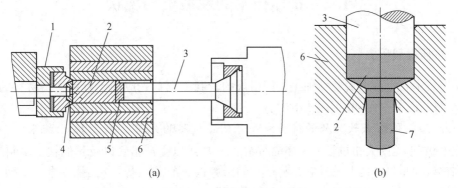

(a)　　　　　　　　　　　(b)

图 1-1　金属挤压示意图

（a）热挤压；（b）温、冷挤压

1—模座；2—坯料；3—挤压杆（凸模）；4—挤压模；

5—垫片；6—挤压筒（凹模）；7—制品

金属挤压可以生产有色金属和钢铁材料的管、棒、型、线材以及各种机械零件等，挤压可分为以下基本类型：

（1）按金属流动及变形特征分类可分为：正向挤压、反向挤压、侧向挤压、连续挤压及特殊挤压。特殊挤压包括静液挤压、有效摩擦挤压、扩展模挤压、半固态挤压等。

（2）按挤压温度分类可分为：热挤压、温挤压及冷挤压三大类，在冶金工业系统主要应用热挤压，机械工业系统主要应用冷挤压与温挤压。

热挤压是指将金属锭坯加热到再结晶温度以上所进行的挤压，图 1-2 为典型的热挤压的基本方法。温挤压是指坯料在回复与再结晶温度间某一温度下所进行的挤压。冷挤压是指锭坯在回复温度以下，即通常是在常温下进行的挤压。而冷挤压具有对金属一次给予较大变形量的挤压加工特点，可得到高精度制品。

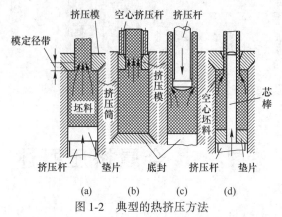

图 1-2　典型的热挤压方法

（a）实心材正向挤压；（b）实心材反向挤压；（c）空心材反向挤压；（d）空心材正向挤压

实现金属挤压的基本条件包括：挤压筒或凹模腔内的压力足够大、金属处在强烈三向压应力状态、金属产生塑性变形。

本书主要叙述冶金系统金属热挤压（以下简称挤压）成型理论、成型工艺及装备。而对冷挤压和温挤压只作简要介绍。

1.2　挤压技术的发展史与现状

1.2.1　挤压发展历史

挤压技术在世界金属塑性加工领域出现的较晚，它首先应用于有色金属材料的生产，而钢材挤压在 20 世纪 40 年代才出现。

1.2.1.1　低熔点软金属的挤压成型开创了挤压的先河（始于 18 世纪末）

在 1797 年英国人布拉曼（S. Braman）的一项用以生产铅管以及其他软金属制品装置的专利被认为是挤压的开始。它是将熔化的铅倒入一个容器中，然后用一个人工操作的机械推动柱塞使容器内的铅受力通过一个环形间隙挤出形成制品。

1820 年英国人布恩（T. Burn）设计出第一台真正用于铅挤压的液压挤压机，并产生了挤压模、挤压杆及穿孔针的概念。

1837 年汉森（J. Hanson）设计了可更换模桥与模舌的桥式模。

1863 年英国人肖伯纳（Shaw）在铅管挤压机设计上取得了突破，他采用铸锭代替了以前布拉曼熔融铅倒入容器内直接挤压法。

1867 年法国人哈蒙（Hamon）对铅管挤压机又做了改进，采用固定穿孔针挤压管材，并研制了用于煤气加热的双层挤压筒。

1870 年英国人海恩斯（J. Haines）兄弟与威姆斯（W. Werms）首次在立式挤压机上采用反向挤压法生产铅管，并获得了实际应用。

1.2.1.2　挤压新技术与装备的制造进一步发展（19 世纪—20 世纪）

静液挤压是 1893 年英国科伯逊（Kobertson）提出来的，直到 20 世纪 50 年代人们才开始注意对此技术展开全面研究，创造了静液挤压机并开始在工业上得到了应用。

直到 1894 年德国人迪克（A. Diek）设计并制造了第一台可用于挤压黄铜的卧式挤压机，如图 1-3 所示。并且成功地用 φ50mm 的黄铜铸锭挤出长度为 870mm 的棒材，开创了热挤压生产工艺的新局面。

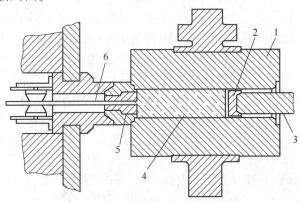

图 1-3　A. Diek 最初的挤压机
1—挤压筒；2—挤压垫；3—挤压杆；4—铸锭；5—挤压模；6—制品

1904 年美国阿尔考（Alcoa）公司在宾夕法尼亚州（Pennsylvania）的新肯辛顿（New Kensington）安装了第一台 4000kN 铝材立式反向挤压机。1907 年又安装了一台铝材立式正向挤压机。该机仍采用先向挤压筒内倾倒液态金属，凝固后再开始挤压的工艺，直到 1918 年阿尔考公司才安装第一台采用铸锭进行挤压的卧式挤压机。

1930 年出现钢的挤压，但钢的挤压真正得到较大发展还是在 1941 年法国人于日内-塞德尔内（J. Sejournet）发明玻璃润滑剂之后。

1.2.1.3　挤压理论的研究有了新进展（20 世纪中叶）

1931 年西贝尔（E. Csiebal）和胡内（H. Hiihne）应用全应变理论，确定了采用格子线研究挤压变形的定量方法。首先建立了计算挤压力的简略公式：

$$P = K_f \ln \frac{D^2}{d^2} = K_f \ln \lambda$$

式中　K_f ——压缩变形抗力，一般认为是常数；

　　　D ——坯料的直径；

　　　d ——挤压棒材的直径；

　　　λ ——挤压比。

最早对挤压过程进行正式的综合性的实验研究的是艾斯拜因（W. Eisbein）和萨克斯（G. Sache），他们提出正、反向挤压力与挤压比、挤压温度等工艺参数的关系，随后古布金（С. И. Кубкин）等利用平截面法得出各自的挤压力计算公式。

1948 年希尔（R. Hill）将滑移场理论运用到解决平面应变挤压问题。但是，由于滑移场理论求解时计算烦琐，而且还不大适用轴对称问题。因此，在 20 世纪 50 年代约翰逊（W. Johnson）与工藤提出了上界定理，解决平面应变和轴对称变形问题。

20 世纪 50 年代中期，汤姆逊（E. G. Thomsen）等人发展了一种将金属流动实验测量和应力计算结合起来的方法，研究塑性变形理论问题。

20世纪60—70年代马尔卡（P. V. Malca）、山田、小林等人相继将有限元技术用于解决塑性加工问题，此种方法能给出塑性加工时变形区中的应力、应变、应变速率的分布及温度场。近年来，上界法和有限元法在塑性加工领域得到广泛的应用。

1.2.1.4 挤压技术得到大发展并出现许多新技术与新装备（始于20世纪中后期）

1944年德马克（Demag）液压公司和施劳曼-西马克（Schloemam-Siemag）公司制造了当时世界上最大的125MN卧式挤压机，并改进了辅助设备，提高了机械化水平。

1956年中国铝加工技术始于东北轻合金加工厂，建立了国内第一家铝镁合金加工研究与生产基地，确立了国内金属挤压技术的发展历史的起点。

20世纪60—80年代东北轻合金加工厂得到发展，为国家其后轻合金加工技术的发展，输送了大批人才和技术。依据国民经济发展规划，该厂援建西南铝加工厂、西北铝加工厂及华北铝加工厂等，随之挤压技术得到迅速发展。

80—90年代后，在建筑、运输、电力、电器、航天航空、军事等工业对挤压铝型材的需要量急剧增长，随着高速发展的工业技术，对挤压复杂断面、高精度、高性能制品提出更高的要求，促进了挤压技术大发展，出现许多新技术与新设备。

1.2.1.5 连续挤压与铸挤技术的提出与发展（20世纪后期—21世纪初期）

A 连续铸挤技术的研究

1971年英国原子能管理局（UKAEA，United Kingdom Atomic Energy Authority）斯普林菲尔德实验室（Springfield Laboratories）的先进金属成型开发组（SAMFG，Spring Fields Advanced Metal Forming Group）Derek Green 首次提出连续挤压（Continuous Extrusion Forming——Conform法）。当时先进金属成型小组主要是为生产原子能工业用燃料棒进行实验的，强调采用静水挤压和螺旋挤压。但是这些工艺都是不连续的，难以获得连续性的棒材。经过实验研究，感觉到连续过程须与金属工业发展的铸造相协调。因此进行连续性的实验，最终连续挤压于70年代初出现。Conform连续挤压机最初的简单结构，如图1-4所示，于1972年获得发明专利。

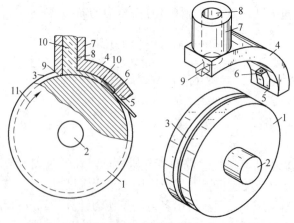

图1-4 最初出现的连续挤压成型法示意图

1—挤压轮；2—转动轴；3—轮槽；4—靴块；5—挡块；6—挤压模孔；7—进料室；
8—进料腔孔；9—密封块；10—腔体挤压金属；11—轮转动方向

这种 Conform 连续挤压机的结构存在一定缺点，结构不大合理，挤压靴为一整体块，其上带有挤压模，制品的出口方向设在挤压轮的周向，挤压模是易损件，损坏更换需换整个件，该件制作加工有一定难度，进料为碎料，出料方向为周向，使用不大方便。所以经过进一步的研究和实践，结构进行了改进，将进料改为杆料，如图1-5所示。杆料8进入靴4与挤压轮1的环形槽3，形成挤压型腔，在摩擦力作用下，料向前推进受到挡料块5阻挡，形成挤压力，将料挤出挤压模孔6，获得制品7，由于制品沿挤压轮切向出料，需要在挡料块上设计模孔。

后来在切向出料的基础上，再将结构进行了改进，设计为径向出料，并将在挤压轮槽上设计两个挤压靴与挤压轮配合，形成两个杆料同时进入，两个挤压模挤出制品，如图1-6所示。此种结构应用生产需要大直径挤压轮和较强的动力。

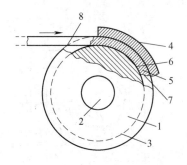 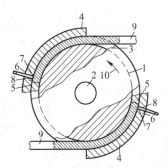

图1-5　采用金属杆料进行连续挤压示意图 　图1-6　采用两个金属杆料进行径向连续挤压示意图
1—挤压轮；2—轴心；3—环形槽；4—靴座；5—挡料块；　　1—挤压轮；2—轴心；3—环形槽；4—靴座；5—挡料块；
6—模孔；7—制品；8—杆料　　　　　　　　　　　6—模孔；7—挤压模腔；8—出料制品；9—杆料；
　　　　　　　　　　　　　　　　　　　　　　　10—挤压轮转动方向

为了适用于生产，其结构又进一步改进。D. Green 提出在挤压靴座上附一个弧形槽封块，槽封块与挤压轮形成一个挤压型腔通道，采用径向或周向出料方式，可挤压不同的产品，如图1-7所示。

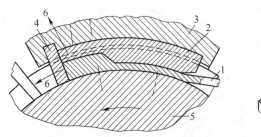 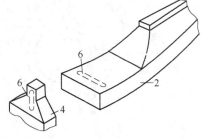

图1-7　挤压靴改进型的结构示意图
1—杆料；2—槽封块；3—靴；4—挤压模；5—挤压轮；6—设定的制品出料方向

径向出料的模具当时也进行了改进设计，如图1-8所示，其中（a）设计为4个模孔，可同时挤压4根圆制品，那么根据轮槽的宽度也可设计为挤压1~3根制品；（b）用于挤压矩形制品，可根据轮槽的宽度，若轮槽较宽，矩形模孔可采用横向布置；（c）轮槽较窄，矩形制品可采用沿轮槽纵向布置；（d）为挤压管材，采用的组合模或舌形模挤压的模具。

1975英国Babcock线材设备公司经过几年的努力，连续挤压机从最初简单结构发展到结构比较完善、达到工业应用的程度，制造了第一台Conform连续挤压机，1976年成功地应用于铝导线工业生产。其基本原理如图1-9所示，采用铝杆料或颗粒料为坯料，由旋

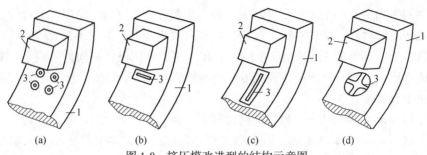

图 1-8　挤压模改进型的结构示意图

1—靴；2—挡料块；3—挤压模

转的挤压轮依靠剪切摩擦作用带动进入挤压型腔内，剪切摩擦和变形使温度迅速升高，在挤压力作用下，将金属挤出模孔，获得连续长度的产品。Conform 连续挤压机可以生产线材、型材、管材及包覆材等。Conform 连续挤压机和辅助加工设备构成了连续挤压生产线，辅助设备安装在挤压机的前后，辅助设备的多少和复杂程度取决于产品的技术要求。

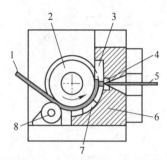

图 1-9　Conform 连续挤压靴移动式示意图

1—杆料；2—挤压轮；3—挡料块；4—模具；
5—成品；6—挤压靴；7—槽封块；8—压料轮

　　Conform 连续挤压技术的不断发展，出现了新型连续挤压机、颗粒料连续挤压、包覆连续挤压等不同型号的连续挤压设备，如图 1-10 所示。以英国 Babcock 公司与 Holton 公司为主，设计制造了 C300H、C400H、C500H、C1000H 及双槽 Conform 连续挤压机销售到世界各地。

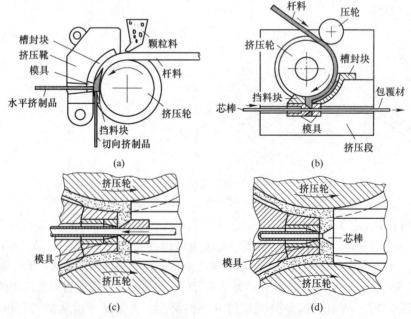

图 1-10　Conform 连续挤压线棒型管材及包覆材示意图

（a）单轮挤压线棒材；（b）单轮挤压包覆材；（c）双轮挤压包覆材；（d）双轮挤压管材

B 连续铸挤技术与装备的发展

1984年英国霍尔顿机器制造有限公司（Holton Machincry Limited）与美国南方线材公司机器制造部（Southwire Machinerg Division of Southwire Co.）等合作，在Conform连续挤压机基础上研制了第一台Castex连续铸挤试验机，其设备采用液态金属作原料直接进入铸挤轮与固定靴块形成挤压型腔，液态金属在型腔内进行结晶与变形，然后被挤出模孔成材，形成铸造（casting）与挤压（extrusion）为一体的Castex连续铸挤技术，如图1-11所示。

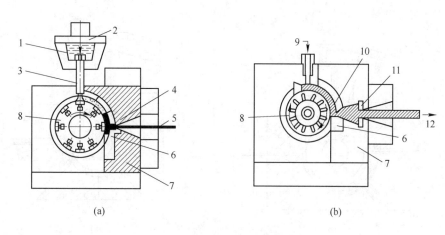

(a)   (b)

图1-11 Costex连续铸挤示意图

(a) 小断面制品Castex连续铸挤；(b) 大断面扩展模Castex连续铸挤

1—液态金属；2—中间包；3—导流管；4—模具；5—制品；6—挡料块；7—带冷却挤压靴；
8—带冷却铸挤轮；9—液态金属浇口；10—凝固区；11—挤压模；12—制品

Costex连续铸挤技术是霍尔顿机械设备公司等联合开发的成果，由英国普尔市Alform合金有限公司于1983年获得专利。连续铸挤是一种新型的挤压工艺，可以成型有色金属管、棒、型、线材及包覆材等，特别适合铝材加工。

20世纪70—80年代英国霍尔顿（Holton）公司进行金属连续铸挤技术的研究，设计与制造了C300H、C400H、C500H、C1000H等型号的Castex连续铸挤机，销售到英国、捷克、美国等。1987年霍尔顿公司获得欧洲专利局金属连续铸挤技术专利，其装置如图1-12所示。

1990年美国Ashok等人获得半固态连续铸挤的专利，如图1-13所示。半固态金属从铸挤机入口经过轮槽形成的挤压型腔，在模子出口处挤压成型。

在挤压领域半连续铸造远不如连续铸挤为人们所接受，特别是铸挤涉及小规模的重熔作业。霍尔顿机械公司开发了把熔炼、铸造和挤压过程结合在一起的Castex连续铸挤流程并完全实现商业化运行，为铝挤压制造商节省数以百万英镑的能源与材料成本。Castex连续铸挤过程首先把废金属切屑熔化呈液态，然后将液态金属浇注到轮槽型腔内，在旋转轮的作用下半固态金属从模子挤压出来，得到梯形成型杆，挤压型材经过淬火槽缠绕到卷筒上，或半固态金属直接进入铸造成型模，即可获得半固态锭坯。

2000年Thomas介绍了采用Castex连续铸挤技术与装备的实践经历，人们认识到把

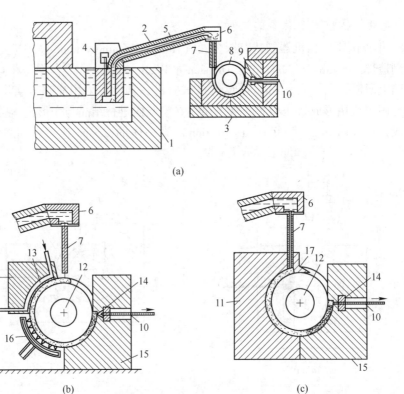

(a)

(b)　　　　　　　　　　　(c)

图 1-12　连续铸挤新型装置示意图

（a）铸造靴与挤压靴合一电磁泵供料的连续铸挤装置；（b）铸造靴与挤压靴分体外加冷却的连续铸挤装置

（c）铸造靴与挤压靴包角 270°连续铸挤装置

1—熔体保温炉；2—电磁泵输液装置；3—铸挤靴；4—电磁泵；5—输送金属管道；6—供料中间包；

7—导流管；8—铸挤轮；9—模具；10—制品；11—铸造靴；12—轮轴；13—冷却水通道；

14—挤压模；15—挤压靴；16—冷却装置；17—封闭块

Conform 坯料换成液态金属，采用 Castex 连续铸挤可节能和降低作业成本。此方法的局限性是挤压前金属凝固的接触长度相当短。一种替代办法是在 Conform 连续挤压的上游为 Conform 连续挤压机器提供连铸杆，把连续铸造与 Conform 连续挤压结合起来，实现连铸连挤，可以大大提高 Conform 连续挤压生产率。

2000—2005 年间 Castex 连续铸挤发明人 Maddock 申请了采用动态靴子定位的连续挤压专利，该专利的思想是动态调整靴子的位置，同时在设备不停车的情况下，检测轮子与工具之间配置间隙传感系统。

2006 年成立的霍尔顿 Crest 公司把连续铸挤（Castex）、连续包覆（Conclad）和连续挤压（Conform）三项技术统称为连续旋转挤压

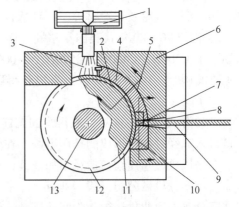

图 1-13　半固态连续铸挤（Castex）示意图

1—保温包；2，11—轮槽；3—流出导流管的金属；

4—槽封块；5—靴与槽封块界面；6—靴座；

7—模具；8—出料口；9—成品；10—挡料块；

12—轮槽底面；13—转动轴

（Continuous Rotary Extrusion）。动态靴子定位与间隙传感系统构成了第二代霍尔顿连续旋转挤压的最新技术。英国 Babcock 线材有限公司目前主要生产 Conform 连续挤压机、Conclad 连续包覆挤压机和冷焊设备。

霍尔顿 Crest 有限公司连续旋转挤压的产品包括铜、铝和其他金属。铜材包括无氧铜与含银的铍铜线。铝材包括 1000、3000、6000 系合金和中间合金以及其他金属与合金，产品的应用按照实心材、管材和型材划分。实心材用于电导线和避雷针、带材、杆和超导体。管材用于制冷、空调。型材用于磁性线、换向器、散热片、电动机、开关设备等。连续旋转挤压机的类型分 HC1100、HC2200 和 HC4000 三种。HC1100 为生产小断面产品而设计，适合于小管、磁性线和小型材。HC2200 为高压力挤压的中等范围的加工而设计，适合于高压力和高精度铜或铝型材和管材。HC4000 是标志性设备，适合于生产高精密产品，具有高极限承载能力和高生产率相匹配的特点。

在国内，对连续挤压与连续铸挤技术的研究起步较晚，1986 年国家计委将软铝加工新技术新设备（连续挤压技术）的研究列为国家"七五"攻关项目，由原中南工业大学左铁镛教授负责，而连续铸挤技术研究由东北大学承担，是其中研究内容之一。经过多所院校及工厂的努力，此项目于 1990 年获得成功，获得国家科技进步三等奖。1991 年后连续挤压技术与装备已产业化，目前上海、大连、常州等各连续挤压设备制造公司已将产品供应到国内外。

其中连续铸挤技术在 1988—1990 年间，东北大学设计与制造了 DZJ-300 型试验设备，如图 1-14 所示。

在 1992—1995 年与鞍山汽配厂合作，建立了国内第一条 DZJ-350 型连续铸挤生产线生产铝合金线材，如图 1-15 所示。1996 年获得铝合金 Castex 连续铸挤机专利及生产铝合金材料技术发明专利。

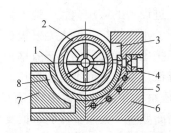

图 1-14 包角 180°移动式连续铸挤机示意图
1—液态金属浇铸口；2—铸挤轮；3—挡料块；
4—模具；5—挤压靴冷却水道；6—挤压靴；
7—铸造器；8—冷却水通道

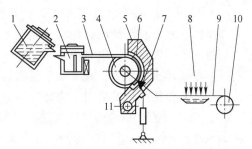

图 1-15 包角 120°Castex 连续铸挤设备示意图
1—熔炼炉；2—保温包；3—流槽；4—铸挤轮；
5—铸挤靴；6—槽封块；7—挤压模；8—冷却水；
9—制品；10—卷取机；11—挡料块

在 2000 年前后又建立了不同类型的三条连续铸挤生产线，先后试验研究了铝、锡、镁及其合金的管棒型线及复合材的连续铸挤成型，均获得重要成果，目前设计与制造的连续铸挤机型有 DZJ-300、DZJ-350、DZJ-460、DZJ-500 等。并根据生产需要设计了 DZJ-1100 型连续铸挤机，可以实现大型有色金属管材的连续铸挤。

清华大学对连续铸挤工艺与设备的研究较早，设计并制造了用于实验的连续铸挤设备，对连续铸挤制备铝线材进行了深入实验研究，获得了理论成果，采用有限元法计算了变形区的温度场，根据力平衡原理建立挤压力公式，采用刚-黏塑性有限元法计算了挤压过程的应力应变场。

中南大学、大连交通大学、北京科技大学、昆明理工大学等对连续挤压与连续铸挤技术和理论进行了实验和研究，取得了重要成果，发表了重要论文和专著，有力地推动了我国大陆有色金属加工工业的发展。

连续挤压与连续铸挤是一种新型的挤压工艺，可以生产铝及铝合金管、棒、型、线材以及铝、铜牌。鉴于该工艺所独有的优越性，将为有色金属加工行业在熔铸、挤压技术及高效节能方面带来革命性的突破，给社会带来可观的经济效益，因而该工艺一经问世便受到冶金机械制造业、电线电缆行业及材料加工界的极大关注。

进入 21 世纪，金属挤压得到飞速发展，新理论、新技术及装备不断涌现，有力地推动了有色金属加工工业与钢铁工业的发展。

1.2.2 挤压技术现状

（1）挤压装备向大型化、自动化、智能化、多功能、高效节能方向发展，出现了许多新技术和大型先进的挤压机，世界现已投产使用的万吨级以上的大型挤压机，其中最大的立式反向挤压机为 350MN，可生产 ϕ1500mm 的管材，俄罗斯的 200MN 卧式挤压机可生产 2500mm 的大型整体壁板。我国已投产使用的最大重型卧式挤压机为 235MN，立式模锻水压机为 300MN，还有连续挤压机与连续铸挤机等先进设备。

（2）工模具设计与制造自动化 CAD/CAM/CAE 技术在挤压工模具的设计与制造上的应用，为实现工模具的设计与制造自动化，提高工模具质量和寿命开辟了一条崭新的道路。多种形式的活动模架和工具自动装卸机构，大大简化了工模具安装操作，节约了辅助时间，进而实现生产线全程自动控制。

（3）挤压工艺的不断改进和完善，新技术如高速挤压、高效反向挤压、静液挤压、半固态挤压、复合材料挤压、连续挤压与连续铸挤等先进设备的应用，大大地丰富了挤压理论与技术。舌模挤压、组合模挤压、变断面型材挤压、水冷模挤压、大型壁板挤压、宽展挤压、在线淬火挤压等扩大了铝型材的品种，提高了挤压速度和总的生产效率，对提高产品质量、发掘铝型材的潜力、降低挤压力、节能及降低成本等方面都有重要意义。

（4）挤压材的产品结构的优化使全世界铝合金挤压材的年产量已达 1000 万吨以上，品种达 50000 种之多，其中复杂外形的型材、逐渐变断面型材、大型整体筋壁板及异形空心型材等有 1000 多种，型材的最大宽度达 2500mm，最大断面积达 1500mm^2，最大长度可达 25~30m，最大重量 2t，薄壁型材的宽厚比可达 150~300，带孔型材的孔数达到十多个，铝合金棒材和管材的最大外径可达 800mm，反挤压管材的外径达 1500mm，管材的最小壁厚为 0.1mm，长度可达 1000m。挤压材的产量、品种和规格不断扩大，应用也越来越广泛。

（5）国内采用 Conform 连续挤压机可生产铝及其合金管棒型材外，还生产了多种规格铝牌与铜牌，采用自行设计的模具，可连续生产厚 3~6mm、宽 300mm 的铜牌。

1.2.3 挤压技术的研究与发展方向

我国工艺装备、生产规模、产品质量及科学研究等已经步入一个更高层次的崭新发展阶段，已与国际挤压技术接轨，达到国际先进水平。今后挤压技术与研究方向包括：

（1）加强挤压技术基础理论研究，与实际应用相结合，为生产的发展提供技术支撑。

（2）高效节能节材降耗，提高变形效率，降低产品成本，开发短流程技术。

（3）提高产品精度与综合性能，有效利用废料和开发综合利用技术，提高回收率和成品率。

（4）提高工模具品质和使用寿命。

（5）实现挤压技术高速化、自动化、智能化、连续化，开发连铸-连挤技术。

（6）发展新用途、新功能、特种性能和多功能的新材料。

1.3　挤压特点

挤压时由于锭坯表面几乎全部受工具的限制，并在三向压应力作用下成型，也就是锭坯受内部应力的静水压成分影响大。因此，挤压有如下优缺点。

1.3.1　优点

（1）提高金属材料的变形能力。一次可以给予金属材料大的变形。例如，铝的挤压比可达到500，钢的挤压比可达到40，金属可充分发挥其最大的塑性。因此，可以加工一些用轧制等方法难以成型的低塑性高温金属和合金材料，挤压可以获得高质量的制品。

（2）提高材料的接合性。可进行包覆挤压即焊合挤压，能获得接合性好的复合材料。例如铝包钢、铅包铜丝等，还可以使金属粉末挤压成型。

（3）可生产复杂断面形状的实心和空心型材。挤压不仅可以生产形状比较简单的制品，而且能生产断面形状极为复杂的管材及型材制品，挤压制品的尺寸精度高。采用锭坯的自由度高，即使锭坯的断面形状尺寸不同，也因在挤压开始前使锭坯充满挤压筒，实现产品的挤压。

（4）挤压生产灵活性大。挤压工模具有很大的灵活性，只要更换模具就可以生产形状、尺寸及品种不同的产品，并且更换模具很方便。

（5）挤压工艺流程短。涉及的设备少，投资少。

1.3.2　缺点

（1）工具与锭坯接触面的单位压力高，一般为 $200 \sim 1200 MPa$ ，要求工具和设备构件的强度高、刚性好，同时要耐高温。由于挤压时工具受到高温、高压的作用，所以工模具损耗大。

（2）挤压变形不均匀。由于不均匀变形，造成制品的组织、性能沿轴向和断面上不均匀。

（3）挤压加工生产率低。挤压时锭坯在工具内需要封闭，挤压锭坯的体积与长度都受到限制。装入挤压筒的锭坯，尺寸越长，摩擦面积就越大，而挤压力也就要求越高，因此挤压筒和锭坯的长度就受限制。由于挤压生产是间断式的，而挤压速度又低，所以挤压加工生产率低。

（4）金属的废料损失大。挤压留在挤压筒的压余与制品的头部要切掉，因此几何废

料损失大 , 成品率低。

总之, 挤压适合于批量小、品种与规格繁多的有色金属管、棒、型材及线坯的生产, 特别适于断面复杂或薄壁的管材和型材、超厚壁管材、脆性材料及特殊钢铁材料。

1.4 挤压技术的应用

根据以上所列举的挤压特点, 挤压技术在以下几个方面得到较广泛应用: (1) 品种、规格繁多而批量小的管、棒、型材及线坯的生产。(2) 加热温度比较低的低熔点有色金属、轧制容易产生裂纹的低塑性材料, 以及断面形状复杂的制品等。总之, 从大尺寸铸锭的热挤压至小型精密零件的冷挤压成型, 从以粉末、颗粒料为原料的直接挤压成型到金属间化合物、超导材料等难加工材料的挤压, 现代挤压技术都得到了极为广泛的开发与应用。下面对可挤压的合金系材料与特征及制品用途做简要叙述。

1.4.1 挤压的材料与特征

1.4.1.1 铝合金

(1) 1000 系纯铝 (L 系), 工业纯铝具有优良耐蚀性、导电性、加工性等。主要用于电线电缆、家庭用品、电气制品、医药与食品包装、输电与配电材料等。

(2) 2000 系合金 (Al-Cu 系), 属硬铝和部分锻造铝合金 , 如 2A11 (LY11)、2A12 (LY12)、2A01 (LY1)、2A70 (LD7) 等。多用于飞机结构材料。但耐蚀性较差 , 需要进行防蚀处理。

(3) 3000 系合金 (属 Al-Mn 系), 热处理不可强化 , 典型代表 3A21 合金 (LF21), 加工性、耐蚀性、焊接性等良好 , 广泛用于日用品、建筑材料、器件等。

(4) 4000 系合金 (属 Al-Si 系), 典型代表 4043 、4343 合金, 专门作为焊接材料 。4043 合金具有熔点低、流动性好、耐蚀性好等特点, 对避免焊接裂纹十分有利。4343 合金比 4043 合金的含 Si 量高些, 具有熔点低、凝固的范围窄、流动性好等, 有利于焊缝凝固时的补缩和减少裂纹, 用作复合钎焊板包覆层。

(5) 5000 系合金 (属 Al-Mg 系), 热处理不可强化, 耐蚀性、焊接性、表面光泽性优良, 如 5A02(LF2)、5A04(LF4)、5A06(LF6) 等。主要用于装饰材料、高级器件、船舶、车辆、建筑材料等 。

(6) 6000 系合金 (属 Al-Mg-Si 系), 可热处理强化合金, 耐蚀性良好, 具有较高强度, 且热加工性优良, 典型代表 6061(LD30)、6063(LD31) 等。6061 合金中等强度, 比 6063 合金的含 Mg 和 Si 量高, 有微量 Cu, 具有良好的塑性和耐蚀性及可焊性, 特别是其无应力腐蚀开裂倾向, 淬火敏感性高, 挤压时不能实现风冷, 需要重新固溶处理与淬火时效, 可得到较高强度, 适于作结构材料和建筑型材。6063 合金具有优良的挤压成型性、淬火性能、可焊性、耐蚀性, 及易氧化着色等, 主要用于生产建筑铝型材与装饰材料。

(7) 7000 系合金 (属 Al-Zn-Mg-Cu 系), 如典型代表 7075, 在铝合金中强度最高, 主要用于汽车工业、航天航空及体育用品。7000 系合金的主要缺点是耐应力腐蚀裂纹性能较差, 需要采用合适的热处理改善其性能。

(8) 8000 系合金 (属 Al-Li 合金), 8090 是典型代表, 其最大特点是密度低、高刚性、高强度，是世界各国竞相开发的材料。

1.4.1.2　镁合金

（1）Mg-Li 系合金，迄今为止最轻的金属结构材料，在 Mg-Li 合金中随着锂含量的增加，合金的密度降低，塑性增加。Mg-Li 合金主要应用于航空和民用领域。

（2）Mg-Mn 系合金，典型代表 MB1、MB8 等。该类合金具有较高的耐腐蚀性能，无应力腐蚀倾向，焊接性能良好。可以加工成各种不同规格的管、棒、型材和锻件，主要用于飞机构件，管材多用于汽油、润滑油等要求抗腐蚀性的管路系统。

（3）Mg-Al-Zn-Mn 系合金，主要有 MB2、MB3、MB5 等具有较好的室温力学性能和良好的焊接性能，用于制造飞机内部构件、舱门、壁板等。

（4）Mg-Zn-Zr 系合金，主要有 MB15、MB18、MB21、MB22、MB25，此类合金具有良好的成型和焊接性能，无应力腐蚀倾向。主要用于制造飞机长桁架、操作系统的摇臂、支座等受力件。

（5）Mg-稀土系合金，牌号主要有 MB8、MB18、MB21、MB22、MB25 等，具有优异的耐热性和耐蚀性，一般无应力腐蚀倾向，广泛用于制备薄板或厚板、挤压材和锻件等。

1.4.1.3　铜及铜合金

挤压法生产的铜及铜合金材料，被应用在各个工业部门（汽车工业、航天航空、电子电力、机械制造等）以及装饰装潢业，各种铜合金的特性及制品的用途如下。

A　工业纯铜

加工纯铜主要分为含氧铜（T1、T2、T3）、磷脱氧铜（TP1、TP2）、无氧铜（TU1、TU2）三大类，此外还有少量低合金化铜（TAg0.1）。

（1）含氧铜（氧的质量分数为 0.02% ~ 0.04%）具有优良的导电性，主要用作导电材料和装饰材料。

（2）磷脱氧铜由于含氧量低，加工性、焊接性、耐蚀性优良，以棒材、管材等用于热交换器材料、配管、装饰用材等方面。

（3）无氧铜（含氧量在 0.001% 以下）具有优良加工性、耐蚀性、导电性，用于导电材料和电子材料等方面。

B　黄铜（Cu-Zn 系合金）

黄铜是应用最广的典型变形铜合金，锌含量（质量分数）为 5% ~ 20% 的黄铜由于具有黄金色，主要用于建筑与装饰材料。锌含量（质量分数）为 25% ~ 35% 的黄铜，被广泛应用于各种机械、电子零部件。锌含量（质量分数）为 35% ~ 45% 的黄铜具有廉价、高强度，广泛用于机械与电子零部件、锻造部件，是黄铜中应用最广的合金。此外，在黄铜中加入合金元素，所得高强度黄铜（Cu-Zn-Mn 系）、易切削黄铜（Cu-Zn-Pb 系）、海军黄铜（Cu-Zn-Sn 系）、白铜（Cu-Zn-Ni 系）等特殊黄铜，主要用于船舶、冷凝管、医疗器械等方面。

C　青铜（Cu-Sn 系合金）

青铜其耐蚀性与耐磨性优良，用作各种化工材料、船舶材料等。青铜主要有：

（1）锡青铜具有耐蚀，耐磨，有良好的机械和工艺性能，工业用锡青铜含锡量为

3%~14%，但压力加工用的锡青铜含锡量不超过 8%。锡青铜主要牌号为 QSn4-3、QSn4-4-2.5、QSn4-4-4、QSn6.5-1.0、QSn7-0.2 等。挤压的管棒型线材在制造业、耐磨件、航天航空及电器业等得到应用。

（2）铝青铜具有优良的机械性能，高的耐蚀性和耐磨性。合金主要牌号为 QAl15、QAl17、QAl9-4、QAl10-3-15、QAl10-4-4、QAl1-6-6 等，挤压的管棒型线材主要用于制造业，制造高强度、高耐磨、耐蚀及弹性零件。

（3）铍青铜具有耐疲劳、耐磨、耐蚀、耐寒、无磁性、导电、导热、受冲击时不产生火花，是工业中具有良好综合性能的重要材料之一。挤压的管材、棒材、型材及线材广泛用于各种高级弹性元件、换向开关、点接触器、耐磨零件等。合金牌号为 QBe2、QBe2.15、QBe1.7、QBe1.8 等

（4）锰青铜具有优良的机械性能，高的耐蚀性和耐磨性，冷热加工性好，适于制作耐高温零件、电子仪器仪表零件、管配件等。合金牌号有 QMn1.5 和 QMn5 等。

还有硅青铜、磷青铜、钛青铜等都是良好的耐蚀性和耐磨性以及高的机械性能材料。

1.4.1.4 钛及钛合金

具有密度小，抗拉强度高，比强度在金属材料中最高。在适当的氧化环境中易形成一薄层坚固的氧化物质，具有优异的耐蚀性能，还具有非磁性，线膨胀系数小等特点。可作为宇航结构材料，舰船的制造及化学工业材料等。合金的主要牌号为工业纯钛、TA4~TA8、TB1、TB2 及 TC1~TC10 等。

1.4.1.5 镍及镍合金

具有熔点高、耐蚀、高的机械性能及压力加工性能，还具有特殊的物理性能。在工业上得到广泛应用，有电真空结构件、耐蚀结构件、弹簧、电讯器材、热电偶的热电极及补偿导线等。

合金牌号包括：工业纯镍 N2-N8、B5、B10，B30、B19、BZn15-20、BZn17-18-1.8、BA16-1.5、BAl13-3、NCu28-2.5-1.5、BFe30-1-1 、NSi0.19、NSi0.2、DNMg0.06、NMg0.1 及 NW4-0.2 等。

1.4.1.6 钢材

钢材具有优良的性能，采用挤压技术生产的不锈钢管、特种合金钢管、异形钢管、各种型钢以及特种耐热合金管、棒型、线材等，在国民经济各个领域都得到广泛应用。

1.4.1.7 复合材料

现代科学技术的迅猛发展对材料性能提出了越来越高要求，采用挤压的方法将异种金属复合在一起形成复合材料，复合材料的综合性能远远优于单质材料。常用的挤压法可生产层状复合材料、低温超导线材（通常为铜基体中复合有数百根至数千根具有超导性能的纤维），复合电车导线、铝包钢、铜包铝等导电材料以及一些特殊用途的耐磨、耐蚀材料。其中采用连续挤压法生产的铝包钢导线，已成为大跨越长距离高压输电线。

另外，还有铅及其合金、锡及其合金等的连续铸挤产品。

1.4.2 挤压制品及用途

1.4.2.1 挤压金属及合金制品

棒线材包括：实心圆形的条材与卷材。

型材包括：方形、矩形、六角形、角材、T形、槽形、工形、复杂断面及变断面等异形型材。

管材包括：圆形、方形、矩形、六角形、异形的管材，管材又分大管、小管及毛细管（0.3~3mm）厚壁管（5~50mm）、薄壁管（0.1~3.0mm）。

总之，挤压制品有几千种简单断面与复杂断面的实心与空心材，如图1-16所示。

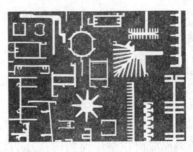

图1-16　挤压金属及合金的部分制品

1.4.2.2　挤压材料的应用

挤压材料的应用广泛，应用到国民经济各个部门，如表1-1所示。

表1-1　挤压材料的用途举例

材　料	用　　　途
铅及铅合金	煤气管、水管、包覆电缆
铝及铝合金	建筑、车辆、船舶、通讯、飞机构件用型材（最小壁厚1mm）、包覆电缆、运动器材
镁及镁合金	飞机、火箭、车辆及船舶用的型材（最小壁厚1mm），防腐蚀电极
铜及铜合金	铜、黄铜、白铜、镍铜、锌白铜棒材及线坯；热交换器、乐器、通讯器材用管材；建筑用型材；零件坯料用型材（最小壁厚1.25mm）
镍及镍合金	耐蚀、耐热管材（最小壁厚5mm）、涡轮叶片
钢	不锈钢管及其复合钢管、热交换器用管、轴承座圈的坯料用管、零件用型材、土木与建筑用型材
钛及钛合金	喷气式发动机构件、化学工业容器、热交换器及燃气轮机构件
其他特殊合金	锆、铍、铌、铪等原子反应堆构件

1.5　挤压成型方法

根据前述的金属流动与变形等挤压工艺特征，现对于挤压成型方法具体进行分类叙述。

1.5.1　正向挤压

挤压时金属的流出方向与挤压杆的运动方向相同的挤压方法称正向挤压，也称直接挤压。正向挤压又可分实心材挤压、空心材挤压以及其他挤压。

1.5.1.1　普通正向挤压

挤压时，挤压筒一端被模及模座封死，挤压杆在主柱塞力的作用下，由另一端向前挤压，迫使挤压筒内的金属流出模孔（见图1-17）。正向挤压的特点：

（1）挤压过程中挤压筒与金属坯料间的摩擦力大，消耗能量多。

（2）金属变形不均匀。

（3）压余多，为了防止在挤压后期脏物进入金属制品内部，而将坯料的一部分留在挤压筒内，这部分金属称为压余，一般可达10%~15%。

（4）挤压时更换模具简单、迅速，所需的辅助时间少。

（5）制品的表面质量好。因此，挤压时要求锭坯表面和挤压筒内光滑干净，无氧化物和污物。

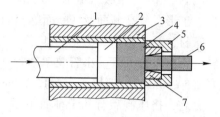

图 1-17　实心材正向挤压
1—挤压杆；2—挤压垫；3—挤压筒；
4—锭坯；5—模座；6—制品；7—挤压模

1.5.1.2　脱皮挤压

在挤压过程中，锭坯表层金属由于被挤压垫切离而滞留在挤压筒内的挤压方法，称之为脱皮挤压，如图 1-18 所示。当挤压垫比挤压筒的内径小 2~4mm，在挤压过程中即可实现脱皮。脱皮挤压的特点：

（1）制品表面光洁；

（2）压余减少，比常规挤压的残料损失减少 10% 左右；

（3）变形均匀；

（4）增加了清理锭皮工序，可利用清理垫片，一次冲程清理。

目前，为了提高生产率，有时挤压管材采用边挤压、边压缩锭皮的清理方法，可采用正挤或反挤进行边挤压、边压缩脱皮清理，若挤压杆动而挤压筒不动属反向边挤压、边压缩脱皮清理法，如图 1-19 所示；反之挤压杆不动而挤压筒动，则为正向边挤压、边压缩脱皮清理法。

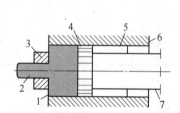

图 1-18　实心材正向脱皮挤压
1—锭坯；2—制品；3—挤压模；4—挤压垫；
5—锭的表皮；6—挤压筒；7—挤压杆

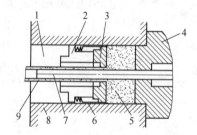

图 1-19　反向边挤压、边压缩锭皮的清理法
1—挤压杆；2—压缩锭皮垫片；3—挤压模；4—堵板；
5—锭坯；6—脱皮；7—穿孔针；8—挤压筒；9—制品

此外，脱皮挤压也存在垫片磨损较快的缺点。因此，只有在生产重要用途的棒型材时才采用脱皮挤压。如脱皮挤压包括 HPb59-1、HSn62-1、H62、HAl59-3-2、HFe59-1-1、QAl10-3-1 及 QAl10-4-4 等。铜合金采用脱皮挤压的较多，特别铝青铜和一些黄铜必须采用，因为挤压时易形成大的缩尾。

而有些金属虽然有重要用途，但由于金属本身性质所决定，不能采用脱皮挤压。脱皮挤压不适合黏性大的金属，如紫铜、铝及其合金。

脱皮挤压时注意挤压垫与挤压筒的间隙不能过大，否则由于金属流入间隙阻力减少，易形成反流，为了保证脱皮的完整，一定注意垫片与挤压筒的中心位置保持一致。

1.5.1.3　无压余挤压

挤压后期不留压余，使锭坯的金属全部由模孔流出成型的挤压方法称无压余挤压，如图 1-20 所示。无压余挤压的过程与常规挤压基本相同，不同的是锭坯可以连续装入挤压筒，后面的锭坯与前一个锭坯接合处是一定的曲面，其曲率取决于挤压垫片的形状。曲率是经过计算的，使其在挤压后变为垂直于制品轴线的平面。

无压余挤压的特点是，挤压时锭坯表面层在工具的表面上均匀地滑动，以防形成滞留区，消除分层、起皮、压入等缺陷。无压余挤压适合于铝及铝合金材的挤压，但锭坯表面质量要求比较高。

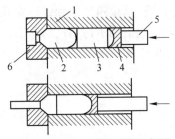

图 1-20　无压余挤压过程示意图
1—挤压筒；2，3—锭坯；4—凹垫片；
5—挤压杆；6—模

1.5.1.4　变断面型材正挤压

变断面型材可分两类，即阶段变断面型材和逐渐变断面型材。

（1）阶段变断面型材挤压。变断面型材如图 1-21 所示，阶段变断面型材挤压方法包括"双位楔"挤压法与可拆卸模挤压法。

（2）"双位楔"法如图 1-22 所示，首先挤压型材前端细的部分，当挤压成型后，松开双位楔，再挤压型材后端粗的部分。从挤压型材前端过渡到挤压后端的停机时间应最短。

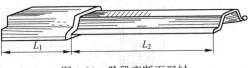

图 1-21　阶段变断面型材
L_1—型材大断面部分；L_2—型材小断面部分

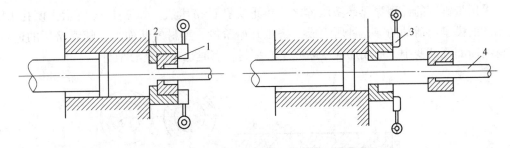

图 1-22　变断面型材"双位楔"挤压法
1—小模；2—大模；3—双位楔；4—型材

（3）可拆卸模挤压变断面型材，如图 1-23 所示。可拆卸模由 3~4 块组成，将此模装在模支撑移至挤压筒进行挤压，挤压一定长度后，将锁升起移开模支撑。与此同时，模子同模支撑与型材脱开，然后换上挤压型材大断面部分的可拆卸模，并将模支撑再移至挤压筒进行挤压，挤压结束后分离压余。

（4）逐渐变断面型材挤压，

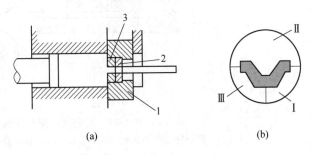

(a)　　　　　　　　(b)

图 1-23　变断面型材可拆卸模挤压法
(a) 可拆卸模挤压；(b) 可拆卸模
Ⅰ，Ⅱ，Ⅲ—可拆卸模块
1—模支撑；2—支撑环；3—可拆卸模

可分为移动模挤压法和锥形穿孔针挤压法。可移动模挤压法如图 1-24 所示,挤压过程中活动模块借助于仿型尺的作用,而改变其位置上升或下降,使型材的断面形状或尺寸也随着不断变化。

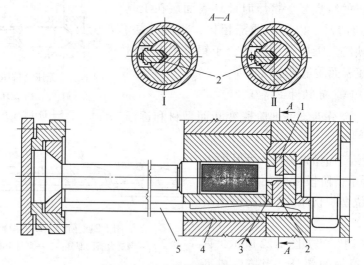

图 1-24 可移动模挤压法示意图

Ⅰ—挤压型材最大断面的状态;Ⅱ—挤压型材最小断面的状态

1—不动模;2—活动模块;3—保护环;4—挤压筒;5—仿型尺

采用带锥度的异型穿孔针挤压称之为锥形穿孔针挤压法,如图 1-25 所示,模孔由固定不动的模子与活动的穿孔针所组成,挤压开始阶段,型材的断面大,随着挤压的进行,型材的断面逐渐变小,形成逐渐变断面实心型材,有时也生产空心型材。

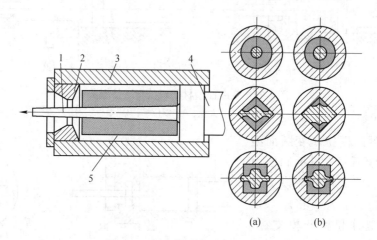

图 1-25 固定锥形穿孔针挤压法

(a) 挤压型材最大断面时工具的位置;(b) 挤压型材最小断面时工具的位置

1—锥形穿孔针;2—挤压模;3—挤压筒;4—挤压杆;5—坯料

1.5.1.5 管材挤压

A 带独立穿孔装置的管材挤压法

如图 1-26 所示,穿孔针由穿孔缸直接驱动,挤压过程可分三个阶段:

（1）填充挤压阶段：把放在挤压筒内的锭坯镦粗，使锭坯充满挤压筒，然后进行穿孔，避免管材偏心。

（2）正常挤压阶段：穿孔后使穿孔针停在模孔内，与模孔形成环形状态，然后进行挤压。

（3）分离压余阶段：压余与模分开。

空心材正向挤压特点：

（1）变形均匀。由于锭坯与挤压筒壁间的摩擦，同时又存在锭坯与穿孔针间的摩擦，这样就减少了变形的不均匀性。

（2）有废料头损失。随着挤压管材直径增加而增大，因此大直径的管材采用联合挤压法或反挤压。

B　不带独立穿孔装置的管材挤压法

穿孔针固定在挤压杆上，挤压时穿孔针随挤压杆一起活动，挤压机较简单，此法一定采用空心锭坯，如图1-27所示，适用于小厂挤压铝及其铝合金，不适用铜材挤压。铜锭坯挤压前加热时，其内表面氧化损失增加，也增加了穿孔针的磨损，还可能使管材产生缺陷。

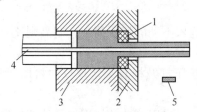

图1-26　带独立穿孔装置的挤压法
1—模；2—模座；3—挤压筒；4—穿孔针；5—实心料头

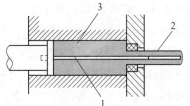

图1-27　不带独立穿孔装置的挤压法
1—随动穿孔针；2—制品；3—锭坯

1.5.1.6　焊合挤压（组合模或舌模挤压）

在不带独立穿孔系统的挤压机上，采用分流组合模或舌模使实心锭坯经过塑性变形生产出空心型材与管材的挤压方法，又称组合模挤压或舌模挤压，如图1-28所示。挤压时，锭坯在挤压杆压力作用下，将金属分成两股或几股流入焊合室，在焊合室内，在强大压力作用下，重新焊合在一起，然后进入模孔与芯棒构成的间隙，而形成空心制品。焊合挤压的特点：

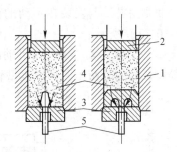

图1-28　焊合挤压示意图
1—挤压筒；2—挤压垫；
3—模；4—锭坯；5—管材

（1）制品尺寸精确，壁厚偏差小。

（2）变形较均匀，废料损失少。

（3）简化了空心材的生产工艺，可生产复杂断面的空心材。

（4）在制品上有焊缝。该法适用于具有良好焊接性能的铝、镁、铅、锌及其合金。

1.5.2　反向挤压

挤压时金属制品的流出方向与挤压杆的运动方向相反的挤压方法称反向挤压，也称间接挤压，如图 1-29 所示。

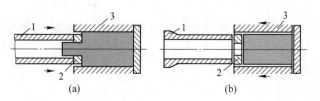

图 1-29　实心材反向挤压

（a）挤压杆可动反向挤压；（b）挤压筒动的反向挤压

1—挤压杆；2—模；3—挤压筒

反向挤压的优点在挤压过程中锭坯表面与挤压筒内壁之间无相对运动，不存在摩擦，因此采用较高速度挤压时产品的表面不易产生裂纹，变形较均匀，挤压力比正向挤压小，可降低 30% 左右，节能。

缺点是反向挤压在挤压筒和模具交界处不存在死区，铸锭表面的油污和缺陷易流入制品表面，影响制品表面质量；挤压制品的横断面受空心挤压杆尺寸限制，长度也受限制。

反向挤压又可分实心材反向挤压与空心材反向挤压。

1.5.2.1　实心材反向挤压

反向挤压时，空心挤压杆和位于其端部的模子进入不动的挤压筒中，制品则流入可动的挤压杆空腔的模具中，如图 1-29（a）所示。

反向挤压也可采取可动的挤压筒和不动的空心挤压杆及模具来实现反向挤压。此时，锭坯在挤压筒中也不移动，如图 1-29（b）所示。

在实际生产中，反向挤压多半采取后一种形式，因采用可动的挤压杆使挤压机结构复杂化。

1.5.2.2　空心材反向挤压

（1）采用空心锭坯与不动的芯棒进行反向挤压。挤压时，压力加于可动的挤压筒上，金属则由芯棒与安装在不动的挤压杆端部的模子所形成的环形孔中流出而成管材，如图 1-30（a）所示。

（2）采用实心锭坯与可动的挤压杆进行反向挤压。挤压时，金属由挤压垫片与挤压筒构成的间隙挤出，形成大型管材，如图 1-30（b）所示。

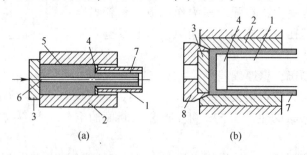

图 1-30　空心材反向挤压

（a）采用空心锭坯与不动芯棒反向挤压；（b）采用实心锭坯与可动挤压杆反向挤压

1—挤压杆；2—挤压筒；3—封闭板；4—模（垫片）；5—锭坯；6—穿孔棒；7—管材；8—模支撑

1.5.3 正反向联合挤压法

在正向挤压前首先采用反向挤压，即在锭坯穿孔时采用反向挤压，然后在挤压制品时采用正向挤压，从而综合了两种挤压法的金属流动方式。挤压过程分两步进行，如图 1-31 所示。第一步穿孔，先将挤压垫片放入挤压筒内，使其凸缘对着模孔，用垫片封闭模孔，然后装入锭坯进行填充挤压。此后将挤压杆向后退出一定距离，以容纳锭坯在穿孔时被挤出的金属。第二步挤压，穿孔后去掉垫片，使穿孔棒向前移动，利用穿孔针切掉底部，然后进行挤压。该方法的特点是大大减少了料头损失，但生产率有所降低，适合大管生产。由于设备、操作和工艺上仍存在一系列问题，目前应用较少。

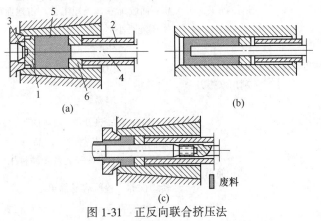

图 1-31　正反向联合挤压法

(a) 穿孔前；(b) 穿孔结束；(c) 挤压管材

1—凸缘垫片；2—挤压杆；3—挤压模；4—穿孔针；5—锭坯；6—垫片

1.5.4 侧向挤压

制品流出方向与挤压杆运动方向成直角的挤压方法，又称横向挤压，如图 1-32 所示。侧向挤压的特点是，挤压模与锭坯轴线成 90°角，金属流动的形式使制品纵向力学性能差异最小；变形程度较大，挤压比可达 100，制品强度高；要求模具和工具有高的强度及刚度。侧向挤压在电缆包铅套和铝套上应用最广泛。也有采用侧向挤压法制造高质量的航空用阀的弹簧。

1.5.5 Conform 连续挤压

连续挤压是采用连续挤压机，在摩擦力产生的高压和高温作用下，使金属坯料连续不断地送入挤压模，获得无限长制品的挤压方法。

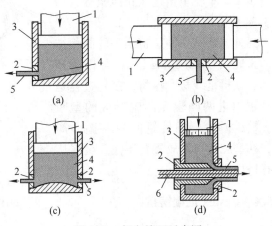

图 1-32　侧向挤压示意图

(a) 单动单相；(b) 双动单相；

(c) 单动双相；(d) 单动电缆包覆

1—挤压杆；2—挤压模；3—挤压筒；

4—坯料；5—制品；6—包覆芯材

　　Conform 连续挤压是以杆料或颗粒料为坯料，坯料进入旋转的挤压轮与槽封块构成的型腔，坯料与型腔壁产生摩擦力，摩擦力的大小取决于接触压力、接触面积及摩擦系数。在摩擦力的作用下，产生足够大的高压和高温，迫使金属发生塑性变形，挤出模孔成型。挤压过程将维持到坯料的长度小于临界咬合长度时为止，因为此时摩擦力不足以维持挤压过程的继续进行。

　　连续挤压与常规挤压比较具有的特点如图 1-33 所示。

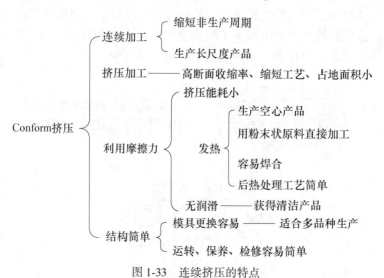

图 1-33　连续挤压的特点

　　近几年来，Conform 连续挤压机，在单轮单槽连续挤压机的基础上，又出现了几种新型连续挤压机，如：单轮双槽式连续挤压机、双轮单槽式连续挤压机及包覆材单轮单槽连续挤压机等，如图 1-34 所示。

　　另外，还有一种是挤压和轧制相结合的挤轧法（Extrolling 法），如图 1-35 所示，坯料是线材、棒材，挤轧过程是有轧辊引进两凸辊和凹辊形成的型腔内，挤压力主要靠轧辊间的摩擦力产生，在型腔出口端放置挤压模，金属从模孔挤出成型。

1.5.6　Castex 连续铸挤

1.5.6.1　连续铸挤原理

　　铸挤机启动后，挤压轮旋转，液态金属被导入挤压轮沟槽与槽封块形成的挤压型腔中，在挤压轮槽与坯料之间摩

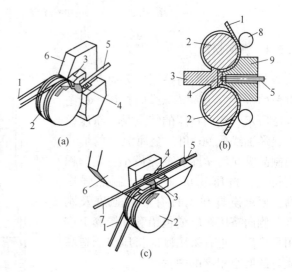

图 1-34　Conform 连续挤压机示意图
（a）杆料单轮双槽；（b）杆料双轮单槽；
（c）杆料包覆钢丝连续挤压机
1—坯料（杆料与颗粒料）；2—挤压轮；
3—挡料块；4—挤压模；5—制品；6—挤压靴；
7—钢丝；8—压轮；9—槽封块

擦作用下，使液态金属充满挤压型腔，在挤压型腔中发生动态结晶——流变过程。在凝固靴工作段内基本是动态结晶过程，在挤压靴工作段内基本是挤压流变过程，在凝固靴工作段出料口和挤压靴工作段的入料口附近是半固态挤压过程。因此，可将连续铸挤分为动态结晶、半固态挤压、挤压塑性变形三个阶段，可以通过控制工艺参数完全实现金属的连续铸挤成型，金属的组织由铸态组织逐渐变为细小的变形组织。

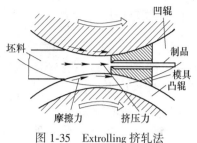

图 1-35　Extrolling 挤轧法

（1）动态结晶过程。液态金属进入旋转的轮槽空腔并且沿腔壁形成薄的结晶壳，薄壳随着轮的旋转产生液体金属摩擦，结晶薄壳与其液体金属在动态摩擦过程中使薄壳逐渐增厚，凝固靴工作段出口附近呈现半固态挤压状态。

（2）半固态挤压。金属处在液固相共存的紊流状态下产生内摩擦，使结晶出现不断形成又不断遭到破坏又再形成的过程。因此，晶粒比铸态组织的晶粒小。当金属料进挤压靴入口附近达到完全结晶，随后在挤压靴内产生塑性变形。

（3）挤压塑性变形。凝固后的金属随着挤压轮的旋转由内摩擦转为外摩擦，使金属发生塑性变形，同时伴有动态再结晶的发生。当进入挤压腔后的金属在挤压力的作用下，金属发生塑性变形挤出模孔，获得所要求的制品。Castex 连续铸挤机如图 1-36 所示。

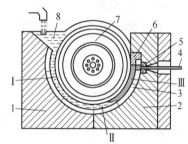

图 1-36　金属连续铸挤技术示意图

Ⅰ—液态金属凝固段；Ⅱ—半固态金属形变段；
Ⅲ—固态金属塑性变形段
1—凝固靴；2—挤压靴；3—槽封块；
4—制品；5—挤压模；6—挡料块；
7—挤压轮；8—液态金属

目前，连续铸挤机的辊靴包角有 180°与 90°，根据挤压金属及冷却条件的不同，也有 110°～130° 包角。东北大学研制的连续铸挤机包角为 90°和 120°两种形式，此设备结构紧凑，调整方便。

连续铸挤设备生产的产品范围基本与连续挤压设备相同，可以生产各种形式管、棒、型及线材，它与连续挤压技术比较具有投资少，成材率高，节能效果更显著的特点。

1.5.6.2　连续铸挤特点

连续铸挤技术同常规挤压生产同类产品的塑性加工方法相比较，具有如下特点：

（1）可连续生产很长的产品。

（2）设备投资可降低 50%；节能 40%；成品率可达 90%～95%，产品成本可降低 30%。

（3）产品精度高，表面光洁平整。

（4）模具容易更换，安装维修方便。

（5）设备结构紧凑，占地面积小，投资小。

连续挤压机与连续铸挤机也可以生产包覆材，如生产铝包钢丝、铝包电缆以及铝包光纤等复合材。

1.5.7　半固态挤压

半固态挤压是将液相和固相共存均匀混合非枝晶状态的坯料，由挤压筒内挤出模孔而凝固成型的加工方法，如图 1-37 所示。

半固态挤压的特点：

（1）由于变形抗力低，所需挤压力下降，可实现大挤压比挤压。

（2）可以获得晶粒细小，组织性能均匀的材料。

（3）有利于低塑性、高强度、复合材等难变形材料的成型。

（4）严格控制挤压筒和挤压模具的温度，使金属在半固态温度范围内进行挤压，并保证挤出模具的材料成固态，实现稳定挤压。

（5）材料的力学性能为热挤压状态材料的性能。

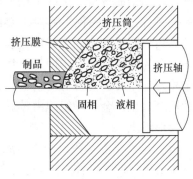

图 1-37　半固态挤压示意图

半固态坯料制备方法：

（1）液体金属在凝固过程中，进行强烈的机械搅拌、电磁搅拌、单辊剪切/冷却等，将凝固形成的枝晶破碎和抑制初生晶生长，获得液相和细小等轴晶形成的半固态浆料，将其充填挤压筒内进行半固态挤压。

（2）将利用半固态浆料铸造成型的坯料或采用近液相线铸造的坯料二次加热到半固态，然后进行半固态挤压成型。

应指出利用半固态浆料直接成型的方法称之为流变成型或流变铸造，而用半固态的坯料进行二次加热到半固态进行成型的方法称之为触变成型或触变铸造。为了实现稳定挤压，要求制品在流出模孔时达到或接近完全凝固状态。因此，挤压模出口温度与挤压速度的控制十分重要。对于铝及铝合金等中低熔点的合金，为了使制品有充分的时间进行凝固，可以采用较低的挤压速度进行挤压。而对于铜及铜合金、钢等高熔点的金属材料，为了减轻挤压筒、挤压模的热负担，须采用较高速度进行挤压，并需对挤压模、制品采用强制冷却手段。

1.5.8　等通道角挤压

1.5.8.1　ECAP(ECAE)

等通道角挤压［Equal Channel Angular Pressing（ Extrusion）］简称 ECAP 或 ECAE 是以纯剪切方式实现材料大塑性变形的技术。它是利用加工过程中的加工硬化、动态回复、动态再结晶来控制材料的微观组织，达到细化晶粒，提高性能的目的。

ECAP 是 20 世纪 80 年代初，苏联 Seggal 等科学家提出来的，到 20 世纪 90 年代 Valiev 等人发现利用此技术可使材料产生大应变细化晶粒，得到亚微米或纳米材料。20 世纪末日本进行了 ECAP 研究，成功地制备了纳米晶，自此 ECAP 技术得到各国材料界科学工作者的广泛的关注，纷纷开展 ECAP 技术的研究。

ECAP 原理如图 1-38 所示，具有相同横截面的两通道相贯，相交内角为 φ，外角为 ψ。

在等通道角挤压过程中，与模具通道尺寸紧密配合的试样在冲头（压头）的压力作用下挤压，当经过两通道的交截处时试样产生近似纯剪切变形。该工艺一个显著特点是挤压前后试样的横截面积和形状保持不变，可以进行重复挤压以获得足够大的应变，使材料组织和物理性能发生变化，材料内部形成超细组织。在试样与模壁完全润滑的条件下，等通道转角挤压产生的总应变量 ε_n 取决于挤压次数 n、两通道的内交角 φ 和外接弧角 ψ 的大小。

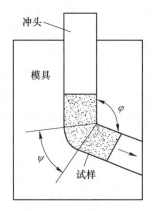

图 1-38 ECAP 原理图

ECAP 挤压过程可连续进行。根据相邻挤压道次间试样相对于模具的轴向、旋转方向和角度的区别，ECAP 的工艺路线可分为三种，即 A、B 和 C，根据旋转方向的不同路线 B 又细分为 B_A 和 B_C。几种工艺路线，见图 1-39。路径 A 是挤出的棒材原方位再放入模具中进行下一道的挤压。路径 B 是挤出的棒材旋转 90°后再放入模具中进行下一道的挤压，其中路径 B_A 是连续两次挤压时棒材的旋转方向相反，而路径 B_C 是连续两次挤压时棒材始终沿同一方向旋转；路径 C 是每次挤出的棒材沿同一方向旋转 180°后再进入下一道次。

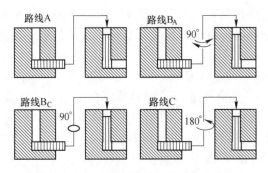

图 1-39 等通道角挤压加工路线示意图

在 ECAP 的基础上，人们还开发了 S 形等通道角挤压，即 SECAP 法。SECAP 法是在等径通道内设置大小相同、方向相反的两个侧向挤压角 θ，棒材通过第一个侧向挤压角变形为斜棒材，再经第二个侧向挤压角恢复为直棒材，如此便可通过多道次挤压累积极高变形。S 形等径角挤压模具如图 1-40 所示。

综上所述，ECAP 法是利用通道的弯角作用使材料产生大剪切变形，加工前后材料的断面尺寸保持不变，理论上也不受加工道次的限制，在保持大块体材料的状态下，可产生极大的加工应变。

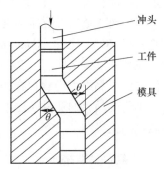

图 1-40 S 形等通道角
挤压模具示意图

1.5.8.2 Conform-ECAP

ECAP 技术可制备超细晶材料，但因在设备结构与工艺方面有一定的局限性：（1）坯料的长度受到限制；（2）设备结构决定了不能连续生产；（3）挤出材料的末端易开裂；

（4）生产产品成本高。所以出现了连续等通道角挤压。

连续等通道转角挤压（Conform-ECAP）是在连续挤压（Conform）模具的出口处进行了改造，使其形成"L"形凹槽通道，即 ECAP 模具。将 ECAP 变形与连续挤压结合起来，而形成了连续等通道角挤压 Conform-ECAP，如图 1-41 所示，可连续获得超细晶材料。

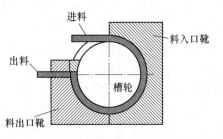

图 1-41 连续等通道角挤压变形原理示意图

Conform-ECAP 与 Conform 有些不同：（1）在模具与凹槽相交处，Conform-ECAP 使金属产生与 ECAP 相同的纯剪切，而 Conform 使金属产生了一种更复杂的应力，应力状态决定了金属显微组织的变化；（2）Conform-ECAP 不改变材料横截面的尺寸和形状，使得 Conform-ECAP 可以连续的加工几道次，以达到细化晶粒的目的。而 Conform 为了生产具有新的形状或尺寸的产品改变了工件横截面积的形状和尺寸；（3）Conform 是一个连续的挤压过程，金属塑性变形时一般存在死区，而 Conform-ECAP 中不存在死区。

Conform-ECAP 与 ECAP 也有不同点。除了连续性问题以外，Conform-ECAP 使金属在凹槽通道内产生塑性弯曲或发生塑性变形。

Conform-ECAP 的连续性使它更有应用前景，可以作为高效率和低成本的方式生产超细晶材料。ECAP-Conform 能够有效地细化晶粒组织，并且用一种和 ECAP 相似的方法来实现细晶材料的制备。

东北大学将连续挤压机改造成 Conform-ECAP 实验机，如图 1-42 所示，并利用此实验机进行了纯铝及铝合金细晶材料的研究，成功地制备了 $0.8\mu m$ 的铝及铝合金超细晶材料，并对形成机理进行了深入分析。利用 Castex 连续铸挤机制备较长的纯铝及其合金坯料，进行 Conform-ECAP 的研究。通过实验，提出的抗拉强度随挤压道次的增加而提高，发现前 1～3 道次提高的明显，延伸率大幅度下降，而 4 道次后抗拉强度提高的不明显，延伸率有所提高。

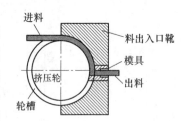

图 1-42 Conform-ECAP 实验机示意图

与 ECAP 比较，Conform-ECAP 第一道次就可形成大量的亚晶组织，在部分大晶粒内存在高密度位错网，第 2～3 道次晶粒进一步细化，少数存在高密度位错网结构的大晶粒消失，亚晶组织仍然存在，不过亚晶界趋于平直清晰。第 4 道次后晶粒取向变得不明显，小角度晶界的亚晶粒逐渐向大角度晶界的等轴晶演变。并提出形变诱导晶粒细化为主的晶粒细化机制。

1.5.9 复合材料挤压

复合材料被视为世纪的先进材料，在汽车、电子、建筑、宇航等工业中占主要位置，目前采用挤压生产的复合材料可分两种：

（1）弥散型复合材料。它是在基体金属中有分散的颗粒、晶须、纤维等强化相复合材料，如图 1-43 所示。通常采用粉末冶金、铸造及半固态成型方法制坯，然后进行挤压成型，提高了材料的性能和致密度。

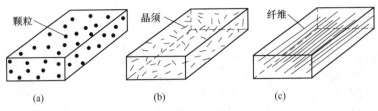

图 1-43　弥散型复合材料

（2）层状复合材料。复合材料是成层状分布，采用挤压法生产的层状复合材料，主要有双金属管、包覆材及复合板材等，如图 1-44 所示。层状复合材料界面有机械结合与冶金结合，机械结合主要靠大的压力来实现，结合强度低；冶金结合靠高的温度和大的变形量，金属结合界面产生互扩散，结合强度高，可实现部分金属的冶金结合，如表 1-2 所示。

图 1-44　层状复合材料

表 1-2　冶金结合型层状复合材料可能的金属

名　称	铝及铝合金	镍	铜	黄铜青铜	碳钢	不锈钢	镍铁合金	钛	贵金属	软钎料
铝及铝合金	○	△	○	○	○	○	○	○	△	△
镍	△	△	○	○	○	○	○	○	○	○
铜	○	○	△	△	○	○	○	○	○	○
黄铜、青铜	○	○	△	△	○	○	○	△	○	○
碳钢	○	○	○	○	△	○	○	○	○	○
不锈钢	○	○	○	○	△	○	○	○	○	○
镍铁合金	○	○	○	○	○	○	△	○	○	○
钛	○	○	○	△	○	△	△	△	△	△
贵金属	△	○	○	○	○	○	○	△	○	○
软钎料	△	○	○	○	○	○	○	△	○	○

注：○—结合性能良好，已商品化；△—结合性能较差，需要改良。

1.5.10　冷挤压

冷挤压设备一般采用机械压力机，冷挤压工具包括凸模、凹模、芯棒、顶出器以及模架等。通常冷挤压方法有正向挤压、反向挤压和复合挤压，如图 1-45 所示。冷挤压的时间极短，大约为 0.1~0.01s，主要用于生产金属零件。冷挤压最初只限于铅和锡等软金属挤压，直到 19 世纪末才开始应用于锌、紫铜、黄铜等较硬的金属挤压。由于钢的变形抗力大，直至 20 世纪 30 年代出现磷化处理，使坯料表面形成润滑剂的吸附和支撑层，钢的挤压才取得进展。随着高强度模具材料的发展，冷挤压取得迅速发展。

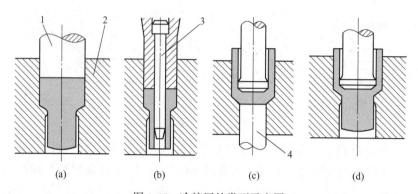

图 1-45　冷挤压的类型示意图

（a）实心件正挤压；（b）空心件正挤压；（c）反挤压；（d）复合挤压

1—凸模；2—凹模；3—芯棒；4—顶杆

冷挤压（又称冲击挤压）同热挤压相比较，产品的精度高，金属的变形抗力大。因此，对模具、铸坯的热处理、润滑等工艺条件都提出了特殊要求。高强度模具钢的允许单位挤压力一般可达到 2450MPa。通常，冷挤压锭坯需经热处理，以软化金属和消除内应力，这关系到成品质量和模具寿命，甚至决定挤压的成败。钢材冷挤压时，一般采用表面磷化处理后再加充分润滑。

冷挤压的特点：（1）坯料可以用热轧、热挤压坯料，也可以用铸造坯料，生产成品率高，可达 70%~80%。（2）加工设备简单，投资少，工序简单。（3）可以加工其他方法加工有困难的制品。（4）制品性能较均匀，表面光洁。

1.5.11　温挤压

钢温挤压的温度范围是低于 800℃、高于回复温度，铝及铝合金温挤压的温度范围是低于 250℃、高于回复温度，铜及铜合金温挤压的温度范围是低于 350℃、高于回复温度。即基本上处于金属的不完全冷变形与不完全热变形的温度范围。

温挤压同热挤压与冷挤压相比，温挤压时锭坯的变形抗力比冷挤压时要小，成型比冷挤压容易，所需压力机的吨位可以减小，若控制合适，模具的寿命比冷挤压时要长，产品的性能也比退火材料要高，产品尺寸精度与粗糙度比热挤压的好。

温挤压既可用于生产有色金属制品，也可用于生产钢制品。

1.5.12　特殊挤压法

1.5.12.1　静液挤压

静液挤压是利用封闭在挤压筒内锭坯周围的高压液体，迫使锭坯产生塑性变形，并从模孔中挤出的加工方法。由于挤压筒内的锭坯在各方向上受到均匀的压力，又称等静压挤压，如图 1-46 所示。静液挤压是一种将金属锭坯与工具间的摩擦力降低到最小的挤压方法。挤压时，锭坯周围的液体压力可达 1000~3000MPa，高压液体的压力可以直接用增压器将液体压入挤压筒中获得，或者用挤压杆压缩挤压筒内的液体获得。后一种方式由于技术简单，应用最广泛。静液挤压的类型按挤压时的温度不同可分为冷静液挤压和高温静液挤压两种。

静液挤压的特点：（1）锭坯与挤压筒内壁不直接接触，金属变形极为均匀，产品质量也比较好。又由于锭坯周围有高压液体，挤压时不会弯曲。因此，锭坯可以采用大的径高比；（2）锭坯与模子间处于流体力学润滑状态，摩擦力极小，模子磨损小，制品表面粗糙度低；（3）制品的力学性能在断面上和长度上都很均匀；（4）挤压力小，可采用大挤压比；（5）可以挤断面复杂的型材和复合材料，也可以挤高强度、高熔点和低塑性的材料；（6）高温静液挤压的液体温度与压力都很高。需进一步解决耐高温材料以及高温高压密封的问题。

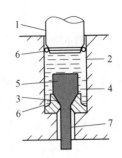

图 1-46　静液挤压示意图
1—挤压杆；2—挤压筒；
3—模；4—高压液体；5—锭坯；
6—O 形密封圈；7—制品

1.5.12.2　水封挤压

在普通挤压机的模出口处设置一个较大的水封槽，制品出模后直接进入水封槽中以防止金属氧化的挤压方法，如图 1-47所示。水封挤压法主要适用于易氧化的紫铜和黄铜合金。近年来，在变形铝合金管、棒、型材生产上也被采用，主要用于挤压后水封淬火，提高制品的强度。

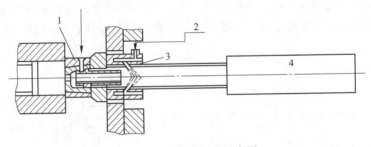

图 1-47　水封挤压法示意图
1—水冷模；2—水封头供水管；3—水封头；4—水槽

1.5.12.3　有效摩擦挤压

有效摩擦挤压是挤压时挤压筒沿金属流出方向以高于挤压杆的速度移动，挤压筒作用给锭坯的摩擦力的方向与通常正向挤压的相反，从而使摩擦力有效地利用，促进金属流动的挤压方法。实现有效摩擦挤压的必要条件是挤压筒与锭坯之间不能有润滑剂，以便建立起高的摩擦应力。有效摩擦挤压时金属的流动如图 1-48 所示。1~5 为金属流动区，在 1、2 区金属向中心剧烈地流动。锭坯表面层 4 区的金属也向中心流动，而进一步地压缩中心层，形成细颈区 Ⅱ，使其变形量增加。难变形区 Ⅰ、Ⅳ 很小，到锥模前端消失。Ⅲ区为无金属充满区。

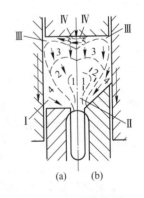

图 1-48　摩擦挤压
金属流动示意图
（a）平模；（b）锥模；
1—5—金属流动区；
Ⅰ，Ⅳ—难变形区；Ⅱ—细颈区；
Ⅲ—无金属充满区

有效摩擦挤压的优点：金属变形均匀，无缩尾缺陷，锭坯表面层在变形中不产生很大的附加拉应力，从而可使流出速度大为提高。有效摩擦挤压的缺点主要是，设备结构较复杂，对模具的强度要求高。

1.5.12.4　扩展模挤压

扩展模挤压是在挤压机上，将小于管材直径的锭坯，通过扩展模孔和芯头组成的碗形间隙扩径形成碗形，然后流出模孔而成管材的挤压方法，如图1-49所示。

扩展模挤压的过程是在挤压杆压力作用下，挤压筒内锭坯发生塑性变形，首先在扩展模与芯头形成的空腔内金属产生径向流动，形成碗状，随后金属产生轴向流动，由挤压模孔与芯头间的间隙流出，形成薄壁管材。

扩展模挤压的特点是挤压管材的同心性和壁厚精度决定于扩展模模孔表面与芯头表面的平行度，而挤压模与芯头的同轴性并不起大的作用。扩展模挤压适合于大直径的薄壁管材生产。

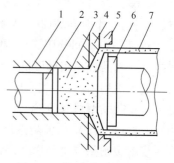

图1-49　扩展模挤压示意图
1—挤压垫片；2—挤压筒；
3—锭坯；4—扩展模；
5—挤压模；6—芯杆与芯头；7—管材

1.5.12.5　液态挤压

液态挤压是在液态模锻与热挤压的基础上发展起来的新型成型工艺，它将液态金属直接浇注于挤压筒（或凹模）内，在挤压杆（或冲头）作用下，液体金属发生流动、结晶、凝固，在成型模口处使金属完全结晶凝固，经塑性变形后一次直接成型，如图1-50所示。

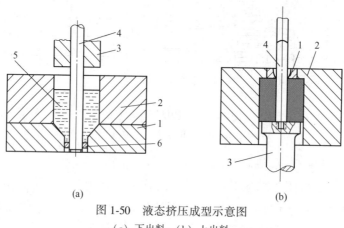

(a)　　　　　　　　　　　　　(b)

图1-50　液态挤压成型示意图
（a）下出料；（b）上出料
1—模子；2—挤压筒；3—挤压杆；4—芯棒；5—液体；6—阻流块

液态挤压的特点：

（1）既保持液态金属在压力下结晶、凝固和强制补缩的液态模锻的特色，又可以成型长制品。

（2）既减少工艺流程，缩短了加工周期，节能、节材，同时又大大降低了成本。

（3）制品性能较铸态制品的组织性能大为改善。

（4）对变形合金和铸造合金成型都适用，目前主要用于铅丝挤压、铅包覆电缆挤压及半熔融纤维复合材挤压等。

1.5.12.6　粉末挤压

将粉末或粉末预压坯放入挤压筒加压并从挤压模挤出而成型的方法。粉末挤压属于一种连续成型技术。其特点在于挤压件可以是小直径和薄壁的微型管材或断面复杂的零件，而且制品长度不受限制、产品密度均匀、可连续生产；成型效率高，灵活性好；设备简单，操作方便。按挤压条件的不同粉末挤压可分粉末冷挤压和热挤压。

（1）粉末冷挤压，将粉末与一定比例的有机物黏结剂的混合物在低温下挤压成型的方法。然后把挤压的坯经过干燥、预烧及烧结等粉末冶金致密化工艺而成制品；或者将挤压的坯不经过烧结直接做其他用。

（2）粉末热挤压，将粉末或粉末冷压坯在较高温度下挤压成型的方法，挤出的坯可直接烧结致密化形成制品。另外也可将粉末装入管坯中封口加热直接挤压成型。

1.5.12.7　恒张力挤压

挤压时，出模孔后的制品端部被挤压机前的牵引机构的钳口夹住，以恒定的拉力并以与挤压速度同步速度拉动的挤压过程，称恒张力挤压，又称牵引挤压。

恒张力挤压的特点：避免了薄壁型材和断面复杂型材出模后发生扭曲和多模孔挤压时制品相互摩擦和缠绕。运行时必须保证牵引小车的拉力与运行速度无关，即保持恒定的张力。以线性直流电机带动牵引装置，实现恒张力挤压。

思考练习题

1-1 挤压的基本原理是什么？挤压同其他加工方法相比较有什么优、缺点？挤压方法的分类有哪些？

1-2 什么是正向挤压、反向挤压与侧向挤压，各有什么特点？

1-3 什么是热挤压、温挤压与冷挤压，应用范围是什么？

1-4 如何实现脱皮挤压？哪种金属可以采用脱皮挤压，为什么？如何保证脱皮厚度均匀？

1-5 连续挤压与等通道挤压分几类？连续挤压原理是什么，有什么特色，应用范围是什么？

1-6 为什么挤压可以充分发挥金属的塑性？

1-7 变断面型材挤压有几种方法？试比较各种方法。

1-8 无压余挤压对垫片和铸锭有什么要求？

1-9 等通道挤压分几类？连续挤压原理是什么，有什么特色，应用范围是什么？

1-10 了解材料的应用，挤压技术发展历史、现状及发展方向。

2 挤压金属流动与变形行为

2.1 挤压金属流动行为

金属在外力作用下产生流动与变形。挤压时金属流动与变形行为对制品的组织性能、尺寸形状以及表面状态有着重要的影响，而金属流动与变形的均匀性也取决挤压金属的性能、挤压方法以及挤压条件。

分析挤压时金属流动与变形行为有许多方法，其中包括计算机模拟、网格法及低倍组织观察法等。下面着重分析挤压时金属流动行为及各种因素对挤压金属变形的影响规律。

2.1.1 圆棒材正向挤压金属流动特点与力学分析

根据挤压过程中金属流动特点，将挤压过程可分为三个阶段：填充挤压阶段、稳定挤压阶段（基本挤压阶段）以及挤压终了阶段，如图 2-1 所示。而挤压力也随金属流动的三个挤压阶段而发生着变化。

2.1.1.1 填充挤压阶段

挤压时为了便于把锭坯放入挤压筒内，锭坯的长度与直径比一般小于 3~4，而锭坯的直径总要小于挤压筒的内径 1.0~15mm。因此，第一阶段要进行填充挤压，使金属充满整个挤压筒，同时有少部分金属流入模孔。

填充挤压阶段沿锭坯纵向与径向流动的不均匀性，对制品的力学性能和质量有一定的影响。因此，希望锭坯与挤压筒的间隙小些，以便减少填充挤压时的变形量。填充挤压变形量用填充系数 λ_t 表示：

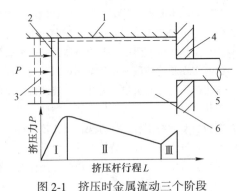

图 2-1　挤压时金属流动三个阶段
及挤压力的变化

1—挤压筒；2—挤压垫片；
3—填充挤压前垫片的原始位置；
4—挤压模；5—棒材；6—锭坯
Ⅰ—填充挤压阶段；Ⅱ—稳定挤压阶段；
Ⅲ—挤压终了阶段

$$\lambda_t = F_t / F_D$$

式中　　F_t——挤压筒内孔横断面积，mm^2；

F_D——锭坯横断面积，mm^2。

锭坯与筒的间隙越大，填充系数 λ_t 越大，填充过程中流出模孔的料头越长，料头损失越大。根据经验，通常 λ_t 取 1.05~1.10 可控制料头的损失。

挤压开始时，作用在金属上的外力有：挤压杆施加的压力 P，模孔端面的反压力 N，挤压垫片和模子端面的摩擦力 T，如图 2-2 所示，由于前端金属有往外侧流动的趋势，所以模子端面对金属的摩擦力方向指向模孔。

填充挤压阶段，锭坯受到垫片与模端面的镦粗作用，其应力状态为轴向应力 σ_1，径向应力 σ_r，周向应力 σ_θ 近似看作主应力，均为三向压应力状态。应指出，虽然此阶段应力状态类似圆柱体镦粗，但由于工具的约束作用，受力状态较为复杂，锭坯前端对着模口的部分未受到任何压力作用，应力状态有所差别。

填充到一定程度坯料侧面部分金属与筒壁接触，受力如图 2-3 所示，由于模孔的存在，坯料前端面上摩擦力的分布，分为两个方向不同的环形区域，即靠近模孔处的摩擦力和靠近模与挤压筒交角处的摩擦力方向相反，随着填充的进行，外侧环形区逐渐缩小，直至填充挤压结束而消失。

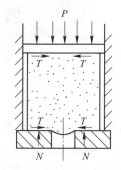

图 2-2　填充挤压开始时受力状态

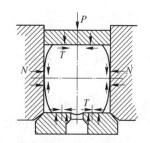

图 2-3　填充到一定阶段受力状态

填充挤压过程如图 2-4 所示，挤压开始，坯料与模端面接触部分的轴向应力 σ_1 比其他部分大，而先达到塑性条件，发生塑性变形。但由于模端面摩擦力作用，变形量很小，当继续加大挤压力时，坯料发生"鼓形"，随后继续压缩坯料，由于在部位Ⅱ上的金属对容器壁的摩擦，使 σ_r 增加，σ_1、σ_r、σ_θ 都很大，继续塑性变形困难。那么，在部位Ⅰ上的坯料所受的平均单位压力比部位Ⅲ上的平均单位压力要大。因此，部位Ⅰ的挤压筒的空腔首先被金属填满。而后再填满靠近凹模的Ⅲ腔。

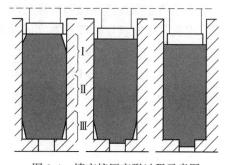

图 2-4　填充挤压变形过程示意图

有时当挤压断面收缩率较大时，挤压坯料的长度与直径比为 3~4，在部位Ⅲ空腔的空气或者润滑剂完全燃烧的产物，在挤压时受到剧烈压缩并且明显的发热，这时气体会进入坯料表面的微裂纹中，当裂纹通过模子被焊合，继而在出模孔后形成气泡或者因未能焊合而在出模孔后呈现起皮。坯料和挤压筒之间的间隙越大，缺陷就越严重。

当坯料过长，与直径比达 3~4 以上时，填充开始阶段坯料易出现双鼓形，如图 2-5 所示，双鼓形中间部位与挤压筒易形成封闭的空间，随着填充挤压的进行，空间缩小，其封闭空间的气体被压缩，压力增大，进入坯料的微裂缝中，挤压过程裂

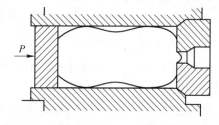

图 2-5　填充挤压变形过程出现的双鼓形

缝焊合，坯料过模成型后，在制品表面也易出现气泡。

为了避免此种情况的发生，锭坯的长度与直径之比应小于 3~4，或者采用"梯温加热"，如图 2-6 所示，即温度高的一端靠近模子，低的一端与垫片接触，使靠近模子的一端先变形，而把挤压筒的气体排除。梯温加热应用在电缆铝护套连续挤压方面。

当坯料的高度与直径之比很大时，坯料会出现如图 2-7 所示的形状。但也存有某种情况下，希望填充挤压时能有较大的变形量。例如，为确保 7075、2A12 等型材的横向力学性能，在填充挤压阶段必须给予坯料 25%~35% 的镦粗变形。

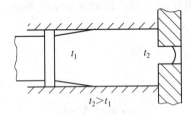

图 2-6　梯温加热与变形示意图

t_1—低温；t_2—高温

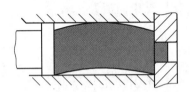

图 2-7　坯料在挤压筒内发生弯曲的状态

在填充挤压阶段金属要流进挤压模孔，但应指出，这部分金属并未发生塑性变形后流进模孔的，而由于在模口周边的金属内部产生最大的切应力，对着模孔部分的金属便沿模孔被切断，并从模孔稍许被推出，这时挤压力还在继续上升，直到坯料完全充满挤压筒，挤压力上升到最大，进入稳定挤压阶段。

有人也将金属流进模孔而挤压力继续上升、使坯料完全充满挤压筒的过程称之为过渡阶段，也就是填充挤压阶段基本完成过渡到稳定挤压阶段。

2.1.1.2　稳定挤压阶段

稳定挤压阶段是金属从模孔流出开始，直到进入挤压终了阶段的过程，研究此阶段金属的流动行为，首先分析一下金属锭坯的受力与流动状态，如图 2-8 所示。

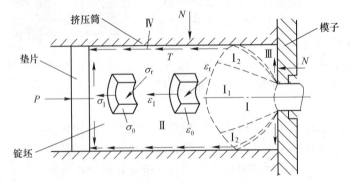

图 2-8　稳定挤压阶段受力与流动状态

A　锭坯受力分析

变形区应力与变形挤压金属锭坯所受的外力包括：挤压杆的正压力 P，挤压筒壁和模孔壁的反压力 N，在金属与垫片、挤压筒及模孔接触面上的摩擦力 T，其作用方向与金属的流变方向相反。由于这些外力的作用就决定了挤压时的基本应力状态是三向压应力状态：轴向压应力 σ_1，径向压应力 σ_r 及周向压应力 σ_θ，这对利用和发挥金属的塑性是极其有利的。挤压时的基本变形状态为：一向延伸变形、二向压缩变形，即轴向延伸变形 ε_1，径向压缩变形 ε_r，周向压缩变形 ε_θ，但在不同区域的应力与变形状态的相对数值关系是不同的。

在 I_1 区，由于模口外无任何力的作用，$\sigma_1 = 0$。当 P 继续加大到一定值，径向压应力 σ_r 及周向压应力 σ_θ 增加到满足塑性条件时，坯料开始发生塑性变形，金属流出模孔形成 I_1 区。I_1 区为三向压应力状态，径向压应力 σ_r 及周向压应力 σ_θ 都大于轴向压应力 σ_1，变形状态为轴向延伸变形 ε_1，径向压缩变形 ε_r，周向压缩变形 ε_θ。

在 I_2 区，I_2 区处在 I_1 区周围的区域，是三向压应力状态，而 $|\sigma_1| > |\sigma_\theta| > |\sigma_\gamma|$，对应的变形状态为轴向压缩变形 ε_1，周向压缩变形 ε_θ，径向延伸变形 ε_r。

I 区——塑性变形区，由 I_1 与 I_2 构成，I_1 区称延伸变形区，I_2 区称压缩变形区。

II 区——弹性变形区，其应力状态与 I 区相似，但是未满足塑性条件，随着挤压过程的进行，此区坯料不断进入 I 区，I 区不断扩大。

III 区-"死区"，其应力状态近似三向等值应力状态，实际是处在弹性变形状态。严格来说死区并不死，在挤压过程中此区不断变小，如图 2-9 所示。

"死区"形成的原因：锭坯在前端受到模端面摩擦力的作用，阻碍金属的流动，又因这部分金属处在挤压筒和模形成的"死角"处，受冷却作用，使塑性降低，强度升高，不易流动之故，形成了难变形区，即称之为"死区"。

影响"死区"大小的因素有：模角 α、模孔之位置、挤压比、摩擦力以及金属强度等。

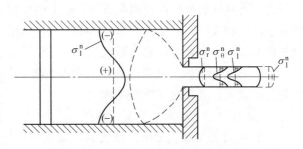

图 2-9　稳定挤压阶段金属流动过程中"死区"的形成与变化

I—挤压初期；II，III—挤压中期；IV—挤压后期

IV 区——剪切变形区，即坯料与挤压筒间的摩擦作用，以及 I 区与 III 区间强烈的剪切作用（存在激烈的滑移区），可使金属达到临界切应力，产生塑性剪切变形，促使 II 区的金属进入 I 区。

由于挤压时，在塑性变形区轴向上金属的流动速度不同，中心部快、外围部慢；而出模口后的外端和坯料弹性变形区则限制变形区的不均匀变形，所以产生了图 2-10 所示的内应力。棒材头部的 σ_1^n 往往使塑性较差的金属产生头部裂开花，而棒材表面的 σ_1^n 则是表面周向裂纹的根源。弹性变形区的 σ_1^n 促使塑性变形区范围扩大，

图 2-10　棒材单孔挤压时的内应力

在挤压临近终了时，σ_1^n 的中间拉应力还能促使中心缩尾的形成。

稳定挤压阶段金属流动特点是，随着挤压条件的变化而不同，在通常情况下，坯料的内外层金属在此阶段内不发生交错与反向紊乱流动，原来中心与边部的金属，挤压后仍在挤压制品的中心与边部。

B 挤压圆棒金属变形分析

稳定挤压阶段金属流动分析以单孔锥形模不润滑正向挤压圆棒实验为例，圆棒是由两瓣组成，在圆棒中心组合面划有方形网格，观察基本挤压阶段变形过程坐标网格的变形，研究正向实心棒材挤压金属的流动特点，如图 2-11 所示。

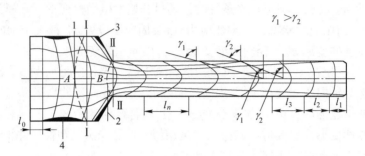

图 2-11　正向挤压实心棒材坐标网格的变化

Ⅰ—Ⅰ模孔入口处平面；Ⅱ—Ⅱ模孔出口处平面

l_0—变形前方格边长；l_1，l_2，l_3，…，l_n—变形后方格边长

1—变形区压缩锥部分的起点；2—变形区压缩锥部分的终点；3—弹性区（死区）

a 坐标网格上纵向线的变化特征

（1）原来平行于挤压轴线的各条纵向线，在变形后，除了前端部分外，基本上仍保持平行线，这说明金属在基本挤压阶段未发生紊流，属近似平流运动。

（2）这些纵向线在进入和流出变形区压缩锥时，都要发生两次方向相反的弯曲. 第一次是在进入变形区压缩锥平面Ⅰ—Ⅰ之前；第二次弯曲是从变形区出口平面Ⅱ—Ⅱ流出之前，如果把每条纵向线开始和终了的弯曲点连接起来，则可得到两个均匀的轴对称曲面，如Ⅰ-A-Ⅰ、Ⅱ-B-Ⅱ的两条虚线所示。这两个曲面朝着与金属流变方向相反方向凸出，由这两个曲面和模子附近的弹性区（即"死区"）所形成的回转曲面的体积，就是金属正挤压时的变形区压缩维，即塑性变形区。塑性变形区随内外部条件的变化而变化，纵向坐标线有时在未进入塑性变形区之前，距离垫片不远处发生明显的弯曲，形成细颈。产生的原因主要是坯料外层的金属在挤压筒壁上的摩擦力作用下，落后于内层的金属，而挤压垫片上的摩擦力阻碍着金属变形，当挤压垫片作用在锭坯上的压力达到一定数值后，外层金属则开始向中心部分压缩而形成细颈。

（3）在变形区内，各条纵向线的弯曲程度从周边向中心逐渐减小，这说明距离中心层越远的金属，其相对变形程度越大。

b 坐标网格上横向线的变化特征

（1）所有原来垂直于挤压轴线的各条横向直线，在变形后都朝着金属流出方向发生轴对称型的弯曲凸出。这是由于周边层的金属受到挤压筒内壁摩擦力作用（无润滑）而使其流动比中心层滞后所造成的，说明金属变形不均匀。

（2）在正常挤压条件下，除了少数密集在制品前端的横向线外，其他横向线都变成为近似于双曲线的形状。这些曲线的顶部由前（压出端）向后逐渐变尖，这说明这些横向线在进入变形区之前，由于挤压筒内壁摩擦力的影响已使其发生弯曲，距离变形区越远的横向线，在挤压筒内的移动距离越长，所受摩擦力的影响越大，其弯曲程度越大，其顶点也越尖。横向坐标线的弯曲程度，由棒材的前端往后端逐渐增加，其线间距离也逐渐增大，即 $l_1 < l_2 < l_3 < \cdots < l_n$，当到一定位置趋于稳定不变。这说明在挤压制品的长度方向上，金属变形也是不均匀的。

（3）从横向线的弯曲程度可知，在挤压制品的所有环形层上，除了要发生剪切变形外，金属还要发生基本的延伸变形和压缩变形。

剪切变形量的大小是由中心向周边逐渐增加的。这说明，在挤压制品的同一横断面上，其变形程度也是不均匀的。挤压后的坐标网格也存在着畸变，中间的方格子变为近似矩形，外层的方格子变为近平行四边形，这说明外层金属除了受到延伸变形外，还受到附加剪切变形，其切变角 γ 由中心层向外层，由前端向后端逐渐增加。

c　前端头的变形特点

（1）制品前端头部横向线的弯曲程度较小，这说明前端头部金属的变形量很小。例如，在挤压大直径棒材时，由于前端变形量太小，常保留着一定的铸造组织，故在生产工艺规程中都规定在挤压制品的前端一律要切去一定长度的几何废料。

（2）在相同条件下，采用锥形模挤压时，由于坯料前端头面上有一部分表面转移到制品的侧表面，故其前端头部的变形量比采用平模时大得多。

2.1.1.3　挤压终了阶段

在挤压过程中，当挤压筒中的锭坯长度减小到接近变形区压缩锥高度时的金属流动阶段称为挤压终了阶段。在此阶段挤压力升高的原因：

（1）在挤压后期金属径向流动增加。

（2）金属温度较低，变形抗力升高，塑性降低。

挤压继续进行，挤压力就要升高，但是挤压力再增加时，"死区"的金属就要被挤出来，这对制品的质量有影响。因此在挤压结束阶段要留有压余。

金属在挤压结束阶段的流动速度，主要是使金属径向流速增加。以平模挤压为例，径向流速的增加与铸坯的高度和金属质点的位置有关，变形区中的锭坯高度越大，则流速越小；金属质点越接近模孔，流速越大。这是由于在垫片未进入变形区压缩锥之前，变形区中的体积并未减小，进入变形区多少金属，从模孔中流出多少金属，当垫片进入变形区压缩锥后，变形区中的体积减小，而在挤压速度 v_j 和延伸系数不变条件下，金属从模孔的流出速度 $v_1 = \lambda v_j$ 也不变，即向模孔中供应的金属秒体积也不变，这就必然要引起金属径向流速增加。由于在挤压结束阶段金属与垫片和模子的接触面不变，而金属与挤压筒的接触面减少得不多，并且金属沿挤压筒的滑动速度不大，等于 v_j。因此必将引起消耗于金属内部滑动上的功率增加，而使挤压力增大。

挤压末期压余很薄时，由于金属流变不均匀而造成挤压缩孔缺陷，对此在以后详细的分析。

棒材多孔挤压与单孔挤压相比，区别在于变形区不是一个，而是多个，每个模孔都对应一个小变形区，其应力与变形特点、不均流动等，均与单孔挤压时相似，而对整个锭坯来说，多孔不均匀流动要比单孔挤压有所减轻。

2.1.2　实心型材正向挤压金属流动特点

由于型材表面质量要求高，因此一般用平模挤压。但是对变形抗力很高或需在较高温度下挤压的金属与合金，如钢、钛合金等用锥模挤压较为有利。为了保证型材的表面质量，应该采用适当的润滑剂和改善铸锭的表面质量。

挤压型材时，金属的流动除具有挤压圆棒时的一切特性外，还有其本身的特点：第一，金属的流动失去了像在挤压圆棒时的完全对称性，型材和坯料之间缺乏相似性。第二，型材各部分的金属流动受比周长的影响。所谓比周长是指把型材假想分为几部分后，每部分面积上的外周长与该面积的比值。如图 2-12 所示，型材各部分的比周长分别为 $\dfrac{L_1}{F_1}$ 和 $\dfrac{L_2}{F_2}$。

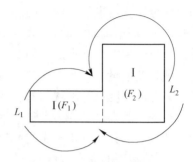

图 2-12　确定型材各部分的比周长

由于上述两特点，使型材各部分所得到的金属供给量不同，同时型材各部分受模子工作带的摩擦阻力也不同，因而造成挤压型材时变形不均匀。型材出模孔后往往发生弯曲或变形。

下面对一种形状的型材在挤压时所发生的现象进行分析，进一步了解挤压型材时的金属流动特点。

挤压如图 2-13 所示的型材时，采用平模，型材模孔的工作带相同，如果始终用同一速度挤压时，则在挤压后期型材薄的部分将起波浪，为此需在挤压后期降低挤压速度。

由于型材 F_1 部分的比周长小于 F_2 部分的比周长。所以金属易从这一部分流出。又由于圆锭坯料供给 F_1 部分的金属量 A 要比供给 F_2 部分的金属量 B 部分大，加之型材 F_1 部分的比周长小于 F_2 部分的比周长，所以金属易从这一部分流出。也是由于圆锭坯料供给 F_1 部分的金属量 A 要比供给 F_2 部分的金属量 B 部分大，且

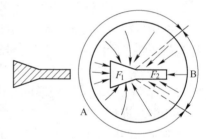

图 2-13　挤压坯料横断面上
金属流线示意图

$$\frac{F_A}{F_1} = \lambda_1 > \frac{F_B}{F_2} = \lambda_2$$

当挤压速度为 v_j 时，从这两部分金属的流出的速度 v_{F_1}、v_{F_2} 分别为

$$v_{F_1} = \lambda_1 v_j > v_{F_2} = \lambda_2 v_j$$

这很明显 F_2 部分的金属受到拉副应力的作用，易出现裂纹。

以上是指稳定挤压阶段。

在挤压后期，情况发生了相反的变化，如前所述，在挤压后期流入模孔的金属需要供应体积的金属产生径向流动，来补充对着模孔的那部分柱体。若把挤压型材制品的断面分别按 F_2、F_1 考虑，那么 F_1 部分需要秒供应量比 F_2 部分的秒供应量多得多，因此，在挤压后期对 F_1 部分的金属供应不足要比对 F_2 部分严重得多，所以型材薄的部分将出现波浪。

为了减少由于型材不均匀变形而产生的弯曲，应尽量避免型材各部分金属流出模孔速度不等的现象。目前采用的办法主要是合理设计挤压模、适当控制速度或者使型材出模后进入导路。以上是单孔模正向挤压实心型材的金属流动特点的分析。对于用多孔模正向挤

压实心型材时金属流动的特点，C.U.古布金在研究挤压镁合金的流变过程后，认为在采用多孔模时金属流动较为均匀。变形区显著的缩短，继而变形均一。

在采用多孔模时有一个很重要的特征就是金属由各孔中流出的速度不相等。影响金属流动速度有以下一些基本因素：每个型材断面的形状和尺寸及其相互关系、模子重心与模子中心的相对位置、工作带长度以及挤压速度等。

2.1.3　管材和空心型材正向挤压金属流动特点

在挤压管材时，铸锭可以用穿孔或其他方法制成空心的，以便放入穿孔棒或者用组合模挤压，不论哪一种方法，金属流变的特点与棒材挤压有很大不同。在用带穿孔棒的挤压机挤压空心坯料或实心坯料时，金属流动不只是受到挤压筒与模端面的摩擦阻力，而且也受穿孔棒的摩擦阻力，从而使金属的流动较均匀，用组合模挤压时由于金属受到分流桥的阻滞，也使坯料内外层金属流动速度均匀。但是在挤压空心型材时，金属流动的主要特点是型材各部分的流出速度非常不均匀。这常引起型材的翘曲、破裂，不能充满模孔，使芯棒位置偏移，从而改变了对型材所要求的尺寸。因此在挤压空心型材时需采取有效措施。

2.1.4　反向挤压时金属的流动特点

2.1.4.1　实心材反向挤压金属的流动特点

反向挤压时金属流动与正向挤压相同，也分填充、稳定、紊流三阶段，但三阶段金属的流动与挤压力的变化有所不同，如图2-14所示。

反向挤压时金属流动特点包括：

（1）金属塑性变形区仅集中在模口附近处，变形区后部的锭坯不发生塑性变形，变形区的高度视摩擦系数的大小及内外层金属塑性的差异而定。

（2）反向挤压所需的挤压力低，摩擦力对反向挤压的影响小，反向挤压时只是变形部分的锭坯边部与挤压筒有相对滑动，其他部分的锭坯与挤压筒壁并不发生相对滑动，仅受到三向等压应力作用，反向挤压受力情况如图2-15所示。

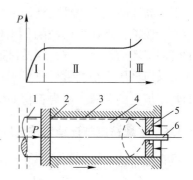

图 2-14　反向挤压棒材金属
流变阶段与挤压力变化

Ⅰ—填充阶段；Ⅱ—稳定挤压阶段；
Ⅲ—挤压终了阶段
1—挤压杆；2—挤压垫片；3—挤压筒；
4—锭坯；5—挤压模；6—制品

（3）死区较小，其高度约为挤压筒直径的 $\frac{1}{8} \sim \frac{1}{4}$，

死区金属一般不参与变形，只有到挤压后期，挤压筒内剩余的金属很少时，才产生横向流变。

（4）金属流动较均匀，制品横断面的组织与力学性能较均匀。反向挤压与正向挤压金属流动特性的比较见图2-16。

（5）挤压缩孔和压余小，金属损失较少，挤压成品率高。

（6）反向挤压相对正向挤压比较主要是制品的力学性能较低、锭坯表层的金属可能流入制品表面。

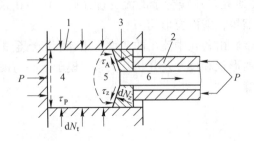

图 2-15　反向挤压棒材时作用于金属的力
1—挤压筒；2—挤压杆；3—模；4—锭坯；
5—塑性变形区；6—制品

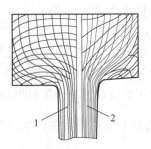

图 2-16　反向挤压与正向挤压坐标网格变化
1—反向挤压；2—正向挤压

2.1.4.2　管材反向挤压金属流动的特点

生产大直径（约 300mm 以上）管材时，多采用反向挤压法或联合挤压法；当生产带底的薄壁管时采用冲击挤压法。图 2-17 为反向挤压管材金属流动模型。（1）金属从挤压垫（相当于芯棒）挤压筒内径形成的间隙模流出，变形区很小，只集中在出口间隙处；（2）变形区高度随变形程度或延伸系数增加而减小；（3）挤出的管坯表面质量较差，锭坯表面缺陷仍出现在管材表面上。因此，用于拉拔的管的锭坯通常要车皮，以便保证管材的质量。

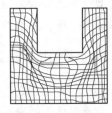

图 2-17　反向挤压
管材金属流动模型

反向挤压中小型管材时可采用空心锭坯，利用装在挤压筒一端的封闭板上的芯棒，实现管材的反向挤压。

2.1.5　连续挤压与连续铸挤金属流动特点

连续挤压与连续铸挤工艺虽然不同，但是金属达到变形区的变形状态与应力状态是基本相同的，金属的流动状态也相类似。通过连续挤压和铸挤过程有限元模拟网格可知，金属在挤压型腔受到强烈的剪切作用，金属流变是不均匀的，进入挤压型腔末端变形区的坯料，受到摩擦力和挤压力的作用，产生塑性变形流入挤压模孔成型。

采用有限元 ANSYS 软件，对材料为工业纯铝进行连续铸挤过程模拟分析，假定它符合 Mises 屈服准则及相关流变法则，采用各向同性硬化法则，将材料简化为双线性模型。材料在 500℃时的力学性能参数分别：弹性模量 $E = 71000$MPa，屈服强度 $\sigma_{0.2} = 30 \times 10^6$ Pa，泊松比 $\nu = 0.31$，切线模量 $E_T = 8$MPa，密度 $\rho = 2620$kg/m^3。变形体与模具之间的摩擦系数 $\mu = 0.3$。

由模拟结果可知，变形后的网格如图 2-18 所示，变形主要集中在型腔末端挡料块与挤压模入口附近，该区域网格畸变较大，泄漏出口处金属的变形并不大，这是由于泄漏口尺寸较小，形成了很大的静水压力，阻碍了金属流变，只有少量金属进入了泄漏间隙中，这正是连续挤压和连续铸挤能够实现的条件之一，只有金属进入了泄漏间隙，才会有挤压飞边存在，这样就避免了挤压轮和挤压靴的直接接触，泄漏间隙的金属起到"润滑剂"作用，保证连续挤压和连续铸挤的顺利进行。由图 2-18 还可以看出，金属在模孔中的流变是不均匀的，靠近挡料块一侧的金属紧贴模孔壁，而且流动较快，而另一侧的金属则离开了模孔壁，且流变较慢，这种流变的不均匀会导致挤压产品内部存在残余应力，当挤压速度较快时，过大残余拉应力会使产品一侧出现周期性裂纹，导致挤压废品，这与实验中所观察到现象是一致的。这也说明在挤压模前端设储料仓是必要的，保证进入模孔的金属流动均匀，防止产品裂纹的发生。

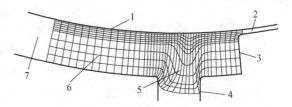

图 2-18　连续铸挤时金属在变形区流动状态模型
1—挤压轮；2—运转间隙；3—挡料块；4—模具；
5—变形区；6—进入型腔的坯料；7—型腔

2.2　影响金属挤压流动与变形的因素

任何一种金属或合金在挤压时的流动特性并非一成不变的，当外部或内部条件变化时，就要引起流动特性的变化，进而影响产品的质量。因此，研究挤压时各种因素对金属流动的影响，对获得优质产品有重要意义。

2.2.1　金属性能的影响

许多学者在研究各种金属及其合金后，认为金属性能的影响主要是指金属强度特性对挤压时金属流动的影响。一般说来强度高的金属往往比强度低的金属流动均匀。也可以说，难挤压的合金比易挤压的合金流动均匀，挤压合金比挤压纯金属流动均匀。这是由于挤压强度大的金属时，由于降低了金属与工具的摩擦系数，使摩擦阻力减小，所以金属流动均匀。

2.2.2　摩擦的影响

挤压时金属的流动景象基本上取决于挤压时的摩擦。挤压筒壁的摩擦力是影响金属流动的主要因素。这种摩擦力越大，中间和边部的金属产生的纵向流动速度差越大。

挤压金属流动受润滑条件的影响也大。无润滑挤压时，由于产生很大的摩擦阻力，变形区扩展较深，网格弯曲强烈，边部金属流动落后于中心部的金属，流动不均匀；而润滑挤压时摩擦阻力小，金属流动较均匀。

另外，挤压垫片与金属间的摩擦作用对金属流动的影响主要产生在坯料的后端，使坯料后端金属变形不均匀，形成难变形区。这也是造成挤压缩孔的原因之一。而在挤压管材时，由于铸锭内部金属受穿孔棒摩擦力的影响以及冷却作用，导致铸锭中心部分的金属流速减慢，其结果使挤压管材比挤压棒材金属流动均匀。在挤压型材时，模子工作带的摩擦力对金属流出模孔速度有阻碍作用。可利用工作带长度来调整型材各部分流动的不均匀性，这种作用被广泛应用在型材模具的设计方面。

2.2.3　温度的影响

不论是铸锭加热的温度，还是挤压工具的预热温度，它们对金属流动的影响包括以下四个方面。

2.2.3.1 锭坯横断面力学性能的分布

锭坯在出炉后，由于空气和挤压筒的冷却作用，使其外层金属的塑性降低，强度升高，内部则塑性高，而强度低，这就势必造成坯料的内部金属易于流动而外部金属难于流动，导致金属流动不均匀。因此，对于挤压工具预热可减少坯料内、外部的温差，使其金属流动均匀。

2.2.3.2 导热性的影响

一般来说，金属加热温度升高，导热性能下降，促使铸锭断面温度分布不均匀，因而挤压时金属流动不均匀。金属导热系数大小对金属流动均匀性影响很大，例如将紫铜与 $\alpha+\beta$ 黄铜锭坯进行均匀加热后，控制空冷 20s 与挤压筒内冷却 10s，测定两种锭坯横断面上的温度与硬度，如图 2-19 所示。由于紫铜导热性能良好，导热系数最高为 3.5~3.9W/$(cm^2 \cdot K)$，而黄铜的导热系数比紫铜低，所以锭坯断面上的温度分布就不同，紫铜比黄铜锭坯的温度分布均匀。虽然紫铜的强度没有黄铜高，但是由于紫铜的导热系数高，同时紫铜在高温下，其氧化皮又起润滑作用，所以紫铜在挤压时金属流动比黄铜的均匀。

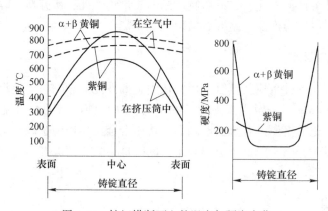

图 2-19 锭坯横断面上的温度与硬度变化

2.2.3.3 相的变化

由于温度改变而引起某些金属相变，以致在挤压时金属流动受到影响。例如，铅黄铜 HPb59-1 在 720℃ 以上为 β 组织，在此温度下挤压时，金属流变均匀。在 720℃ 以下为 $\alpha+\beta$ 组织，在此温度下挤压时，金属流动不均匀。又如钛合金在挤压时也发现，在 875℃ 时 α 组织下挤压时流动均匀，而在 882℃ 以上，即为在 β 组织下挤压时流动不均匀。

2.2.3.4 摩擦条件的变化

对多数金属（如铝合金、黄铜等）来说，随铸锭温度升高摩擦系数增大，从而使金属在挤压时流动不均匀。一般情况下，挤压筒温度升高，挤压时金属流动趋于均匀，这是因为挤压温度升高，摩擦系数虽有某些提高，但相对来说，这种影响是次要的，主要还是由于挤压筒温度升高，铸锭内外层温度差越小，变形抗力趋于一致。所以挤压时使金属流动趋于均匀。在实际生产中，都采用预热和加热挤压筒的方法，使挤压筒保持在一定温度下工作。

2.2.4 工具形状的影响

2.2.4.1 挤压模

挤压模的结构与形状对金属流动的影响主要表现在：

（1）模角对金属流动的影响。模角 α 越大，则在挤压时，金属的流动越不均匀。当模角 $\alpha = 90°$ 时，金属流动最不均匀。因此挤压时采用锥模比平模金属流动均匀。其主要原因是，α 小使死区变小。但是模角对产品的质量有重要的影响，α 大，死区就大，制品表面质量好；而 α 小时，死区小，制品表面较粗糙，所以实际存在一个合理模角范围，在此范围内，使金属流动较均匀，制品表面质量又可以保证，挤压力还低，根据实践经验确定，通常取 α 角 60° ~ 65° 左右（后续在模具设计章节详细分析）。

（2）工作带对金属流动的影响。当金属进入工作带时，有时出现非接触变形，即在工作带处出现细颈，如图 2-20 所示。金属在流动过程中不可能作急转弯运动，而且在模孔入口处金属的流动速度达到最大值，有保持原流动方向的趋势，特别是外层金属更难于急转弯。因此，当挤压比大和挤压速度高的生产条件下，工作带内金属具有产生细颈的可能性。为了消除与避免细颈现象出现，工作带长度起着重要作用，要求工作带长度设计合理，在金属内部应力作用下，金属与工作带壁可完全密合。若工作带很短，则有可能使金属尚未贴到工作带壁就被挤出了模孔，致使所得到的制品外形不规整、

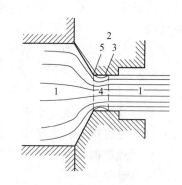

图 2-20　工作带内的金属非接触变形
1—金属；2—模子；3—工作带；
4—非接触变形区；5—工作带入口带锐角

尺寸较小，沿制品长度呈现竹节状。因此，要求合理设计挤压模工作带长度及工作带入口界面有适当的圆角。

采用多孔挤压，一般可以增加金属流动均匀性。但是，多孔挤压模的模孔排布要合理，否则会出现各模孔金属流出速度不同的现象，致使制品长短不齐。

若采用舌模与组合模挤压时，由于中间桥对锭坯中心部分的金属流动起阻碍作用，金属流动较均匀，挤压缩尾显著减小。

2.2.4.2 垫片与挤压筒

垫片有平垫片和凹垫片两种，经研究表明，在稳定挤压阶段对流动影响不大，主要在挤压后期，用凹垫片比平垫片挤压时金属流动均匀些。但是，凹垫片也有一个缺点，挤压的压余残料多而难分离，所以不太适用，一般在生产上均采用平垫片。

挤压筒的形状若与制品的形状相似则流动均匀，不相似则不均匀。例如挤压较宽的壁板，一定要采用扁挤压筒，则流动均匀，而采用圆挤压筒则流动不均匀。

2.2.5 变形程度与挤压速度的影响

当其他条件相同时，减少模孔的尺寸或选断面大的铸锭可使变形程度增加。随着模孔的减小，外层金属向模孔中流变的阻力增大，因此使内外部金属流动速度差增大，变形不均匀。但由变形程度增加到一定程度后，剪切变形深入到内部，而开始向均匀方面流动转

化。对挤压制品断面进行力学性能测定证明，当挤压变形程度达到60%左右时，制品内外层力学性能差别最大；当变形程度达到85%以上时，制品内外力学性能趋于均匀，图2-21为挤压制品力学性能与变形程度间的分布规律。所以在生产时，若挤压制品不再进行后续塑性加工，挤压变形程度应在85%~90%，以保证制品断面的力学性能均匀性，挤压变形程度对制品的质量有很大影响。

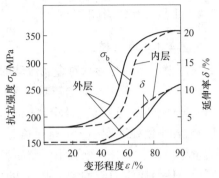

图 2-21　挤压制品力学性能与变形程度的关系

在挤压时金属各部分体积的流动速度是不相同的，其关系式 $v_1 = \lambda v_j$，可知，速度与变形程度有密切的关系，当其他条件相同时，延伸系数 λ 与流出速度 v_1 成正比例。通常是挤压速度 v_j 大，不均匀流变加剧，副应力增大，在挤压制品上会引起周期性周向裂纹或破裂。特别铝合金挤压，常由于挤压速度快而出现裂纹。挤压速度的影响通过下述三方面起作用：

（1）挤压速度高，流变更不均匀，副应力增大。

（2）挤压速度提高，金属来不及软化加快了加工硬化，使金属塑性降低。

（3）挤压速度的提高，增加了变形热效应，使铸锭温度上升，可能进入高温脆性区，降低金属加工塑性。

在实际生产中常常把温度和挤压速度统一考虑，在挤压温度高时，就需要适当地控制挤压速度。在温度低时，可提高挤压速度，保证产品的质量。

2.3　挤压金属流动模型

在不同的工艺条件下挤压各种制品，金属流动是不同的。根据金属流动的特性分析，有4种基本流动模型，如图2-22所示。

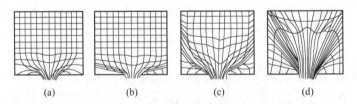

(a)　　　　　(b)　　　　　(c)　　　　　(d)

图 2-22　挤压各种材料时金属在挤压筒中的流动模型
(a) 流动模型Ⅰ；(b) 流动模型Ⅱ；(c) 流动模型Ⅲ；(d) 流动模型Ⅳ

2.3.1　流动模型Ⅰ

流动模型Ⅰ在反向挤压和静液挤压时出现。锭坯与挤压筒之间绝大部分没有摩擦力，只有靠近模子附近处的筒壁上才存在着摩擦力，金属流动均匀，几乎沿锭坯整个高度都没有金属周边层剪切变形，弹性区的体积较大，塑性变形区只局限在模口附近，死区很小。在整个挤压的过程中，压力、变形和温度条件稳定，所以不产生中心缩尾和环形缩尾。

2.3.2　流动模型 II

流动模型 II 在润滑挤压时，锭坯与挤压筒间的摩擦极小时出现。塑性变形区与死区比流动模型 I 大，金属的流变较均匀，不产生中心缩尾和环形缩尾。一般情况下，挤压紫铜、H96 黄铜、锡磷青铜、铝、镁合金、钢等属于此种流动模型。

2.3.3　流动模型 III

流动模型 III 在锭坯内外温差较大，且受到挤压筒与模子的摩擦较大时出现。塑性变形区几乎扩展到整个锭坯，但在基本挤压阶段尚未发生外部金属向中心流动的情况。在挤压后期出现较短的缩尾。一般情况下，挤压 α 黄铜、白铜、镍合金、铝合金等属于此种流动模型。

2.3.4　流动模型 IV

流动模型 IV 在挤压筒与锭坯间的摩擦力很大，且锭坯内外温差又很大时出现。金属流动不均匀，挤压后期易出现缩尾。一般情况下，挤压 α+β 黄铜、铝青铜、钛合金等属于此种流动模型。

思考练习题

2-1　挤压时金属流动分几个阶段，各阶段挤压力是如何变化的？

2-2　为什么要有填充挤压阶段，如何确定填充系数，填充挤压时金属能否流入模孔？

2-3　锭坯的长度与直径之比如何确定，填充挤压时金属流动特点为何，制品的表面气泡和裂纹是如何产生的？

2-4　何谓梯温加热，为什么进行梯温加热，如何实现？

2-5　画图说明圆棒正向挤压流动特点。

2-6　死区是如何形成的，它的作用是什么？

2-7.　说明后端难变形区的形成机理。

2-8　圆棒材正向挤压时金属流动不均匀的原因是什么？

2-9　说明紊流挤压阶段挤压力上升的原因。

2-10　实心和空心型材正向挤压金属流动各有什么特点，型材出模孔产生弯曲的原因为何，什么是比周长？

2-11　反向挤压同正向挤压比较有什么特点，什么情况下采用反向挤压？

2-12　影响金属挤压流动的因素是什么？

2-13　判断题：

（1）正向挤压时模角增大，死区减小。

（2）当其他条件相同时，纯金属比合金的挤压速度高。

（3）挤压速度增加，流变不均匀性增加。

（4）同一种合金，挤压温度越高，挤压速度也要高一些。

（5）反向挤压时，坯料长度增加，挤压力就增大。

（6）正向挤压实心型材时，比周长小的部分金属流动得快。

（7）强度越高，正向挤压时金属流动越不均匀。

（8）复杂断面型材比简单断面型材的挤压速度高。

（9）正向挤压时，挤压模角越大，金属的流动越不均匀。

（10）当正向挤压时，其他条件相同，变形程度大，则金属流动愈不均匀。

2-14 正向挤压时，为什么挤压速度增加，而金属流动愈不均匀，甚至因挤压速度过快而出现裂纹？

2-15 试画出挤压金属流动模型图，并指出什么情况下会出现四种基本流动模型。

挤压成型材料组织性能与控制

3.1 挤压成型材料的组织

3.1.1 成型材料组织特征

金属材料的组织主要取决于金属的化学成分、加工方法及热处理状态。挤压成型材料的组织特征与挤压方法和挤压条件有密切关系。在一般情况下，挤压不同的材料，采用不同的挤压成型方法，而形成的组织状态是不同的。

3.1.1.1 无润滑正向挤压棒材的组织

挤压棒材横断面与沿长度方向上变形都是不均匀的，这是无润滑挤压加工本身所决定的，通过挤压棒材不同部位的高倍组织观察，外层晶粒比内层晶粒细，后部的晶粒比前部晶粒细，如图 3-1 所示。并且也发现沿棒材长度上，如切除前端和后端几何废料，则由头部到尾部，由内层到外层晶粒度差别逐渐减小。根据挤压生产实际，改变挤压条件，如加大变形程度，改善润滑及其他工艺条件，也可以获得沿棒材长度从头部向尾部、从中心向周边的组织和性能基本趋于均匀的材料。

另外，生产过程中也发现无润滑正向挤压管材或型材与挤压棒材相比，在断面与长度上组织也趋于均匀。

3.1.1.2 润滑挤压或无摩擦挤压材料的组织

由于在挤压过程中金属变形较均匀，则不论挤压出的是棒材、型材或是管材的组织都趋于均匀。例如，静液挤压、润滑挤压、反向挤压等。

3.1.1.3 组织不均匀性分析

分析挤压成型材料组织不均匀性，通常以非润滑正向挤压棒材作为典型进行组织特征的研究。下面分析一下组织不均匀性产生的原因。

（1）摩擦的影响。在棒材横断面上，由于锭坯外层金属在挤压筒内受摩擦阻力作用而产生剪变形，使外层金属的晶粒遭到较大破碎，又由于挤压变形程度由外层向中心部分减少，内层比外层金属的晶粒遭到破碎的程度小，而中心部分更小，所以在挤压棒材断面

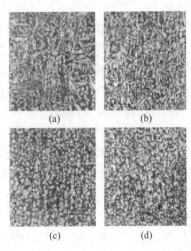

图 3-1 黄铜 (HPb58-2，加工率 92%)
棒材不同部位的高倍组织
(a) 棒材前部内层；(b) 棒材前部外层；
(c) 棒材后部内层；(d) 棒材后部外层

上会出现组织不均匀。在棒材长度上，也是由于外摩擦的作用，外层金属在挤压过程中受到连续不断的剪切变形，而随着锭坯长度的减小，剪变形区不断增大，且逐渐深入到锭坯中心，从而使晶粒遭到破碎的程度沿棒材由前端向后端逐渐增大，所以也会出现沿棒材长度上组织不均匀。

（2）挤压温度与挤压速度的影响。在挤压过程中，由于挤压温度与速度的变化，引起了挤压成型材料组织的不均匀性。一般在挤压速度不高时，如挤压锡磷青铜时挤压速度极慢，锭坯在挤压筒内停留时间长，锭坯前部在较高温度下塑性变形，金属在变形区内和出模孔后可以进行充分的再结晶，故材料晶粒较大。锭坯后端由于温度低，金属在变形区内和出模孔后再结晶不完全，特别是在挤压后期金属流动速度加快，更不利于再结晶，故材料的晶粒较细，甚至出现纤维状冷加工组织。但是，在某些情况下，如挤压比大或挤压速度快时，由于变形热效应较大，可使挤压中段温度升高，因此也可能中段的晶粒度比前端大。

（3）合金相的影响。在挤压两相或多相合金棒材时，由于温度的变化，使合金处于相变的温度下进行塑性变形，也会造成组织的不均匀性。例如，HPb59-1铅黄铜 720℃ 为相变温度，在高于相变温度挤压棒材时，合金呈单相 β，而不析出 α 相。如果在挤压结束后，温度降至相变温度时，由 β 相中析出呈均匀的多面体 α 相晶粒，所以组织比较均匀。但在挤压时，如果温度降至相变温度 720℃ 以下，α 相是在变形过程中析出，且被拉长成条状组织，一般为带状组织，如图3-2 所示。这种条状组织在以后的正常热处理温度（低于相变温度）下多数是不能消除的。由于 β 相常温塑性低和 α 相常温塑性高，且呈连续的条状分布，使常温下相间变形不均匀而产生附加应力，在进一步冷加工中易产生裂纹。

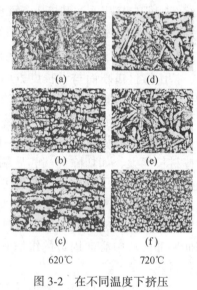

图3-2 在不同温度下挤压
HPb59-1棒材的高倍组织
（a），（d）头部；（b），（e）中部；
（c），（f）尾部

通过以上分析，结合生产实践，要想获得组织优异的材料，需要根据挤压材料性能采用不同的挤压方式，对挤压润滑、挤压速度-温度、挤压比及模具结构等成型工艺条件进行优化。例如当挤压铝合金棒材时，挤压比大于 10，挤压制品组织趋于均匀，挤压比越大，制品越均匀。而当很小时（λ<5）时，挤压制品的组织不均匀程度加剧。力学性能也不均匀，变形程度越小，这种不均匀性越大。

挤压成型材料的组织决定其性能，因此挤压时要想得到力学性能优异高质量的材料，则需要控制好材料的组织。

3.1.2 成型材料的层状组织

在挤压成型棒材时，有时观察到层状组织，如图3-3 所示。所谓层状组织，也称片状组织，其特征是将棒材折断后，呈现出与木质相似的断口，分层的断口表面凹凸不平，并带有布状裂纹，分层的方向与挤压棒材轴向平行，是挤压制品的一种组织缺陷。层状组织对材料力学性能有影响，在棒材纵向上力学性能影响不大，而在横向上力学性能降低。

层状组织产生的原因：根据经验证明，产生层状组织的基本原因是在铸坯组织中存在大量的微小气孔、缩孔或是在晶界上分布着未被溶解的第二相或者杂质等，在挤压时都被拉长，从而呈现层状组织。层状组织一般出现在制品的前端，这是由于在挤压后期金属变形程度大且流变紊乱，从而破坏了杂质薄膜的完整性，而使层状组织显现得不明显。

图 3-3 带层状组织的
铝青铜挤压管材

防止层状组织的措施：一般在铜合金中，最容易出现层状组织的是含铝的青铜 QAl10-3-15，QAl10-4-4 和含铅的黄铜 HPb-59-1 等，在 6A02，2A40 等铝合金中容易出现层状组织，而在 7075，2A12，2A11 中较少。防止层状组织出现的措施，应当从铸锭组织着手，减少铸锭柱状晶区，扩大等轴晶区，同时使晶间杂质分散或减少等。另外对于不同的合金还有不同的解决层状组织的办法。减少或消除铝合金的层状组织，应减少合金中的氧化膜及金属化合物的晶内偏析。研究表明，对 6A02 合金含锰量超过 0.18% 时，层状组织可消失。根据实验，对铝青铜的层状组织，适当控制铸造结晶器的高度（如采用不超过 200mm 短结晶器）可消除或减少层状组织。

3.1.3 成型材料的粗晶环

挤压成型材料组织的不均匀性，还表现在某些金属与合金棒型材挤压成型或经淬火处理后，在挤压材料尾部靠外层周边出现环状粗大晶粒组织区，通常称之为"粗晶环"，如图 3-4 所示。对工业纯铝、MB15 镁合金等，根据挤压温度的不同，挤压后在棒材外层会出现深度不同的粗晶环。对含 Cu 为 58%，Pb 为 2% 的黄铜在 725℃ 下的挤压棒材，据文献资料介绍，在锻造前加热时，会在坯料的外层出现粗大晶粒组织。但是粗晶环最突出的表现在铝合金中，例如 6A02，2A50，2014，2A02，

图 3-4 挤压硬铝棒上的粗晶环
（淬火温度 505℃）

2A11，2A12 和 7075 等，对不润滑挤压的制品，经淬火处理后在其后端外层周边形成环状的粗大晶粒区。

粗晶环是挤压制品的一种缺陷，它引起制品的力学性能降低，对以上几种铝合金来说，粗晶环通常使其室温强度极限 σ_b 降低 20%~30%，表 3-1 给出了几种铝合金挤压制品粗晶环区与中心区力学性能（屈服极限 $\sigma_{0.2}$、强度极限 σ_b、延伸率 δ）的比较。

因此，为了保证挤压制品的质量，必须对制品的粗晶环进行检查，在现场规定，直径大于 20mm 的棒材一律检查，并规定粗晶环的深度不得超过 3~5mm，并设法减少或消除挤压制品粗晶环。为达此目的，必须了解挤压成型材料粗晶环产生的原因。

表 3-1　铝合金挤压制品粗晶环区与中心区性能比较

合　金	粗　晶　环　区			中　心　区		
	σ_b/MPa	$\sigma_{0.2}$/MPa	δ/%	σ_b/MPa	$\sigma_{0.2}$/MPa	δ/%
6A02	241.5	170.5	25.6	391.5	293.0	16.8
2014	345.2	240.0	24.6	497.8	337.0	14.48
LD11	407.5	311.6	24.2	256.5	328.0	18.3
2A12	444.0	332.0	26.4	545.0	411.0	14.7
7075	400.0	301.0	21.3	559.0	415.0	11.8

3.1.3.1　粗晶环形成的机理

首先了解一下正向挤压棒材或其后经淬火处理形成粗晶的分布情况，粗晶肯定在制品的外层，对硬铝合金来说，粗晶环的形状和分布如图 3-5 所示，沿制品长度方向，由前端外层向后端外层粗晶环逐渐扩大，而严重的时候，制品尾部的粗晶区可扩展到整个断面。粗晶环区中的晶粒不是等轴的，而是沿主变形方向，即挤压方向被拉长。

为什么在制品外层会出现粗晶组织，内部为细晶组织？为什么纯铝等在挤压时即出现粗晶组织，而铝合金则在淬火加热时才出现粗晶组织？究其根本原因是由于再结晶的结果。正向不润滑挤压制品时，由于金属与挤压筒的强烈摩擦使得外层金属的变形程度比中心区高几十倍，同时外层金属受到较大的剪切变形，

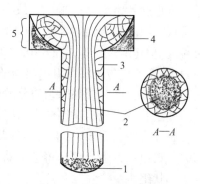

图 3-5　正向挤压硬铝棒材
粗晶环形状及分布示意图
1—铸造组织；2—细晶组织；
3—粗晶组织；4—死区；5—压余

晶粒遭到较大的破碎，使金属内能增高，再结晶温度将降低。外层金属的完全再结晶温度比中心区域低 35℃ 左右，对纯铝等金属来说，外层很容易发生再结晶，使晶粒长大，又因外层金属呈复杂的紊流状态，并且制品由前端向后端变形程度越来越大，所以外层金属变形不均匀，因而再结晶温度也不均匀，使晶粒越往后端越粗大。对铝合金来说，合金中的 Mn、Cr 等元素在固溶体中能提高再结晶温度，而合金中的化合物 $MnAl_6$，$CrAl_7$，Mg_2Si，$CuAl_2$ 等又可阻止再结晶晶粒的长大，挤压时强烈的摩擦作用使外层金属流动滞后于中心区，外层金属呈拉副应力状态，促进了 Mn 的析出。这样虽然使固溶体的再结晶温度降低，产生一次再结晶。但是，因第二相由晶内析出后呈弥散质点状态分布在晶界上，阻碍了晶粒的集聚长大。因此在挤压后，铝合金制品外层呈细晶组织。在淬火加热时，由于温度高，析出的第二相质点又重新溶解，使阻碍晶粒长大的作用消失，在这种情况下，一次再结晶的一些晶粒，在较高晶界能和体积能作用下开始吞并周围的晶粒迅速长大，发生二次再结晶，形成粗晶组织，即粗晶环，而在挤压制品的中心区由于呈稳定流动状态，变形比较均匀。又由于受到压副应力作用，不利于 Mn 的析出，中心区金属的再结晶温度提高，不易形成粗晶。

3.1.3.2　影响产生粗晶环的主要因素

在这里主要讨论在正向挤压时，各种因素对上述谈到的锻铝合金，硬铝合金以及超硬铝合金的粗晶环的影响，并提出消除粗晶环的措施。

（1）合金元素 Mn、Cr 等对粗晶环的影响。在前面所叙述的易产生粗晶环的硬铝合金中，如果含有一定量的 Mn、Cr、Ti、Zr 等，由于这些元素扩散系数低，溶入铝后也将降低铝的自扩散系数，增加了扩散的激活能，导致再结晶温度的提高。例如 2A12 合金中的含 Mn 量为 0.2%~0.6%时，由于对控制粗晶环的作用弱，因此粗晶环大，而提高到 0.8%~0.9%时，可以消除粗晶环。

（2）铸锭均匀化对粗晶环的影响。均匀化对不同铝合金的影响也不一样。由于均匀化温度一般是 470~510℃之间，在此温度范围内，对 6A02 一类合金中的 Mg_2Si 相将大量溶入基体金属，但对 2A12 一类合金中的 $MnAl_6$ 却会从基体金属中大量析出。这是由于在铸造过程中，冷却速度快，$MnAl_6$ 相来不及充分地从基体中析出。因此，在均匀化时，$MnAl_6$ 相则由基体中进一步析出。在长时间高温作用下，$MnAl_6$ 弥散质点聚集长大。前面曾谈到 Mn 溶入基体金属引起扩散激活能增加，提高了再结晶温度，而 Mn 以 $MnAl_6$ 相的质点从基体金属析出后，这种作用将大大减弱。同时析出的 $MnAl_6$ 质点长大后，它对再结晶的作用，也比它呈弥散质点时弱很多。因此，当含锰的铝合金铸锭进行均匀化处理会大大使粗晶环扩大，均匀化温度越高，时间越长，会使粗晶环更大。所以一般对含锰的2A12 一类合金铸锭不进行均匀化。对不含锰的铝合金铸锭，进行均匀化与不均匀化，挤压后经淬火制品都存在粗晶环，均匀化对此类合金的粗晶环影响不大。

（3）挤压温度对粗晶环的影响。随着挤压温度的增高，粗晶环的深度增加。这是由于挤压温度升高后，金属的 σ_s 降低，变形不均匀性增加，扩散的激活能降低，其结果有利于再结晶过程的进行。另外，由于扩散激活能降低后，使扩散过程加速，这样在铸造时，由于快冷而过多溶解在基体中的第二相质点析出，且温度越高，析出的第二相质点越容易集聚。从而减弱了对晶粒长大的阻碍作用，使粗晶环变大。因此，采用低温挤压可消除或减少粗晶环。

（4）挤压筒加热温度的影响。当挤压筒温度高于铸锭温度时，可减少粗晶环。这是因为当挤压筒温度高于铸锭温度时，避免了铸锭外层的冷却，使铸锭内外层温度比较均匀，减小了不均匀变形，使铸锭外层变形量大的区域减小，因此可使制品上的粗晶环变小。

（5）淬火加热温度对粗晶环的影响。淬火温度越高将使 Mg_2Si，$CuAl_2$ 等第二相弥散质点溶解得充分。同时淬火温度较高，也将促使 $MnAl_6$ 的弥散质点聚集长大，使其抑制作用也减小，所以增加淬火温度将使粗晶环增加。不过在实际生产中淬火加热的最高温度不是可以任意选择的，它受合金发生过烧温度的限制，当然适当地降低淬火加热温度能使粗晶环减少甚至不产生。

（6）应力状态对粗晶环的影响。挤压时不均匀变形所引起的副应力，对铸锭中心产生压副应力，外层产生拉副应力。由于扩散速度与合金中的应力有关，三向强压应力使扩散速度降低，而拉应力能使扩散速度增加。因此铸锭在挤压时，因为外层的三向压应力状态不如中间强烈，对含 Mn 的铝合金，外层金属中将有较多的 $MnAl_6$ 析出，降低了 Mn 一类元素对再结晶的抑制作用。根据以上对影响粗晶环因素的论述，可对不同的合金采取相应的措施，减少或消除粗晶环。例如：6A02，2A40 合金可以采取提高挤压筒温度以及适当降低淬火加热温度的办法；2A12 合金采取增加 Mg 和 Mn 的含量的办法；2014 合金采取提高挤压筒温度、降低铸锭温度的办法比较有效，但是挤压力大，有时甚至挤不动，所以目前还是采用增加 Mn 和 Si 含量的办法控制粗晶环。总之减少或消除粗晶环的最根本的办法，是减少挤压时的不均匀变形和控制再结晶的进行。

近年来，对于正向挤压产生粗晶环的机理进行了大量研究，取得了很大的进展，在已发表的文献中，有"一次再结晶"和"二次再结晶"等观点。有的文献指出了临界变形、析出质点和工艺因素对形成粗晶的影响。日本池田千里等人，对于反向挤压制品表面层产生再结晶粗大晶的原因也进行了研究并指出：用金属学和变形动力学的观点进行考察，挤压模棱角附近大的变形速度梯度，即"变形的加速度"是给挤压材表面带来再结晶粗大晶粒的主要原因。对粗晶环的产生机理及消除的措施，还需进一步研究。

3.2 挤压成型材料力学性能

3.2.1 材料力学性能特征

挤压成型材料变形和组织的不均匀性必然引起力学性能的不均匀性。一般实心挤压成型材料（未经热处理）的内部和前端的强度（σ_b，σ_s）低，外层和后端的强度高，延伸率变化则相反。图 3-6 为挤压棒材横向与纵向上抗拉强度的变化。对铝及铝合金来说，硬合金挤压棒材性能的变化符合此规律，但对纯铝及软铝合金成型材料一般是内部和前端的强度高，延伸率低，外层和后端的强度低，延伸率高。

当挤压比相对小的时候，材料中心层和周边力学性能不均匀性严重，而当挤压比增大时，性能的不均匀性减小，最后可能达到一致的程度。例如史密得曾对镁合金进行挤压试验得到如图 3-7 所示的挤压镁合金棒的变形对其力学性能的影响曲线。镁合金成分为 90% 镁、10% 铝。当变形程度 $\varepsilon \leqslant 20\%$ 时，棒材力学性能内部和外层是基本相同，当变形程度 ε 继续增加时，其性能差值增加，在 $\varepsilon > 60\%$ 后，性能差异逐渐缩小，当变形程度增加到 90% 时，沿断面性质的差异减小且消失。同时，也从其他金属及合金的试验得到证实。因此，在生产中一般选 90% 以上的变形程度最适宜，变形程度 20% 以下时由于制品的力学性能差而不适宜采用。

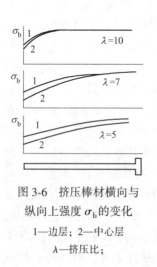

图 3-6 挤压棒材横向与
纵向上强度 σ_b 的变化

1—边层；2—中心层
λ—挤压比；

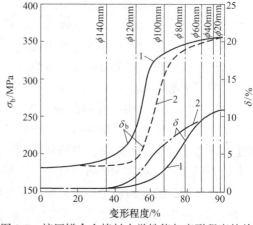

图 3-7 挤压镁合金棒材力学性能与变形程度的关系

1—外层；2—内层

挤压成型材料力学性能的不均匀性还表现在成型材料的纵向和横向的差异上。挤压时的主变形图是两向压缩和一向延伸变形，这使金属纤维都朝着挤压方向取向，从而使其力学性能的各向异性较大。表3-2列出锰青铜棒的各方向上的力学性能。制品的纵向与横向力学性能的不均匀，主要是由于变形织构的影响，还有挤压后材料晶粒和晶间化合物沿挤压方向被拉长、挤压时气泡沿晶界析出等原因。

表 3-2　锰青铜棒的各方向上力学性能

取样方向	强度极限/MPa	延伸率/%	冲击韧性/Nm·cm^{-1}
纵向	472.5	41	38.4
45°	454.5	29	36.0
横向	427.5	20	30.0

注：挤压成型材料的挤压比为78。

对于空心制品（管材）断面上力学性能的不均匀性原则上与实心的相同。

实践证明，纯金属的挤压成型材料无论在横向与纵向上，力学性能的差异都比合金的小，力学性能的不均匀性取决于合金性质、挤压方法和挤压条件。

3.2.2　挤压效应

挤压制品与其他加工工艺制品（如轧制、拉伸和锻造等）经相同的热处理后比较，前者的强度比后者高，而塑性比后者低。这一效应是挤压制品所特有的特征，故称挤压效应。表3-3所示的几种铝合金以不同加工方法，而经淬火时效后的强度数值。

表 3-3　几种铝合金以不同加工方式经淬火时效后的强度 σ_b 　　　　（MPa）

合金 制品	2A11	2A12	6A02	2014	7075
轧制板材	433	463	312	610	497
锻件	503	—	367	610	470
挤压棒材	436	574	452	840	510

挤压效应可以在硬铝型合金（2A11，2A12）、锻铝合金（6A02，2A50，2014）和AlCuMgZn高强铝合金（7075，7A06）中观察到。应该指出的是，这些合金挤压效应只是用铸锭挤压时才十分明显。在二次挤压（即用挤压坯料进行挤压）时，这些合金挤压效应将降低，并在一定条件下几乎完全消除。

当对于挤压棒材横向进行变形或在任何方向进行冷变形（在挤压至热处理之间）时，挤压效应也降低。

正如前面已指出的挤压效应是上面所列举的那些合金所特有的，其他一些合金未发现这一效应，或者很微弱。因此，就很自然联想到挤压效应与合金的化学成分有关。

C. M. Воронов（鲍鲁诺夫）等人确定锰对挤压后铝合金经淬火时效的力学性能有很大的影响，变形铝合金2A11，2A12，2A02，2A50，2014，7075等都含有锰，所以研究挤压效应的产生是和铝合金中含Mn分不开的，如图3-8所示，Mn含量对挤压和拉拔棒材6A02，2A12的性能影响。若在变形铝合金中含有Cr、Ti等也有与Mn同样的作用。

那么，究竟产生挤压效应的原因是什么呢？经大量的研究认为：首先，由于挤压使制品处在强烈的三向压应力状态和二向压缩一向延伸变形状态，制品内部金属流动平稳，晶粒皆沿挤压方向流动，使制品内部形成较强的［111］织构，即制品内部大多数晶粒的［111］晶向和挤压方向趋于一致。对于面心立方晶格铝合金制品来说，［111］方向是强度最高的方向，所以就使得制品纵向的强度提高。其次，由于 Mn、Cr 等抗再结晶元素的存在，使挤压制品内部在热处理后仍保留着加工织构，而未发生再结晶。这是因为合金中含 Mn、Cr 等元素，这些元素与铝组成的二元系状态图的特点是，结晶温度范围窄和在高温下固溶体中的溶解度很小，所以形成的过饱和固溶体在结晶过程中分解出 Mn、Cr 等金属间化合物 $MnAl_6$、$CrAl_7$ 弥散质点，并分布在固溶体内树枝状晶的周围构成网状膜。又因 Mn、Cr 在铝中的扩散系数很低，且 Mn 在固溶体中也妨碍着金属自扩散的进行，这也就阻碍了合金再结晶过程的进行，使制品内部再结晶温度提高，在进行热处理加热时制品内部不发生再结晶，所以挤压制品内部在随后热处理仍保留着加工组织。应特别指出，挤压效应只显现在制品的内部，至于其外层，常因有粗晶环而使挤压效应消失。

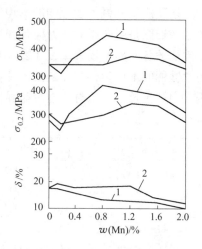

图 3-8　Mn 含量对挤压和拉拔
棒材（6A02）性能影响
1—挤压棒材（挤压温度：450℃，淬火温度：
525℃，时效温度：150℃，15h）；
2—冷拉棒材（挤压后冷拉变形 18%，
热处理条件同 1）

具有挤压效应的铝合金的棒型材用途很广，而且大多用于机器的受力部件上，因此研究挤压效应对生产来说有很大的意义。

影响挤压效应的因素有下述几点。

A　挤压温度的影响

И. Э. Могилевоский 及 С. М. Воронов 等人研究指出，提高挤压温度对硬铝和 6A02 合金的挤压效应的影响取决于含 Mn 量，因为 Mn 量影响到淬火前的加热过程中是否发生再结晶和再结晶的程度。

对于不含 Mn 或少量 Mn 的硬铝和 6A02 合金，在挤压后，经淬火前加热能发生充分的再结晶，这种合金性能与挤压温度高低关系不大。

对于中等含 Mn 量（0.3%～0.6%）的硬铝和 6A02 合金，挤压温度对其挤压效应有非常明显的影响，在不同的挤压温度下，挤压效应不同。例如，Mn 质量分数为 0.4% 的合金，挤压温度为 380℃ 时，$\sigma_b = 460MPa$，$\sigma_s = 295.0MPa$，$\delta = 22\%$；当挤压温度为 490℃ 时，$\sigma_b = 580MPa$，$\sigma_s = 410MPa$，$\delta = 14\%$。也就是说这两种挤压温度下 σ_b 差 120MPa，σ_s 差 115MPa，δ 差 8%。其原因与淬火前的加热时所发生的再结晶程度密切相关，在 0.3%～0.6% 含 Mn 量的范围内，硬铝和 6A02 等合金的含 Mn 量越高，挤压温度越高，则发生再结晶的程度就越小，因此挤压效应显著提高。

对 Mn 质量分数大于 0.8%～1.5% 的硬铝、6A02 等合金，其挤压温度对此合金的挤压效应影响不大。

B　变形程度对挤压效应的影响

对于不含 Mn 或少含 Mn（0.1%）的 2A12 合金来说，增大变形程度，会使挤压效应降低。例如，当变形程度从 72% 增加到 95% 时，强度降低而塑性增高，变形程度为 72% 时，$\sigma_b = 460\mathrm{MPa}$，$\sigma_s = 314\mathrm{MPa}$，$\delta = 14\%$；而变形程度为 95.5% 时，$\sigma_b = 414\mathrm{MPa}$，$\sigma_s = 260\mathrm{MPa}$，$\delta = 21.4\%$。

当 2A12 的含 Mn 量增加时，变形程度大，此合金挤压效果显著，如当 Mn 质量分数为 0.36%，变形程度为 95.5% 时，其合金的强度 σ_b 最大；若变形程度为 83.5% 时，其合金的强度 σ_b 中等；若变形程度为 72.5% 时，其合金的强度 σ_b 最低。含 Mn 量在 0.36%~1.0% 的 2A12 合金均为这种情况。在含 Mn 量为 0.5%~0.8% 时，可以看到变形程度对强度有最大的影响。

对标准的 2A12 合金，Mn 含量正好在 0.36%~1.0% 的范围内，因此这种合金挤压材料强度随变形程度增加而增大。但延伸率 δ 是降低的。

当 2A12 合金的 Mn 质量分数提高到 1.2%~1.3% 时，变形程度在 72.5% 和 83.5% 之间的挤压棒材，其 σ_b、σ_s 仍随 Mn 增加而继续增加，但变形程度为 95.5% 的挤压棒材之强度则急剧降低，延伸率 δ 也是降低的。

当 Mn 含量超过 1.2%~1.3% 时，在所有的变形程度下，强度均随含 Mn 量增加而降低。变形程度对不同含 Mn 量的 7075 合金挤压效应的影响也与 2A12 合金相类似。

C　二次挤压对挤压效应的影响

二次挤压在生产小型材和棒材时普遍采用，中间坯料的二次挤压允许采用高的挤压速度和低的挤压温度。二次挤压对不同含 Mn 量的合金的力学性能影响是使所有硬铝及锻铝合金的强度降低而延伸率 δ 有某些提高，大大削弱了挤压效应。X 光分析指出：二次挤压引起合金（甚至连一次挤压后没有任何再结晶痕迹的合金）在一定程度上发生了再结晶。

3.3　挤压成型材料的质量控制

3.3.1　挤压裂纹

在实际生产中，某些合金挤压棒材表面常会出现裂纹，此种裂纹大多外形相同，距离相等，呈周期分布，通常称之为周期裂纹，如图 3-9 所示。

以下以正向挤压实心棒材为例分析裂纹产生的原因。裂纹的产生与金属在挤压时的受力状态有直接关系。由于外摩擦力的作用使锭坯表面的流动受到阻碍，因此而产生金属的不均匀变形，在棒材内层的金属流速大于外层金属流速，从而使外层金属受到拉副应力作用，在内层则受到压副应力作用。在挤压时所发生的副应力分布，如图 3-10 所示。这种拉副应力的产生，就会在挤压过程中助长裂纹的形成。裂纹的形状不仅与应力的分布有关，而且与变形的动力变化过程也有关系。

图 3-9　挤压制品的周期裂纹

在挤压时，当有裂纹发生，在最尖的裂纹角落里发生了应力集中现象，因而更增加了裂纹的深度。裂纹的形状根据其裂纹加深速度和金属的流动速度而定，例如，当裂纹的加深是等减速，金属通过变形区的运动是等速时，则裂纹的形状如图 3-11 所示。一般来说，副应力是愈趋近于变形区的出口，其数值愈大。如图 3-12 所示，是副应力在变形区变化及金属产生周期裂纹的过程。在图中 a—a、b—b、c—c 是表示铸锭相应各断面上副应力分布。曲线 1 为断面 a—a 上分布的副应力，曲线 2 为断面 a—a 上分布的基本应力，曲线 3 为在 a—a 断面上的副应力和基本应力合成后的结果，称为工作应力。由图 3-12 可知，副应力越接近于变形区域

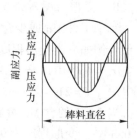

图 3-10　挤压时副应力分布

的出口，因金属内、外层流速差逐渐增加，其数值越大。当变形区压缩锥中的工作应力达到了金属的实际断裂强度极限时，在表面上就会出现向内扩展的裂纹，其形状与金属通过变形区域的速度有关。裂纹的发生就消除了此局部的拉副应力，当裂纹扩展到 K 时，裂纹顶点处的工作应力降低到断裂强度极限以下，第一个裂纹不再向内部扩展。随着金属变形不断地进行，金属又会由于拉副应力的增长，直到应力超过金属的断裂强度极限时，又出现第二个裂纹，依此类推。因此在制品表面就会不断地出现裂纹，形成周期性裂纹。

在生产中最易出现周期性裂纹的合金包括硬铝、锡磷青铜、铍青铜、锡黄铜 HSn70-1 等，这些合金在高温下的塑性温度范围较窄（100℃ 左右），挤压速度稍快，变形热来不及逸散而使变形区压缩锥内的温度急剧升高，超出了合金的塑性温度范围，在晶界处低熔点物质就要溶化，所以在拉应力的作用下产生断裂。

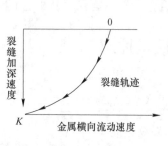

图 3-11　裂纹形成的形状图

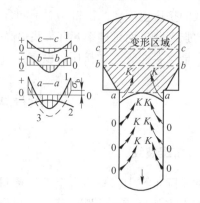

图 3-12　副应力在变形区域内的变化
1—副应力；2—基本应力；3—工作应力

有些合金在高温下易黏结工具出现裂纹、毛刺，这类裂纹有韧性断裂的特征，例如 QAl10-3-1.5、HSi80-3、HPb59-1、QBe2.0 等，在挤压制品的头部常可出现裂纹。

消除裂纹的措施：第一，在允许的条件下采用润滑剂、锥模等来减小不均匀变形。第二，采取合理的温度-速度规程，使金属在变形区内具有较高的塑性。一般来说挤压温度高，则挤压速度要慢；挤压温度低，则挤压速度适当增大。如锡磷青铜，根据现场的经验将其加热温度降至 650℃ 左右，并用慢速挤压，则很少出现裂纹。如硬铝为提高挤压速度，保证产品质量而采用等温挤压、冷挤压和润滑挤压等。第三，增加变形区内基本压应力数值，例如，适当增大模子工作带长度。

3.3.2 挤压缩尾

挤压缩尾也称挤压缩孔，是在挤压过程中铸锭表面的氧化物、油污脏物及其他表面缺陷进入成型材料内部或出现在材料的表皮层，而形成漏斗状、环状、半环状的气孔或疏松状态的缺陷。

它破坏了金属的致密性和连续性，降低了材料的力学性能。根据缩尾在制品中分布的位置可分中心缩尾、环形缩尾、皮下缩尾三类，如图 3-13 所示。下面以正向挤压棒材为例进行分析。

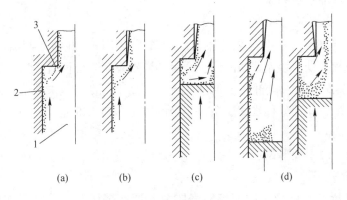

图 3-13　挤压缩尾
1—未变形材料；2—表皮；3—死区

3.3.2.1 皮下缩尾

如图 3-13（a）、（b）所示。在有润滑挤压时，由于死区产生在模端面周围，有时铸锭表面的氧化物、润滑油污等从死区周围的界面进入材料内部，而呈现在制品的表面层，如图 3-13（a）所示，挤压后压余和死区可简单分离。但是，在此情况下死区不是完全刚性体，那么往往死区的材料也通过模出口一点一点流出，其结果如图 3-13（b）所示。死区流出的金属出现在制品的表面，而通过死区周围界面的氧化物、油污进入制品的内层，被死区流出的金属包覆着，而表皮的金属易胀起，有时要脱落。

特别在挤压后期，当死区界面因剧烈滑移使金属受到强烈的剪切变形而断裂时，铸锭表面的氧化层，润滑剂沿着断裂面流出，更容易形成皮下缩尾。

3.3.2.2 中心缩尾

如图 3-13（c）所示，在挤压后期（紊流阶段）挤压筒中剩余的坯料高度较小，挤压垫片进入变形区，整个挤压筒内的剩余坯料处在紊流状态，而随着坯料高度的不断缩小，金属径向流动速度不断增加，而用来补充由于坯料中心部分比外层金属流速快而造成短缺，于是坯料后端表面的氧化物和润滑剂等集聚在坯料中心部位，进入制品内部，当挤压到最后即使剩余的坯料全部金属都用来补充中心部分的金属短缺都不够，于是在制品中心部分出现了空缺，呈漏斗状。

3.3.2.3 环形缩尾

如图 3-13（d）所示，在无润滑挤压过程中，若坯料外层金属的挤压温度显著降低，使金属的变形抗力增高，再加上坯料与挤压筒接触表面的摩擦力大，那么在坯料与挤压筒接触面不产生滑移，同时在挤压垫片处又存在难变形区，所以坯料表面的氧化物、污物就沿难变形区的周围界面而进入金属内部，分布在制品的中间层，形成环形，或部分环形。如 α/β 黄铜在无润滑挤压时，坯料内部是 β 相很软，而坯料外层由于与工具接触而使温度降低，则在外层形成 α 相，使变形抗力显著升高，同时接触面的摩擦又大，在这个接触面不能产生滑移，而使坯料表面的氧化物，污物沿挤压垫片难变形区周围界面进入制品内部，而形成环形缩尾。

缩尾的存在对制品来讲是非常有害的，所以对制品皆应做断面检查，针对缩尾成因，避免缩尾或切除这部分缺陷。

3.3.2.4　挤压缩尾的控制

（1）留压余与切头。根据合金锭坯和生产条件的不同，在挤压制品的尾端，由于变形十分剧烈，而且又处于紊流挤压阶段，金属的流动发生紊乱回流，形成组织特征上有明显差异的挤压缩尾缺陷，为防止形成的缩尾流入制品中，在挤压末期留一部分金属在挤压筒内而不全部挤出，此部分称之为压余，压余的厚度一般为锭坯直径的10%～30%，最后将压余与制品分离。

在制品前端，由于变形量过小，保持着一定的铸造组织，实际生产中在制品前端应切去 100～300mm 的废料。

（2）脱皮挤压。脱皮挤压使锭坯外表层金属留在挤压筒内，减小或消除挤压缩尾。铜合金棒材生产常采用脱皮挤压。

（3）控制工艺条件。注意锭坯表面的清洁，降低模子和挤压筒表面的粗糙度，降低金属同工具间的温差以及降低挤压末期的挤压速度均可使缩尾减少，还可以采用润滑挤压或反向挤压来减少缩尾。挤压塑性变形过程的工艺条件、模具与挤压机、工艺参数等综合作用控制不当，致使产品出现质量差，工艺废品量增加，成品率降低。

3.3.3　挤压产品一般缺陷

3.3.3.1　产品断面形状与尺寸缺陷

（1）型材拉薄、扩口。由于挤压时的流动不均匀性导致的缺陷，可采用更改模孔设计、修模或型辊矫正的方式加以控制。

（2）制品外形与尺寸均不规则。由于工作带过短，挤压速度和挤压比过大，可产生工作带内的非接触变形而形成的缺陷。

（3）制品断面形状与尺寸不符合要求。在挤压高变形抗力材料时，由于挤压温度高，从而导致模孔易出现塑性变形，如挤压白铜、镍合金产品时。

（4）管材偏心。由于工模具不对中或变形而导致挤压管材偏心。如卧式挤压机运动部件的磨损或调整不当，各工模具间装配不对中，未更换变形的工模具，都有可能使挤压管材偏心。

3.3.3.2　沿产品长度的形状缺陷

由于工艺控制或模具上的问题，常产生沿长度方向上的形状缺陷。某些轻微的缺陷可在后续的精整工序中纠正，严重时则产品报废。

（1）弯曲。模孔设计不当或磨损，使制品出模孔时单边受阻，流动不均匀，立式挤压机上产品掉入料筐受阻等，都可使挤压制品弯曲。一般可以用矫直工序（压力矫直、辊式矫直或拉拔矫直）予以克服。

（2）扭拧。由于模孔设计及工艺控制不当，金属的不均匀流动常出现型材扭拧缺陷。轻度扭拧可用牵引机或拉伸矫直克服，重度扭拧因操作困难或拉伸矫直引起断面尺寸超差往往造成废料量增加。

3.3.3.3　产品表面缺陷

挤压产品表面应清洁、光滑，不允许有起皮、气泡、裂纹、粗划道、夹杂以及腐蚀斑点，允许表面有深度不超过直径与壁厚允许偏差的轻微擦伤、划伤、压坑、氧化色和矫直痕迹等。对需继续加工的半成品，可在挤后进行表面修理，以除去轻微气泡、起皮、划伤与裂纹等缺陷以保证产品质量。

（1）气泡与起皮。挤压前加热时，铸锭内部气体通过扩散与聚集形成明显的气泡。在较高的加热温度下，气泡界面上的金属可能被氧化而未能在挤压时焊合。如 H62 和 H68 黄铜的气泡内表面上检测出氧化锌膜。若冷却水与润滑油进入筒壁上，锭坯与筒壁间隙较大，挤压时有可能生成金属皮下气泡。若挤压过程中，特别在模孔内，浅表皮下气泡被拉破，则形成起皮缺陷。挤压末期产生的皮下缩尾，在出模孔前表面金属不连续，也会出现起皮缺陷。

（3）异物压入。非基体金属压入制品表面成为表面的一部分或剥落留下凹陷的疤痕等缺陷。异物来源可能是工具表面上黏结的冷硬金属、不完整的脱皮、锭坯带入筒内的灰尘与异物等。

（4）划伤与擦伤。挤压过程中，残留在工具、导路及承料台上的冷硬金属，磨损后的凹凸不平的工具表面，都会在产品表面上留下纵向沟槽或细小擦痕，使产品表面存在肉眼可见的缺陷。

（5）焊缝质量。挤压机上用实心锭坯挤压焊合性能良好的铝合金空心型材与管材时，一般使用组合模，锭坯在挤压力作用下被迫分为多股并通过分流孔，然后在环状焊合腔内高温高压条件下焊合并流出模孔成材。因此，实际上存在着纵向直焊缝，焊缝数即为分流孔数。焊缝强度不合要求的产品横向机械性能差。为了获得高强优质焊缝，可采取如下措施：

1）正确设计组合模焊合室高度，使焊合室内存在一个超过被挤金属材料屈服强度约 10~15 倍的均衡高压应力。

2）采用适当的工艺参数，如较大的挤压比，可控制较高的挤压温度以及较低稳定的挤压速度。

（6）成层的特征。成层是一种无固定分布规律的挤压缺陷，它大多呈不连续的圆形或弧形的线状薄层而分布在挤压制品的边缘部分，出现在距离制品表面深 0.3~1.5mm 处。此缺陷的宏观试片上，可观察到明显的壳状分层，其间夹入有污物或氧化物、油污。产生成层的主要原因是由于坯料铸锭表面黏有油污脏物或因挤压垫片或者挤压筒内衬套的前端磨损较大，造成前端死区周围脏污金属的堆集，并逐渐沿着死区滑动面而被卷入制品的周边而形成的，如图 3-14 所示。因此，成层的出现和分布往往是无规则的，严重时可出现在制品的中段，甚至前端。

（7）组织与性能。产品组织性能对结构件用途特别重要。对成品或毛料，都要求低倍组织不得存在偏析聚集、缩尾、裂纹、气孔、成层及外来夹杂物，要求粗晶环的深度不超过允许值。对成品还要求高倍显微组织不得过烧等。

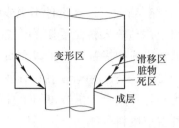

图 3-14　成层组织形成原理示意图

3.4　连续挤压与连续铸挤的组织性能

3.4.1　组织与性能特征

连续挤压与连续铸挤的挤压原理基本相同，所不同的是连续挤压是采用金属杆料为坯料，而连续铸挤是以液体金属为坯料，二者的坯料进入挤压型腔，在强烈剪切摩擦作用下连续挤压棒料是升温过程，而连续铸挤则是降温过程，不管是液态还是固体坯料达到变形区的变形温度都一致，连续铸挤与连续挤压的成型材的微观组织性能区别不大，微观组织晶粒都较细小。下面以铝及其合金连续铸挤为例，了解一下材料的组织性能。

3.4.2　铝材连续铸挤的组织与性能

3.4.2.1　铝材连续铸挤的微观组织

纯铝主要作为导电材料，常规的成型方式主要采用连铸连轧技术，规模大，产量高，但产品的质量欠佳，表面不光滑明亮，内部微观晶粒较粗大。而连续铸挤与连续挤压生产的铝线材可克服连铸连轧的问题，成型材的晶粒均较细小，图 3-15 为连续铸挤铝线的微观组织。

3.4.2.2　连续铸挤铝线力学性能

连续铸挤的产品同常规连铸连轧的比较：材料的抗力强度和电阻率二者相当；延伸率则连续铸挤产品比连铸连轧高，如表 3-4 所示。

图 3-15　纯铝材连续铸挤的微观组织

表 3-4　纯铝材连续铸挤的力学性能

材料类别	拉断力/kN	抗拉强度/MPa	断裂伸长率/%	电阻率（20℃）/Ω·mm²·m⁻¹
纯铝 L2 连铸连轧	6.88	97.03	20	0.02562
纯铝 L2 连续铸挤	6.95	97.75	32	0.02495

3.4.3 连续铸挤铝合金材组织性能

铝合金连续铸挤成型材料的微观组织也均为较细小晶粒，如图 3-16 为 φ10mm×1mm 的 3003 合金管材的微观组织。其晶粒较细小的原因为连续铸挤熔体金属进入铸挤型腔经历动态凝固—半固态流变—固态挤压塑性变形的三个阶段而成型。

图 3-16　3003 合金小管材横断面显微组织

图 3-17 为扩展分流组合模挤 φ45mm×5mm 的 6063 合金管材的实物照片，图 3-18 为产品管材由焊缝处横截面的显微组织照片，经热处理后力学性能见表 3-5。

图 3-17　6063 合金扩展模连续铸挤的产品

图 3-18　6063 合金铸挤成型材料焊缝处显微组织

表 3-5　6063 合金连续铸挤管材热处理后的力学性能

试　样	抗拉强度 σ_b/MPa	延伸率 δ/%
1	257.5	20.3
2	248.7	19.8

从显微组织照片可以看出，6063 合金圆管扩展模铸挤制品表面质量很好，无起皮起泡等缺陷，尺寸准确，说明金属在挤压时完全填充了扩展模，而且流动不均匀现象也得到了控制。焊缝焊合质量良好，显微照片未观察到组织不连续现象，经热处理后，强度达到了 6063 合金的典型强度。实验证明，连续铸挤不仅可以生产小断面产品，也可以用来生产较大断面积的产品，这无疑使连续铸挤的应用范围得到很大扩展。

目前，大规格导电管在电力行业中得到广泛应用，尺寸为 φ40mm×4mm ~ φ200mm×20mm 不等，由于尺寸较大，一般需要采用 200000kN 大型挤压机直接挤压，也可采用先铸造空心锭坯，再轧制成型，但缺点是不仅工序多，成本高，而且产品表面质量较差。应用连续铸挤扩展模挤压技术生产大型导电管，生产工序少，工艺简单，产品表面质量好，节能环保，完全可以替代传统生产工艺，为连续铸挤工艺的应用开拓了一条新路。

3.4.4 连续铸挤过程组织的演变

液态坯料从进入型腔入口到型腔出口的组织演变过程，依次由枝晶转变为球形晶与等轴晶组织，形成半固态材料，如图 3-19（a）所示。当在型腔出口处的末端安装模具，构成连续铸挤装置，控制合理的挤压温度、冷却强度、机理转速等工艺参数，使全凝固材料在挤压力作用下产生塑性变形挤出模孔而形成细晶材料，如图 3-19（b）所示。

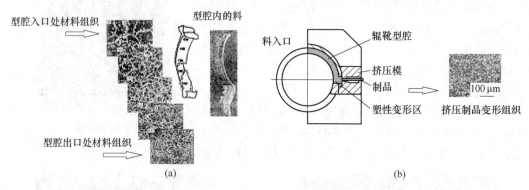

图 3-19　连续铸挤过程辊靴型腔内 Al 的微观组织的演变
（a）型腔内材料组织的演变；（b）连续铸挤设备示意图

辊靴型腔内的合金组织分布及演变过程：合金熔体进入辊靴型腔后迅速冷却凝固，首先在冷却靴表面和工作辊表面凝固形核并以枝晶形态生长，在剪切搅拌作用下，枝晶逐渐脱落破碎，部分枝晶退化成玫瑰晶。随着半固态浆料之中固相率的增加，受到剪切搅拌作用加强，枝晶和玫瑰晶最终破碎形成等轴晶，等轴晶最后在碰撞摩擦过程逐渐球化形成细小的球形晶。组织演化过程如图 3-20 所示，详细过程分析如下。

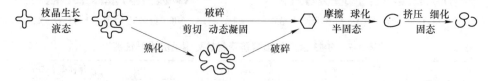

图 3-20　连续铸挤技术制备合金材料组织演化过程

A　凝固形核与枝晶生长

在辊靴型腔内，冷却靴表面和工作辊表面是熔体的主要散热面，并且冷却速度快，熔体进入辊靴型腔后即以冷却靴表面和工作辊表面为衬底冷却凝固形核并以枝晶方式生长，由于液流的冲刷作用，结晶核心和生长中的枝晶将不断从冷却靴表面和工作辊表面脱落进入剩余熔体形成合金浆料，即在冷却靴表面和工作辊表面不断发生枝晶生长、枝晶脱落这一动态凝固形核过程。

B　枝晶破碎

在旋转工作辊的作用下，辊靴型腔内合金浆料的运动是一种层流剪切运动，辊靴型腔内任意一点处合金浆料所受的剪切应力除了与该点合金浆料的剪切速率有关外，还与该点合金浆料的固相率有关，固相率越高，剪切应力越大。在辊靴型腔内从入口到出口，合金浆料的固相率是连续增加的，因此，合金浆料受到的剪切搅拌作用也是逐渐加强。

在辊靴型腔入口段合金浆料固相率较低，所受的剪切搅拌作用可使一些粗大的枝晶断裂破碎成小枝晶，但还不足以使枝晶发生完全断裂破碎，因此，从冷却靴和工作辊表面脱落下来的枝晶还会继续生长。由于搅拌作用使晶粒处于一个温度和成分相对均匀的生长环境中，削弱了枝晶的生长条件，因此，部分枝晶会逐渐退化成玫瑰晶。

随着合金浆料沿辊靴型腔继续向下运动，固相率继续增加，受到剪切搅拌作用进一步增大，当枝晶臂和玫瑰晶臂的抗剪强度低于其所受的剪切应力时，枝晶臂和玫瑰晶臂便断裂破碎下来形成等轴晶。

C　晶粒球化

在随后的继续摩擦搅拌作用下，等轴晶表面还将不断受到均匀温度场和成分场的扰动，同时等轴晶与熔体之间以及等轴晶之间也不断碰撞摩擦，因此，等轴晶在进一步的剪切搅拌作用下逐渐演化成球形晶，形成半固态材料。

D　晶粒细化

半固态材料进一步冷却凝固成固态，进入塑性变形区，在挤压力作用下发生塑性变形进入挤压模成形，使球形晶进一步细化转变为等轴细晶制品。

3.4.5　变形区的组织状态

变形区位于型腔的末端、模孔前端，亦即塑性变形区。图 3-21 为金属变形区的微观组织状态，由微观组织可知变形区金属流动景象，金属晶体进入变形区发生塑性变形，铸挤型腔通道的金属受到挡料块的阻挡使流动转向，从而通过模孔成型。

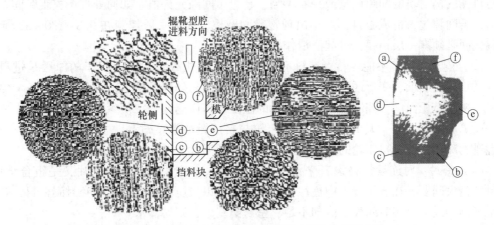

图 3-21　变形区（参见图 3-19）不同部位的组织变化

在图 3-21 的ⓕ区金属靠近槽封块的摩擦作用，流动方向与侧壁形成一定夹角，经模孔改变方向；在ⓒ区金属流动受到挡料块阻挡，改变流动方向，垂直挡料块倒流，然后改变方向流出模孔。在出口ⓔ区挤出成型辊面沿挤压方向存在剪切变形，在挡料块上方一段距离处的轮槽根部ⓐ区，已有塑性变形发生，但该区金属在轮槽侧壁和轮槽底部的三面摩擦作用下流动，变形并不剧烈，晶粒仍比较粗大（实际上，在离挡料块远处的金属仍呈现铸态组织特征）。在挡料块内侧靠近轮槽外缘的位置ⓓ区，金属不流动是死区，铸态组织被保留下来，但受强烈三向压应力作用，对铸态树枝状晶粒有所破碎。变形区中部ⓑ区为一般变形组织状态，晶粒组织比较均匀。

从宏观上看，变形区内金属在轮槽侧壁和底部摩擦力作用下呈现以剪切变形为主要特征的变形流动。除在模口上方有部分金属直接进入模口，其余大部分金属流动集中在挡料块上方。死区尺寸不大，约占轮槽深度的 1/5。综上所述：

（1）辊靴型腔内从入口到出口，冷却靴表面依次为枝晶、退化枝晶和等轴晶，而工作辊侧主要为细小的等轴晶和球形晶；从冷却表面到工作辊表面，组织从枝晶逐渐转变为细小的等轴晶，并且冷却靴表面侧枝晶所占区域逐渐减小，而工作辊侧等轴晶数量逐渐增加。

（2）合金熔体首先在冷却靴表面和工作辊表面凝固形核并以枝晶形态生长，在剪切搅拌作用下，枝晶逐渐破碎脱落，部分枝晶退化成玫瑰晶。随着坯料沿辊靴型腔继续向下运动，剪切搅拌作用逐渐加强，枝晶和玫瑰晶破碎形成细小的等轴晶，等轴晶在碰撞摩擦过程中逐渐球化形成球形晶。

（3）连续铸挤技术制备坯料存在特殊的搓动剪切变形条件，导致产生枝晶和玫瑰晶机械破碎机制，制备的合金组织晶粒细小，但由于辊靴包角小的缘故，摩擦搅拌作用时间较短，所以球化程度偏低。

3.4.6 产品质量问题与控制

以下讨论连续挤压与连续铸挤常见问题、产品缺陷产生的原因及其质量控制的问题。

3.4.6.1 挤压易出现的问题

（1）溢料。在连续挤压和连续铸挤机辊靴型腔入口两侧出现料的堆积，是由于挤压轮与靴侧的槽封块的间隙调整或控制不当，超过了间隙允许值。如何处理调整辊靴间隙合理值，若间隙过大造成溢料，过小出现辊靴间摩擦，间隙一般控制在 0.8~1.0mm，原则是辊靴间必须有一层铝膜，可起润滑作用。

（2）闷车。设备不能运转，坯料不能出模，需停机处理。出现闷车的原因是进料过量以及挤压温度低，变形区内的金属未达到变形温度。处理方法是，一旦发生闷车应停止进料，提高挤压温度。控制进料量、辊靴的温度及挤压速度等工艺参数。

（3）发热。设备运转时间长，使挤压轮与挤压靴的温度过高。当挤压轮发热，应调整辊靴的冷却系统及挤压轮的运转速度，控制挤压温度。

（4）密封。对连续铸挤设备来说，辊靴都有水冷却系统，挤压轮轴又是组合结构，密封就是大问题，在挤压过程中往往出现漏水，所以挤压轮轴需要采用密封圈密封，若挤压温度高，设备运转时间长，冷却不足，密封圈变形，则易漏水。

（5）断线。挤压过程中有时出现断线，主要由于挤压工艺参数控制不当，特别挤压温度过高，金属变形抗力低，材料出现挤压裂纹，导致断裂。

3.4.6.2 常见缺陷

（1）夹杂。产品出现内部杂质及表面污物等，是坯料夹渣或沾染脏物所致。要注意坯料质量检查，防止表面污染，保持整洁。

（2）偏心。由于模具偏心或分流组合模的模芯与挤压阴模孔不同心，造成挤压管材出现壁厚不均。发现偏心要换模或调整模芯与模孔的同心度。

（3）超差。挤压过程中的摩擦作用会造成模具磨损。当模孔尺寸超差或新模具制造超差就会形成成型材料尺寸超差。据此则须更换模具。

（4）气泡。坯料本身含气量高、坯料表面潮湿、坯料有疏松及裂纹等，会在成型过程中造成产品出现气泡，防治方法是注意检查坯料质量，控制产品气泡及裂纹的产生。

（5）焊合。即采用分流组合模挤压管材焊合不良，焊缝开裂。主要是由于坯料表面有油污脏物、挤压温度低、挤压力不足，组合模具焊合腔小、高度低等所致。应注意坯料的整洁，防止表面水及油污，模具焊合腔设计须合理以及遵守工艺操作规程。

思考练习题

3-1 挤压制品组织不均匀产生的原因为何？

3-2 请叙述圆棒材挤压时，金属流动速度内、外层不同的原因，内、外层的晶粒大小有什么不同？

3-3 请说明什么是层状组织，产生的原因。

3-4 请说明什么是粗晶环，产生的机理，粗晶环的危害，消除的措施。

3-5 分析影响产生粗晶环的因素。

3-6 请叙述圆棒材正向挤压时，一般制品的内部和前端的强度 σ_b 低、延伸率 δ 高，外层和强度 σ_b 高、延伸率 δ 低的原因？

3-7 请说明什么是挤压效应，产生的机理。

3-8 产生粗晶环的棒材是否有挤压效应？

3-9 请叙述正向挤压实心棒材产生裂纹的原因是什么，如何消除？

3-10 何谓挤压缩尾，有几种，产生的机理，消除的措施？

3-11 请说明挤压过程易出现的问题、原因及应采取的措施。

3-12 请说明产品常规缺陷的类别、产生的原因及如何控制。

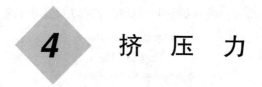

4 挤压力

4.1 挤压力基本概念

挤压力就是挤压杆通过垫片作用在被挤压坯料上，使金属从模孔流出来的压力，挤压力除以垫片的断面则称为单位挤压力或挤压应力。实践证明，挤压力是随挤压杆的行程而变化，如图4-1所示。在第2章已叙述过挤压流变三个阶段，第一为填充阶段，随着挤压杆向前移动，挤压力不断增大。第二为稳定挤压阶段，正向挤压时，金属被挤出模孔，挤压筒与坯料的摩擦面积不断减小，挤压力由最大值不断下降。而反向挤压时则不同，坯料未变形部分与挤压筒间无相对运动，没有摩擦力作用，挤压力基本保持稳定。第三为挤压终了阶段，因坯料温度降低，挤压接近死区，这时挤压力出现回升。因此，所计算的挤压力是指挤压力曲线中最大挤压力，它是确定挤压机吨位和校核挤压机部件强度的依据。

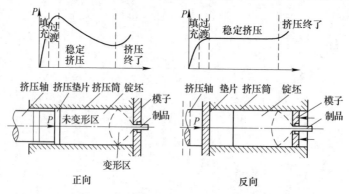

图 4-1 挤压过程中挤压力随行程的变化

金属挤压管、棒、型材的变形程度，通常以挤压比 λ 表示，也可采用加工率 ε 表示。

4.2 挤压力的影响因素

4.2.1 挤压温度的影响

因为所有金属和合金的变形抗力都是随温度升高而下降，所以挤压力也随着温度的升高而降低，如图4-2所示。因此，所有的金属及合金务必在加热状态下，并在金属性质与加工体系所容许的尽可能高的温度中进行加工。

4.2.2 坯料长度的影响

正向挤压时，由于在稳定挤压阶段，坯料与挤压筒接触表面间有很大的摩擦力存在，所以坯料的长度对挤压力有很大的影响，坯料越长，挤压力就越高，如图4-3所示。

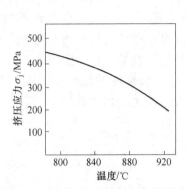

图4-2　挤压温度对挤压应力的影响
（实验条件：坯料 QAl10-4-4，挤压比 λ=4）

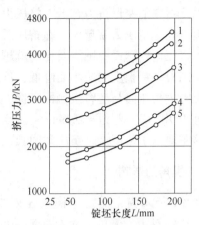

图4-3　坯料长度对挤压力的影响
1—QSn4-0.3；2—B30；3—H96；4—T_2-T_4；5—H62
（挤压条件：挤压筒 ϕ80mm，石墨润滑，
模角 α=60°，工作带长 l=8mm）

当用反向挤压时，坯料的长度对挤压力没有任何的影响，因为反向挤压变形区只集中在模口附近，并且只有进入此区域的材料才流入模子中，而其余部分金属处于不动的状态。

4.2.3　变形程度的影响

当变形程度增加时，金属通过模孔所需要的挤压力的增加，如图4-4所示。铜在850~870℃温度下挤压时，随着挤压比的增加挤压应力也增加。

4.2.4　挤压速度的影响

在实验室冷态的挤压试验中，挤压速度对所需的压力的影响较小，而在加热状态的挤压时，挤压速度对挤压力的影响较大。如图4-5所示为 H68 黄铜坯料在加热到 650℃和 700℃

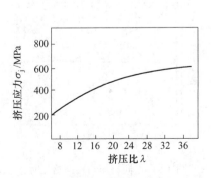

图4-4　变形程度对挤压应力的影响

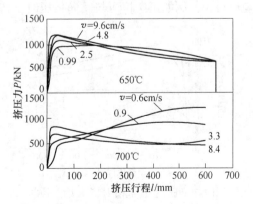

图4-5　挤压黄铜时挤压速度对挤压力的影响
（坯料 D=170mm，料长 l=750mm，制品 d=50mm）

时，用几个速度挤压所得到挤压力变化曲线。同一速度挤压时，不言而喻，锭坯的加热温度越高，材料的变形抗力越低，挤压力也降低。由图4-5可看到，在挤压过程开始时，挤压速度越高，挤压力就越大；在挤压后期，由于锭坯在挤压筒中的冷却，挤压到后一部分时，若挤压速度越慢，则需要压力就越高。一般在某一挤压速度以上，在稳定挤压阶段挤压力是随着坯料长度的减小而降低，这主要是因为变形和摩擦热使坯料的温度升高，另一方面也因为挤压筒与坯料接触面摩擦力减小之故。但应特别注意，在稳定挤压阶段，在挤压温度为700℃，速度为0.6cm/s与0.9cm/s时，随着坯料长度的减小而挤压力不断升高。这主要由于速度慢，挤压时间长，材料冷却而使变形抗力升高之故。

4.2.5 模角的影响

图4-6所示为正向挤压模角α对挤压力的影响。在第3章已叙述了模角α对金属流动的影响，模角α越大，则在挤压时金属流动越不均匀，使金属变形功增大，挤压力增高，而模角α越小，则金属流动越均匀，金属变形功虽小了，但是由于金属与工具的摩擦面积增加，使摩擦功大大的增加，因此挤压力要增大。这样看来，挤压力实际存在一个合理模角范围，在此范围内挤压力最低。

4.2.6 摩擦的影响

第3章已叙述过在挤压时摩擦力对金属流动的影响。现在从图4-7中看，由于摩擦力的不同挤压力也

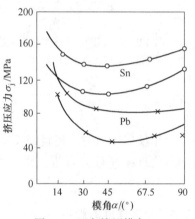

图4-6 正向挤压模角α
对挤压应力的影响

发生变化。图4-7为铝正向挤压（坯料直径 $\phi30mm$，挤制品直径为 $\phi10mm$）三种摩擦情况：粗糙面、光滑无润滑、光面有润滑，即挤压时坯料与挤压工具接触面摩擦力越小，则金属的变形越均匀，同时使摩擦功减少，因此挤压力降低。

另外，不同金属与合金的挤压力也各不相同，而且采用不同挤压方法，对挤压力的影响也很大，例如正向挤压与反向挤压时，挤压力的变化不同，如图4-8所示。

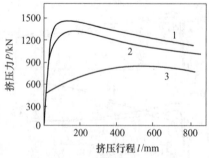

图4-7 正向挤压润滑对挤压力的影响
1—粗糙面；2—光滑面无润滑；3—光滑有润滑

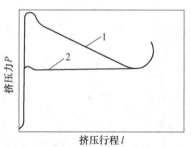

图4-8 正向挤压与反向挤压时
挤压力的变化曲线
1—正向挤压；2—反向挤压

总之，影响挤压力的因素包括：被挤压坯料的变形抗力；坯料与工具的几何因素；外摩擦等。

4.3 挤压力计算

4.3.1 挤压力计算方法

挤压力计算方法有多种：经验公式法、图解法、切块法、滑移线法、变形功法、上限法、有限元法和神经元网络法。

（1）经验公式法。该法是把大量经验数据经数学方法处理后得到的具有一定精确度的计算方法，简便易用，但缺乏通用性。

（2）图算法。通过将一些挤压力的主要影响因素图线化而得到的一种计算方法。直观简便，但使用时人为因素对其准确性影响较大。

（3）切块（主应力）法。该法把问题简化为平面问题或轴对称问题，由近似平衡方程和近似塑性条件联立求解。尽管粗糙，但使用简便。

（4）滑移线法。该法把问题假设为理想刚塑性体的平面应变问题。针对具体变形工序，建立相应的滑移线场，然后利用其某些特性，求解挤压力的大小。该法具有几何直观性，可区分变形区和刚性区。但要正确建立变形体内的滑移线场是一个相当复杂的问题，有时需配合专门的试验才能确定。

（5）变形功法。该法建立在能量守恒定律的基础上，假设应变是在最大主应力或剪应力的作用下发生的，从而使求解过程简化，使用简便。

（6）上限法。该法是依据能量平衡原理，利用虚功原理和最大塑性功原理求解外界载荷极限值，使用简便。

（7）有限元法。该方法把复杂的集合体挤压过程的非线性问题转化成离散的单元的线性问题来处理，能够全面考虑各种边界条件，可以一次模拟求出全部物理量（应力场、速度场和温度场等）和较为详细的变形信息。缺点是要用计算机电算处理，对读者的专业基础要求较高。

（8）神经网络方法是依靠计算机对实验数据的模拟得到模型进行仿真，根据模型进行预报、反复训练的一种方法。缺点是依赖实验数据，缺乏通用性。

适用于工程使用的挤压力计算方法应当是简捷、方便和实用的。由于切块法、上限法和经验公式法通常给出具体的挤压力数值，使用起来比较方便，下面介绍这三种方法的挤压力计算公式。

4.3.2 棒材单孔挤压力

挤压棒材时，按坯料受力情况，将其分成四个区域，如图4-9所示。

1区为定径区，坯料在该区域内不再发生塑性变形，除受到挤压模工作带表面给予的压力和摩擦力作用外，在与2区的分界面上还将受到来自2区的压力 σ_{x_1} 的作用。坯料在此区内是三向压应力状态。

2区为变形区，坯料在此区将受到来自1区的压应力 σ_{x_1}，来自3区的压应力 σ_{x_2}，来自 4 区的压应力 σ_n 和摩擦应力 τ_s 的作用。因此，此区坯料是三向应力状态。

3 区为未变形区，它在 2 区的压应力 σ_{x_2} 垫片的压应力 σ_{x_3}，挤压筒壁的压应力 σ_n 和摩擦力 τ_k 的作用下产生强烈的三向压应力状态。几乎在垫片附近是三向等值压应力状态。在此区坯料不发生塑性变形。

4 区为难变形区（死区），其应力状态与镦粗时接触表面附近中心部分的难变形区相似。也是近乎等值三相压应力状态。坯料处于弹性变形状态。在挤压后期，死区不断缩小范围，转入塑性变形区。用锥模挤压时，如膜角和润滑的条件好，也可以出现无死区的情况。

下面从 1 区开始逐渐推导挤压应力 $\sigma_{x_3} = \sigma_j$ 的计算公式。

在定径区受力如图 4-10 所示，由于坯料在塑性变形区产生的弹性变形力图恢复而产生的 σ_n，并且坯料与模子工作带有相对运动，便产生摩擦应力 τ_{k_1}，可按库仑摩擦定律确定，可近似取 $\sigma_n \approx \sigma_x$。

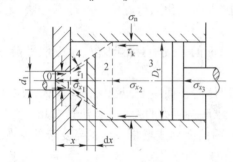

图 4-9 棒材挤压时受力状态

1—定径区；2—塑性变形区；3—未变形区；4—死区

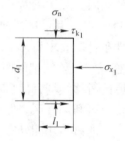

图 4-10 定径区受力分析

$$\tau_{k_1} = f_1 \sigma_n = f_1 \sigma_x \tag{4-1}$$

根据静力平衡方程

$$\sigma_{x_1} \frac{\pi}{4} d_2^1 = \tau_{k_1} \pi d_1 l_1$$

$$\sigma_{x_1} \frac{\pi}{4} d_2^1 = f_1 \sigma_s \pi d_1 l_1$$

$$\sigma_{x_1} = \frac{4 f_1 \sigma_s l_1}{d_1} \tag{4-2}$$

式中　l_1——工作带长度；

　　d_1——工作带直径；

　　f_1——工作带与坯料间的摩擦系数。

在变形区单元体的受力情况如图 4-11 所示。在塑性变形区与"死区"的分界面上应力达到极大值 $\tau_{k_2} = \frac{1}{\sqrt{3}} \sigma_s = \tau_s$，作用在单元体锥面上的应力沿 x 轴的平衡方程为

$$\frac{\pi}{4} (D + dD)^2 (\sigma_x + d\sigma_x) - \frac{\pi}{4} D^2 \sigma_x - \pi D \frac{dx}{\cos\alpha}$$

$$\sigma_n \sin\alpha - \frac{1}{\sqrt{3}} \sigma_s \pi D dx = 0 \tag{4-3}$$

整理后，略去高阶微量

$$\frac{\pi D}{4}(Dd\sigma_x + 2\sigma_x dD) - \frac{1}{2}\sigma_n\pi DdD - \frac{\sigma_x}{\sqrt{3}}\cdot\frac{\pi D}{2\tan\alpha}dD = 0$$

$$2\sigma_x dD + Dd\sigma_x - 2\sigma_n dD - \frac{2\sigma_x}{\sqrt{3}}\cdot\frac{dD}{\tan\alpha} = 0 \qquad (4-4)$$

将近似塑性条件（$\sigma_n - \sigma_x = \sigma_s$）代入

$$Dd\sigma_x - 2\sigma_s dD - \frac{2\sigma_x}{\sqrt{3}}\cot\alpha dD = 0$$

$$d\sigma_x = 2\sigma_s\left(1 + \frac{1}{\sqrt{3}}\cot\alpha\right)\frac{dD}{D} \qquad (4-5)$$

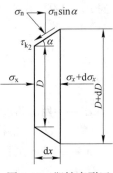

图 4-11 塑性变形区
单元体上的作用力

将两边积分得

$$\sigma_x = 2\sigma_s\left(1 + \frac{1}{\sqrt{3}}\cot\alpha\right)\ln D + C \qquad (4-6)$$

当 $D = d_1$，$\sigma_x = \sigma_{x_1} = \dfrac{4f_1 l_1}{d_1}\sigma_s$

$$\frac{4f_1\sigma_s l_1}{d_1} = 2\sigma_s\left(1 + \frac{1}{\sqrt{3}}\cot\alpha\right)\ln D + C \qquad (4-7)$$

式（4-7）与式（4-6）相减得

$$\sigma_x = 2\sigma_s\left(1 + \frac{1}{\sqrt{3}}\cot\alpha\right)\ln\frac{D}{d_1} + \frac{4f_1\sigma_s l_1}{d_1}$$

$$\sigma_x = \sigma_s\left(1 + \frac{1}{\sqrt{3}}\cot\alpha\right)\ln\left(\frac{D}{d_1}\right)^2 + \frac{4f_1\sigma_s l_1}{d_1} \qquad (4-8)$$

当 $D = D_t$，$\sigma_x = \sigma_{x_2}$ 时，则

$$\sigma_{x_2} = \sigma_s\left(1 + \frac{1}{\sqrt{3}}\cot\alpha\right)\ln\left(\frac{D_t}{d_1}\right)^2 + \frac{4f_1\sigma_s l_1}{d_1}$$

$$\sigma_{x_2} = \sigma_s\left(1 + \frac{1}{\sqrt{3}}\cot\alpha\right)\ln\lambda + \frac{4f_1\sigma_s l_1}{d_1} \qquad (4-9)$$

在未变形区，由于坯料与挤压筒间的压应力 σ_n 数值很大，可按常摩擦应力区确定，所以其摩擦应力 $\tau_k = \tau_s = \dfrac{1}{\sqrt{3}}\sigma_s$，则垫片表面的挤压应力

$$\sigma_j = \sigma_{x_3} = \sigma_{x_2} + \frac{1}{\sqrt{3}}\sigma_s\frac{\pi D_t l_3}{\frac{\pi}{4}D_t^2}$$

未变形区长度为

$$l_3 = l_0 - l_2 = l_0 - \frac{D_t - d_1}{2\tan\alpha}$$

$$\sigma_j = \sigma_{x_2} + \frac{1}{\sqrt{3}}\frac{4l_3}{D_t}\sigma_s \qquad (4-10)$$

将式 (4-9) 代入式 (4-10)

$$\sigma_j = \sigma_s \left[\left(1 + \frac{1}{\sqrt{3}}\cot\alpha \right) \ln\lambda + \frac{4f_1 l_1}{d_1} + \frac{4}{\sqrt{3}}\frac{l_3}{D_t} \right] \tag{4-11}$$

挤压力
$$P = \sigma_j \cdot \frac{\pi}{4}D_t^2 \tag{4-12}$$

式中　α ——死区角度（死区与变形区分界线同挤压筒中心线夹角），平模挤压时取 $\alpha = 60°$，锥模挤压时，如无死区，则 α 即为模角；

λ ——挤压系数（挤压比）；

D_t ——挤压筒内径；

d_1 ——模孔直径；

l_1 ——工作带长度；

l_2 ——变形区长度；

l_3 ——未变形区部分锭坯的长度；

l_0 ——锭坯的长度；

σ_s ——挤压坯料的变形抗力，其值取决于坯料的性质、挤压温度、变形速度和变形程度，参见 4.3 节确定；

σ_j ——挤压应力；

P ——挤压力。

4.3.3　型材挤压力计算

对于型材的单孔、多孔挤压，其挤压力是在棒材单孔挤压力计算公式的基础上加以修正。

$$\sigma_j = \sigma_s \left[\left(1 + \frac{\sqrt[3]{a}}{\sqrt{3}}\cot\alpha \right) \ln\lambda + \frac{\sum Zf_1 l_1}{\sum F} + \frac{4}{\sqrt{3}}\frac{l_3}{D_t} \right]$$

$$P = \sigma_j \cdot \frac{\pi}{4}D_t^2 \tag{4-13}$$

式中　$\sum Z$ ——制品的周边长度总和；

$\sum F$ ——制品的断面积总和；

a ——经验系数，$a = \dfrac{\sum Z}{1.13\pi\sqrt{\sum F}}$。

经验系数 a 主要考虑制品断面的复杂性及模孔数的多少，对单孔模挤压力公式进行修正。

4.3.4　管材挤压力计算

管材挤压有两种形式：固定穿孔针挤压与随动穿孔针挤压。管材挤压与铜棒材挤压相比，增加了穿孔针的摩擦力作用，使挤压力增加。

4.3.4.1　固定穿孔针挤压管材的挤压力计算

采用的穿孔针有瓶式针（图 4-12）和圆柱形针两种形式，挤压力计算公式为

$$\sigma_j = \sigma_s \left[\left(1 + \frac{1}{\sqrt{3}} \cot\alpha \cdot \frac{\overline{D} + d}{\overline{D}} \right) \ln\lambda + \frac{4f_1 l_1}{d_1 - d} + \right.$$

$$\left. \frac{4}{\sqrt{3}} \cdot \frac{l_3}{D_t - d'} \right] \qquad (4\text{-}14)$$

$$P = \sigma_j \cdot \frac{\pi}{4} (D_t^2 - d'^2)$$

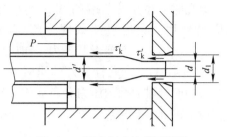

图 4-12　固定瓶式针挤压管材

式中　$\overline{D}$——塑性变形区坯料平均直径，$\overline{D} = \frac{1}{2}(D_t + d_1)$；

　　　d——制品内径；

　　　d_1——制品外径；

　　　d'——穿孔针针体直径，当穿孔针为圆柱体时 d' 变为 d；

　　　其他的变量意义同前。

4.3.4.2　随动穿孔针挤压管材的挤压力

挤压时，穿孔针随挤压杆一起移动，未变形部分与穿孔针间无相对运动，无摩擦力。挤压力计算公式为

$$\sigma_j = \sigma_s \left[\left(1 + \frac{1}{\sqrt{3}} \cot\alpha \cdot \frac{\overline{D} + d}{\overline{D}} \right) \ln\lambda + \frac{4f_1 l_1}{d_1 - d} + \frac{4}{\sqrt{3}} \cdot \frac{l_3 D_t}{D_t^2 - d^2} \right] \qquad (4\text{-}15)$$

$$P = \sigma_j \cdot \frac{\pi}{4} (D_t^2 - d_1^2)$$

4.3.5　反向挤压力计算

棒材反向挤压力由于坯料与挤压筒之间没有摩擦力，所以把式（4-11）中的 $\sigma_s \dfrac{4}{\sqrt{3}} \dfrac{l_3}{D_t}$ 项去掉，即为棒材方向挤压计算公式：

$$\sigma_j = \sigma_s \left[\left(1 + \frac{1}{\sqrt{3}} \cot\alpha \right) \ln\lambda + \frac{4f_1 l_1}{d_1} \right] \qquad (4\text{-}16)$$

$$P = \sigma_j \cdot \frac{\pi D_t^2}{4}$$

管材反向挤压力计算公式为

$$\sigma_j = \sigma_s \left[\left(1 + \frac{1}{\sqrt{3}} \cot\alpha \frac{\overline{D} + d}{\overline{D}} \right) \ln\lambda + \frac{4f_1 l_1}{d_1 - d} \right] \qquad (4\text{-}17)$$

$$P = \sigma_j \cdot \frac{\pi (D_t^2 - d_1^2)}{4}$$

4.3.6　穿孔力计算

穿孔力 P 由穿针端面上的压力 P' 和穿孔针侧面的摩擦力 T 组成，即 $P = P' + T$。

穿孔时，穿孔针前端的 A 区坯料受三向压应力作用，满足塑性条件（将符号代入后）$\sigma_\tau - \sigma_r = K$，其变形状态为一向压缩两向延伸（图 4-13），穿孔针头部的压应力分布规律与镦粗时接触表面的压力分布规律类似，只是边缘上的 σ_{la} 不再等于 K，而是 $\sigma_{la} = \sigma_{ra} + K$。

σ_{ra} 的数值取决于变形区 B 区的应力状态，是三向应力，并满足塑性条件 $\sigma_r - \sigma_l = K$，B 区的 σ_l 是由于 C 区金属与穿孔针反向流动时，受到挤压筒壁及穿孔针表面的摩擦力 τ_k 的阻碍而产生的。而 σ_{rb} 同 τ_k 数值及挤压筒、穿孔针的接触面积有关。因此穿孔力 P 将随穿孔针穿入坯料的深度 h 值的增加而升高，当穿孔深度达一定程度（$h=d$）时，正面的阻力很快就增加到稳定过程的数值，然后由于在金属接触的针的侧面上摩擦力增大，此阻力继续缓慢

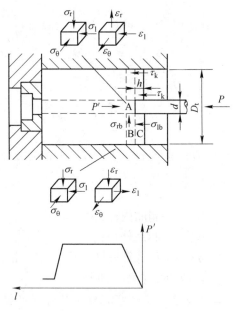

图 4-13　穿孔过程作用力分析及穿孔力的变化

增加，在穿孔针前端离模面一定距离时，穿孔力出现最大值，有利于切断金属未被穿透部分的条件，形成脱开的前实心头，此时，由于剪切表面减小，使穿孔针的运动阻力开始下降（见图 4-12），最后金属断裂，实心头被顶出。

由以上分析可知，考虑到热穿孔时摩擦系数较大，故可取 $\tau_k = \dfrac{1}{2}K$，因此在 C 区和 B 区的分界面上 σ_{lb} 为：

$$\sigma_{lb} = \frac{\dfrac{1}{2}K\pi(D_t + d)h}{\dfrac{\pi}{4}(D_t^2 - d_1^2)}$$

$$\sigma_{lb} = 2K\frac{h}{D_t - d}$$

在 B 区内

$$\sigma_{rb} - \sigma_{lb} = K$$
$$\sigma_{rb} = K\left(1 + \frac{2h}{D_t - d}\right)$$

在 A 区与 B 区的分界面上　　　　$\sigma_{rb} = \sigma_{lb}$

$$\sigma_{ra} = K\left(1 + \frac{d}{D_t - d}\right)$$

在 A 区内　　　　　　　　　　$\sigma_l - \sigma_r = K$
在边缘　　　　　　　　　　　$\sigma_{la} = K + \sigma_{ar}$

$$\sigma_{la} = K\left(1 + \frac{h}{D_t - d}\right)$$

当 $h = d$ 时，穿孔针端面上所受的阻力 p'，并且随 h 的增加 p' 值变化不大，即

$$p' = \sigma_{1a}F = \frac{\pi d^2}{2}K\left(1 + \frac{d}{D_t - d}\right) \tag{4-18}$$

作用在穿孔针侧表面的摩擦力

$$T = \tau_k \pi dh = \tau_k \pi d^2 + \frac{\sqrt{3}}{2}Kf_c(l_D - d - l_s) \tag{4-19}$$

最大穿孔力 $P_{max} = P' + T$

$$P_{max} = K\pi d^2 + \frac{K\pi d}{2}\left[\frac{d}{D - d} + \sqrt{3}f_c(l_D - d - l_s)\right] \tag{4-20}$$

式中　d——穿孔针直径；

　　　f_c——坯料与穿孔针之间的摩擦系数；

　　　l_D——锭坯填充后的长度；

　　　l_s——穿孔时剪切段实心头的长度

$$l_s = \frac{10 - 0.025d}{2b} \cdot \frac{d}{\dfrac{d_1}{d} + 1}$$

　　　b——系数，由表 4-1 决定。

表 4-1　计算穿孔力系数 b 值

材　料	管壁厚 s/mm										
	2.0	2.5	3.0	4.0	5.0	7.0	10.0	15.0	20.0	25.0	45.0
紫铜	1.2	1.1	1.0	1.0	0.9	0.8	0.7	0.6	0.5	0.5	0.5
H63	1.6	1.5	1.4	1.3	1.1	0.9	0.78	0.65	0.55	0.5	—
HPb59-1	—	—	1.8	1.6	1.4	1.2	1.0	0.71	0.70	—	—
BFe5-1	—	3.0	1.5	0.95	0.87	0.75	0.7	0.7	0.7	0.65	0.5
QAl10-4-4	—	—	—	—	—	—	0.5	—	0.4	—	—

另外，也可采用近似公式计算穿孔力

$$P = P' + T = \frac{\pi}{2}d^2\left(2 + \frac{d}{D_t - d}\right)K \tag{4-21}$$

当用瓶式穿孔针时，式（4-21）中的 d 应该是穿孔针体的大直径，而不是头部的小直径。

4.3.7　分流组合模挤压力计算

分流组合模是挤压铝及铝合金管材和空心型材常用的模具。挤压时金属首先从挤压筒流入流孔，挤压力迅速升高，然后金属从分流孔流入成型，当金属从模孔流出时挤压力升高到最大值可根据 Φ. В. Журавлев 分流组合模挤压力公式进行计算。分流孔式组合模如图 4-14 所示。挤压力由两部分组成：（1）锭坯由挤压筒进入模分流孔的变形力 P_1；（2）金属由焊合室进入模孔的形变力 P_2。在计算总挤压力时，P_2 要乘以 λ_K，这是由于挤压垫片上的压力传递给焊合室内的金属，必须经过分流孔才能实现，所以总的挤压力为：

$$P = P_1 + \lambda_K P_2 \qquad (4\text{-}22)$$

式中 λ_K ——由挤压筒进入分流孔的延伸系

数，$\lambda_K = \dfrac{F_t}{nF_K}$；

F_t ——填充挤压后锭坯断面积，亦即挤

压筒内孔断面积；

F_K ——1 个分流孔的断面积；

n ——分流孔数。

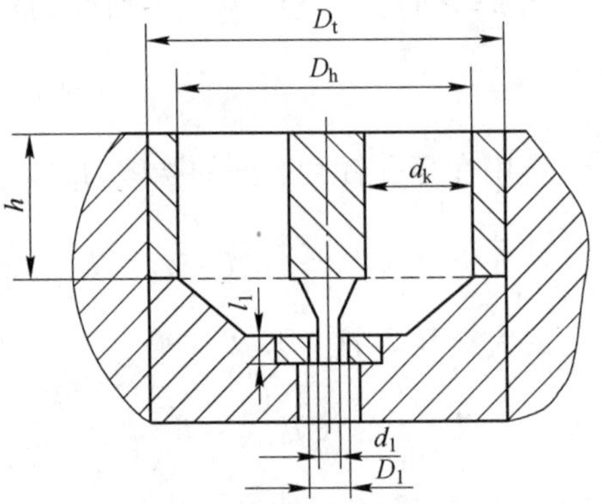

金属充满焊合室阶段所需的挤压力 P_1 为

$$P_1 = R_s + T_y + T_t + T_f \qquad (4\text{-}23)$$

图 4-14 分流孔式组合模

式中 R_s ——实现金属进入分流孔道的纯塑性

变形所需要的力；

T_y ——克服挤压筒中塑性变形区压缩锥面上的摩擦所需的力；

T_t ——克服挤压筒壁上的摩擦所需的力；

T_f ——克服分流孔道中的摩擦所需的力。

对圆柱形分流孔道来说，P_1 为

$$P_1 = 4.83F_t\bar{\tau}\ln\lambda_K + 4.7D_t(L_0 - 0.9D_t)\tau_1 + 0.5\lambda_K F_K \tau_2 \qquad (4\text{-}24)$$

式中 $\bar{\tau}$ ——塑性变形区压缩锥内金属的平均剪切抗力；

τ_1 ——塑性变形区入口处金属的剪切变形抗力；

τ_2 ——塑性变形区压缩锥口处金属剪切变形抗力。

金属由焊合室进入模孔的挤压力 P_2 为

$$P_2 = 3F_h\left(\ln\frac{F_{K1}}{F_1} + \ln\frac{Z_z}{Z_u}\right)\bar{\tau} + \lambda F_f\tau_2 + 1.8(D_h^2 - d_1^2)\ln\frac{D_h - d_1}{D_1 - d_1}\bar{\tau} + 0.5\lambda(Z_n + Z_w)l_1\tau_2$$

$$(4\text{-}25)$$

式中 F_h，D_h ——焊合室的断面积和直径；

F_{K1} ——焊合室一端分流孔的总断面积；

F_f ——分流孔道的总侧面积；

Z_z，Z_u ——制品断面周长及等断面圆周长；

Z_n，Z_w ——制品断面内、外周长；

l_1 ——工作带长度；

F_1，D_1，d_1 ——制品断面积、外径及内径；

λ ——总的挤压比。

因此 $p = F_t\bar{\tau}\ln\lambda_K + 4.7D_t(l_0 - 0.9D_t)\tau_1 + 0.5\lambda_K F_K\tau_2 + \lambda_K\left[3F_h\left(\ln\dfrac{F_{K1}}{F_1} + \ln\dfrac{Z_t}{Z_n}\right)\bar{\tau} + \right.$

$$\left. \lambda F_f\tau_2 + 1.8(D_h^2 - d_1^2)\ln\frac{D_h - d_1}{D_1 - d_1}\bar{\tau} + 0.5\lambda(Z_n + Z_w)l_1\tau_2\right]$$

4.3.8 挤压力经验算式

经验算式是根据大量实验结果建立起来的，其最大优点是算式结构简单，应用方便；

缺点是不能准确反映各挤压工艺参数对挤压力的影响，计算误差较大。在工艺设计中，经验算式可用来对挤压力进行初步估计。

这里介绍一种简单易行且适用于现代挤压机的挤压力计算公式

$$P = \beta A_0 \sigma_s \ln\lambda + \mu\sigma_s\pi(D + d)L \tag{4-26}$$

式中　P——挤压力，N；

　　　A_0——挤压筒或挤压筒减挤压针面积，mm^2；

　　　σ_s——与变形速度、温度等有关的变形抗力，MPa，参考表 4-5~表 4-10 和图 4-25 确定；

　　　λ——挤压系数；

　　　μ——系数，$1/\sqrt{3}$；

　　　D——挤压筒直径，mm；

　　　L——镦粗后铸锭长度，mm；

　　　d——挤压针直径，mm；

　　　β——修正系数，$\beta = 1.3 \sim 1.5$（硬合金取下限，软合金取上限）。

正向挤压型、棒材时

$$P = \beta A_0 \sigma_s \ln\lambda + (1/\sqrt{3})\sigma_s\pi DL \tag{4-27}$$

正向不润滑挤压管材时

$$P = \beta A_0 \sigma_s \ln\lambda + (1/\sqrt{3})\sigma_s\pi(D + d)L \tag{4-28}$$

反正向挤压棒材时

$$P = \beta A_0 \sigma_s \ln\lambda \tag{4-29}$$

反向不润滑挤压管材时

$$P = \beta A_0 \sigma_s \ln\lambda + (1/\sqrt{3})\sigma_s\pi dL \tag{4-30}$$

4.3.9　连续挤压（Conform）力计算

图 4-15 是连续挤压过程的示意图。模子与靴座不动，轮槽转动。坯料以 v_i 速度进入轮槽中，在轮槽摩擦力作用下穿过模孔，以速度 v_0 挤出。

单位压力 p 沿轮槽的分布：

假设（1）横断面上金属均匀流动；（2）被挤金属服从 Von-Mises 屈服条件；（3）金属与轮槽、金属与靴座之间的摩擦服从库仑摩擦定律

$$\tau_\omega = f_\omega p ; \qquad \tau_s = f_s p \tag{4-31}$$

式中　τ_ω, f_ω——金属与轮槽之间的摩擦力和摩擦系数；

　　　τ_s, f_s——金属与靴座之间的摩擦力和摩擦系数。

考虑到金属变形的净驱动力是轮槽摩擦

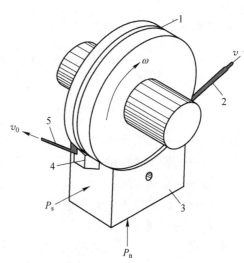

图 4-15　Conform 挤压过程示意图
1—轮槽；2—坯料；3—挤压靴；
4—模子；5—制品

力减去靴座摩擦力而得到，故定义引起净驱动力的有效摩擦系数 f 为

$$f = (1 - s)f_\omega - sf_s \tag{4-32}$$

式中 s——坯料与靴座的接触长度占坯料周长的分数。

如图 4-16 所示，选用 $\theta - r - z$ 柱坐标系，并且求取微元体做受力分析。

由于金属流动均匀，所以由几何方程得：$\varepsilon_z = 0$。

由塑性流动法则和式（4-28）得：

$$\sigma_z = \frac{1}{2}(\sigma_r + \sigma_\theta) \tag{4-33}$$

代入 Von-Mises 屈服条件中得

$$\sigma_r - \sigma_\theta = \pm 2\sigma_s / \sqrt{3} \tag{4-34}$$

式中 σ_s——单向拉伸时的屈服应力。

对微元体受力列平衡方程得

$$\frac{d\sigma_z}{d\varphi} = 2fp\left(\frac{D_t}{D_0}\right) \tag{4-35}$$

式中 D_t，D_0——挤压轮和坯料的直径。

设 $\sigma_r = -p$，考虑到式（4-33）、式（4-34），对式（4-35）积分得

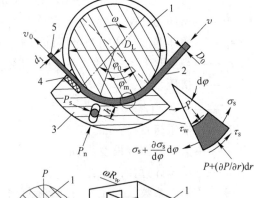

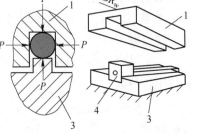

图 4-16 Conform 挤压微元体受力分析
1—挤压轮；2—坯料；3—挤压靴；4—挤压模；5—制品

$$p = p(0)\exp\left[2f(D_t/D_0)\varphi\right] \tag{4-36}$$

积分常数 $p(0)$ 根据模子入口的应力状态确定。

当 $\varphi = \varphi_0$（模入口角度）时，

$$\sigma_z(\varphi)\big|_{\varphi = \varphi_0} = \sigma_j \tag{4-37}$$

挤压应力 σ_j 由下式确定

$$\frac{\sigma_j}{\sigma_s} = 2\ln\frac{D_0}{d_1} + (2/\sqrt{3})\left(\frac{\alpha}{\sin^2\alpha} - \cot\alpha\right) + \frac{2}{\sqrt{3}}\ln\frac{D_0}{d_1}\cot\alpha +$$

$$(\rho v^2/\sigma_s)\left[(1 - \cos^4\alpha)/(4\sin^2\alpha)\right]\left[\left(\frac{D_0}{d_1}\right)^4 - 1\right] \tag{4-38}$$

式中 d_1——挤压后金属的直径；

α——模子半锥角；

ρ——金属密度；

v——坯料进入轮槽的速度；

σ_s——金属屈服应力。

联立式（4-37），式（4-36），式（4-33），式（4-34）得到压力分布

$$p(\varphi)/\sigma_s = \left(1/\sqrt{3} + \frac{\sigma_j}{\sigma_s}\right)\exp\left[-2f\left(\frac{D_t}{D_0}\right)(\varphi_0 - \varphi)\right] \tag{4-39}$$

可见轮槽与靴座作用于金属上的压力成指数规律变化。

4.3.10 连续铸挤（Castex）计算

连续铸挤是在连续挤压的基础上发展而来的，坯料直接用高温液体取代，在内通冷却水的轮槽中凝固并变形。

4.3.10.1 连续铸挤的分区、各分区长度及应力分布规律

为推倒铸挤力，需要给出铸挤过程中金属的分区与应力分布规律，这里将铸挤过程划分为四区：结晶区 L_0(AB)，初始夹紧区 L_1(BC)，夹紧区 L_2(CD)，基本挤压变形区 L_3(EF)，见图4-17（a），各区应力分布及所取微分单元体见图4-17（b）。

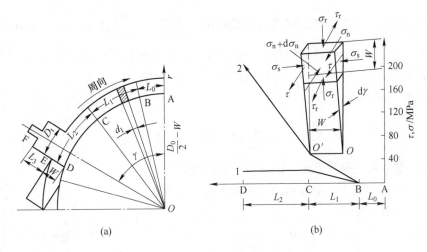

图4-17 铸挤的分区与应力分布规律

（a）铸挤的分区；（b）轮槽内单位摩擦力 τ 与周向应力 σ_n 的分布

（1） L_0 区长度。液态金属注入铸挤轮槽发生动态结晶。此时摩擦应力 $\tau = 0$，轴向应力 $\sigma_n = 0$。

$$L_0 = \left(\frac{D_0}{2} - W\right)\gamma - L_1 - L_2 + \frac{D_t}{2} \tag{4-40}$$

式中　D_0——铸挤轮直径，mm；

　　　W——轮槽高（深）度，mm；

　　　D_t——微挤压筒直径，mm；

　　　γ——包角，rad。

（2） L_1 区长度。金属逐渐填充，τ 由0开始增加直到 $f\sigma_s$，σ_n 由0增加到 σ_s（σ_s 为屈服应力，MPa；σ_n 为周向应力，MPa），如图4-17所示。取 BC 段金属为受力体，该段金属受到轮槽两侧的摩擦力作用和前方金属传递的周向力。槽底与靴块对金属的摩擦作用力相互抵消，与 L_1 无关。

设 BC 段单位摩擦力为 τ_1，则 $\tau_1 = f\sigma_s L/L_1$ 满足 $L = 0$，$\tau_1 = 0$；$L = L_1$，$\tau_1 = f\sigma_s$ 边界条件。轮槽两侧摩擦力同时作用，故轮槽对受力体的摩擦力为

$$2\int_0^{L_1} \tau_1 W \mathrm{d}L = 2\int_0^{L_1} (f\sigma_s L/L_1) W \mathrm{d}L = \frac{2}{L_1}\int_0^{L_1} f\sigma_s W L \mathrm{d}L \tag{4-41}$$

周向力为
$$\sigma_n W^2 = \sigma_s W^2$$

BC 段平衡

$$\frac{2}{L_1}\int_0^{L_1} f\sigma_s W L \mathrm{d}L = \sigma_s W^2 \tag{4-42}$$

由上式得
$$L_1 = \frac{W}{f} \tag{4-43}$$

式中　f——摩擦系数，按 Tresca 条件，$f=0.5$。

（3）L_2 区长度。τ 为 $f\sigma_s$，挡料块前 σ_n 增大到足以使金属发生转向塑性流动，并使挤压方向产生的挤压应力达到金属挤出所需值 σ_j。定义 $n_s = \dfrac{\sigma_j}{\sigma_s}$ 为挤屈比。取 DC 段金属为研究对象，该段金属受到轮槽两侧的摩擦力作用，还受到挡料块的周向力 σ_n 作用，L_1 区周向力 σ_s 作用。槽底与靴块对该段金属摩擦力相互抵消。

DC 段金属周向保持平衡

$$2\int_0^{L_1} f\sigma_s W L \mathrm{d}L = \sigma_n W^2 - \sigma_s W^2 \tag{4-44}$$

忽略摩擦力对屈服的影响，挡块前金属的变形力学简图见图 4-18。图中 z 轴为铸挤轮轴线方向，根据最大切应力屈服条件有

$$\sigma_n - \sigma_j = \sigma_s \tag{4-45}$$

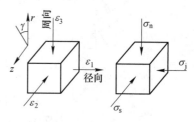

图 4-18　塑性条件用图

联解式（4-44）、式（4-45），并将 $n_s = \dfrac{\sigma_j}{\sigma_s}$ 代入式（4-45），$f=0.5$ 代入式（4-44）得

$$L_2 = n_s W \tag{4-46}$$

$$\sigma_n = (1 + n_s)\sigma_s \tag{4-47}$$

在确定式（4-46）分区长度 L_2 时，挤压应力 σ_j 分别选用主应力法、功平衡法、上界法作对比。

主应力法公式

$$\sigma_j = \sigma_s(1 + \cot\alpha/\sqrt{3})\ln\lambda + \frac{4fl_1}{d_1} + 4l_3/\sqrt{3}D_t \tag{4-48}$$

功平衡法公式

$$\sigma_j = [K/\sin\gamma + 2\sigma_s/(1 + \cos\gamma)]\ln\lambda + 4fh\sigma_s/d \tag{4-49}$$

上界法公式

$$\sigma_j = \sigma_s\left\{2f(\alpha)\ln\left(\frac{D_0}{d_1}\right) - 2\left[\alpha/\sin^2\alpha - \cot\alpha + m\cos\alpha\ln\left(\frac{D_0}{d_1}\right) + 2m\frac{l_1}{d_1}\right]\bigg/\sqrt{3}\right\} \tag{4-50}$$

$$f(\alpha) = \frac{1}{\sin^2\alpha}\left[1 - \cos\alpha\sqrt{1 - \frac{11}{12}\sin^2\alpha} + \frac{1}{\sqrt{132}}\ln\frac{1 + \sqrt{11/12}}{\sqrt{11/12}\cos\alpha + \sqrt{1 - 11\sin^2\alpha/12}}\right]$$

（4）L_3 区按常规挤压区处理。

4.3.10.2 连续铸挤挤压力的确定

连续铸挤挤压力是指铸挤轮槽所受的切向力 P_t 和径向力 P_r。图 4-19 是连续铸挤轮槽受力图。

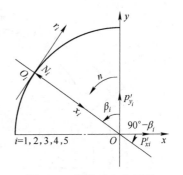

图 4-19 轮槽受力坐标系

L_1 区侧面与底面受力：

$$T_1 = f\sigma_s WL_1 + \frac{1}{2}f\sigma_s WL_1$$

$$N_1 = \frac{1}{2}\sigma_s WL_1$$

L_2 区侧面与底面受力：

$$T_2 = 3f\sigma_s WL_2$$

$$N_2 = \sigma_s WL_2$$

间隙引起的飞边力：

$$T_3 = 2bf\sigma_s L_2$$

$$N_3 = 2b\sigma_s L_2$$

挡料块处的飞边力：

$$T_4 = 3f\sigma_s WZ$$

$$N_4 = 3\sigma_s WZ$$

微挤压筒对轮槽的力：

$$T_5 = fN_5$$

$$N_5 = \frac{1}{4}(\sigma_n - \sigma_s)\pi D_t^2$$

因在 N_3 中包括了 $\frac{1}{4}\pi D_t^2 \sigma_s$ 的影响，在确定 N_5 时将其减去。式中，b 为单侧飞边长度；Z 为挡料块与轮槽处泄漏引起的飞边长度。

于是

$$P_t = f\sigma_s WL_1 + \frac{1}{2}f\sigma_s WL_1 + 3f\sigma_s WL_2 + 2bf\sigma_s L_2 + 3f\sigma_s WZ$$

$$= f\sigma_s(1.5WL_1 + 3WL_2 + 2bL_2 + 3WZ) \tag{4-51}$$

沿轮槽的径向力 P_r 由下式确定：

$$P_r = \sqrt{P_x^2 + P_y^2}$$

$$\theta = \text{arccot}\frac{P_y}{P_x} \tag{4-52}$$

式中　P_x ——水平分力；

　　　P_y ——垂直分力；

　　　θ ——方向角。

为推导方便，用矩阵变换处理轮槽受力坐标架 $y_iO_ix_i$ 向轮中心坐标架 yOx 的变换，如图 4-20 所示。

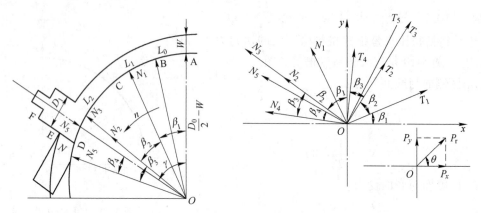

图 4-20 连续铸挤轮槽受力图

对 $O_i \rightarrow O$ 有

$$\begin{bmatrix} P_{xi} \\ P_{yi} \end{bmatrix} = \begin{bmatrix} \cos\beta_i & \sin\beta_i \\ \sin\beta_i & -\cos\beta_i \end{bmatrix} \begin{bmatrix} T_i \\ N_i \end{bmatrix}, \quad i = 1, 2, 3, 4, 5$$

对 i 按上式合成得到：

$$\begin{bmatrix} P_x \\ P_y \end{bmatrix} = \begin{bmatrix} \cos\beta_1\cos(\beta_1+\beta_2)\cos(\gamma+\beta_4)\cos\gamma\sin\beta_1\sin(\beta_1+\beta_2)\sin(\gamma+\beta_4)\sin\gamma \\ \sin\beta_1\sin(\beta_1+\beta_2)\sin(\gamma+\beta_4)\sin\gamma -\cos\beta_1 -\cos(\beta_1+\beta_2) -\cos(\gamma+\beta_4) -\cos\gamma \end{bmatrix} \begin{bmatrix} T_1 \\ T_2+T_3 \\ T_4 \\ T_5 \\ N_1 \\ N_2+N_3 \\ N_4 \\ N_5 \end{bmatrix}$$

即

$$\boldsymbol{P} = \begin{bmatrix} P_x & P_y \end{bmatrix}^{\mathrm{T}}; \quad \boldsymbol{G} = \begin{bmatrix} T_1 & T_2+T_3 & T_4 & T_5 & N_1 & N_2+N_3 & N_4 & N_5 \end{bmatrix}^{\mathrm{T}}$$

$$\boldsymbol{A} = \begin{bmatrix} \cos\beta_1\cos(\beta_1+\beta_2)\cos(\gamma+\beta_4)\cos\gamma\sin\beta_1\sin(\beta_1+\beta_2)\sin(\gamma+\beta_4)\sin\gamma \\ \sin\beta_1\sin(\beta_1+\beta_2)\sin(\gamma+\beta_4)\sin\gamma -\cos\beta_1 -\cos(\beta_1+\beta_2) -\cos(\gamma+\beta_4) -\cos\gamma \end{bmatrix}$$

则

$$\boldsymbol{P} = \boldsymbol{A}\boldsymbol{G}$$

可见，径向力列阵是铸挤机角度矩阵与轮槽受力列阵的乘积。

上式展开得到任意包角径向式铸挤径向力 P_r 的分量式：

$$P_x = N_1\sin\beta_1 + (N_2+N_3)\sin(\beta_1+\beta_2) + N_4\sin(\gamma+\beta_4) + N_5\sin\gamma +$$
$$T_1\cos\beta_1 + (T_2+T_3)\cos(\beta_1+\beta_2) + T_4(\gamma+\beta_4) + T_5\cos\gamma$$
$$P_y = -N_1\cos\beta_1 - (N_2+N_3)\cos(\beta_1+\beta_2) - N_4\cos(\gamma+\beta_4) - N_5\cos\gamma +$$
$$T_1\sin\beta_1 + (T_2+T_3)\sin(\beta_1+\beta_2) + T_4\sin(\gamma+\beta_4) + T_5\sin\gamma \tag{4-53}$$

式中 $\beta_1 = \left[\pi\left(\dfrac{D_t}{2}-W\right)-L_1-2L_2+D_t\right]/(D_t-2W)$;

$\beta_2 = (L_1+L_2)/(D_t-2W)$;

$\beta_3 = (L_2+Z)/(D_t-2W)$;

$\beta_4 = (D_t+Z)/(D_t-2W)$;

$\gamma = \beta_1+\beta_2+\beta_3-\beta_4$。

式（4-51）~式（4-53）构成了任意包角径向式铸挤力公式。

对于任意包角径向式铸挤力公式，只需要将 $\sigma_n = \sigma_j$；$L_2 = n_s W$，而 L_0、β_1、β_4 等参数由铸挤机结构确定，其余参数不变，就可得到任意包角径向式铸挤力公式。

4.3.11 等通道角挤压（ECAP）力计算

等通道角挤压利用由两个相交的等截面通道组成的挤压模具使金属获得大的剪切塑性变形。试样变形前后的形状和尺寸不发生改变，因而可以进行多次挤压，增大累积变形量。每道次挤压所获得的变形量与模具的主要结构参数：通道内角 Φ、通道外角 ψ 及通道间隙密切相关，如图4-21 所示。当 $\Phi = 90°$，$\psi = 0$ 时，每道次的等效应变可以达到 1.155。

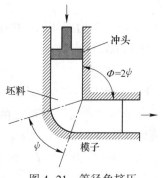

图4-21 等径角挤压
模具结构主要参数

Segal 和 Lwahashi 等人提出了等通道角挤压等效应变计算公式，魏伟等人采用上限法对 $\psi = 0$ 和 $\Phi = 90°$ 等通道角挤压力进行了分析，提出了挤压力计算式。

假设变形体为理想刚塑性材料，因此当挤压力达到一定数值后，塑性变形就会开始，即使载荷不再增加，塑性变形也会自由发展下去。上限定理如式（4-54）和式（4-55）所示。

$$J \leqslant J^* = W_s' \tag{4-54}$$

$$W_s' = W_f' = W_D' = \sum \Delta F_i |\Delta v_i| \tag{4-55}$$

式中　J——真实外力功率；

J^*——由运动许可速度场确定的功率；

W_s'——剪切功率；

W_f'——速度间断面上的剪切功率；

W_D'——工具与工件间的摩擦功率；

ΔF_i——剪切面的面积；

Δv_i——速度不连续量。

A　$\psi = 0$ 和 $90° \leqslant \Phi \leqslant 180°$

假设 $\Phi = 2\varphi$，变形区的流动模型如图4-22（a）所示。$O'A$ 和 $O'B$ 为刚性支撑面，OB 为自由面，随 OA 面的向下运动而运动，OO' 为速度间断面，$\triangle OAO'$ 和 $\triangle OBO'$ 为两个刚性块。OA 面为光滑面，$O'A$ 和 $O'B$ 为粗糙面，摩擦剪应力 τ_f 等于剪切屈服极限 k。当 OA 面以速度 $v_0 = 1$ 向下运动时，刚性块 $\triangle OAO'$ 也以速度 $v_0 = 1$ 向下运动。到达速度间断面 OO' 时，速度立即发生沿平行于 $O'B$ 方向的突变，由此可以

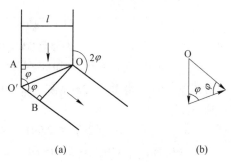

(a)　　　　　(b)

图4-22 当 $\Phi = 2\varphi$ 时变形区的
流动模型与速端图
(a) 流动模型图；(b) 速端图

确定其速端图，如图 4-22（b）所示。

取垂直纸面方向的厚度为 l，按体积不变原则，$v_t = v_0 = 1$，速度不连续面面积可用线段长度表示。由式（4-55）得：

$$\begin{aligned} W'_s &= k(O'A \cdot v_0 + O'B \cdot v_t + OO' \cdot v_{OO'}) \\ &= k[l \cdot \cot\varphi + l \cdot \cot\varphi + (l/\sin\varphi) \cdot 2\cos\varphi] \cdot v_0 \\ &= 4klv_0\cot\varphi \end{aligned}$$

又 $J = \sigma_j l v_0$；k 为剪切屈服极限，$k = \sigma_s/3^{1/2}$；σ_j 为单位挤压力，所以 $\sigma_j l v_0 \leqslant 4klv_0\cot\varphi$，即式（4-56）成立。

$$\sigma_j/(2k) \leqslant 2\cot\varphi \tag{4-56}$$

B　$\psi = 90°$ 和 $0° \leqslant \Phi \leqslant 90°$

当 $\Phi = 90°$ 时，变形区的流动模型如图 4-23（a）所示，即 $\alpha = \pi/4 + \psi/2$，$\beta = \pi/2 - \psi/4$，$\delta = \pi/4 - \psi/2$。OA'、OC 和 OB' 为速度间断面，$\triangle OAA'$、$\triangle OBB'$ 和扇形块 $OA'C$ 与 $OB'C$ 为刚性块。OA 面为光滑面，AA'、BB' 和弧面 $A'CB'$ 为粗糙面，摩擦剪应力 τ_f 等于剪切屈服极限 k。计算时以弧长 $A'C$ 和 CB' 分别代替弦长 $A'C$ 和 CB'。图 4-23（b）为根据速度间断线确定的速端图。由图 4-23（a）可以得到：

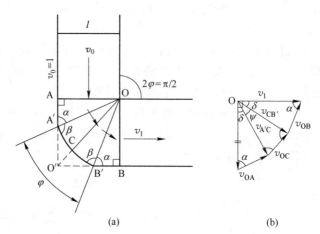

图 4-23　流动模型（a）与速端图（b）

$$AA' = BB' = l \cdot \cot(\pi/4 + \psi/2)$$

$$OA' = OB' = OC = l/\sin(\pi/4 + \psi/2)$$

$$A'C = CB' = OC \cdot \psi/2 = l\psi/[2\sin(\pi/4 + \psi/2)]$$

由速端图可计算出

$$v_{OA'} = v_{OB'} = v_0\cos(\pi/4 + \psi/2)$$

$$v_{A'C} = v_{CB'} = v_0\sin(\pi/4 + \psi/2)$$

$$v_{OC} = 2v_{A'C}\sin(\psi/4) = 2v_0\sin(\pi/4 + \psi/2)\sin(\psi/2)$$

由式（4-55）得 $W'_s = 2k(AA' \cdot v_0 + O'A \cdot v_{OA'} + A'C \cdot v_{A'C}) + k_{OC} \cdot v_{OC}$，所以式（4-57）成立。

$$\sigma_j/(2k) \leqslant 2\cot(\pi/4 + \psi/2) + \sin(\psi/2) + \psi/2 \tag{4-57}$$

当 $\psi = 0$ 时，$\sigma_j/(2k) \leqslant 2\cot\pi/4 = 2$。等同于式（4-56）。

4.2.12　挤压力计算简式与参数的确定

确定挤压力的一般公式如下：

$$p = \sigma_j F = n_s \sigma_s F = n_s n_\varepsilon n_{\dot\varepsilon} n_T \sigma_{so} F \tag{4-58}$$

式中　p——挤压力；

　　　σ_j——挤压应力；

　　　F——挤压垫片或挤压筒的断面积；

　　　n_s——挤压应力状态系数，$n_s = \sigma_j / \sigma_s$；

　　　σ_s——金属真实变形抗力，

$$\sigma_s = n_\varepsilon n_{\dot\varepsilon} n_T \sigma_{so} \tag{4-59}$$

　　　n_ε——变形程度影响系数；

　　　$n_{\dot\varepsilon}$——变形速度影响系数；

　　　n_T——变形温度影响系数；

　　　σ_{so}——室温下的金属屈服抗力或抗拉强度。

各个参数的选择如下所述。

A　应力状态系数 n_s

n_s 是坯料和工具几何因素，是外摩擦的函数。对国内外大量文献的分析表明，由于推导挤压应力公式过程中均是对挤压筒，包括锭坯、变形区压缩锥、工作带分别进行的，所以众多的挤压应力公式的应力状态系数 n_s 可以用相应的三个参数来表达，即

$$n_s = n_{td} + n_z + n_d \tag{4-60}$$

式中　n_{td}——挤压筒—锭坯区域的应力状态系数；

　　　n_z——变形区压缩锥的应力状态系数；

　　　n_d——定径区的应力状态系数。

换句话说，各种挤压应力公式均统一于式（4-60）中。在各种挤压情况下 n_s 的确定如表4-2所示。

表 4-2　挤压应力状态系数 n_s 的确定

挤压情况	λ	d_R	α	n_{td}[①]	n_z	n_d
单孔模挤圆棒	$\dfrac{D_t^2}{d_1^2}$	d_1	1	$\dfrac{4}{\sqrt3}\dfrac{l_3}{D_t}$	$\left(1 + \dfrac{1}{\sqrt3}\cot\alpha\right)\ln\lambda$	$\dfrac{4f_1 l_1}{d_1}$
多孔模挤圆棒	$\dfrac{D_t^2}{m\,d_1^2}$	$d_1\sqrt{m}$	$\sqrt{m}$	$\dfrac{4}{\sqrt3}\dfrac{l_3}{D_t}$	$\left(1 + \dfrac{\sqrt[6]{m}}{\sqrt3}\cot\alpha\right)\ln\lambda$	$\dfrac{4f_1 l_1}{d_1\sqrt{m}}$
单孔模挤实心圆材	$\dfrac{\pi D_t^2}{4F}$	$1.13\sqrt{F}$	$\dfrac{Z}{\pi d_R}$	$\dfrac{4}{\sqrt3}\dfrac{l_3}{D_t}$	$\left(1 + \dfrac{\sqrt[3]{\alpha}}{\sqrt3}\cot\alpha\right)\ln\lambda$	$\dfrac{f_1 l_1 Z}{F}$
多孔模挤实心圆材	$\dfrac{\pi D_t^2}{4EF}$	$1.13\sqrt{EF}$	$\dfrac{EZ}{\pi d_R}$	$\dfrac{4}{\sqrt3}\dfrac{l_3}{D_t}$	$\left(1 + \dfrac{\sqrt[3]{\alpha}}{\sqrt3}\cot\alpha\right)\ln\lambda$	$\dfrac{f_1 l_1 EZ}{EF}$
用矩形挤压筒挤压[②]	$\dfrac{BH}{EF}$	$1.13\sqrt{EF}$	$\dfrac{EZ}{\pi d_R}$	$\dfrac{4}{\sqrt3}\dfrac{(B+H)l_3}{BH}$	$\left(1 + \dfrac{\sqrt[3]{\alpha}}{\sqrt3}\cot\alpha\right)\ln\lambda$	$\dfrac{f_1 l_1 EZ}{EF}$
圆挤压筒挤压管材（固定针）	$\dfrac{D^2 t - d^2}{d_1^2 - d^2}$	$\sqrt{d_1^2 - d^2}$	$\dfrac{Z}{\pi d_r}$	$\dfrac{4}{\sqrt3}\dfrac{l_3}{D_t - d'}$	$\left(1 + \dfrac{1}{\sqrt3}\cot\alpha\dfrac{D+t}{D}\right)\ln\lambda$	$\dfrac{4f_1 l_1}{d_1 - d}$

续表 4-2

挤压情况	λ	d_R	α	n_{td} [①]	n_z	n_d
挤压筒管材（随动针）	$\dfrac{D^2 - d^2}{d_1^2 - d^2}$	$\sqrt{d_1^2 - d^2}$	$\dfrac{Z}{\pi d_r}$	$\dfrac{4}{\sqrt{3}}\dfrac{l_3 D_t}{D_t^2 - d^2}$	$\left(1 + \dfrac{1}{\sqrt{3}}\cot\alpha\,\dfrac{D + t}{\overline{D}}\right)\ln\lambda$	$\dfrac{4 f_1 l_1}{d_1 - d}$

注：D_t—挤压筒直径；d'—穿孔针体直径，当穿孔针为圆柱针时 d' 变为 d；d_1—管材外径或棒材直径；d—管材外径；$\overline{D}$—平均直径，$\overline{D} = \dfrac{1}{2}(D_t + d_1)$；$l_3$—挤压筒中未变形部分锭坯的长度（反挤时为 0）；$l_1$—模子工作带长度（若一个模孔内，工作带长度不相等时，需分段计算，然后相加）；Z—单根制品端面周长；F—单根制品面积；λ—挤压比；d_R—等效直径，用来将非断面的制品转化成圆断面的制品；α—经验系数；f_1—摩擦系数，由表 4-3 确定。

① 对反向挤压 $n_{td} = 0$；

② 对扁挤压筒挤压既可推出相应的公式，也可等效成圆挤压筒、圆制品、圆坯料求挤压力。

表 4-3　挤压公式用摩擦系数 f_1

金属分类	合金品种	挤压温度/℃	摩擦系数	金属分类	合金品种	挤压温度/℃	摩擦系数
重金属	紫铜	950~900 900~800 800~700	0.10~0.12 0.12~0.18 0.18~0.25	轻金属	铝及铝合金	450~500 300~450	0.25~0.30 0.30~0.35
	HPb59-1，HFe59-1-1	> 700 700	0.27 0.20~0.22		镁及镁合金	340~450 250~350	0.25 0.28~0.30
	H68	850~700	0.18	稀有金属	钛及钛合金	1000 900 800	0.30~0.35 0.40 0.50
	铝青铜	850~700	0.25~0.30				
	锡磷青铜	800~700	0.25~0.27				
	镍及镍合金	950~1150 850~950 800~850	0.30 0.35 0.40~0.45				

B　变形程度影响系数 n_ε

由于热挤压过程软化比较充分，变形程度对变形抗力影响可以忽略不计，故 $n_\varepsilon \approx 1$。

C　变形速度影响系数 $n_{\dot\varepsilon}$

热挤压时变形速度对变形抗力的影响很大，$n_{\dot\varepsilon}$ 确定有两种方法。

第一种方法是据挤压比 λ 和金属在塑性变形区压缩锥中持续的时间 t_s 查表 4-4 得到金属硬化系数 C_V，据 $n_{\dot\varepsilon} = \dfrac{1 + C_V}{2}$ 或 $n_{\dot\varepsilon} = \sqrt{C_V}$ 来确定 $n_{\dot\varepsilon}$。

表 4-4　金属硬化系数 C_V

挤压比 λ		2	3	4	15	1000
金属在变形区中持续时间 t_s/s	≤0.001	3.35	4.15	4.50	4.75	5.00
	0.01	2.85	3.50	4.00	4.40	4.80
	0.1	2.00	2.90	3.20	3.40	3.60
	1.0	1.95	2.25	2.45	2.60	2.80
	≥10	1.00	1.00	1.00	1.00	1.00

t_s 随挤压制品的不同而不同。

用圆锭挤压实心断面制品时

$$t_s = \frac{1 - \cos\alpha}{3\lambda v_j \sin^3\alpha}(\lambda D_t - d_1) \tag{4-61}$$

模角 $\alpha = 60°$ 时，式 (4-61) 变为：

$$t_s = \frac{0.2566}{\lambda v}(\lambda D_t - d_1) \tag{4-62}$$

挤压非圆断面型材时，d_1 值可用等断面积时的等效直径 d_R 代入。

$$d_R = 2\sqrt{\frac{\sum F}{\pi}} \tag{4-63}$$

用圆锭挤压管材时

$$t_s = \frac{0.4\left[(D_t^2 - 0.75d^2)^{\frac{3}{2}} - 0.5(D_t^3 - 0.75d^3)\right]}{F_0 v_j} \tag{4-64}$$

式中　v_j——金属挤压速度；

　　F_0——断面积，$F_0 = \dfrac{\pi}{4}D_t^2$。

其他情况下 t_s 计算可参考有关文献。

第二种方法是据变形速度 $\dot\varepsilon$ 和挤压温度 T，直接查变形速度影响系数的曲线，如图 4-24 所示。

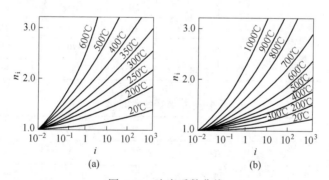

图 4-24　速度系数曲线

(a) 铝及铝合金；(b) 铜及铜合金

D　变形温度影响系数 n_T 及不同温度下金属和合金变形抗力处理

通常热挤压过程不单独确定 n_T，而是直接反映到变形抗力中：

$$\sigma_{sT} = n_T \sigma_{so} \tag{4-65}$$

式中　σ_{sT}——挤压温度 T（℃）下的金属屈服抗力。下面介绍不同温度下金属变形抗力
　　　　的处理。作者认为，如果手头有金属和合金不同温度下的屈服抗力的数据，
　　　　则优先选用。如果没有该数据，则可以用金属和合金不同温度下的抗拉强
　　　　度近似代替。

有关金属和合金不同温度下的屈服抗力 σ_{sT} 如表 4-5~表 4-10 所示。

由于有些材料的 σ_{sT} 难以精确测定，可用不同温度下的抗拉强度 σ_b 近似代替 σ_s，从而得到挤压温度 T 下的变形抗力：

$$\sigma_{bT} = n_T \sigma_{so} \tag{4-66}$$

表 4-11 和表 4-12 给出了有关金属和合金在不同温度下的抗拉强度 σ_{bT}。

综上所述，热挤压力的计算公式由式（4-58）转化为

$$P = n_s n_{\dot{\varepsilon}} \sigma_{bT} F \tag{4-67}$$

对冷挤压过程的挤压力，此时变形温度、变形速度对 σ_s 的影响较小，则 $n_T \approx 1$，$n_{\dot{\varepsilon}} \approx 1$，式（4-67）变为

$$P = n_s n_{\varepsilon} \sigma_{so} F \tag{4-68}$$

表 4-5 铝及铝合金的 σ_s （MPa）

合金牌号	变形温度/℃						
	200	250	300	350	400	450	500
铝	57.8	36.3	27.4	21.6	12.3	7.8	5.9
5A02			63.7	53.9	44.1	29.4	9.8
5A05			73.5	56.8	36.3	19.6	
5A06			78.4	58.8	39.2	31.4	22.5
3A21	52.9	47.0	41.2	35.3	31.4	23.5	20.6
6A02	70.6	51.0	38.2	32.4	28.4	15.7	
2A50			55.9	39.2	31.4	24.5	
6063			39.2	24.5	16.7	14.7	
2A11			53.9	44.1	34.3	29.4	24.5
2A12			68.6	49.0	39.2	34.3	27.4
7A04			88.2	68.6	53.9	39.2	34.3

表 4-6 镁及镁合金的 σ_s （MPa）

合金牌号	变形温度/℃					
	200	250	300	350	400	450
镁	117.6	58.8	39.2	24.5	19.6	12.3
MB1			39.2	33.3	29.4	24.5
MB2，MB8	117.6	88.2	68.6	39.2	34.3	29.4
MB5	98.0	78.4	58.8	49.0	39.2	29.4
MB7			51.0	44.1	39.2	34.3
MB15	107.8	68.6	49.0	34.3	24.5	19.6

表 4-7 铜及铜合金的 σ_s （MPa）

合金牌号	变形温度/℃								
	500	550	600	650	700	750	800	850	900
铜	58.8	53.9	49.0	43.1	37.2	31.4	25.5	19.6	17.6

合金牌号	变形温度/℃								
	500	550	600	650	700	750	800	850	900
H96			107.8	81.3	63.7	49.0	36.3	25.5	18.1
H80	49.0	36.3	25.5	22.5	19.6	17.2	12.3	9.8	8.3
H68	53.9	49.0	44.1	39.2	34.3	29.4	24.5	19.6	
H62	78.4	58.8	34.3	29.4	26.5	23.5	19.6	14.7	
HPb59-1			19.6	16.7	14.7	12.7	10.8	8.8	
HAl77-2	127.4	112.7	98.0	78.4	53.9	49.0	19.6		
HSn70-1	80.4	49.0	29.4	17.6	7.8	4.9	2.9		
HFe59-1-1	58.8	27.4	21.6	17.6	11.8	7.8	3.9		
HNi65-5	156.8	117.6	88.2	78.4	49.0	29.4	19.6		
QAl9-2	173.5	137.2	88.2	38.2	13.7	10.8	8.2	3.9	
QAl9-4	323.4	225.4	176.4	127.4	78.4	49.0	23.5		
QAl10-3-1.5	215.6	156.8	117.6	68.6	49.0	29.4	14.7	11.8	7.8
QAl10-4-4	274.4	196.0	156.8	117.6	78.4	49.0	24.4	19.6	14.7
QBe2					98.0	58.8	39.2	34.3	
QSi1-3	303.8	245.0	196.0	147.0	117.6	78.4	49.0	24.5	11.8
QSi3-1			117.6	98.0	73.5	49.0	34.3	19.6	14.7
QSn4-0.3			147.0	127.4	107.8	88.2	68.6		
QSn4-3			121.5	92.1	62.7	52.9	46.1	31.4	
QSn6.5-0.4			196.0	176.4	156.8	137.2	117.6	35.3	
QCr0.5	245	176.4	156.8	137.2	117.6	68.6	58.8	39.2	19.6

表4-8 白铜、镍及镍合金的 σ_s （MPa）

合金牌号	变形温度/℃								
	750	800	850	900	950	1000	1050	1100	1150
B5	53.9	44.1	34.3	24.5	19.6	14.7			
B20	101.9	78.9	57.8	41.7	27.4	16.7			
B30	58.8	54.9	50.0	42.7	36.3				
BZn15-20	53.4	40.7	32.8	27.4	22.5	15.7			
BFe5-1	73.5	49.0	34.3	24.5	19.6	14.7			
BFe30-1-1	78.4	58.8	47.0	36.3					
镍		110.7	93.1	74.5	63.7	52.9	45.1	37.2	
NMn2-2-1		186.2	147.0	98.0	78.4	58.8	49.0	39.2	29.4
NMn5		156.8	137.2	107.8	88.2	58.8	49.0	39.2	29.4
NCu28-2.5-1.5		142.1	119.6	99.0	80.4	61.7	50.0	39.2	

表 4-9　锌、锡、铅的 σ_s　　（MPa）

合金牌号	变形温度/℃							
	50	100	150	200	250	300	350	400
锌		76.4	51.9	35.3	23.5	13.7	11.8	8.8
锡	31.4	19.1	11.3	2.9				
铅	12.7	7.8	7.4	4.9				

表 4-10　钛及钛合金的 σ_s　　（MPa）

合金牌号	变形温度/℃							
	600	700	750	800	850	900	1000	1100
TA2、TA3	254.8	117.6	49.0	29.4	29.4	24.5	19.6	
TA6	421.4	245	156.8	132.3	107.8	68.6	35.3	16.7
TA7		303.8	163.7		122.5			
TC4		343	205.8	63.7				
TC5		215.6	73.5		68.6		24.5	19.6
TC6		225.4	98.0		73.5		24.5	19.6
TC7		274.4	98.0		89.0		29.4	19.6
TC8		499.8	230.3		96.0			

表 4-11　不同温度下有色金属与合金的抗拉强度 σ_{bT}

铅		温度/℃	常温									
		σ_{bT}/MPa	20									
锌		温度/℃	100	150	200	250	300	350	400			
		σ_{bT}/MPa	78	53	36	24	14	12	0.09			
重金属	铜	温度/℃	500	550	600	650	700	750	800	850	900	950
		紫铜	60	55	50	44	38	32	26	20	18	15
		H68	—	—	45	40	35	30	25	20	—	—
		H62	80	60	35	30	27	24	20	15	—	—
		HPb59-1	—	—	20	17	15	13	11	9	—	—
		HAl77-2	130	115	100	80	55	50	20	—	—	—
		HNi65-5	160	120	90	80	50	30	20	—	—	—
		QAl10-3-1.5 σ_{bT}/MPa	—	—	120	70	50	30	15	12	8	
		QAl10-4-4	—	—	160	120	80	50	25	20	15	
		QBe2	—	—	—	—	100	60	40	35		
		QSi3-1	—	—	120	100	75	50	35	20	15	
		QSi1-3	—	—	200	150	120	80	50	25	12	
		QSn6.5-0.1	—	—	200	180	160	140	120	—		
		QSn4-0.3	—	—	150	130	110	90	70	—		
		QCr0.5	—	—	160	140	120	70	60	40	20	16
	镍	温度/℃	750	800	850	900	950	1000	1050	1100	1150	1200
		纯镍	—	113	95	76	65	54	46	38	—	—
		NMn5	—	160	140	110	90	60	50	40	30	25
		NCu28-2.5-1.5 σ_{bT}/MPa	—	145	122	101	82	63	51	44	—	—
		B19	104	81	59	43	28	17	—	—		
		B30	80	60	48	37	—	—				
		BFe5-1	75	50	35	25	20	15	—	—		

续表 4-11

轻金属	铝	温度/℃		200	250	300	350	400	450	500
		纯铝		50.0	35.0	25.0	20.0	12.0	—	—
		5A05		—	—	—	42.0	32.0	27.0	20.0
		5A07		—	—	80.0	60.0	40.0	32.0	23.0
		2A11	σ_{bT}/MPa	—	—	55.0	45.0	35.0	30.0	25.0
		2A12		—	—	70.0	50.0	40.0	35.0	28.0
		6A02		55.0	40.0	30.0	25.0	20.0	15.0	—
		6063		63.3	31.6	22.5	16.2	—	—	—
		7A04		—	—	100.0	80.0	65.0	50.0	35.0
属	镁	温度/℃		200	250	300	350	400	450	500
		纯镁		40.0	25.0	20.0	16.0	12.0	10.0	—
		MB1		—	—	40.0	34.0	30.0	25.0	—
		MB2，MB8	σ_{bT}/MPa	—	—	70.0	55.0	40.0	28.0	—
		MB5		—	—	60.0	50.0	35.0	28.0	—
		MB7		—	—	52.0	45.0	40.0	35.0	—

稀有金属	钛	温度/℃		600	700	800	850	900	950	1000	1100
		TA2	σ_{bT}/MPa	260	120	50	40	30	25	20	—
		TA6		430	250	160	135	110	70	36	17

表 4-12 不同温度下常用钢种抗拉强度 σ_{bT}　　　（MPa）

温度/℃ 钢号	800	900	1000	1100	1200
A3	80.0	50.0	30.0	21.0	15.0
10	68.0	47.0	32.5	26.0	15.8
15	58.0	45.0	28.0	24.0	14.0
20	91.0	77.0	48.0	31.0	20.0
30	100.0	79.0	49.0	31.0	21.0
35	111.0	75.0	54.0	36.0	22.0
45	110.0	83.0	51.0	31.0	27.0
55	165.0	115.0	75.0	51.0	36.0
T7	61.0	38.0	31.0	19.0	11.0
T7A	96.0	64.0	37.0	22.0	17.0
T8	93.0	61.0	38.0	24.0	15.9
T8A	93.0	56.0	34.0	21.0	15.0
T10A	92.0	56.0	30.0	18.0	16.0
T12	69.0	28.0	24.0	15.0	13.0
T12A	102.0	61.0	35.0	18.0	15.0
20Cr	107.0	76.0	52.8	38.0	25.0
40Cr	149.0	93.2	59.5	43.7	27.0
45Cr	89.0	43.0	26.0	21.0	14.0
20CrV	58.6	48.7	33.0	24.0	17.0
30CrMo	117.4	89.5	57.0	37.0	25.0
40CrNi	135.0	92.7	63.2	46.0	33.0
12CrNi3A	81.0	52.0	40.0	28.0	16.0
37CrNi3	130.3	91.6	60.5	41.5	27.7
18CrMnTi	140.0	97.0	80.0	44.0	26.0

续表 4-12

温度/℃ 钢　号	800	900	1000	1100	1200
30CrMnSiA	74.0	42.0	36.0	22.0	18.0
40CrNiMn	135.0	93.0	63.2	46.0	22.3
45CrNiMoV	104.0	67.0	44.0	29.0	18.5
18Cr2Ni4WA	113.0	66.0	49.0	27.0	19.0
60Si2Mo	81.0	57.0	34.0	26.0	33.0
60Si2	81.0	57.0	34.0	26.0	33.0
10Mn2	74.0	50.0	33.4	22.0	15.1
30Mn	83.0	54.5	35.5	23.2	15.2
60Mn	87.0	58.0	36.0	23.0	15.0
GCr15	100.0	74.0	48.0	30.0	21.0
Cr12Mo	198.0	101.0	54.0	25.0	8.0
Cr12MoV	125.0	83.0	47.0	25.0	8.0
W9Cr4V	222.0	95.0	64.0	33.0	21.0
W9Cr4V2	92.0	83.0	57.0	33.0	21.0
W18Cr4V	280.0	135.0	68.0	33.0	21.0
Cr9Si2	52.0	50.0	46.0	23.0	16.0
Cr17	41.0	22.0	21.0	14.0	8.0
Cr28	26.0	19.0	11.0	8.0	8.0
1Cr13	66.0	49.0	37.0	22.0	12.0
2Cr13	130.0	106.0	63.0	37.0	—
3Cr13	133.0	113.0	78.0	44.0	30.0
4Cr13	135.0	127.0	76.0	54.0	33.0
4Cr9Si2	88.0	85.0	50.0	28.0	16.0
1Cr18Ni9	122.0	69.0	39.0	31.0	16.0
1Cr18Ni9Ti	185.0	91.0	55.0	38.0	18.0
Cr17Ni2	—	64.0	41.0	28.0	—
Cr23Ni18	141.0	92.0	56.0	53.0	30.0
Cr18Ni25Si2	180.0	102.0	63.0	31.0	22.0
1Cr14Ni14W2Mo	—	146.0	72.0	44.0	27.0
2Cr13Ni14Mn9	127.0	76.0	42.0	23.0	14.0
1Cr25Al5	83.0	49.0	21.0	10.0	6.2
Cr13Ni14Mn9	146.0	71.0	44.0	23.0	14.0
4Cr14Ni14W2Mo	250.0	155.0	90.0	—	—
4Cr9Si2	88.0	80.0	50.0	26.0	16.0
18CrNi11Nb	221.0	—	62.0	—	22.0
Cr18Ni11Nb	151.0	—	54.0	—	20.0
Cr25Ti	26.0	19.0	11.0	8.0	8.0
Cr15Ni60	170.0	106.0	65.0	44.0	29.0
Cr20Ni80	228.0	105.0	58.0	38.0	23.0
CrW5	160.0	120.0	55.0	—	—
4CrW2Si	100.0	90.0	55.0	30.0	—
5CrW2Si	140.0	120.0	8.0	—	—

在计算挤压力时，金属及其合金变形抗力在上述所列表中查不到有关数据，为方便确定不同温度下金属变形抗力，特绘制了部分金属的变形抗力图（如图4-25所示）供参考。

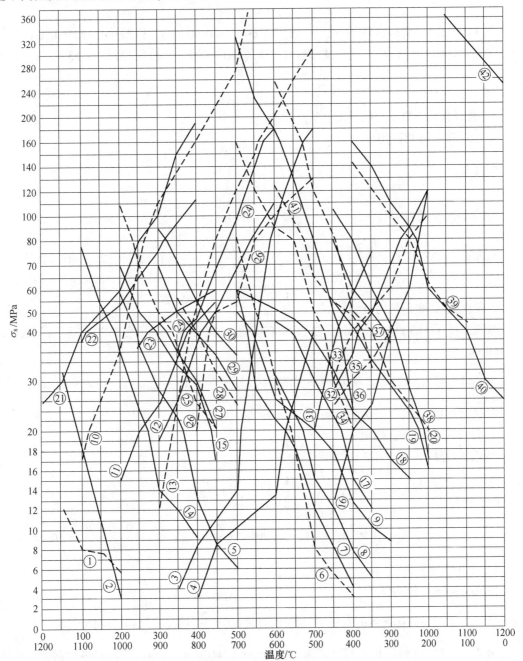

图 4-25 部分金属不同温度下的变形抗力图

注：1. 横坐标适用于自左向右递增的曲线。2. 锆（Zr）在400℃和800℃下的 σ_s 近似值分别为17MPa 和46MPa

①铅；②锡；③QA19-2；④HPb59-1；⑤铝；⑥HSn70-1；⑦HFe59-1-1；⑧H62；⑨H80；⑩TA6；⑪B5；⑫H96；⑬QSi1-3；⑭锌；⑮6A02；⑯镁；⑰H68；⑱铜；⑲BZn15-20；⑳B20；㉑NMn2-2-1；㉒镍；㉓B30；㉔QSn6.5-0.4；㉕MB15；㉖HAl77-2；㉗2A11；㉘2A50；㉙2A12；㉚7A04；㉛5A05；㉜MB1；㉝MB5；㉞HN165-5；㉟MB8；㊱QA19-4；㊲BFe30-1-1；㊳钛（TA2）；㊴NCu28-2.5-1.5；㊵NMn5；㊶QSn4-3；㊷钼

4.4　挤压力公式计算例题

例1　单孔模挤压 2A11 合金，锭坯尺寸 $\phi162mm\times600mm$，挤制棒直径 $\phi60mm$，挤压筒直径 $\phi172mm$，模子工作带长度 20mm，挤压温度 400℃，挤压速度 30.55mm/s，试求挤压力。

解：

1. 确定有关参数 α，λ，l_3，t_s，f

取平模挤压时死区角度 $\alpha=60°$，

挤压比 $\lambda=\dfrac{F}{F_1}=\dfrac{D_t^2}{d_1^2}=\dfrac{172^2}{60^2}=8.25$，

未变形区长度 $l_3=l_0-l_2=l_0-\dfrac{D_t-d_1}{2\tan\alpha}=600-\dfrac{172-60}{2\times\tan60°}=539mm$，

根据式（4-53），$t_s=\dfrac{0.2566}{\lambda V}(\lambda D_t-d_1)=\dfrac{0.2566}{8.25\times30.55}\times(8.25\times172-60)=1.39s$，

按 Tresca 条件，$f=0.5$。

2. 确定金属变形抗力 σ_s

查表 4-5 得 LY11 合金挤压温度 400℃ 时抗拉强度 $\sigma_{bT}=35MPa$，据 $\lambda=8.25$，$t_s=1.395s$。

查表 4-4 得 $C_V=2.43$，从而 $n_{\dot\varepsilon}=\dfrac{1}{2}(1+C_V)=\dfrac{1}{2}\times(1+2.43)=1.715$，

金属变形抗力 $\sigma_s=n_{\dot\varepsilon}\sigma_{bT}=1.715\times35=60MPa$。

3. 计算应力状态系数 n_s

据式（4-51），查表 4-2 得到下式：

$$n_s=n_{td}+n_z+n_d=\frac{4}{\sqrt3}\frac{l_3}{D_t}+\left(1+\frac{1}{\sqrt3}\cot\alpha\right)\ln\lambda+\frac{4fl_1}{d_1}$$

$$=\frac{4}{\sqrt3}\times\frac{539}{172}+\left(1+\frac{1}{\sqrt3}\cot60°\right)\times\ln8.25+\frac{4\times0.5\times20}{60}=10.59$$

4. 计算挤压力 P

由式（4-49）得

$$P=n_s\sigma_sF=n_s\sigma_s\frac{\pi}{4}D_t^2=10.59\times60\times\frac{\pi}{4}\times172^2=14.76MN$$

例2　在 15MN 挤压机上将 $\phi150mm\times200mm$ 锭坯挤成 $\phi19mm\times2mm$ 的紫铜管。挤压筒直径 $\phi155mm$，锥模模角65°，工作带长度 10mm，采用圆柱式穿孔针穿孔，穿孔针温度 300℃，挤压温度 900℃，挤压速度 80mm/s，试求挤压力和穿孔力。

解：

1. 确定有关参数 λ，$\bar D$，l_3，f_1

$D_t=155mm$，$d_1=19mm$，$d=19-2\times2=15mm$，

$$\lambda = \frac{F_0}{F_1} = \frac{D_t^2 - d^2}{d_1^2 - d^2} = \frac{155^2 - 15^2}{19^2 - 15^2} = 175$$

锥模挤压 $\alpha = 65°$,

$$l_3 = l_0 - l_2 = l_0 - \frac{D_t - d_1}{2\tan\alpha} = 200 - \frac{155 - 19}{2\tan65°} = 168.4\text{mm}$$

查表 4-3 得 $f_1 = 0.12$,

$$\overline{D} = \frac{1}{2} \times (D_t + d_1) = \frac{1}{2} \times (155 + 19) = 87\text{mm}$$

2. 确定金属变形抗力 σ_s

$$F_0 = \frac{\pi}{4} \times D_t^2 = \frac{\pi}{4} \times 155^2 = 18859.63\text{mm}^2$$

$$v_j = 80\text{mm/s}$$

$$t_s = \frac{0.4 \times [(D_t^2 - 0.75 \times d^2)^{\frac{3}{2}} - 0.5 \times (D_t^3 - 0.75 \times d^3)]}{F_0 \times v_j}$$

$$= \frac{0.4 \times [(155^2 - 0.75 \times 15^2)^{\frac{3}{2}} - 0.5 \times (155^3 - 0.75 \times 15^3)]}{18859.63 \times 80} = 0.488\text{s}$$

查表 4-4 得 $C_V = 3.03$,

$$n_{\dot{\varepsilon}} = \frac{1}{2} \times (1 + C_V) = \frac{1}{2} \times (1 + 3.03) = 2.015, \quad \text{查表 4-11 得 } \sigma_{bT} = 18\text{MPa}$$

$\sigma_s = n_{\dot{\varepsilon}}\sigma_{bT} = 2.015 \times 18 = 36.27\text{MPa}$

3. 计算应力状态系数 n_s

由表 4-2 得

$$n_s = n_{td} + n_z + n_d = \frac{4}{\sqrt{3}} \times \frac{l_3}{D_t - d} + \left(1 + \frac{1}{\sqrt{3}}\cot\alpha \times \frac{d + \overline{D}}{\overline{D}}\right) \times \ln\lambda + \frac{4f_1 l_1}{d_1 - d}$$

$$= \frac{4}{\sqrt{3}} \times \frac{168.4}{155 - 15} + \left(1 + \frac{1}{\sqrt{3}}\cot65° \times \frac{87 + 15}{87}\right) \times \ln175 + \frac{4 \times 0.12 \times 10}{19 - 15} = 10.8$$

4. 计算挤压力 P

$$P = n_s \cdot \sigma_s \cdot \frac{\pi}{4} \times (D_t^2 - d^2) = 10.8 \times 36.27 \times \frac{\pi}{4} \times (155^2 - 15^2) = 7.32\text{MN}$$

5. 计算穿孔力, K 取 σ_s, 由式 (4-21):

$$P = P' + T = \frac{\pi}{2} \times d^2 \times \left(2 + \frac{d}{D_t - d}\right) \times K$$

$$= \frac{\pi}{2} \times 15^2 \times \left(2 + \frac{15}{155 - 15}\right) \times 36.27 = 0.027\text{MN}$$

例 3 双孔模挤压 6A02 型材, 铸锭尺寸 $\phi70\text{mm} \times 175\text{mm}$, 每根挤制品的断面积 $F = 98\text{mm}^2$, 挤压筒直径 $\phi75\text{mm}$, 挤压模工作带长度 2mm, 挤压温度 360℃, 挤压速度 200mm/s, 试确定挤压力。

解: 对实心型材, 既可以用表 4-2 中的公式 (在断面尺寸已知情况下), 也可以采用等效面积的方法先确定等效直径 d_R，然后用棒材公式计算。本题采用后一方法计算。

1. 确定有关参数 λ，d_R，l_3，f_1

$$F_0 = \pi\left(\frac{D_t}{2}\right)^2 = \pi\left(\frac{75}{2}\right)^2 = 4417.86\text{mm}^2$$

$$F_1 = 2F = 2 \times 98 = 196\text{mm}^2$$

$$\lambda = \frac{F_0}{F_1} = \frac{4417.86}{196} = 22.53$$

$$d_R = 2\sqrt{\frac{2F}{\pi}} = 2\sqrt{\frac{2 \times 98}{\pi}} = 15.8\text{mm}$$

平模挤压 $\alpha = 60°$，

$$l_3 = l_0 - l_2 = l_0 - \frac{D_t - d_1}{2\tan\alpha} = 175 - \frac{75 - 15.8}{2\tan60°} = 157.91\text{mm}$$

$$d_R = d_1 = 15.8\text{mm}$$

查表 4-3 得 $f_1 = 0.32$。

2. 确定金属变形抗力 σ_s

$$t_s = \frac{1 - \cos\alpha}{3\lambda v_j\sin^3\alpha}(\lambda D_t - d_1) = \frac{1 - \cos60°}{3 \times 22.53 \times 200 \times \sin^360°} \times (22.53 \times 75 - 15.8) = 0.095\text{s}$$

由表 4-4 得 $C_V = 3.41$，

$$n_{\dot\varepsilon} = \frac{1}{2} \times (1 + C_V) = \frac{1}{2} \times (1 + 3.41) = 2.205, \quad 查表 4-11 得 \sigma_{bT} = 24\text{MPa},$$

$$\sigma_s = n_{\dot\varepsilon}\sigma_{bT} = 2.205 \times 24 = 52.92\text{MPa}, \quad l_1 = 2\text{mm}$$

3. 计算应力状态系数 n_s

$$n_s = n_{td} + n_z + n_d = \frac{4}{\sqrt{3}}\frac{l_3}{D_t} + \left(1 + \frac{1}{\sqrt{3}}\cot\alpha\right)\ln\lambda + \frac{4fl_1}{d_1}$$

$$= \frac{4}{\sqrt{3}} \times \frac{157.91}{75} + \left(1 + \frac{1}{\sqrt{3}}\cot60°\right)\ln22.53 + \frac{4 \times 0.32 \times 2}{15.8} = 9.177$$

4. 计算挤压力 P

$$P = n_s \cdot \sigma_s \cdot F_0 = 9.177 \times 52.92 \times 4417.86 \approx 2.146\text{MN}$$

例 4 在包角 90° 的径向式铸挤机上挤制 $\phi9.5\text{mm}$ 的铝钛硼合金线，铸挤轮直径 $\phi300\text{mm}$，微挤压筒直径 $D_t = \phi24\text{mm}$，轮槽宽×轮槽高 $= 10\text{mm} \times 10\text{mm}$，用多点热电偶测定靴块与模区温度，实测模区温度 480℃，试确定挤压力 P_t，P_r。

解：

1. 确定有关参数 λ，l_1

挤压比 $\lambda = \dfrac{D_t^2}{d_1^2} = \dfrac{24^2}{9.5^2} = 6.382$

初始夹紧区长度 $l_1 = \dfrac{W}{f} = \dfrac{10}{0.5} = 20\text{mm}$

式中，f 按照 Tresca 条件取 0.5。

2. 确定变形抗力 σ_s

用实测的方法并考虑应变速率的影响得 $\sigma_s = 50\text{MPa}$。

3. 确定参数 l_2，n_s

用主应力法确定挤压应力

$$\sigma_j = \sigma_s\left[\left(1 + \frac{\cot\alpha}{\sqrt{3}}\right)\ln\lambda + \frac{4fl_1}{d_1} + \frac{4l_3}{\sqrt{3}D_t}\right]$$

$$= 50 \times\left[\left(1 + \frac{1}{\sqrt{3}}\times\frac{1}{\sqrt{3}}\right)\times\ln6.382 + \frac{4\times0.5\times20}{9.5} + \frac{4\times24}{\sqrt{3}\times24}\right]$$

$$= 449.56\text{MPa}$$

挤屈比 n_s：

$$n_s = \frac{\sigma_j}{\sigma_s} = \frac{449.56}{50} = 8.99$$

夹紧区长度

$$l_2 = n_sW = 8.99\times10 = 89.9\text{mm}$$

4. 计算 β_i，N_i，$T_i(i = 1，2，3，4)$，最后确定挤压力 P_t，P_r

连续铸挤挤压力是指铸挤轮槽所受的切向力 P_t 和径向力 P_r。

切向力

$$P_t = f\sigma_s(1.5Wl_1 + 3Wl_2 + 2bl_2 + 3WZ)$$

$$= 0.5\times50\times(1.5\times10\times20 + 3\times10\times89.9 + 2\times15\times89.9 + 3\times10\times30)$$

$$= 164850\text{N}$$

$$\beta_1 = \frac{\pi\left(\frac{D_t}{2} - W\right) - l_1 - 2l_2 + D_t}{D_t - 2W}$$

$$= \frac{\pi\times\left(\frac{24}{2} - 10\right) - 20 - 2\times89.9 + 24}{24 - 2\times10}$$

$$= -42.379°$$

$$\beta_2 = \frac{l_1 + l_2}{D_t - 2W} = \frac{20 + 89.9}{24 - 2\times10} = 24.475°$$

$$\beta_3 = \frac{l_2 + Z}{D_t - 2W} = \frac{89.9 + 30}{24 - 2\times10} = 29.975°$$

$$\beta_4 = \frac{D_t + Z}{D_t - 2W} = \frac{24 + 30}{24 - 2\times10} = 13.5°$$

$\gamma = \beta_1 + \beta_2 + \beta_3 - \beta_4 = -42.379 + 24.475 + 29.975 - 13.5 = -1.429°$

l_1 区侧面与底面受力

$$T_1 = f\sigma_sWl_1 + \frac{1}{2}f\sigma_sWl_1 = 0.5\times50\times10\times20 + \frac{1}{2}\times0.5\times50\times10\times20 = 7500\text{N}$$

$$N_1 = \frac{1}{2}\sigma_sWl_1 = \frac{1}{2}\times50\times10\times20 = 5000\text{N}$$

l_2 区侧面与底面受力

$T_2 = 3f\sigma_s W l_2 = 3 \times 0.5 \times 50 \times 10 \times 89.9 = 67425\text{N}$

$N_2 = \sigma_s W l_2 = 50 \times 10 \times 89.9 = 44950\text{N}$

间隙引起的飞边力

$T_3 = 2bf\sigma_s l_2 = 2 \times 15 \times 0.5 \times 50 \times 89.9 = 67425\text{N}$

$N_3 = 2b\sigma_s l_2 = 2 \times 15 \times 50 \times 89.9 = 134850\text{N}$

挡块处的飞边力

$T_4 = 3f\sigma_s W Z = 3 \times 0.5 \times 50 \times 10 \times 30 = 22500\text{N}$

$N_4 = 3\sigma_s W Z = 3 \times 50 \times 10 \times 30 = 45000\text{N}$

微挤压筒对槽轮的力

$T_5 = fN_5 = 0.5 \times 180756.69 = 90378.34\text{N}$

$N_5 = \dfrac{1}{4}(\sigma_j - \sigma_s)\pi D_t^2 = \dfrac{1}{4} \times (449.56 - 50) \times \pi \times 24^2 = 180756.69\text{N}$

沿轮槽的径向力 P_r 的水平分力

$P_x = N_1\sin\beta_1 + (N_2 + N_3)\sin(\beta_1 + \beta_2) + N_4\sin(\gamma + \beta_4) + N_5\sin\gamma + T_1\cos\beta_1 +$
$\quad (T_2 + T_3)\cos(\beta_1 + \beta_2) + T_4\cos(\gamma + \beta_4) + T_5\cos\gamma$

$\quad = 5000 \times \sin(-42.379) + (44950 + 134850)\sin(-42.379 + 24.475) +$
$\quad\quad 45000\sin(-1.429 + 13.5) + 180756.69\sin(-1.429) + 7500\cos(-42.379) +$
$\quad\quad (67425 + 67425)\cos(-42.379 + 24.475) + 22500\cos(-1.429 + 13.5) +$
$\quad\quad 90378.34\cos(-1.429)$

$\quad = 192470.62\text{N}$

沿轮槽受到的径向力为 P_r 的水平分力为 P_y。

$P_y = -N_1\cos\beta_1 - (N_2 + N_3)\cos(\beta_1 + \beta_2) - N_4\cos(\gamma + \beta_4) - N_5\cos\gamma + T_1\sin\beta_1 +$
$\quad (T_2 + T_3)\sin(\beta_1 + \beta_2) + T_4\sin(\gamma + \beta_4) + T_5\sin\gamma$

$\quad = -5000\cos(-42.379) - (44950 + 134850)\cos(-42.379 + 24.475) +$
$\quad\quad 7500\sin(-42.379) + (67425 + 67425)\sin(-42.379 + 24.475) +$
$\quad\quad 22500\sin(-1.429 + 13.5) + 90378.34\sin(-1.429)$

$\quad = -443551.64\text{N}$

$P_r = \sqrt{P_x^2 + P_y^2} = \sqrt{192470.62^2 + 443551.64^2} = 483511\text{N}$

$P_t = 164850\text{N};\ P_r = 483511\text{N}$

$$\boxed{\text{思考练习题}}$$

4-1 明确挤压力、挤压应力、最大挤压力、单位挤压力及挤压应力的概念。

4-2 分析各种因素对挤压力的影响。

4-3 为什么模角 α 大于合理模角 $\alpha_合$ 时挤压力增大？

4-4 在 20MN 卧式挤压机上，将 $\phi150\text{mm} \times 355\text{mm}$ 的锭坯挤压成 $\phi20\text{mm}$ 的 2A11 合金棒材，挤压筒 $D_t = 155\text{mm}$，金属流出速度 $v = 30\text{mm/s}$，模孔工作带长 $l_1 = 5\text{mm}$，采用双孔平模，压余 35mm 计算挤压力。

4-5 在 15MN 挤压机上，用固定穿孔针挤制 $\phi19\text{mm} \times 15\text{mm}$ 紫铜管，铸锭尺寸 $\phi150\text{mm} \times 200\text{mm}$，挤压温度

为 900℃，挤压筒 $D_t = 155mm$，锥模角 $\alpha = 65°$，工作带 $l_1 = 10mm$，挤压速度 $v = 80mm/s$，计算挤压力。

4-6 连续铸挤机的铸挤轮为 $\phi350mm$，轮槽为 $15mm \times 15mm$，铸挤轮内通水冷却，轮的转速为 $10r/min$，挤压制品为 $\phi10mm$ 的铝盘条，浇注温度为 760℃，出模温度为 450℃，其他参数自己确定，设计工模具，计算挤压力。

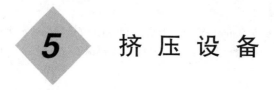 挤 压 设 备

5.1　挤压机特点与构成

　　挤压机有常规挤压机和连续挤压机，主要用于管材、棒材、型材、线材及零部件等的生产，在金属压力加工中已应用得相当广泛。

　　常规挤压机按传动方式可分为：机械式挤压机和液压式挤压机。机械式挤压机是通过曲轴或偏心轴将回转运动变成往复运动，从而驱动挤压杆对金属进行挤压。这种挤压机在负荷变化时易产生冲击，速度的调节反应不够灵敏，阻止过载的能力小并且难于大型化，所以在大型生产上很少应用。液压传动的挤压机运动平稳，过载的适应性较好，而且速度也较易调整。因此，液压传动的挤压机被广泛采用，故本章所述均为液体传动的挤压机。

　　挤压机由以下几部分组成：（1）动力部分，即泵（有的还配有蓄势器）。（2）主体部分，其上安装执行机构——工作缸、挤压筒及模子装置等。（3）液压控制系统，有控制元件，如节流阀、分配器、充填阀、安全阀及闸阀等构成控制系统，用以控制液体的流量、流向及压力。（4）工作液体，即水（含浓度为 1%～3% 的乳液）或油。（5）电控系统，包括电机、电控元件及电控制柜等。（6）辅助部分，如管道、管道接头、储液槽、冷却器（或加热器）等。卧式挤压机的构成主机及辅助部分，如图 5-1 所示。

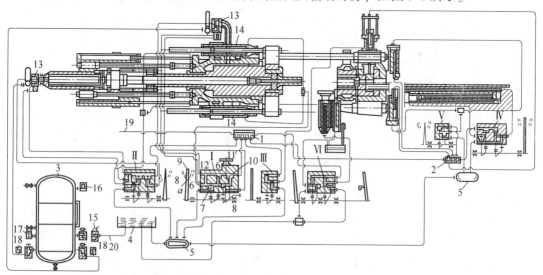

图 5-1　15MN 卧式挤压机的构成

1，2—水箱；3—低压蓄势器；4—高位水箱；5—集水池；6～8，10—阀；9—手柄；
11—手轮；12，17，18—安全阀；13—充填阀；14—回程缸；15—溢流阀；
16—排气安全阀；19—高压水管路；20—管路

连续挤压机包括 Confoum 连续挤压机、Castex 连续铸挤机及连续包覆挤压机。连续挤压机的结构与常规挤压机比较有所不同。

5.2 挤压机类型

5.2.1 卧式和立式挤压机

根据运动部件的运动方向，挤压机有卧式和立式之分。卧式挤压机上的运动部件运动方向与地面平行。而立式挤压机上的运动部件运动方向与地面垂直。如图 5-2 及图 5-3 所示。

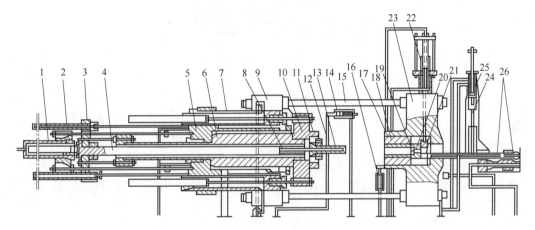

图 5-2　20MN 卧式挤压机示意图

1—穿孔针工作行程缸；2—穿孔针回程缸；3—穿孔针回程横梁；4—穿孔针支座杆；5—主缸；6—主柱塞；
7—主柱塞回程缸；8—穿孔针支座；9—后机架；10—主柱塞回程横梁；11—挤压杆支座；12—挤压杆；
13—穿孔针；14—送锭机构推杆；15—张力柱；16—锭提升台；17—挤压筒座；18—挤压筒；19—模；
20—横座；21—斜锁键；22—斜锁键用缸；23—前机架；24—剪刀；25—剪刀用缸；26—横座台运动用缸

一般来说，卧式挤压机的占地面积比立式挤压机大。另外，由于卧式挤压机的动梁只是底面和导轨接触并沿其滑动，经长期工作易发生磨损，动梁发生向下偏移，从而导致与它联结的挤压杆及穿孔针也单方向偏移，结果会造成挤压管材出现壁厚不均，即偏心。

立式挤压机虽然不存在以上问题，但由于其出料方向与地面垂直，出料必须构筑很深的地槽，或把挤压机的基础提高，这也将使厂房相应增高，所以立式挤压机吨位受到限制，一般为 6~10MN 左右，仅在特殊情况下安装 15MN 的立式挤压机。

5.2.2 单动式和复动式挤压机

根据挤压机是否带有独立穿孔系统而分为单动式和复动式挤压机，不带独立穿孔系统的为单动式，通常用于挤压金属棒材及线坯等实心材。用单动式挤压机生产管材时，挤压机必须带随动穿孔针且采用空心坯料，挤压时穿孔针的作用仅在于确定管材的内径，挤压时穿孔针是随动的，是被挤压杆带动一起移动。带独立穿孔系统的为复动式，挤压机可挤压金属管材、棒材、型材和线坯。用复动式挤压机挤压管材时，采用实心和空心坯料均

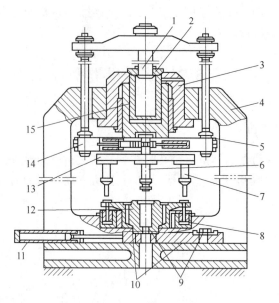

图 5-3　6MN 立式挤压机本体结构

1—回程缸；2—主柱塞回程缸；3—主缸；4—机架；5—滑板；6—冲头；7—挤压杆；8—挤压筒锁紧缸；
9—模子；10—模支撑；11—模座移动缸；12—挤压筒；13—回转盘；14—滑座；15—主柱塞

可，在采用实心坯料时，穿孔针必须先把坯料穿孔，而后再挤压，挤压过程中穿孔针既可动也可固定。无论是卧式还是立式挤压机都有单动和复动之分，单动式挤压机比复动式挤压机结构简单。

5.2.3　长行程和短行程挤压机

目前，国内采用的卧式挤压机均属于长行程挤压机，挤压机时坯料从挤压筒的后面装入，在装料过程中挤压杆及穿孔针必须先后退一个坯料长度的距离。因此，考虑坯料的最大长度，可接近挤压筒的长度，所以在设计挤压杆、穿孔针及驱动它们工作柱塞的最短行程时，必须使其大于挤压筒长度 L 的 2 倍。如图 5-4 所示。

短行程挤压机，在挤压时坯料是从挤压筒的前面装入，装料时挤压筒后退一个坯料长度的距离，待坯料送上合适位置时，挤压筒前进并将坯料套入挤压筒内，如图 5-5 所示。这样挤压杆、穿孔针及驱动它们的工作柱塞的最短行程只需大于挤压筒的长度，也就是说比长行程挤压机减少一半。因此，短行程挤压机工作缸的长度也可以比长行程的缩短将近一半。

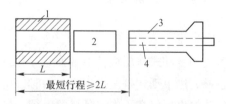

图 5-4　长行程挤压机装料形式

1—挤压筒；2—坯料；3—挤压杆；4—穿孔针

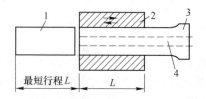

图 5-5　短行程挤压机的装料形式

1—坯料；2—挤压筒；3—挤压杆；4—穿孔针

由于挤压机的主体长度跟工作柱塞的行程有直接关系，所以短行程挤压机的本体长度将比长行程挤压机大大缩短，这是短行程挤压机的一个突出优点。不过，由于在使用短行程挤压机时，穿孔针不易暴露出来，所以不易进行穿孔针的润滑和冷却。

5.2.4　正向和反向挤压机

由于挤压方法有正向挤压和反向挤压之分，所以在挤压设备上也相应地有正向和反向挤压机。但这不等于说在正向挤压机上就不能实现反向挤压，例如我国有些有色金属加工厂，就用挤压筒可动的卧式挤压机进行反向挤压。专门的反向挤压机，由于其结构复杂，所以设计和制造得很少。

5.2.5　水压机和油压机

目前挤压机的传动介质有两种，即油和乳化液。使用油做传动介质的称为油压机，使用乳化液做传动介质的称为水压机，水压适合大吨位、高速度、高压力的挤压机，挤压速度调节范围宽，设备维修较容易，可多机联合使用。缺点是需要水泵站系统，设备占地面积大。油压易实现自动化，不需要泵站，油泵一般安装在机上或机旁，结构紧凑，占地面积小，设备维修比水压机复杂。油压机的驱动装置是直接作用的油泵，油压机广泛应用于有色金属挤压。而大吨位、高速度油压直接驱动的挤压机也可与油压蓄势器的应用结合起来，采用油压机则是今后的发展方向。

5.3　挤压机结构

不论卧式挤压机还是立式挤压机都由三种基本部件组成，即机架、缸与柱塞、挤压工具。

5.3.1　挤压机主机结构

液压缸的配置是为了保证挤压工具和一些辅助机构完成往复运动，棒型材挤压机由于没有独立穿孔系统，故液压缸数目少，配置较简单如图 5-6 所示。而管棒挤压机的挤压主缸和穿孔缸的配置形式有许多种，根据穿孔缸对挤压主缸的相对位置主要有后置式、侧置式和内置式三种结构形式。

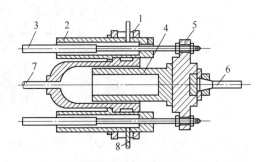

图 5-6　棒材挤压机液压缸配置
1—主缸；2—回程缸；3—回程缸柱塞；4—主柱塞；
5—横梁；6—挤压杆；7—高压管道；8—排泄管道

5.3.1.1　后置式

所谓后置式即穿孔缸位于主缸之后，其结构形式如图 5-7 所示。后置式的挤压机的穿孔柱塞行程一般比主柱塞行程长些，因此在挤压过程中穿孔针逐渐向前移动一段距离，从而减轻了穿孔针所受的拉力不被拉断，增加了穿孔针的使用寿命。另外，此种结构的挤压机没有穿孔针轴向调整结构，穿孔针长短不同时，可借助于主柱塞与穿孔柱塞的相对移动使穿孔针端面与挤压杆前面的垫片端面对齐，这一点是填充挤压时所必需的。由图可知，穿孔系统很长，中心线难于对中，铜套易磨损，挤压的管材易产生偏心。此种结构形式另一缺点是机身较长。

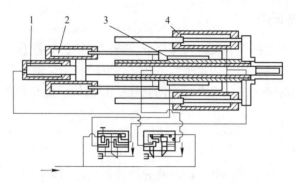

图 5-7　穿孔缸后置式的挤压机结构
1—穿孔缸；2—穿孔返回缸；3—主缸；4—主返回缸

5.3.1.2　侧置式

侧置式配置的特点是穿孔工作缸位于主缸的两侧，如图 5-8 所示。穿孔柱塞与主柱塞行程相同，在挤压过程中，穿孔针固定在模孔中不动。此点是借助于在穿孔柱塞杆上面两个穿孔行程限制器实现的，当穿孔针位于模孔后，两个行程限制器则靠在穿孔缸的端面上，这就限制了穿孔针继续向前移动。穿孔针在挤压时不动对其寿命是不利的，因金属变形在模孔处最大，温度最高，故针常被拉细、拉断。穿孔针沿轴线上的调整是借助于安装在穿孔横梁中的蜗轮、蜗杆机构实现的，此种结构的挤压机由于在主缸后面尚安装有主柱塞及穿孔柱塞回程缸故机身也很长。

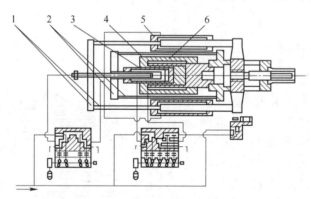

图 5-8　穿孔缸侧置式挤压机结构
1—穿孔返回梁及拉杆；2—主返回梁及拉杆；3—穿孔返回缸；
4—主返回缸；5—穿孔缸；6—主缸

5.3.1.3　内置式

内置式挤压机是一种结构上较先进的挤压机，其特点是穿孔缸安置在主柱塞前部的空腔中。穿孔缸所需的工作液体用一个套筒式导管供给，其原因是穿孔缸在主柱塞移动时也要跟着移动，如图 5-9 所示，其特点是没有主柱塞回程缸，而主柱塞返回靠两个穿孔柱塞

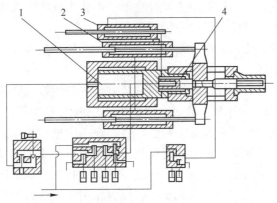

图 5-9　穿孔针内置式挤压机

1—主缸；2—返回缸；3—工作液体导管；4—穿孔缸

回程缸带回，故结构较简单，内置式挤压机由于穿孔系统位于主柱塞中，缩短了机身长度，穿孔系统也很短，挤压管材不易偏心，另一优点是穿孔针在挤压时可以随着主柱塞一同前进，有助于提高其使用寿命。

内置式穿孔系统可显著缩短挤压机的主体长度。例如，一台 30MN 级卧式挤压机采用内置式穿孔系统时，其主体长度可比其他两种形式短 6m 左右。内置式穿孔系统的缺点在于穿孔缸是运动的，因此必须采用活动的高压导管，这样一来密封和维护比较麻烦。目前水压机上多采用后置式或侧置式结构，油压机多采用内置式结构，这是由于油比水密封和维护等问题要容易解决。

5.3.2　挤压机主体结构

5.3.2.1　机架

机架是由机座、横梁、张力柱所组成。

（1）机座是由前机座、中间机座、后机座三部分对接组成，后机座用以支撑后横梁，中间机座通过导板支撑活动横梁（挤压横梁、穿孔横梁），前机座支撑前横梁，后横梁与机座的轴向位置是由固定键来确定的，即后横梁相对机座是固定不动的。相反，前横梁由上滑板支撑，它不仅可以在上滑板上沿轴向滑动，而且可由调整上滑板而相对机座作升降移动，还可以调整侧向的调整螺钉使它沿机座横向左右移动。

挤压机在安装时，后横梁按要求确定位置后，前横梁可以通过上述调整螺钉进行调整，以保证前后横梁轴线一致。

（2）横梁包括前横梁、后横梁。对中小型挤压机，有时把后横梁和主缸制成一体，以利加工和装配，但大型挤压机的后横梁都是单独铸件。后横梁是挤压机的主要受力部件之一，后横梁用来安装主缸、回程缸和穿孔缸，后横梁安装在后机座上，采用螺栓、键与后机座固定连接。

前横梁与机座不是固定连接，而是可以前后、上下、左右相对机座移动的。

（3）张力柱把前、后横梁连接为一体，组成一个刚性框架，张力柱最常用的有三柱式或四柱式。其中三柱式张力柱的布置形式有正三柱、倒三柱及侧三柱。倒三柱布置便于更换挤压筒等重型部件，侧三柱布置便于在侧向的张力柱上安装转动式的模座。

在挤压力的作用下，张力柱将产生弹性变形，即张力柱将会发生微量的伸长，这时要求前横梁必须能随着张力柱的伸长而沿轴向滑移。

张力柱机架应用较广泛，但由于采用螺纹连接，易松动与损坏。为了克服张立柱结构的缺点，提高产品的精度，而采用预应力机架。

预应力机架是用多层叠板拉杆和箱形压柱代替传统的用螺母紧固的圆柱形张力柱，将前、后梁用预应力件组成一个刚性机架，拉杆由四块两端带 T 形挡头的厚钢板叠在一起构成，在前、后梁内侧的拉杆外面套上箱形压柱，在一定预加载荷的作用下，使拉杆发生伸长变形，在压柱的一端加入垫板，从而使整个机架处于预应力的状态，如图 5-10 所示。在机架中，拉杆处于拉应力状态，箱型压柱处于压应力状态，在挤压过程中的周期性应力比传统张立柱结构受力大大减小。因此，在挤压力作用下预应力的张力柱伸长变形小，给予机架以较高的刚度。

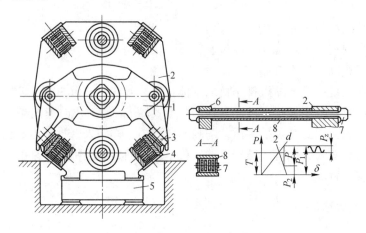

图 5-10 带扁拉杆的预应力机架

1—挤压活动横梁；2—后机架；3—导轨；4—扁张力柱；5—挤压机座；

6—前机架；7—带 T 形头的扁拉杆；8—压力柱；

P—工作载荷；P_1，P_2—加载后作用在扁拉杆和压力柱上的力；

P_Z—作用在扁拉杆上的交变载荷；δ—张力柱变形量

5.3.2.2 缸与柱塞

A 缸的结构

缸的典型结构如图 5-11 所示，在缸的开口端镗有密封室，用于放置密封圈 4 和压紧环 5，并在里面镗有孔，青铜衬套 3，以轻配合压入，其中衬套的作用在于防止柱塞与缸相互摩擦并进行导向。铸造缸所用的材料一般为含碳 0.3%~0.4%的钢，而主柱塞常由含碳 0.4%~0.5%的钢铸成。

B 柱塞与缸的结构

通常有三种结构形式，如图 5-12 所示。

（1）圆柱式柱塞与缸，其特点是只能单向运动，柱塞需要借助于另外的缸才能实现返回，挤压机的主缸和穿孔

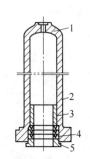

图 5-11 缸的典型结构

1—缸底；2—缸壁；3—导向衬套；

4—密封圈；5—压紧环

缸采用此种结构形式，使用及维护都方便。

（2）活塞式柱塞与缸，可做往复运动，主要用于辅助机构，如挤压筒移动缸等方面。主缸和穿孔采用活塞式的柱塞是不合适的。由于活塞环易磨损，造成两头窜水，使工作失常，而保养、维修也很不方便，此外在柱塞返回时需消耗大量的高压液体，是不经济的。

（3）阶梯式柱塞与缸，做单向运动，主要用于回程缸。

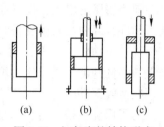

图 5-12　缸与塞的结构形式

（a）圆柱式柱塞与缸；
（b）活塞式柱塞与缸；
（c）阶梯式柱塞与缸

5.3.2.3　挤压工具

挤压工具包括：模、挤压杆、穿孔针、垫片、挤压筒等，是获得各种合格挤压制品的关键手段，详见第 6 章。

5.3.3　挤压机主体的辅助装置

5.3.3.1　模子装置

在卧式挤压机上，使用的模子装置有三种形式。

A　纵向移出式

这种型式的模装置挤压模、模支撑及模座等安装在活动头（压型嘴）上，如图 5-13 所示，活动头可沿挤压轴线进行纵向移动，挤压时将活动头连同挤压模一起移入前机架内，并使挤压模和挤压筒相靠，挤压结束后活动头又带动模子、制品和压余等一起从前机架内移出。

活动头的结构有两种类型，类型 I 活动头的模子装配方式采用正锥；类型 II 活动头的模子装配方式系采用倒锥。

图 5-13（a）所示为类型 I 活动头及模支撑与模座固定部件。在活动头架上安装模支撑和模子。活动头另一端与活动的受料槽相连接。在较新式结构的挤压机上，在受料槽与活动头之间有导路相连接。可减小型材的扭曲变形。模支撑用三个螺栓固定在活动头上。模支撑的水平位置用垫板调整。在安装检查尺寸 A，封闭锥及与其相应的挤压筒内衬锥面要配合好。对锁键装置的支撑面，需定期润滑，免得失调影响管材壁厚不均匀。

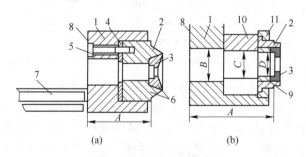

图 5-13　活动头的结构

（a）第一类型（带正锥的）；（b）第二类型（带倒锥的）；

1—活动头架；2—模支撑；3—模；4—垫板；5—螺栓；6—封闭锥；
7—受料槽；8—锁键支撑面；9—模垫；10—支撑环；11—模架

采用正锥安装模子可以增加其在工作中的强度。类型 I 的活动头结构一般用在 20MN

以下的挤压机上。图5-13（b）系采用倒锥安装模子，可以防止模子从模支撑中掉出。但是，随着挤压力增大，模子会发生松动以至破坏。在此结构中，在活动头架的锥体部分安装可卸环，环中放入模支撑，在更换模子时，必须将固定环的螺栓松开，然后取出支撑环和模垫。尺寸 A 的调整，与类型 I 的相同，需要利用一套垫板，这将引起部件在轴线方向上的刚性减低，当挤压力增高时，模子会破坏。

在装配部件时，必须注意部件出口部分的直径差。出口孔直径必须是 $B > C > D$。

为了保证在挤压过程中挤压模能和挤压筒靠紧，必须采用锁键，参见图5-14。锁键由液压驱动，当活动头进入前机架内以后，锁键下降，把活动头和挤压模锁紧，挤压结束后锁键提升，使活动头可以自由地移出前机架。

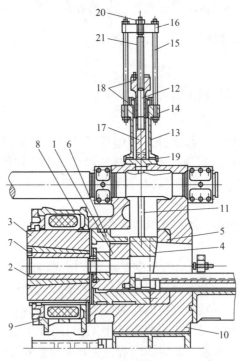

图 5-14 锁键结构

1—模活动头；2—挤压筒内衬；3—挤压筒外套；4—斜锁；5—锁斜面支撑环；6—模支撑座；7—挤压筒中衬套；8，9—挤压筒支撑座；10—前机架；11—锁拉杆；12—锁下降缸；13—锁上升缸；14—弹簧；15—拉杆；16—横梁；17—锁上升柱塞；18—密封圈；19—供高压水使锁上升；20—供高压水使锁下降；21—固定的活塞杆

锁键有两种型式，即斜锁与平锁。斜锁一般用于小型挤压机，平锁用于大型挤压机。若大型卧式挤压机使用斜锁，由于挤压力作用于斜面上，将使锁键受到一个很大的向上的分力而易被抬起，故锁紧作用就不牢靠。因此，在大型挤压机上均采用平锁。不过采用平锁时，挤压筒必须是可动的，这样一方面可以保证挤压筒和挤压模紧紧相靠，另一方面在挤压结束后可通过使挤压筒稍许向后移动，来减少平锁的提升力。

在新式的挤压机上开始采用另外两种型式：回转式或可侧向移动式的模子装置。

B　回转式

一般在回转式模架上有两个安放挤压模的孔和两个推出压余的孔，它们互相间隔相差90°，如图5-15所示。模架的回转是由液压齿条缸带动齿轮，齿轮带动模架来实现的，模架还可以作一定距离的纵向移动。模架每次只回转90°，操作时先把一个挤压模和模垫一起装入一个模座内，然后再装到回转模架上。当模架转动90°后，移动挤压筒使它和模子靠紧并开始进行挤压。挤压结束后，挤压杆从挤压筒中退出，同时移动挤压筒，使它和挤压模脱离接触，这时用热锯将制品跟残留在挤压筒内的压余分离。为了把仍留在模子内的制品取出，把挤压筒和模子再次靠上，使制品和压余上两个锯切过的面对在一起，从而将制品从模子中推出，当然也可用牵引装置直接将制品从模孔中拉出。紧接着再将模架回转90°，用挤压杆将压余从模架上推出压余的孔中顶出。在进行上述操作的同时，将另一个模子安放在模架上的另一个孔中，这样在上述操作完毕以后，使模架再回转90°，把另一个模子转到工作位置上进行下一次挤压，而同时将前次使用的模子进行清理或更换。因此，使用回转式模架就大大缩短了清理及更换模子所需要的时间。

C 侧向移动式

侧向移动模架往往只有两个工作位置，一个用于装挤压模，另一个用来顶出挤压的压余，如图5-16所示。侧向移动式模架，也可有三个工作位置，其中两个用于装挤压模，另一个用于顶出压余。用侧向移动式模架的优点也是可以缩短更换和清理模子的时间，从而提高生产率。

图 5-15 回转式模架

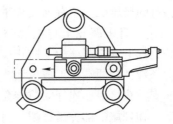

图 5-16 侧向移动式模架

采用回转式和侧向移动式模架后，不必再要锁紧装置，但是挤压筒应该是可以移动的。用这两种形式的模子装置，除了前面已讲过的优点外，另一个优点是可以采用固定的接料台，但在用纵向移出式模架时，接料台在纵向必须是可动的，这样可为使用新的工艺，如水封挤压提供了方便条件。

5.3.3.2 压余分离装置

在卧式挤压机上，压余的分离多采用剪刀。剪刀用液压驱动，其位置安设在前机架之前，挤压结束以后，剪刀将制品和压余分离。当采用回转式或侧向移动式模架时，也有采用圆锯分离压余。立式挤压机多采用切断冲头分离压余和带切料环的滑块分离压余。

5.3.3.3 调整装置

为了减少和防止管材的偏心，应调整穿孔针、挤压筒、模子、挤压杆的轴线均位于同一直线上。因此，在挤压机上必须有调整装置。

（1）卧式挤压机上的调整装置安装在挤压杆与穿孔针的活动横梁、挤压筒座及前机架的底部。在这些部件的底部安放"楔铁"又称"楔形件"，对活动横梁及可动挤压筒座，一般就把其底部的青铜滑块做成楔形的。通过拧动调节螺丝改变楔形件的位置，如图5-17所示。可使这些部件在一定范围内实现上下与左右移动，达到调整的目的。

（2）立式挤压机的调整装置针对立式挤压机上挤压杆及穿孔针中心线的调整情况，

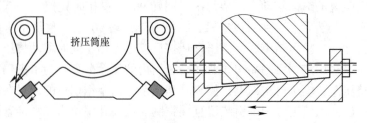

图 5-17　卧式挤压机上的调整装置

见图 5-18。在该挤压机上主柱塞的下部固定着滑座，在滑座上固定挤压杆及穿孔针，滑座和与其相连的滑板可沿张力柱滑动。调整装置是装在滑座与滑板之间的楔铁，在调整时，首先要松开固定主柱塞和滑座的螺帽，此后再把螺帽拧开，通过调节楔铁，改变滑座的位置，达到挤压杆及穿孔针中心线调整的目的，调整完毕后将螺帽全部拧紧。

每台挤压机上除了必须有上述调整部件中心线的装置外，有的挤压机上还有穿孔针轴向移动机构，如图 5-19 所示，青铜蜗轮上拧上螺帽，蜗轮中心有螺纹孔，其上拧上空心螺杆为了防止旋转，螺帽用特制卡具制动，螺杆的两端加工成球面，并与连杆的尾部

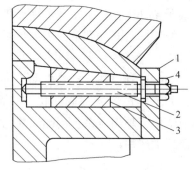

图 5-18　立式挤压机上挤压杆与
穿孔针中心线的调整装置
1—压板；2—螺杆；3—楔铁；4—螺帽

上的球面支撑垫接触，连杆的前端套着带销键的青铜衬套，因此连杆可在挤压杆的槽中做轴向移动，在杆尾端部拧紧螺帽，用埋头螺钉将螺杆和连杆尾部连结。这样当用手使蜗杆旋转时，就产生连杆的轴向移动，因为连杆的前端拧着带穿孔针的穿孔针支撑，所以在连杆移动的同时，可使穿孔针和模孔的相对位置发生变化。

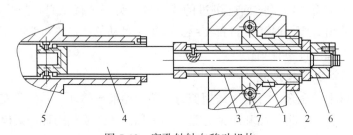

图 5-19　穿孔针轴向移动机构
1—蜗轮；2，6—螺帽；3—螺杆；4—连杆；5—挤压杆；7—蜗杆

5.3.3.4　挤压牵引机构

挤压时为防止挤压制品出模后发生扭曲和相互缠绕，在挤压机上配备制品牵引机构，以恒张力夹持制品端部与挤压速度同步运动。

牵引机构多采用直线电机驱动，直线电机可不通过机械动力转换机构直接将电能转变为直线运动，如图 5-20 所示。它具有高速、长距离驱动、惯性矩小以及拉力易控制的优点，缺点是牵引力小。

另外，还有用直流电机、液压电机以及气动电机通过钢丝绳带动的牵引机构，不论哪

种驱动形式，必须保证牵引小车的拉力与运行速度无关，并保持恒定。

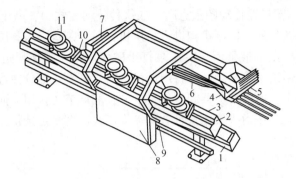

图 5-20　用直线马达驱动的牵引装置

1—运行导轨；2—直线马达；3—二次导体；4—夹头；5—夹爪；6—夹爪操纵机构；7—夹头操纵机构；
8—牵引小车控制箱；9—牵引小车导轮；10—空气隙调整螺丝；11—直线马达冷却风扇

5.3.3.5　料台与冷床

用横向式与转动式模座挤压时，出料台由前出料台和后出料台组成，前出料台一般为 1.5~4.5m，高度可调且能移动。后出料台为链式或辊式传动，后者的工作速度可达 12m/s 出料台上与制品接触面采用石墨材料，防止制品划伤。

用纵向式移动模座的挤压机出料台与模座是连接在一起的，利用在出料台下面安装的液压、风动或电动机与链条等机构使其往复运动。

冷床是横向运动机构，有步进梁式和传动链式结构。作用是制品由模孔挤出后，在出料台上用拨料机构或提升机构送至冷床上进行冷却，冷床工作表面覆上石墨或石棉，防止制品划伤。

5.3.4　挤压机液压传动装置与控制系统

挤压机的高压液体传动可分为高压泵直接传动和高压泵-蓄势器传动。

5.3.4.1　高压泵直接传动

图 5-21 是高压泵直接传动的示意图，这种传动方式比较简单，挤压机所需要的高压液体直接由高压泵通过控制机构供给。对于挤压速度要求很慢的合金，如铝合金，泵的容量可以选小些，其利用率也相应地高些，所以采用高压泵直接传动的方式比较合适。高压泵中工作液体几乎都用油。近年来由于油压挤压机的发展，特别是大容量高压可变量油泵的出现，用高压泵直接传动的挤压机正在增加，由于与水泵相比，油泵的转速可以很高，其体积小、重量轻，并且密封简单，控制容易。

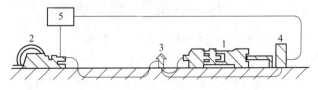

图 5-21　高压泵直接传动示意图

1—挤压机；2—高压泵；3—控制调整机构；4—低压液罐；5—盛液箱

5.3.4.2　高压泵-蓄势器液压传动

图 5-22 是高压泵-蓄势器传动的示意图。在这种传动方式中，高压泵打出的高压液体可以有两条去路，一条是通过控制机构进入挤压机，另一条是进入高压蓄势器，当挤压机的用液量小于高压泵打出的液量时，高压泵打出的多余高压液体便进入蓄势器内储存起来；反之当挤压机的用液量大于高压泵打出的液量时，其不足部分便可由原先储存在蓄势器内的高压液体来补足，所以蓄势器起着能量的储存和调节的作用。而且还应当使保存于其中的液体能保持很高的压力，采用这种方式，高压泵的容量可选得比用高压泵直接传动时小，其利用率也较高。

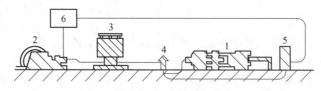

图 5-22　高压泵-蓄势器液压传动

1—挤压机；2—高压泵；3—蓄势器；4—控制机构；5—低压液罐；6—盛液罐

5.3.4.3　挤压机的液压控制系统

A　水压机

水压机运动的控制用高压配水器，用配水器连接蓄势器和水压机的各水缸，高压水通过管路由蓄势器和配水器各阀进入各工作缸，完成各种运动。其回水通过管路和阀进入低压蓄势器，水压机的液压控制系统如图 5-23 所示。

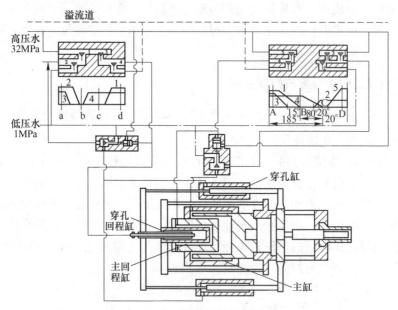

图 5-23　水压机的液压控制系统图

a—回程；b—停止；c—充填；d—穿孔；A—挤压；B—充填；C—停止；D—回程

挤压机运动的控制是用高压配水器与各缸相连接，推动柱塞运动。

主柱塞回程时，高压水进入主回程缸，主柱塞返回，主缸里的高压水进入低压罐。此时充填阀是打开的。

停止位置时，高压水全关闭，主缸与低压罐相通，主回程缸高压水与溢流沟相通，放出一部分变为低压与主缸压力相平衡。

充填时，回程缸里的水全部放出与溢流沟相通，主缸中的水仍与低压罐相通，低压罐中的水推动主缸完成空程，回程缸的水进入溢流沟。

挤压时，高压水与主缸相通推动主柱塞前进，充填阀关闭，回程缸的水全部进入溢流沟。有关穿孔、回程、充填、停止的系统动作原理与挤压、回程、充填、停止的系统相同。

B 油压机

油压机运动的控制均采用各种阀与液压缸相连接，完成各种运动。现以 8 MN 油压机为例。说明油压机的液压控制系统，如图 5-24 所示。图 5-24 中设备名称见表 5-1。

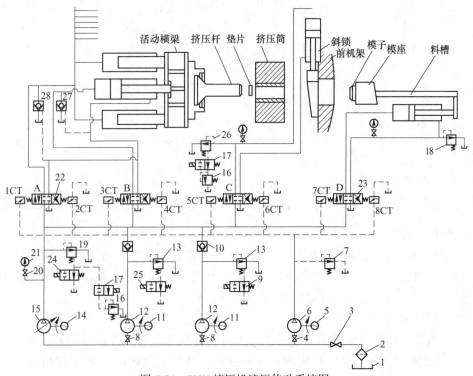

图 5-24　8MN 挤压机液压传动系统图

表 5-1　8MN 挤压机液压传动系统的设备名称

序号	名　称	型　号	性　能	备　注
1	油箱		4.5m³	
2	过滤器		107~104μm（140~150目）	
3	截止阀			D_g = 105
4	截止阀			
5	电动机	JO-22-4	N = 15kW，n = 1410r/min	1台
6	齿轮泵	CB-25	P = 2.5MPa，Q = 25L/min	1台
7	溢流阀	D-B25	P = 2.5MPa，Q = 25L/min	D_g = 16×1 台
8	截止阀			D_g = 20×2 台

序号	名　称	型　号	性　能	备　注
9	电磁换向阀	22D-25	$P=6.9\text{MPa}$	$D_g=12\times1$ 台
10	单向阀	DIF-L20H	$P=21\text{MPa}$	$D_g=20\times2$ 台
11	电动机	JO2-51-4	$N=7.5\text{kW}$，$n=150\text{r/min}$	2 台
12	齿轮泵	CB-C70C-FL	$P=14\text{MPa}$，$Q=70\text{L/min}$	2 台
13	溢流阀	T52-14	$P=6.5\text{MPa}$，$Q=70\text{L/min}$	$D_g=20\times2$ 台
14	电动机	TS126-6	$N=155\text{kW}$，$n=960\text{r/min}$	1 台
15	轴向柱塞泵	25OSCY14-1	$P=32\text{MPa}$，$Q=250\text{L/min}$	1 台
16	远程调压阀	YF-18MIY	$P=21\text{MPa}$	$D_g=3\times2$ 台
17	电磁换向阀	IT2 或 II3	$P=32\text{MPa}$，$Q=6\text{L/min}$	$D_g=6\times2$ 台
18	溢流阀	YF-L32	$P=31\text{MPa}$	$D_g=32\times1$ 台
19	溢流阀	6Y	$P=32\text{MPa}$，$Q=250\text{L/min}$	$D_g=32\times1$ 台
20	压力表开关	KF-18/20F	$P=35\text{MPa}$	3 台
21	压力表	Y150	$P=40\text{MPa}$	
22	电液换向阀	34-D40-F50H	$P=21\text{MPa}$	
23	电液换向阀	34Drr-F50	$P=31\text{MPa}$	
24	电磁换向阀	1I2 或 1I3	$P=32\text{MPa}$，$Q=6\text{L/min}$	$D_g=6\times1$ 台
25	电磁换向阀	22D-25	$P=6.3\text{MPa}$	$D_g=12\times1$ 台
26	溢流阀	YF-L32		
27	液控单向阀			$D_g=100\times1$ 台
28	液控单向阀			$D_g=50\times1$ 台

　　a　液压系统组成

（1）液压缸。主机部分的液压缸是由八个柱塞缸围绕中间一个活塞缸构成，活塞缸用于主机空程时前进与后退，八个柱塞缸用于挤压时的挤压杆慢速前进。斜锁的液压缸和模座液压缸均为活塞式缸，可以往返动作使机构简化。

（2）液压回路：

1）电液换向阀的换向回路。本系统属于高压大流量必须用液动阀控制，而为了提高设备的自动化程度，采用电液换向阀的换向回路，共四个电液阀，阀 A 控制八个柱塞缸的换向，阀 B 控制主机中间活塞缸的换向，阀 C 控制斜锁缸的换向，阀 D 控制模座的前后运动换向，阀 A、B、C 用 M 型，阀 D 用 Y 型。

2）高低压组合泵的调压回路。由于该挤压机在空行程和回程时要求低压快速，而在工作行程时，要求高压慢速，这样可用高低压组合泵满足以上要求。在此油压用一台高压泵（轴向柱塞泵 $P=32\text{MPa}$，$Q=250\text{L/min}$）两台齿轮泵（$P=14\text{MPa}$，$Q=70\text{L/min}$），当挤压机空行程和回程时，三台泵同时供油，以达到快速前进和后退。当挤压开始时，油缸压力升高，要求慢速，这时由一台高压泵供油，两台齿轮泵打出的油分别经两个电磁二位二通阀和溢流阀流回油箱。这样就满足了挤压过程高压慢速的要求。

3）多级调压回路。本系统采用双级调压的结构，溢流阀 19 控制系统的最高压力（27MPa），以保证安全，远程调压阀 16 用来控制系统的工作压力，可以根据工作要求进行改变，这里远程调压阀的调定压力为 5MPa，小于溢流阀 19 的调定压力。

4）卸荷回路。卸荷回路采用电磁二位二通阀，在三个泵的主油路中都并联有溢流阀和电磁二位二通阀的卸荷回路，当挤压机停止工作时，油泵打出的油分别经溢流阀和电磁二位二通阀流回油箱，使油泵卸荷。

5）带充液箱的快速运动回路。主机八个柱塞油缸的后部及活塞缸的后部都分别装有一个充液阀（液控单向阀）。当活塞快速前进时，油液从充液箱进入柱塞油缸，当活塞和柱塞退回时，部分油液经充液阀回到充液箱。

6）控制油路。电液阀的控制油路由一个小齿轮泵 6 单独供油并在油路上装有安全阀 7。

（3）系统的电器控制。本系统采用按钮控制和行程开关控制，由按钮来控制的有 A、B、C、D 四个换向阀，每个阀有一组按钮，一组三个，一个按钮控制阀的一个位置，其他阀的动作、泵的启动和停止也通过按钮来控制，在挤压杆前进由快速变为慢速时，由行程开关控制。

（4）其他。在系统中装有三个压力表，以显示挤压时压力、锁紧压力和模座油缸压力。系统中有油箱、滤油器和四个截止阀。

b　液压系统工作原理

（1）油泵启动，油缸不工作。这时电液换向阀 A、B、C、D 都处于中位，三个主油泵及控制油泵工作。三个主泵打出的油经阀 24、25、9 和溢流阀 13、19 流回油箱，整个系统处于卸荷状态。控制油泵打出的油经溢流阀 7 流回油箱。

（2）模座进入前机架至挤压筒和斜锁之间。当加热的铝锭放入挤压筒之后，按动按钮使电液阀 D 的电磁铁 8CT 通电，阀处于右端位置，压力油进入模座油缸右腔，使模座运动进入前机架并达到预定位置后，按按钮使其停止，阀 D 仍处于中间位置。

在 8CT 通电的同时，阀 24、25、9 通电，使卸荷回路断开，不再卸荷。

在 D 阀处于中位时，因阀心不严，有漏油现象，使料槽弓起，因此在油路中装溢流阀 18，使之卸荷（其控制压力为 5MPa）。

（3）斜锁下降，锁紧模座。当模座达到预定位置后，按按钮使阀 C 的 5CT 通电，阀 C 处于左端工作位置，压力油进入斜锁缸上腔，使斜锁下降锁紧模座。锁缸下腔的油经阀 C 流回油箱。锁紧完毕，阀 C 回复中位。

为了安全，使锁紧力不要太大（锁紧力太大时，挤压筒易损坏，前机架抬起，影响设备寿命）。在进油路装有溢流阀 26，控制压力在 20MPa，当压力需要在 20MPa 以下时，可用远程调压阀 16 调节压力。

（4）挤压杆快速前进（空行程）。当把挤压垫片放入挤压筒后，按按钮使电液阀 B 的 3CT 通电。阀 B 处于左端工作位置，三个泵打出的压力油经阀 B 流到中间活塞缸的后腔，使挤压杆快速前进，同时充液阀 27 被打开，油箱中的油进入八个柱塞缸。活塞缸前腔的油经阀 B 流回油箱。此时挤压杆前进速度约为 6m/min。

（5）挤压杆慢速前进（工作行程）。当挤压杆接近工件时，活动横梁上的触头碰行程开关，使阀 B 的 3CT 断电，并回到中位。同时使阀 A 的 1CT 通电，又使阀 25、9 的电磁铁断电，两齿轮泵 12 卸荷，阀 A 的 1CT 通电后，其处于左端工作位置，这时高压泵 15 打出的油经阀 A 到八个柱塞缸，使挤压杆慢速前进，其速度约为 0.5m/min。同时充液阀 28 打开，油箱的油液进入中间活塞缸的后腔，这就是挤压过程，这时金属从模孔中流出形成制品，挤压过程完毕后，按按钮使阀 A 回到中位，挤压杆停止运动。

（6）挤压杆稍退，斜锁抬起。按动按钮使阀 B 的 4CT 通电，阀 B 处于右端工作位置，压力油进入中间活塞缸的前腔，使挤压杆退回（约 50mm），然后使 4CT 断电，阀 B 回到中位，挤压杆停止。接着，按动按钮使阀 C 的 6CT 通电，阀 C 处于右端位置，压力油进入锁缸下腔，使斜锁抬起，锁缸上腔的油经阀 C 流回油箱，斜锁抬起后，阀 C 回到中位。

（7）挤压前进顶出挤压垫片和模座（通路情况与挤压杆慢速前进相同）。

（8）模座退回到前机架下，斜锁下降用月牙剪切掉压余。按动按钮使阀 25、9 通电，两齿泵停止卸荷，并使阀 D 的 7CT 通电，阀 D 处于左端工作位置，压力油进入模座缸的左腔，使模座后退，当退至斜锁下时停止，阀 D 回到中位。然后按动按钮使阀 C 动作使斜锁下降，切掉压余，后斜锁抬起，阀 C 回到中位。

（9）挤压杆快速退回原位。按动按钮使阀 B 的 4CT 通电，阀处于右端位置，压力油经阀 B 进入中间活塞缸右腔，使挤压杆快速退回，速度约为 7m/min。这时，阀 27、28 打开，使活塞缸左腔的油及柱塞缸的油流回油箱。当挤压杆退回原位时，按动按钮使阀 B 回到中位，挤压杆停止运动。同时，阀 24、25、9 断电，整个系统卸荷。

5.4 挤压机主要部件计算

5.4.1 主缸的尺寸确定

主缸的尺寸可按内部与外部尺寸进行计算。

5.4.1.1 内部尺寸

可根据计算的挤压力（作用在垫片上的压力）确定出主柱塞的断面积尺寸，再求主缸的内部尺寸。主柱塞的断面积

$$F_z = \frac{P}{P_i \eta} \tag{5-1}$$

式中　　F_z——主柱塞的断面积，mm^2；

　　　　P——挤压力，N；

　　　　η——挤压机的效率（考虑主柱塞与密封圈以及主柱塞横梁与滑轨间的摩擦损失的系数，一般对大型的卧式挤压机 $\eta = 0.85$，小型机 $\eta = 0.90$，立式挤压机 $\eta = 0.95$）；

　　　　P_i——高压水的工作单位压力，MPa。

一般挤压机的额定工作单位压力 P_h 为 $20 \sim 45MPa$，但是在挤压工作时，需要大量的高压水，从而使高压空气罐的体积发生变化，继而就改变了高压水的工作压力，一般约比额定工作压力小 $10\% \sim 15\%$，为了保证当工作压力减小时，挤压机能正常工作，这里取 $P_i = (85\% \sim 90\%) P_h$。

由主柱塞的面积就可求出主柱塞的直径。

对不穿通的柱塞

$$D_z = \sqrt{\frac{4P}{\pi P_i \eta}} \tag{5-2}$$

对穿通的柱塞

$$D_z = \sqrt{\frac{4P}{\pi P_i \eta} + d_{zw}^2} \tag{5-3}$$

式中　d_{zw}——柱塞尾部的直径，mm^2。

液压缸内径 D_{sn} 与柱塞直径 D_z 之间必须有一间隙 Z，以便嵌入导向衬套。一般铸造液压缸采用 20~25mm，锻造液压缸采用 15~20mm，则液压缸内径：

$$D_{sn} = D_z + 2Z \tag{5-4}$$

液压缸长度(mm)：　　　$L = H + \frac{1}{2}l + b + (50 \sim 100)$

式中　H——柱塞行程。等于两倍挤压筒长度加上安全长度 C，便于将铸锭送入挤压筒及防止固定挤压杆的法兰盘对挤压筒的冲击；

　　　b——密封圈总长度等于 $(7 \sim 10)K$，$K = 11 - \frac{2}{3}\sqrt{D_z}$；

　　　l——导向衬套长度，一般等于 $(0.35 \sim 0.4)D_z$。为了工作可靠起见，在主柱塞最大行程时，其在液压缸内的一端不应超过衬套长度的一半；

50~100——防止柱塞位于极端位置时，对水缸底部的冲击而增加的长度。

5.4.1.2　主缸外部尺寸

缸的外径一般采用下式计算

$$D_{sw} = D_{sn}\sqrt{\frac{[\sigma_p] + 0.4P_H}{[\sigma_p] - 1.3P_H}} \tag{5-5}$$

式中　D_{sw}——缸外径，mm；

　　　D_{sn}——缸内径，mm；

　　　P_H——液体的额定工作压力，MPa；

　　　$[\sigma_p]$——材料的允许应力，MPa，对铸钢 $[\sigma_p] = 80MPa$，锻钢 $[\sigma_p] = 100MPa$。

缸的底部最好做成圆顶的，其厚度可近似等于缸壁的厚度。圆顶的厚度，为保证强度，必须增加一些。用平底时，厚度不应小于 1.5~2.0mm 的缸壁厚。

5.4.2　主柱塞回程缸尺寸的确定

主柱塞回程缸的尺寸主要取决于下列因素，即主柱塞与密封圈间的摩擦力、主柱塞横梁等部件对滑轨的摩擦力、在立式挤压机上还与主柱塞等部件的重量相关、在采用脱皮挤压时还取决于挤压杆与脱皮间的摩擦力。

因这些因素很难准确确定，故在实践中，回程缸的压力一般取主缸压力的 10% ~ 12%。压力确定后，再按上边的公式求回程缸尺寸。

5.4.3　穿孔缸及穿孔柱塞回程缸尺寸的确定

穿孔缸的尺寸主要是根据穿孔针在穿孔时棒端所受压力和穿孔针表面与金属间的摩擦力来确定，一般穿孔缸的压力为主缸压力的 15%~20%。穿孔柱塞回程缸的压力，一般取穿孔缸压力的 10%~20%。压力定后，确定缸的尺寸。

5.4.4　张力柱及其螺帽的计算

张力柱应有足够的强度，张力柱与主缸和机架固定用螺帽。作用在一个柱子上的力：

$$P_1 = 1.2 \frac{P_\Sigma}{n} \tag{5-6}$$

式中　P_Σ——挤压机的总压力（包括穿孔缸与主缸的压力），N；

　　　n——张力柱的数目；

　　　1.2——预拉紧系数。

张力柱螺纹的内径 d_1 利用下式计算：

$$d_1 = \sqrt{\frac{4P_1}{\pi[\sigma_p]}}$$

或者　　　　　　　　　　$$[\sigma_p] = \frac{4P_1}{\pi d_1^2} \tag{5-7}$$

对于 50 钢 $[\sigma_p] \leqslant 60\mathrm{MPa}$。

在张力柱的螺纹上

（1）切应力　　　　　$\tau = \dfrac{P_1}{\pi d_1 H}$　（$\tau \leqslant 50\mathrm{MPa}$）　　　　　（5-8）

（2）压应力　　　　　$\sigma_压 = \dfrac{0.5P_1}{H d_p}$　（$\sigma_压 \leqslant 50\mathrm{MPa}$）　　　　（5-9）

（3）弯曲应力　　　　$\sigma_弯 = \dfrac{0.7P_1}{H d_1}$　（$\sigma_弯 \leqslant 40\mathrm{MPa}$）　　　（5-10）

式中　d_p——张力柱螺纹的平均直径，mm。

柱的伸长 ΔL 按下式确定

$$\Delta L = \frac{P_\Sigma L}{E n F} \tag{5-11}$$

式中　ΔL——柱的长度，mm；

　　　E——钢的弹性模量，MPa；

　　　F——柱的横截面积，mm^2；

　　　n——张力柱的数目。

根据下列关系计算螺帽尺寸：

$$D_M = 1.5 d_2 \tag{5-12}$$
$$H = (1.0 \sim 1.2) d_2 \tag{5-13}$$

式中　D_M——螺帽外径，mm；

　　　H——螺帽高度，mm；

　　　d_2——张力柱外径，mm。

5.4.5　挤压机的主要技术参数

在此列举部分挤压机的技术参数：表 5-2 为轻金属挤压机技术参数；表 5-3 为重金属挤压机技术参数；表 5-4 为铝合金卧式单动挤压机技术参数；表 5-5 为铝合金卧式双动挤压机技术参数；表 5-6 为铜材卧式双动挤压机技术参数。

表 5-2　轻金属管、棒、型材挤压机技术性能

主要技术参数		挤压机吨位/kN																
		5300	6000	7500	8000	10000	12000	12500	16000	16300	20000	25000	31500	35000	50000	80000	125000	200000
结构形式		卧式	卧式	卧式	卧式	立式	卧式	卧式	卧式	卧式	卧式	卧式	卧式	卧式	卧式	卧式	卧式	卧式
挤压部分	挤压力/kN	5300	6000	7500	8000	10000	12000	12500	16000	16300	20000	25000	31500	35000	50000	80000 50000 30000	125000 70000 55000	200000 130000 70000
	回程力/N	650	815	—	—	830×2	—	—	1500	850	1120	3000	2500	4000	2150	8000	8000	14000
	挤压速度/mm·s⁻¹	—	120	0~100	0~57	0~133	0~100	0~30	0~100	0~43	0~100	200	0~300	0~300	0~60	0~30	0~30	0~30
	空程速度/mm·s⁻¹	—	230	—	—	500	—	—	500	—	—	250	—	—	—	—	—	—
	回程速度/mm·s⁻¹	—	300	—	—	500	—	—	300	—	400	230	—	200	80	150	120	120
	挤压行程/mm	900	900	750	1320	1100	750	1770	1700	1730	900	1700	2250	2250	1520	2500	2500	2550
穿孔系统	穿孔力/kN	—	—	—	1030	—	—	—	2000	2750	—	4000	6300	5000	—	15000	31500	70000
	回程力/N	—	—	—	—	—	—	—	640	1190	—	—	2500	750	—	4500	8000	8800
	穿孔速度/mm·s⁻¹	—	—	—	—	—	—	—	200	228	—	150	0~100	150	—	80	100	0~30
	穿孔行程/mm	—	—	—	570	—	—	—	2250	1730	—	—	1060	1100	—	1650	1650	2200
挤压筒	压紧力/kN	350	—	680	685	—	680	1120	—	1250	1130	—	200	2600	3700	4000	4000	12800
	松开力/kN	960	—	320	950	—	320	2000	—	1600	600	—	3150	4280	2170	8000	10000	7600
	挤压筒行程/mm	400	50	250	—	60	250	890	—	350	300	—	1200	1200	1520	1800	2500	2550
	长度/mm	—	400	560	560	400	715	1700	815	740	815	815	1000	1000	1200	1600	2000	2100
	挤压筒内径/mm	80	85,100 120,135	85, 95	90~150	100~140	85~150	115~150	155~205	140~200	150~225	200~300	200~335	200~370	300~650	250~650	500~800	650~1100
剪切机	剪切力/kN	390	500	1000	260	—	1000	—	1000	500	1000	300	335	1960	1850	3200	5000	6500
	剪切行程/mm	440	250	330	—	140	330	150	205	630	330	300	500	500	700	1450	1150	1500
挤压机外形	长度/m	16	14.3	22.4	12	14.0	22.4	15.7	35	—	24.2	—	15	44.2	35	61.2	75.5	81.4
	宽度/m	7.3	7.8	7.5	4.7	5.0	7.5	7.8	10	—	8	—	3	12.3	12.4	20.9	30	32.9
	地面上高度/m	3.3	6.3	3.7	4.9	6.3	3.7	3.9	3	—	3.4	—	3.5	5.2	5.7	8.5	7.0	6.1
	地面下高度/m	—	9.5	—	—	8.0	—	—	—	—	—	—	—	—	—	—	—	—
模座形式		滑动模座	—	压型嘴	滑动模座	—	压型嘴	滑动模座	压型嘴	滑动模座	压型嘴	压型嘴	—	压型嘴	压型嘴	压型嘴	压型嘴	压型嘴

表 5-3　重金属挤压机主要技术参数

挤压机吨位/kN	主缸						穿孔缸				筒压紧力/kN	挤压筒			泵站	
	挤压力/kN	回程力/kN	挤压速度/mm·s⁻¹	空程速度/mm·s⁻¹	回程速度/mm·s⁻¹	挤压行程/mm	穿孔力/kN	回程力/kN	穿孔速度/mm·s⁻¹	穿孔行程/mm		筒行程/mm	筒长度/mm	筒内径/mm	传动型式	工作压力/MPa
35000	35000	4000	120	200	200	2100	5000	750	150	1100	2300	1175	1000	200~420	水泵站	32
25000	25000	3000	250	250	250	1720	4000	与主缸共用	159	相对800	—	—	815	200,250,300	水泵站	32
15000	15000	1170	0~149	300	400	1700	3200	430	—	1720	1120	300	815	—	水泵站	32
15000	15000	2000	125	—	400	1650	2500	520	180	相对50	950	800	—	—	水泵站	25
12000	12000	—	0~200	—	—	1600	1200	630	—	610	—	—	735	125,150,185	水泵站	21
8000	8000	—	0~38	370	372	1320	1030	—	300	570	695	—	—	—	油泵	21
6000	6000	—	133	400	600	1000	—	—	—	—	—	50	390	75,85	水泵站	32
5000	5000	—	10~200	200	—	300	1000	—	—	1250	500	500	400	50~120	水泵站	32

表 5-4　铝合金卧式单动挤压机技术参数

	吨位/kN	8000	12500	16000	20000	25000	30000	32000	36000	40000
挤压机	单位压力/MPa	584	613	606	612	572	555	503	462	—
	挤压速度/mm·s⁻¹	19.4	21.8	19.4	22.2	18.9	21.8	19.2	25.4	21.5
	主泵 L/min	450	370	450	450	450	450	450	450	—
	主泵 台数	1	2	2	3	3	4	4	5	—
	主电机 功率/kW	150	110	150	150	150	150	150	150	—
	主电机 台数	1	2	2	3	3	4	4	5	—
	锭坯 直径/mm	127	152	178	203	228	254	280	305	305
	锭坯 长度/mm	500	660	750	800	910	1000	1000	1070	110
感应加热炉	功率/kW	240	370	550	700	900	锭坯加热温度：450℃			
	能力/根·时⁻¹	41	36	36	33	30				
模具加热炉	功率/kW	30	30	45	45	54	工作温度：450℃，最高550℃			
矫直机	张力/kN	100	150	200	250	300				
时效炉	功率/kW	240	240	240（300）	300（360）	360（430）	工作温度：180℃，最高250℃			
	能力/吨·次⁻¹	3	3	3（5）	5（6）	6（7）				

表 5-5　铝合金卧式双动挤压机技术参数

	挤压吨位/kN	8000	12000	16000	20000	25000	30000	32000	36000	43500	47000
挤压机	穿孔力/kN	1120	1630	2770	3180	4080	5900	6530	8170	9070	9980
	挤压速度/mm·s⁻¹	19.4	21.8	19.4	22.2	18.9	20.6	19.2	21.6	18.0	19.8
	主泵 L/min	450	370	450	450	450	450	450	450	450	450
	主泵 台数	1	2	2	3	3	4	4	5	5	6
	主电机 功率/kW	150	110	150	150	150	150	150	150	150	150
	主电机 台数	1	2	2	3	3	4	4	5	5	6
	锭坯尺寸 直径/mm	127	152	203（178）	228（203）	254（228）	280（254）	280	305（280）	330（305）	355（330）
	锭坯尺寸 长度/mm	500	660	750	800	910	1000	1000	1070	1100	1150
	挤制品最大外接圆直径(参考值)/mm	100	120	150	185	205	225	225	245	265	285
感应加热炉	功率/kW	240	370	550	700	900	锭坯加热温度，450℃				
	能力/根·时⁻¹	41	36	36	33	30					
模具加热炉	功率/kW	30	30	45	45	54	工作温度：450℃，最高550℃				
矫直机	张力/kN	100~150	150~200	200~300	250~400	300~500					
时效炉	功率/kW	240	240	240（300）	300（360）	360（430）	工作温度：180℃，最高250℃				
	能力/吨·次⁻¹	3	3	3（5）	5（6）	6（7）					

表 5-6　铜材卧式双动挤压机技术参数

			8000	11500	12500	16300	21500	25000	25000	30000
挤压机	挤压吨位/kN		8000	11500	12500	16300	21500	25000	25000	30000
	穿孔力/kN		1120	1630	1600 1800	2770	3180	4080	3800	5900
	挤压速度/mm·s⁻¹		41.6	43.6	43.6 (54)	41.8	44.4	40.7	50	44.0
	主泵	L/min	485	485	485	485	450	485	515	485
		台　数	2	3	2	4	6	6	4	8
	主电机	功率/kW	160	160	160	160	150	180	1700	160
		台　数	2	3	3	4	6	6	4	8
	锭坯尺寸	直径/mm	127	152 (178)	152 (178)	203 (178)	228 (303)	254 (228)	229	280 (254)
		长度/mm	500	500	500	600	600	710	650	840
感应加热炉	功率/kW		650	850	850	1100	1350		1750	
	能力/根·时⁻¹		37	35		29	28			

5.5　Conform 连续挤压机

5.5.1　Conform 连续挤压机机构

Conform 连续挤压机如图 5-25 所示，主要由四大部件组成。

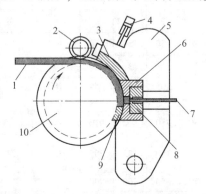

图 5-25　单轮单槽连续挤压机基本结构
1—坯料；2—压料轮；3—槽封块；4—挤压靴压紧装置；5—旋转式靴块；
6—模腔；7—制品；8—挤压模；9—挡料块；10—主轴与挤压轮

（1）主轴与挤压轮。挤压轮固定在驱动的主轴上，带动挤压轮旋转，主轴与挤压轮的构成既是传动部件，也是挤压型腔可动边的构成部分。主轴的设计为组合式预应力结构，靠主轴上的高压螺母压力作用，将主轴上的挤压轮、左护轮、右护轮等各部件固定为一体，构成组合式轮轴，其结构如图 5-26 所示。

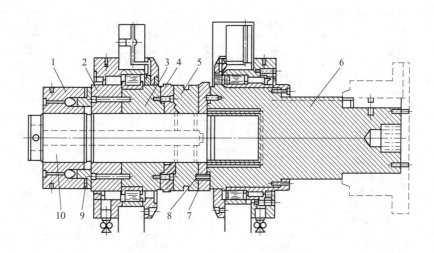

图 5-26　Conform 连续挤压机主轴结构
1—液压螺母；2—压力套筒；3—轴承内套；4—左护轮；5—挤压轮；
6—传动轴；7—右护轮；8—圆柱销；9—半环垫片；10—中心拉轴

（2）固定的挤压靴。挤压靴与挤压轮接触部分为弓形的槽封块，槽封块与挤压轮的包角一般为 60°～90°，槽封块可封住挤压轮的凹槽，从而构成挤压型腔，相当常规挤压机的挤压筒，不过这挤压筒为三面为旋转挤压轮的凹槽壁，一面为固定的槽封块。

（3）固定在挤压型腔出口端的挡料块。其作用是将挤压型腔出口端封住，使金属从挤压模孔流出。

（4）挤压模。根据模具安装的位置，连续挤压可实现切向挤压和径向挤压，安装在挤压靴上模具沿挤压轮径向出料为径向挤压，而出料方向沿挤压轮切向出料为切向挤压。

当从挤压型腔的入口端连续喂入挤压坯料时，由于它的三面是向前运动的可动边，在摩擦力的作用下，轮槽咬着坯料，并牵引着金属向模孔移动，当夹持长度足够长时，摩擦力的作用足以在模孔附近产生高达约 1000MPa 的挤压应力，迫使金属从模孔流出。可见 Conform 连续挤压原理上十分巧妙地利用了挤压轮凹槽壁与坯料之间的机械摩擦作用，而且只要将坯料连续地喂入挤压型腔入口，便可达到连续挤压出无限长制品的目的。

5.5.2　Conform 连续挤压机的技术参数

（1）连续挤压机的技术参数如表 5-7～表 5-9 所示。

表 5-7　英国 Babcock 公司制造的单槽 Conform 连续挤压机

型　　　号	1-300-120	1-350-150	1-350-200	1-550-260	1-550-400
名义挤压轮直径/mm	300	340		550	
额定轮速/r·min⁻¹	16	16		9.6	
最大轮速/r·min⁻¹	40	32		24	
驱动功率/kW	120	150	200	260	400

续表 5-7

型 号		1-300-120	1-350-150	1-350-200	1-550-260	1-550-400
驱动方式		直流电机	直流电机		直流电机	
最大运转转矩/N·m		63300	79140	105500	228600	351750
最大启动转矩/N·m		94950	118700	158280	342950	527600
最大坯料直径/mm	EC 铝杆	15	15		19	
	软态钢杆	12	12		15	
理论计算产量/kg·h⁻¹	EC 铝杆	600	800		1637	
	软态钢杆	900	1200		2455	
主机安装面积/m×m		3600×1700	4000×2350		5000×3500	
主机重量/t		4	10		30	
制品最大外接圆直径/mm		30	50		90	

表 5-8　英国 Babcock 公司制造的双槽 Conform 连续挤压机

型 号		2-350-150	2-350-200	2-550-260	2-550-400
名义挤压轮直径/mm		340		550	
额定轮速/r·min⁻¹		16		9.6	
最大轮速/r·min⁻¹		32		24	
驱动功率/kW		150	200	260	400
驱动方式		直流电机		直流电机	
最大运转转矩/N·m		79140	10550	228600	351750
最大启动转矩/N·m		118700	158280	342950	527600
最大坯料直径/mm	EC 铝杆	2×φ9.5	2×φ12.5	2×φ12.5	2×φ15
理论计算产量/kg·h⁻¹	实心制品	660	1140	1400	2040
	管材	430	570	740	1140
主机安装面积/m×m		4000×2350		5000×3500	
主机重量/t		10		30	
制品最大外接圆直径/mm		70		110	

表 5-9　英国 Babcock 公司制造的双槽 Conklat 包覆连续挤压机

型 号	2-350-150	2-350-200	2-550-260	2-550-400
名义挤压轮直径/mm	340		550	
额定轮速/r·min⁻¹	16		9.6	

续表 5-9

型 号		2-350-150	2-350-200	2-550-260	2-550-400
最大轮速/r·min⁻¹		32		24	
驱动功率/kW		150	200	260	400
驱动方式		直流电机		直流电机	
最大运转转矩/N·m		79140	10550	228600	351750
最大启动转矩/N·m		118700	158280	342950	527600
最大坯料直径/mm	EC 铝杆	2×φ9.5		2×φ12.5	
常用出线速度/m·min⁻¹	铝包钢线	200		200	
	同轴电缆/光导纤维	150		150	
主机安装面积/m×m		4000×2350		5000×3500	
主机重量/t		10		30	
制品最大外接圆直径/mm		30		50	

(2) 国内 Conform 连续挤压机的技术参数,如表 5-10~表 5-15 所示。

1) 上海亚爵电工成套设备制造有限公司经 60 年的发展,已成为拥有多项自主核心技术和先进制造加工的大型电工成套设备制造企业,目前制造的连续挤压机有 MFCCE 系列: 300、350、400、550、630 等型号。

表 5-10 Conform 连续挤压机的 MFCCE 系列技术参数

型 号	300		350	400	550	630
	铜	铝				
挤压轮公称直径/mm	300		350	400	550	630
材料种类	纯铜/铜合金	纯铝/LD31 LF21 等铝合金	纯铜/铜合金	纯铜/铜合金	纯铜/铜合金	纯铜/铜合金
坯料直径/mm	8/12.5	9.5/12	12.5/16	20	25	30
产品最大宽度/mm	50	扁线 30	铜排 100 铜棒 φ40	铜排 170 铜棒 φ80	铜排 260 铜棒 φ90	铜排 350 铜棒 φ100
产品断面积/mm²	5~200	圆管 φ6~30	10~1000	100~2400	400~4000	400~7000
		扁管 ≤50				
平均生产能力/kg·h⁻¹	400	180	780	1200	2200	3000

2) 大连康丰科技有限公司自 1984 年开始对连续挤压和连续包覆技术进行系统的研究,其开发的连续挤压设备和研究成果,研制成功拥有 TLJ250、TLJ300、YLJ350、TLJ400、TLJ500 和 TLJ630 六大系列 16 个品种的铜、铝材连续挤压和包覆成套设备,见表 5-11~表 5-13。

表 5-11　生产铜扁线 Conform 连续挤压机

型　号	TLJ250	TLJ300	TLJ300A
挤压轮公称直径/mm	250	300	300
材料种类（上引无氧铜杆）	纯铜/铜合金	纯铜/铜合金	纯铜/铜合金
产品最大宽度/mm	14	40	50
产品断面积/mm^2	5～50	10～200	10～250
生产能力/kg·h^{-1}	160	480	620

表 5-12　生产铝管 Conform 连续铸挤机

型　号	LLJ300	LLJ300A	LLJ350
挤压轮公称直径/mm	300	300	350
铝圆管直径/mm	5～20	5～20	7～50
铝扁管宽度/mm	≤40	≤40	≤70
生产能力/kg·h^{-1}	110	140	260

表 5-13　生产铝导体与铝扁线 Conform 连续挤压机

型　号	LLJ300	LLJ300A	LLJ350	LLJ350A
挤压轮公称直径/mm	300	300	350	350
产品最大宽度/mm	30	30	70	40
产品最大断面积/mm^2	150	150	400	400
生产能力/kg·h^{-1}	110	140	320	460

（3）常州齐丰连续挤压设备有限公司在铝连续挤压的基础上研究开发了铜的连续挤压新技术，解决了由于铜的变形温度高、变形抗力、热流动性差、模具寿命短等问题，制造了连续挤压机，实现了铝、铜材及包覆材产品生产。

1）铜扁线挤压机组基本配置。由挤压机主机、液压站、冷却系统（含防氧化系统）、送料剪切装置、矫直装置、放线架、收线调节装置、龙门悬挂式收线系统、电气控制系统、计算机监控系统等构成。铜材连续挤压机主要技术参数参见表 5-14。

表 5-14　铜材 Conform 连续挤压机主要技术参数

序号	型号 性能	TJ285/90	TJ350/200	TJ400/280(250)	TJ550/450	TJ700/600
1	挤压形式	单轮单槽径向挤压				
2	适用范围	实心铜材				
3	挤压轮公称直径/mm	285	340	400	550	700
4	挤压机主电机功率/kW	90	200	280/250	450	500
5	主机额定转速/r·min^{-1}	13	13	10	8	6.5

序号	型号 性能	TJ285/90	TJ350/200	TJ400/280(250)	TJ550/450	TJ700/600
6	产品断面面积/mm²	15~150	80~400	250~1000	400~2400	600~4000
7	产品最大宽度/mm	35	70	120	200	300
8	生产能力/kg·h⁻¹	400	400~500	400~1300	800~2500	1500~4000
9	泄漏量/%	≤5				
10	原材料（无氧钢杆）/mm	φ12.5±0.2	φ16±0.2	φ20±0.2	φ22±0.2	φ28±0.2

2）铝材连续挤压机。铝材与铜材连续挤压相对容易些，但连续铸挤机的结构是基本相同，铝材连续挤压机主要技术参数参见表 5-15。

表 5-15　铝材 Conform 连续挤压机主要技术参数

序号	型号 性能	LJ285/110	LJ315/132（110）	LJ350/200
1	挤压形式	单轮单槽径向挤压		单轮单槽径向挤压
2	适用范围	圆铝管、实心铝型材、多孔铝晶管		
3	挤压轮公称直径/mm	285	315	340
4	挤压机主电机功率/kW	110	132（110）	200
5	主机额定转速/r·min⁻¹	18	16	16~24
6	最大生产速度/m·min⁻¹	14	16	20
7	产品截面积/mm²	15~150	15~200	30~240
8	生产能力/kg·h⁻¹	150	180	400
9	泄漏量/%	≤5		
10	原材料/mm	铝杆 φ9.5±0.2 或 φ12±0.2		铝杆 φ15±0.2

另外，常州艾邦机械科技有限公司生产的铝、铜材以及包覆材等连续挤压机，设备型号与技术参数与上面列出的基本相同，还有其他公司生产的连续挤压机，在此就不一一列举了。

5.6　Castex 连续铸挤机

5.6.1　Castex 连续铸挤机技术原理

Castex 连续铸挤机启动后，铸挤轮旋转，液态金属被导入轮的沟槽与槽封块形成的挤压型腔中，在铸挤轮槽与坯料之间摩擦作用下使料充满挤压型腔，液态金属在挤压型腔中发生动态结晶—挤压变形过程。因此，可将连续铸挤分为动态结晶—半固态挤压—塑性变

128

形三个阶段，可以通过控制工艺参数实现金属的挤压成型，金属的组织由铸态组织逐渐变为细小的变形组织。

动态结晶过程中的液态金属进入旋转的轮槽型腔，并且沿腔壁形成薄的结晶壳，薄壳随着轮的旋转与液体金属产生内摩擦，结晶薄壳与其液体金属在摩擦过程中呈现半固态状态。形成半固态挤压。在半固态挤压阶段，使结晶壳出现不断形成又不断遭到破坏而再形成的过程。因此，当金属料达到完全结晶状态时，随着铸挤轮的旋转由内摩擦转为外摩擦，金属在凹槽侧壁摩擦力的作用下，建立挤压力，使金属发生塑性变形，从而挤出模孔，获得所要求的制品，如图5-27所示。

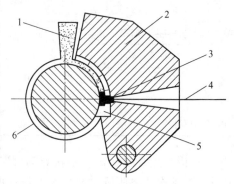

图5-27　连续铸挤原理示意图
1—液态金属；2—铸挤靴；3—挤压模；
4—制品；5—挡料块；6—铸挤轮

连续铸挤技术同常规生产同类产品的塑性加工方法相比较，具有如下优点：

（1）可连续生产很长的产品。

（2）设备可降低投资50%；节能40%；成品率可达90%～95%，产品成本降低30%。

（3）产品精度高，表面光洁平整。

（4）模具容易更换，安装维修方便。

（5）设备结构紧凑，占地面积小，投资小。

5.6.2　连续铸挤设备的构成

连续铸挤机（Castex，Continuous Cast Extrusion）是将液态金属铸造与挤压成型技术合为一体的高效节能、节材的先进设备，是塑性加工领域一项高新技术装备。在一台铸挤机上可连续完成液态金属的动态凝固加工成型过程，此项技术具有工艺流程短，属于近终形成型技术，材料利用率高、质量好、尺寸精度高、可以生产铝及其合金的管、棒、型、线材，是一项有发展前途的先进技术 。

Castex连续铸挤机如图5-28所示，主要由以下部件组成：连续铸挤设备由熔化炉、电磁搅拌保温炉、导流槽、铸挤主机、冷却系统、牵引机压力、矫直机、排线卷取机等组成。

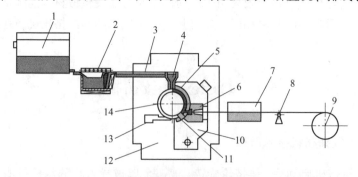

图5-28　DZJ-350-Ⅱ型水平出线连续铸挤机构成示意图
1—熔炼炉；2—保温包；3—流槽；4—导流管；5—槽封块；6—挤压模；7—冷却水槽；8—传感器；
9—制品卷取机；10—铸挤靴；11—挡料块；12—机架；13—刮刀；14—铸挤轮

国内东北大学设计与制造的连续铸挤设备的形式及主要参数，如表 5-16 所示。

表 5-16　国内东北大学设计与制造的 Castex 连续铸挤机

型　号		DZJ-300	DZJ-350	DZJ-460	DZJ500	DZJ-1100
铸挤轮直径 /mm		300	350	460	500	1100
最大转速 /r·min⁻¹		10	15	16	12	8
电机功率/kW		75	110~160	200	335	500
传动方式		交流	直流电机	直流电机	直流电机	直流电机
铝制品直径/mm		6~40	9~50	9~60	9~80	20~200
棒线管产率 /kg·h⁻¹	Al-Ti-B、6063	200	250	300	350	500
	纯铝	300	500	650	700	1000

国外制造的连续铸挤设备的形式及主要参数，如表 5-17 所示。

表 5-17　英国 HOLTON 制造的 Castex 连续铸挤设备的形式及主要参数

型　号		C300H	C400H	C500H	C1000H
挤压轮直径/mm		300	400	500	1000
最大轮速/r·mm⁻¹		20	15	10	5
驱动功率/kW		130	180~250	300	500
最大模圆直径/mm	扩展靴	90	150	200	420
	普通靴	50	85	100	250
制品最大外径/mm	扩展靴	50	75	100	200
	普通靴	30	45	55	130
最大生产能力/kg·h⁻¹	纯铝	300	550	800	300
	6063	150	275	400	150

5.6.2.1　熔化炉与保温炉

利用熔化炉将配制好的固体金属料进行加热熔化，然后将熔化好的金属导入电磁搅拌保温炉进行保温，并在金属流量控制装置的作用下，通过导流槽供给连续铸挤机的主机，熔化炉和保温炉的容量大小根据主机的生产能力确定。

5.6.2.2　连续铸挤机主机

连续铸挤机由主机和辅助设备构成，主机包括：电机、减速机及主体；辅助设备包括电控系统、液压与润滑系统、冷却水槽、导论与牵引机、卷取机等。

A　连续铸挤机的传动系统

主传动系统包括直流电机驱动和行星齿轮减速器，采用尼龙弹性拉销联轴器，将运动传递至铸挤机主体。从而保证了较大的调速范围和最低的转速要求，使主传动系统的运转平稳、结构紧凑、体积小、承载能力大、效率高。

B　连续铸挤机的主体结构

主体包括：机架、铸挤轮轴系、铸挤靴、挤压模与槽封块、刮刀及冷却系统等。

（1）机架。机架是铸挤机的基础部件，采用组装式焊接结构。机架起着稳定支撑各部件的作用，组合了各部件之间的相互位置，因此机架部件的良好刚性是设计中的首要基本点。它由左右机架、底板及螺栓等组成，材质为铸钢。为了减少制造工序和提高焊接强度，机架及底板均也可以选用厚钢板进行加工。

（2）铸挤轮轴系。铸挤轮轴系即主轴，它即是一个传动件又是铸挤型腔可动边的构件部分。在熔融金属凝固变形过程中及强烈摩擦作用下，长期处于高温、高压和大扭矩情况下工作。因此，它的结构及连接方式是研究和制造的关键。铸挤轮轴系为组合式预应力结构。它由传动轴、铸挤轮、左右护轮、皮尔格螺母、拉轴、螺纹套、柱销及轴承等组成，如图 5-29 所示。这些零件制成后，用其他相关零件串套在同传动轴相连的拉轴上。并用皮尔格螺母压紧，利用拉轴的弹性变形产生轴向预紧力，作用在铸挤轮和各零件的侧面上，依靠各接触面之间的摩擦力及柱销来传递扭矩。

1）传动轴。即接轴或称大扭矩螺纹套，是一个关键的承载螺纹零件，又是铸挤机大扭矩传递的最重要部件，它的强度决定着整个主机的质量。

2）螺纹套。螺纹套是一个关键承载螺纹零件，其螺纹承受的压力很大，而产生变形。所以除了要求强度很高的机械性能外，还要求承载螺纹应具有很高的加工精度和表面粗糙度。

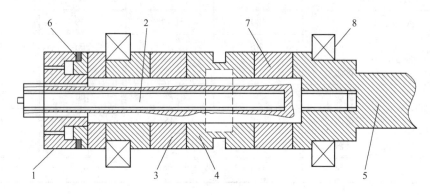

图 5-29　铸挤轮轴系结构示意图

1—皮尔格螺母；2—拉轴；3—左护轮；4—铸挤轮；5—传动轴螺纹套；
6—调整卡环；7—右护轮；8—轴承

3）皮尔格螺母。它是应用手动油泵和增压器将 250MPa 的超高压油送入装在拉轴一端的皮尔格螺母的油腔内，使其螺母产生 4000～5000kN 超高压力，此压力使拉轴产生弹性变形，当拉轴产生弹性变形后插入两个刚性半环垫，这时去掉油压，载荷仍作用在螺母上，使柱塞不能反回螺母体内，因而产生轴向预紧力，作用在轴系各组合零件的侧面上。构成组合式预应力轮轴，从而依靠各接触面上的摩擦力传递扭矩。同时，也使轴上各零件紧密贴合成整体轴，增加了刚度、减少了铸挤轮因疲劳引起裂纹破坏，延长了使用寿命。

4）带冷却的铸挤轮。铸挤轮表面制有轮槽，轮槽在铸挤时，在熔融金属凝固变形过程和强烈摩擦作用下，长期处于高温、高压状态。铸挤轮工作温度较高，且循环变化而引起热应力，同时轮面温度分布不均，这些热应力导致铸挤轮产生热疲劳裂纹。所以要求材料应具有较高的热强度，并配以良好韧性，以具有较高的抗热疲劳能力，还要求材料的线膨胀系数较小，因而必须选用 H13 耐热合金工具钢制成。

5）拉轴。拉轴承受来自皮尔格螺母加压大于 4000kN 的拉力、传递力矩时的扭矩以及来自铸挤时的弯曲力矩，同时铸挤时产生的热量并通过铸挤轮传导到拉轴上，估计拉轴约在 100 ℃ 状态下运转。在这种复杂应力及温度作用下，只允许拉轴产生弹性变形绝不允许发生塑性变形。

（3）带有冷却的铸挤靴。铸挤靴是构成铸挤型腔不动边的组成部件，是由靴体、槽封块、铸挤模等组成。铸挤靴固定后，铸挤靴的槽封块、挡料块与铸挤轮槽构成一个近似方形的铸挤型腔，由于构成型腔的可动边是旋转的铸挤轮。因此，在轮靴包覆区内必须留有间隙 0.8 ~ 1.5mm。铸挤时如采用间隙过大、型腔内铸挤的金属将从间隙溢出；间隙过小、导致轮与槽封块的磨损，所以应根据金属在型腔内的铸挤变形应力分布情况，合理的调整间隙值，才能使生产正常进行。

铸挤靴的结构为摆动式，其下端绞接在一个刚性摆动的轴上，在轴上设计一个偏心轴套，偏心值为 5mm，只要使用扳手转动该轴套可得到合理的间隙调整量，调好后用插销锁住。

移动式靴分凝固靴和挤压靴。它与铸挤轮接触部分为弓形的槽封块，槽封块与挤压轮的包角 180° 起封住凹槽的作用，构成挤压型腔，相当常规挤压机的挤压筒，不过这挤压筒为三面为旋转轮的凹槽壁，一面为固定的槽封块。

（4）挤压模与槽封块。挤压型线材可采用平模，挤压管材时应采用组合模，若挤压大型管材采用扩展模。槽封块可采用组合结构，90° ~ 120° 包角采用 2 ~ 3 块结构。

（5）刮刀机构。在铸挤过程中各模具元件承受的作用力沿径向施加在靴体上，各元件都经过精确加工，使在铸挤轮沟槽内产生正确的间隙。铸挤轮与靴体内表面之间的运转间隙处允许有少量的溢料。此溢料黏附于铸挤轮的表面上，必须及时清除，否则会进一步扩大间隙及污染新的原料。为此，在设备的适当位置设有专门清除溢料的刮刀机构。

（6）冷却系统。冷却水槽或辊式冷却平台是用来冷却挤压制品的，采用循环水冷却。挤压线材采用冷却水槽冷却，由卷取机整齐的卷绕在收线盘上。挤压管材型材棒材需采用辊式冷却平台。

（7）其他部分。其他部分包括电控系统、液压控制系统以及辅助装置等。

5.7　反向挤压机

反向挤压机结构：挤压主缸、主柱塞、移动横梁、供锭坯装置、移动堵垫、挤压筒、分离剪、挤压筒移动缸、前横梁、挤压杆、活塞杆、推锭坯液压缸等，如图 5-30 所示。反向挤压机的技术参数，如表 5-18 所示。

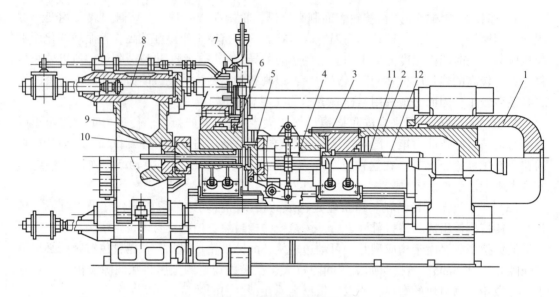

图 5-30 反向挤压机结构图

1—主缸；2—主柱塞；3—动梁；4—供锭装置；5—移动堵垫；6—挤压筒；7—分离剪；
8—挤压筒移动缸；9—前梁；10—挤压杆（模轴）；11—活塞杆；12—推锭坯液压缸

表 5-18 反向挤压机技术参数表

参　　数	挤压力/MN				
	12	18	28	35	35
挤压速度/mm · s^{-1}	40	41	39	33	33
主电机总功率/kW	430	650	950	1000	1000
挤压筒直径/mm	175	215	265	300	300
锭坯长度/mm	650	750	900	1000	1500
生产挤压制品的最大外接圆/mm	$\phi112$	$\phi140$	$\phi170$	$\phi195$	$\phi195$
生产能力/t · h^{-1}	7.5	11	17	21	25

5.8 静液挤压机

　　静液挤压机分单动式和双动式，其结构与普通正挤压机基本相同，现代静液挤压机一般都采用单挤压筒。当采用黏性液体作高压介质时，单动挤压机上设有液体充填阀，如图 5-31（a）所示。挤压时供液和挤压结束时的液体回收均通过供液阀，这种方式操作繁杂、生产周期长、坯料温度下降明显、润滑性能变差、产生点火危险等缺点。且由于点火危险的限制，挤压温度一般控制在 500～600℃以下。用黏塑性体（例如耐热脂）作高压介质时，单动静液挤压机的结构如图 5-31（b）所示。此时，不需要专门的介质充填阀，介质以块状供给，便于快速操作，可有效抑制坯料温度的下降，减轻工具的热负担，并可缩短操作周期。

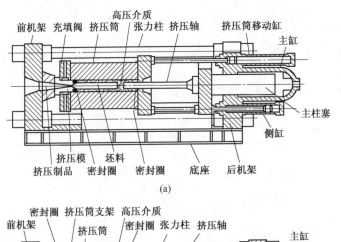

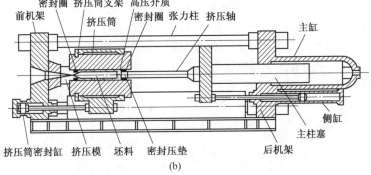

图 5-31 单动静液挤压机的结构

(a) 采用黏性液体作高压介质；(b) 采用黏塑性体作高压介质

双动静液挤压机主要用于空心制品及双金属管材挤压成型，图 5-32 为双动静液挤压机的工作过程示意图。

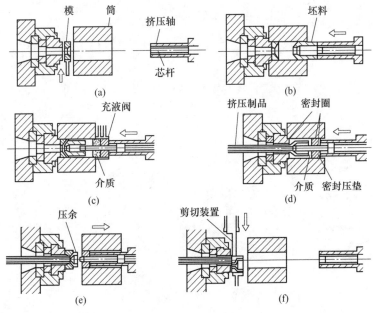

图 5-32 双动静液挤压机的工作过程

(a) 供模；(b) 供坯；(c) 加介质；(d) 挤压；(e) 挤压筒后退；(f) 切余量

挤压过程：

（1）首先将挤压模送所定位置；

（2）将坯料装入挤压筒；

（3）再将块状黏塑性体介质与密封垫片装入挤压筒内；

（4）通过挤压杆加压，在挤压筒内形成高压，实现挤压。

思考练习题

5-1 常规挤压机由几部分构成？

5-2 常规挤压机分几类，各有什么特点？

5-3 叙述常规挤压机的主机的结构，说明各部分的作用。

5-4 常规挤压机主要部件的尺寸如何确定？

5-5 连续挤压机与连续铸挤机结构，并指出有什么区别？

5-6 连续挤压与连续铸挤各自有什么优缺点？

5-7 指出静液挤压的特点。

6 挤压工模具

6.1 挤压工模具结构

挤压工模具承受着长时间的高温、高压及高摩擦的作用，挤压工模具的使用寿命比较短，消耗量很大，成本高。因此，正确地选择工模具材料，设计工模具结构与尺寸，制订合理的工艺规程是挤压生产中的关键问题。

6.1.1 卧式挤压机工模具结构

卧式挤机工模具主要由挤压模、挤压杆、穿孔针、挤压垫片、挤压筒及辅助装置等构成。此外，还有一些配件，图 6-1 所示为挤压工模具组装示意图。

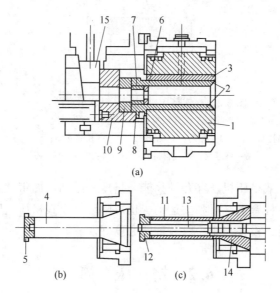

图 6-1　卧式挤压工模具组装示意图
(a) 挤压筒与模具装配；(b) 挤压棒型材用挤压杆与实心垫片的装配；
(c) 挤压管材用挤压杆与穿孔针及空心垫片的装配
1—挤压筒外套；2—挤压筒内衬套；3—挤压中衬套；4—棒材挤压杆；5—实心挤压垫；
6—模子；7—模垫；8—模支撑；9—支撑环；10—模座；11—管材挤压杆；
12—管材挤压垫；13—穿孔针；14—针支撑；15—锁键

挤压模具靠紧挤压筒前端，由锁键将模具与挤压筒固定锁紧，挤压杆固定在杆座上，其前端装挤压垫片，构成一个完整的挤压工模具系统，可进行金属管棒型线材挤压。工模具是卧式挤压机的主要部件，对挤压产品的数量与质量、产品的成本、材料的组织与性能等均有重要影响。因此，挤压工模具的结构与设计、材质的选择至关重要。

6.1.2　立式挤压机工模具结构

立式挤机工模具主要由挤压模、挤压杆、穿孔针、挤压垫片及挤压筒等构成。此外，还有一些配件，如图6-2所示为立式挤压机工模具组装示意图。

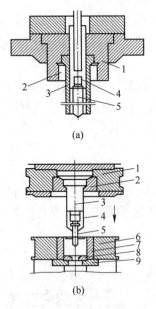

图 6-2　立式挤压机工模具组装示意图。
(a) 无独立穿孔系统挤压工模具结构；(b) 有独立穿孔系统挤压工模具结构
1—挤压杆支座；2—螺帽；3—挤压杆；4—穿孔针支座；5—穿孔针；
6—挤压筒；7—内衬；8—挤压模；9—支撑环

无独立穿孔系统立式挤压机，穿孔针只能与挤压杆随动。而带独立穿孔系统立式挤压机，穿孔系统固定在主柱塞上，可独立运动，也可随动。立式挤压机吨位较小，一般用来挤压小直径管棒型线材，设备与工模具装配同心度好。

6.2　挤　压　筒

6.2.1　挤压筒的结构

筒是容纳锭坯，承受挤压杆传给锭坯的压力，并同挤压杆一起限制锭坯受压后只能从模孔挤出的挤压工具。

圆形挤压筒一般由二层或三层衬套过盈热配合组装在一起而构成，而扁挤压筒则是由四层衬套构成的，如图6-3所示。挤压筒做成多层的原因是使筒壁中的应力分布均匀，降低应力峰值。另外，挤压筒磨损可更换内衬，不必换整个挤压筒。常用的挤压筒是圆形，也有扁挤压筒，主要用于挤压较宽的壁板。

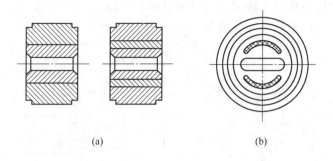

图 6-3 挤压筒

（a）圆形筒；（b）扁形筒

6.2.1.1 形式与结构

挤压筒内衬套与中衬套可以是圆柱形的，如图 6-4（a）所示；也可以是带一定锥度的，如图 6-4（b）、（c）所示；或作成带止口的，如图 6-4（d）所示。圆柱形的衬加工筒单方便，更换衬时需要时间较长。锥形内衬套，锥面不易加工，当长度超过 1m 以上时，锥面上的平直度不易保证，锥面各点的尺寸不易检查，但更换内衬套时节省时间。带止口的内套基本上与圆柱形内套相同，只是热装时不必事先找热装位置，依靠止口自动找准。

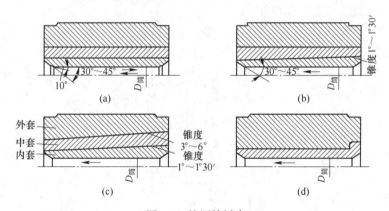

图 6-4 挤压筒衬套

（a）圆柱形内衬套和中衬套；（b）锥度内衬套；（c）锥度内衬套和中衬套；（d）有止口内衬套

内套两端都作成锥面，有助于在挤压时顺利地将锭坯和垫片推入挤压筒内，最重要的起定心作用，使模子在模座靠近挤压筒内衬套锥面后，能准确地处于挤压中心线上，以保证管子不偏心。因此挤压筒的这个锥面部分叫定心锥。其锥面是与模座相配合的。

对于重金属，当用斜锁板时采用双锥结构，除 30°~45°锥面外，还有 10°的锥面，如图 6-5（a）所示。在用平锁板时，由于挤压筒水缸压紧力很大，能保证内衬套与模座贴合密封，可以采用锥面 30°~45°及宽 10~20mm，如图 6-5（b）所示。

挤压轻合金时，内衬套定心锥取 10°~20°，宽 30mm，如图 6-5（c）所示。锥面配合由于接触面积不大，当有一点偏心载荷时会使筒歪斜，因此出现一种新的配合方式，如图 6-5（d）所示，由于其支撑面积大，故有着很好的定心作用。对挤压铝合金型材的挤压机，为了能充分利用挤压筒的面积，挤出较宽的型材以及为了避免挤压筒作用在模支撑上径向力的变化引起的模孔尺寸波动。可以采用图 6-5（e）所示的形式。但是此时应满足筒与模支撑间的接触面上的单位压紧力，应比作用在挤压垫上的单位压力大 10% 左右。

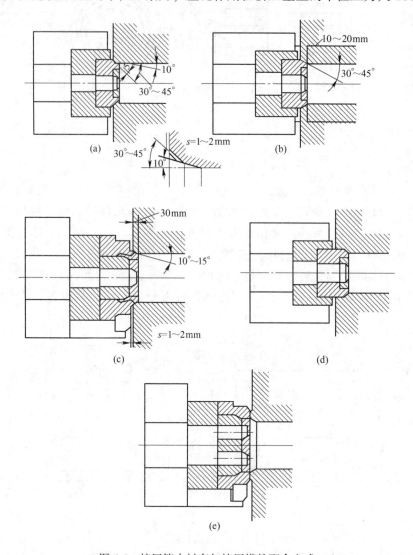

图 6-5　挤压筒内衬套与挤压模的配合方式

（a）双锥结构；（b）单锥宽面结构；（c）定心锥宽面结构；（d）柱面与锥面相结合新结构；
（e）加大锥面压力的结构

6.2.1.2　加热方式

挤压筒的加热方法大多采用感应加热，即将加热元件经包覆绝缘层后，插入沿挤压筒圆周的轴向孔中，然后将它们串接起来通电，靠磁场感应产生的涡流加热，也有用电阻元件由挤压筒外面加热的。加热的主要目的是为了使金属变形时流动均匀，使挤压筒免受过于剧烈的热冲击。挤压筒加热的温度在 350~400℃ 范围内，且不应超过这个温度，因为温度过高，耐热合金钢在很大程度上会失去它本身的强度。加热元件的布置也很关键，对圆挤压筒一般将加热元件放在挤压筒外套中，扁挤压筒的加热元件放在内衬套中呈"腰子"形分布，如图 6-6 所示。

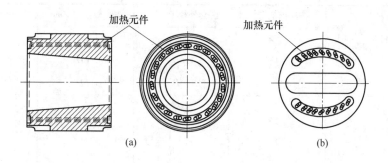

图 6-6　挤压筒中加热元件的布置形式

（a）圆挤压筒外套中加热元件；（b）扁挤压筒内衬套中加热元件

6.2.2　挤压筒的尺寸

挤压筒的尺寸如图 6-7 所示，根据挤压机的吨位和作用在挤压垫上的单位压力确定。挤压筒的最大内径应保证垫片上的单位压力不低于金属的变形抗力，因为挤压筒内径越大，垫片上的单位压力越小，挤压筒的内径最小应保证工具的强度。挤压筒内套的内径 D_1 见表 6-1。根据表 6-1 确定 D_1，再根据经验确定各层的尺寸。也可在确定坯料尺寸之后，确定挤压筒内套的 D_1 值，然后进行挤压筒的强度校核。确定 D_1 之后，可根据表 6-2 确定 D_2、D_3、D_4。挤压筒外径尺寸根据应力计算决定，依据经验一般是挤压筒内径 D_1 的 4~5 倍。

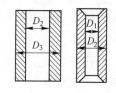

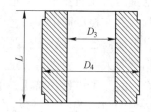

挤压筒的长度 L_t 确定如下：

$$L_t = L_0 + t + s$$

图 6-7　挤压筒的尺寸

式中　L_0——铸锭坯料的长度，等于坯料直径 D 的 2.5~3.5 倍；

　　　t——模子进入挤压筒的深度，mm；

　　　s——挤压垫片的厚度，取坯料直径 D 的 0.4~0.6 倍。

表 6-1　挤压筒内套的内径 D_1 的尺寸

挤压机吨位/MN	单位压力/MPa								
	1000	900	800	710	630	560	500	450	400
10	112	118	125	135	140	150	160	170	180
15	140	150	160	170	180	190	200	212	224
20	160	170	180	190	200	212	224	236	250
35.5	212	224	236	250	265	280	300	315	335
50	250	265	280	300	315	335	375	400	425

表 6-2　挤压筒衬套的尺寸

挤压应力 σ/MPa	挤压筒的形式	内套外径 D_2/mm	中套外径 D_3/mm	外套外径 D_4/mm
1000		$1.6D_1$	$1.8D_2$	
800	3 层	$1.6D_1$	$1.6D_2$	进行计算
630		$1.5D_1$	$1.5D_2$	
500		$2D_1$	—	
400	2 层	$1.8D_1$	—	进行计算
315		$1.6D_1$	—	
250		$1.4D_1$	—	

　　使用穿孔针而利用空心锭坯挤压管材时，$L_0 \leqslant 2.5D_0$。另外利用实心锭坯挤压时，必须增加挤压筒的长度，增加的量是锭坯穿孔时金属向后流动增加的长度。

　　在卧式挤压机上，挤压筒的长度一般为 800~1000mm，挤压管材和棒材用的锭坯长度不超过 500mm，磨损最厉害的地方是内衬套离模子平面 150~350mm 的塑性变形区，而衬套的入口部分实际上并不磨损。两头带装配锥的衬套可以在局部磨损后换向，充分利用其两端工作表面。

　　在近代挤压机上，由于生产率的提高，会导致衬套材料在工作过程中急剧的软化和塑性变形，要求建立挤压筒冷却系统。冷却的挤压筒有三种结构形式；中间通入循环空气的双层壁的挤压筒；带纵向槽沟的挤压筒，槽沟用环形通道相连接，两端有总干管用来给排冷却水；在挤压筒中间衬套外表面或在靠近模子组件附近带有螺旋槽沟。

　　挤压筒各层间装配公盈值的选择原则是当工作单位压力大时，公盈值应选大些；当挤压筒壁厚大时，公盈值应选小些；多层套挤压筒，靠近内衬套的公盈值应大些。公盈值选取合适时，可以延长挤压筒的使用寿命，由公盈量引起的热装应力以不超过挤压筒工作单位压力的 70% 为宜。公盈过大时，衬套可能产生塑性变形，造成更换内衬的困难。公盈值的范围列于表 6-3。实际使用的挤压筒和公盈值都是根据使用经验选用的非标准的公盈值，即取配合直径的 1/700~1/1000。

表 6-3　挤压筒配合公盈值范围

挤压筒结构	配合直径/mm	公盈值 ΔC/mm
双层的	200~300	0.3~0.5
	310~500	0.5~0.6
	510~700	0.6~1.0
三层的	800~1130	1.05~1.35
	1600~1810	1.4~2.35
四层的	1130	1.65~2.2
	1500	2.05~2.3
	1810	2.5~3.0

6.2.3 挤压筒强度校核

为了降低挤压筒壁中的应力，必须采用多层的热装配的挤压筒，现对挤压筒的应力分布进行分析，见图6-8。

由二层套以上组装的挤压筒在装配之前，外套的内径略小于内套外径，其差值就是公盈量。在装配时应把外套加热，装上内套后冷却，则二套紧密配合，并产生预应力，而在挤压筒壁中所引起的径向应力 σ_r 和周向应力 σ_θ 的分布情况，如图6-8（a）所示。挤压筒内套受到外套冷却收缩作用而产生的 σ_r、σ_θ 为压应力，外套由于受到内套的反作用力的作用，σ_θ 为拉应力，σ_r 为压应力。

在挤压时，铸锭坯料给予挤压筒内壁的单位压力，在挤压筒壁中引起径向应力 σ_r 和周向应力 σ_θ 的分布，如图6-8（b）所示。将图6-8中（a）、（b）的 σ_r、σ_θ 分别合成后所得结果如图6-8（c）所示。由图可见筒内壁处 $\sigma_{\theta max}$ 已大为降低。同时 σ_θ 在整个挤压筒断面上的分布也较单层均匀。为了有效地利用材料

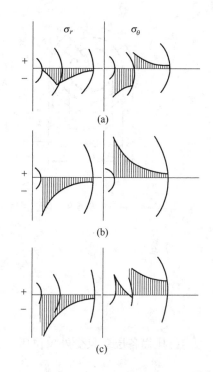

图 6-8　挤压筒的应力分布

（a）二层挤压筒预应力分布；（b）单层挤压筒挤压时应力分布；（c）二层挤压筒挤压时应力分布

强度，在设计时应该力求每层中的 σ_θ 最大值尽可能彼此接近，这可以通过适当地选择过盈量、挤压筒壁厚和层数达到。

挤压筒在工作时所受的应力是很复杂的，它不但受变形金属的压力和热配合所引起的应力作用，而且还受到热应力的作用。金属给予筒壁的径向压力 P_i 见图6-9，在各处不完全相同，同时其大小也不等于作用在挤压垫片上的单位压力 P_d，这与液体在密闭容器中传递压力是不同的。一般取作用于筒壁上的单位压力 P_i 为 $(0.5\sim0.8)P_d$，硬金属取下限，软金属取上限。P_i 对挤压筒各层套都是起内压力作用。

双层套挤压筒，如图6-9（a）所示，由于热配合而引起单位压力 P_k 为

$$P_k = \frac{E \cdot \Delta C \cdot (D_3^2 - D_2^2)(D_2^2 - D_1^2)}{2D_2^3(D_3^2 - D_1^2)} \tag{6-1}$$

式中　E——弹性模量；

　　ΔC——装配对的直径公盈值；

　　D_1——筒内径；

　　D_2——装配对的直径，又为计算直径；

　　D_3——筒外径。

P_k 对内衬套是外力，对外套是内压力，如图6-9（b）、（c）所示。

假定挤压筒各层套只受内单位压力 P_n（$P_w = 0$），所引起的切向应力 σ_θ 和径向应力

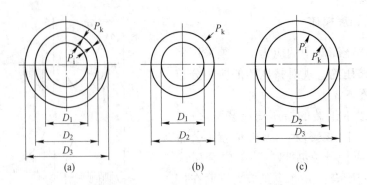

图 6-9　双层套挤压筒的内衬套和外套受力示意图

σ_r 为：

$$\sigma_\theta = + P_n \cdot \frac{1 + K_x}{K_1 - 1} \tag{6-2}$$

$$\sigma_r = + P_n \cdot \frac{1 - K_x}{K_1 - 1} \tag{6-3}$$

假定挤压筒各层套只受外单位压力 $P_w(P_n=0)$ 时，所引起的 σ_θ，σ_r 为

$$\sigma_\theta = - P_w \cdot \frac{1 + K_y}{1 - K_2} \tag{6-4}$$

$$\sigma_r = - P_w \cdot \frac{1 - K_y}{1 - K_2} \tag{6-5}$$

上式中，$K_1 = \dfrac{D_3^2}{D_1^2}$；$K_2 = \dfrac{D_1^2}{D_3^2}$；$K_x = \dfrac{D_3^2}{D_2^2}$；$K_y = \dfrac{D_1^2}{D_2^2}$。

　　计算挤压筒各层套的应力时，需要把上述计算得出的各应力值中有关部分叠加起来，看它所受的拉应力超过不超过材料的屈服应力 σ_s 或 $(0.9 \sim 0.95)\sigma_b$，并根据变形能强度理论计算合成应力值

$$\sigma_{合} = \sqrt{\sigma_\theta^2 + \sigma_r^2 - \sigma_\theta \sigma_r} \tag{6-6}$$

　　挤压筒的层数取决于它的应力状态（工作内套的最大单位压力）。正如 Л. Ю. Максиллов 和 Л. Д. Ђолвлан 的指出：在挤压温度条件下，当最大应力不超过挤压筒材料屈服强度 40% ~ 50% 时，挤压筒由两个内套组成；当应力不超过 60% ~ 70% 时，挤压筒由三个内套组成；而当应力大于 70% 的情况下，挤压筒由四个内套组成，因为切向应力相当大，挤压筒内套的等效应力可能超过工作内套的径向压力 2.5 倍，甚至更大一些，在个别情况下挤压筒可能被破坏。

6.3　挤　压　杆

　　挤压杆（挤压轴）是将挤压机主缸内产生的压力传递给锭坯，使锭坯产生塑性变形从模孔中流出，形成挤压制品用的工具。

6.3.1　挤压杆结构与尺寸

挤压杆分空心与实心两种。实心挤压杆用于棒型材挤压机。空心挤压杆用于管棒挤压机，图 6-10 为挤压杆的结构示意图。挤压杆一般为圆柱形整体结构，可分端头、杆身及根部。在大吨位挤压机上，挤压杆做成变断面的，以增加纵向抗弯强度。此时挤压筒应具有变断面的内孔。另外，为了节省高级合金钢，有时挤压杆做成过盈装配式的，杆身部分用的材料强度比根部用的可高些。

挤压杆的外径根据挤压筒的内径大小确定。卧式挤压机挤压杆的外径一般比筒内径小 4~10mm。立式挤压机挤压杆的外径比筒内径小 2~3mm。管材挤压杆的内孔，应能通过本挤压杆所配备的最大外径的穿孔针。

挤压杆在高温下工作，其端头有可能发生塑性变形而被镦粗。因此，实心挤压杆的端头直径应做得小些，而空心挤压杆的端头内径则应大一些，以免变形后换用大穿孔针时放不进去。为了避免应力

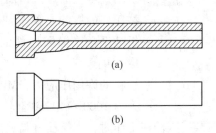

图 6-10　挤压杆结构
(a) 空心挤压杆；(b) 实心挤压杆

集中，挤压杆的根部的过渡部分应做成锥形，并有较大的圆角，其半径 $R \geqslant 100mm$，圆弧过小或根部与杆身部直径配合不好会使挤压杆断裂。

挤压杆的长度等于挤压杆支撑器的长度加挤压筒的长度再加 5~10mm，以便把压余和垫片从挤压筒中推出来。

挤压杆的材料用高强度（$\sigma_b = 1600~1700MPa$）的合金钢锻件制造，一般为 5CrNiMo，4CrNiW，对装配式的挤压杆杆身为 3Cr2W8V，根部为 5CrNiMo，硬度 HB 为 418~444。

挤压杆加工时，杆身和根部的不同心度 $\leqslant 0.1mm$，两端面对轴线的摆动量 $\leqslant 0.1mm$，杆身外圆和内孔的表面粗糙度为 1.25~2.50μm。

6.3.2　挤压杆强度校核

挤压杆在工作时受到很大纵向弯曲应力和压应力的作用，在挤压杆上的单位压力为 500~1200 MPa，所以挤压时要对挤压杆进行强度及稳定性校核。

6.3.2.1　稳定性的校核

当挤压杆开始失稳时，所许可的最大临界载荷按下式计算：

$$P_1 = \frac{\pi^2 EJ}{(\mu l_c)^2} \tag{6-7}$$

式中　P_1——许可最大临界压力，kN；

E——材料的弹性模量，对 3Cr2W8V，$E = 2.2 \times 10^5 MPa$；

J——断面惯性矩，cm^4，对圆形挤压杆 $J = \dfrac{\pi d^4}{64}$；

μ——长度系数，挤压杆一端固定、一端自由状态时取 $\mu = 1.5$，而随着挤压杆两端支持方式的不同，μ 在 0.5~2.0 范围内；

l_c——挤压杆有效工作长度，cm。

计算结果 P_1 应大于挤压机吨位 1~2 倍，否则挤压杆容易失稳而发生弯曲。根据经验挤压杆长度是其直径的 7~10 倍为安全。

6.3.2.2 强度校核

$$\sigma_y = \frac{P_{max}}{\psi F_g} \leqslant [\sigma_y] \tag{6-8}$$

式中 σ_y——挤压杆的压应力，MPa；

P_{max}——挤压杆承受的最大挤压力，可取挤压机的最大挤压力，kN；

F_g——挤压杆的横截面积，mm^2；

ψ——折减系数，根据杆件的材料和挤压杆柔度的大小确定，为了简化计算可取 0.9；

$[\sigma_y]$——材料的许用压应力，MPa；对 3Cr2W8V 在 400℃时 $\sigma_b = 1510MPa$，其许用应力为 1000~1100MPa。

挤压杆在工作时，因挤压杆与挤压筒安装得不可能完全同心，有时还受到偏心载荷作用，在校核挤压杆强度时，除考虑所受压应力之外，还要考虑弯矩所引起的应力 σ_w，即 $\sigma_y + \sigma_w$。

$$\sigma_w = \frac{M}{W} = \frac{PL}{W} \tag{6-9}$$

式中 W——截面模数，对实心圆断面为 $0.1d_w^3$，对环形断面为 $0.1d_w^3\left(1 - \frac{d_n^4}{d_w^4}\right)$；

P——挤压机的全压力；

L——偏心距，最大可达挤压筒与挤压杆直径差之半，即 $(D_t - d_w)/2$

综上所述，挤压杆强度校核的目的，主要防止纵向弯曲和工作端面的压塌。

6.4 挤 压 垫 片

挤压垫片是将挤压杆与锭坯隔开，并传递挤压力的工具。挤压垫片的作用是减少挤压杆端面的磨损，隔离锭坯对挤压杆的热作用，保护挤压杆，延长挤压杆的使用寿命。

挤压垫的种类有自由式与固定式两种。

6.4.1 自由式挤压垫片

自由式指垫片与挤压杆不固定在一起，垫片靠一套单独系统传递，其种类与结构形式如图 6-11 所示。

垫片的外径应比挤压筒内径小 ΔD 值。ΔD 值太大时，可能形成局部脱皮挤压，残余在筒内的金属残屑在下次挤压时可能包覆在制品上形成起皮分层。另外，在挤压管材时不能有效地控制穿孔针的位置，容易产生偏心。但是，ΔD 也不能太小，否则在挤压时由于垫片与筒内衬摩擦，将加速挤压筒的磨损。ΔD 值与挤压筒的内径有关，一般卧式挤压机的 ΔD 取 0.5~1.5mm，立式挤压机的 ΔD 取 0.2mm。用于脱皮挤压的垫片 ΔD 取大些。一般取 2.0~3.0mm。有时表面有夹灰，偏析等 ΔD 也可取更大些。挤压管材时垫片的内孔直径不能太大，否则不但不能校正穿孔针在挤压筒内的位置，而且还有可能在挤压时使金属倒流包住穿孔针。一般垫片内孔直径比穿孔针直径大 0.3~0.4mm。挤压垫片的厚度一般为 $(0.4~0.6)D_0(D_0$ 为坯料直径)，若取小了容易发生塑性变形。

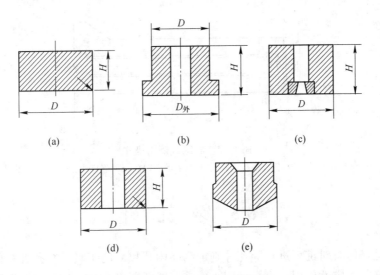

图 6-11　垫片的种类和结构形式
(a) 棒型材用的垫片；(b) 挤压铝合金或脱皮挤压用的垫片；
(c) 反向挤压用的垫片；(d) 挤压管材用的垫片；(e) 立式挤压管材用的垫片

另外，挤压铝合金、铝青铜、黄铜时，为了减小垫片与合金的黏结，采用带凸缘的垫片，它可以减少垫片与脱皮间的摩擦，同时也有利于压余、脱皮与垫片的脱离，对于不同的挤压筒，这个差值是不同的。根据实践经验，当挤压筒内孔直径为 80~200mm 时，垫片直径比挤压筒内径小 5mm；当挤压筒内孔直径为 300~560mm 时，垫片直径比挤压筒内径小 10mm。

挤压垫片的材料要求耐磨、耐高压。实际使用的材料为 4Cr5MoVSi、4CrNiW 等耐热高强合金钢锻件制造。

挤压垫片破坏的主要形式是深的放射状裂纹和边缘的变形。

垫片的强度校核：

$$\sigma_d = \frac{P_{max}}{F_d} \leqslant [\sigma] \tag{6-10}$$

式中　σ_d——挤压垫片承受的单位压力，MPa；

　　P_{max}——挤压机最大挤压力，kN；

　　F_d——挤压垫片工作面积，mm^2；

　　$[\sigma]$——挤压垫片材料允许压应力，MPa。

6.4.2　固定式挤压垫片

固定式挤压垫片的结构与自由式的不同，如图 6-12 所示。此垫片由内挤压垫片和外挤压垫片组成，用螺栓固定在挤压杆上。内垫片比外垫片凸出 1mm 左右，其目的是当挤压时，内垫片对外垫片有作用力，使外垫片胀开，外挤压垫片外周与挤压筒接触，完成挤压工序。当挤压杆返回时，内、外垫片的作用力恢复原状，无作用力，内垫片又凸出来推动压余，使压余与垫片分离开，当然在挤压时对挤压垫片应润滑，有利于压余与垫片的分离。

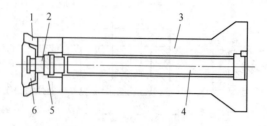

图 6-12　固定式挤压垫片

1—外挤压垫片；2—固定螺栓；3—挤压杆；4—连杆；5—连杆头；6—内挤压垫片

6.5　穿　孔　针

穿孔针是挤压时对锭坯进行穿孔并确定制品内孔尺寸的工具。穿孔针在保证管材内表面质量方面起着决定性作用。穿孔针用于生产一般圆断面管材、异形管材以及逐渐变断面型材。穿孔针结构形式有圆柱式针、瓶式针和浮动针等，可根据挤压机结构和挤压操作方法及产品要求选用。

6.5.1　柱式穿孔针

柱式穿孔针的工作部分为柱形，其横断面有圆形、异形等，如图 6-13 所示。柱式针沿针的轴线上有很小的锥度，在挤压过程中，固定不动的穿孔针，只是在针的前端带有一段锥度；而随动的穿孔针，则需要整个工作长度上有很小的锥度，以减少针受到的拉应力，增加其使用寿命，同时有助于挤压后由空心材中退出，针的锥度应以空心材壁厚负偏差为限。一般挤压机上的穿孔针工作部分 550～600mm 长度上做出 0.5～0.6mm 的锥度。此锥度不能过大，否则将引起挤压制品尺寸的改变。

穿孔针断面尺寸由空心材的内孔尺寸确定，针的工作部分长度应是锭坯长度、垫片厚度、模工作带长度以及穿孔针伸出工作带的长度之和。

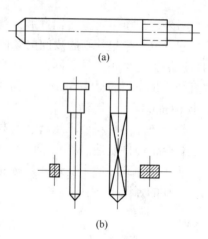

图 6-13　柱式穿孔针

（a）圆柱式针；（b）异型针

6.5.2　瓶式穿孔针

瓶式穿孔针的结构分两部分：针头定径部分与针身，如图 6-14 所示。当挤压内孔小于 20～30mm 的厚壁管时，柱式穿孔针由于在穿

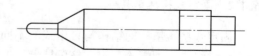

图 6-14　瓶式穿孔针

孔时的纵向弯曲和过热，会使锭坯穿孔不正或被拉细、拉断，这种情况下可采用瓶式穿孔针。挤铝合金时，由于柱式针的表面常被挤压垫划伤，影响内表面质量，所以也用瓶式针。但针头和针身直径差不能太大，针头直径取决于管子内径，一般针身直径为 50～60mm 或更粗，针头和针身的过渡锥角为 30°～50°，在针头长度上的直径差为 0.2～0.3mm。通常，针头以装配式为好，但挤压温度高的合金用整体式的为宜，因为在高温下装配式的螺纹变形后拆卸困难。

穿孔针的直径由管子的内径确定，针头定径部分长度等于模工作带长度、伸出模工作带的长度以及余量之和。此余量不能大于压余厚度，一般为 20～30mm，以免金属倒流入空心挤压杆中。针头伸出工作带长可取 10mm，以便对出模孔后的管子起导向作用防止弯头。

穿孔针不论是柱式针还是瓶式针，它与针座的连杆连接一般用细牙螺纹，其缺点是装卸针慢且难，而先进的挤压机则采用机械装卸。

6.5.3 浮动穿孔针

浮动穿孔针由针体、浮动套和联结杆组成，浮动套在挤压过程中，随着管壁厚度的变化有一定的移动量，可有效地纠正管材壁厚不均匀性。

6.5.3.1 浮动针的结构

浮动针的结构由针体、联结杆、联结器及浮动套组成，如图 6-15 所示。

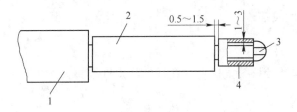

图 6-15　浮动穿孔针
1—联结器；2—针体；3—联结杆；4—浮动套

（1）针体尺寸的确定。针体直径与浮动套直径之差对纠正壁厚不均有一定的影响。针体的直径大体相当于挤压管内径，一般为 1/2 压余厚度，或近似采用挤压筒内径的 1/3。针体的长度为现有一般穿孔针的长度减去浮动套的长度。

（2）浮动套尺寸的确定。浮动套有效长度为挤压压余厚度的两倍或小于挤压垫的厚度为宜。浮动套的直径由挤压管材的内径决定，在确定浮动套的内径时，要考虑挤压过程中浮动套所承受的轴向拉应力和径向压应力，因此，对浮动套的环形断面尺寸必须通过理论计算确定，同时也要考虑联结杆危险断面的允许抗拉、抗弯强度。

（3）联结杆的尺寸确定。联结杆在穿孔和挤压工作条件下要承受变形金属对浮动套所产生的拉应力和弯曲应力。因此，在允许条件下，应尽可能增大其直径，减少长度以达到提高工具使用寿命的目的，材料可选用 3Cr2W8V。

（4）浮动套与联结杆间的间隙。浮动套与联结杆的间隙大约为 1～3mm，浮动套与针体的轴向间隙可控制在 0.5～1.5mm 之间。

6.5.3.2　浮动穿孔针自动调心

铸锭的直径比挤压筒内径小 5～10mm，由于不能采用充填挤压，这会导致穿孔针在穿孔时偏离挤压中心线，其偏移情况如图 6-16 所示。

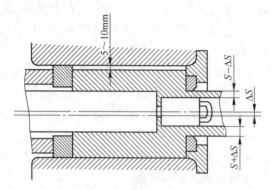

图 6-16　挤压时穿孔中偏移情况

浮动针与模孔工作带的相对位置必须得到正确的调整，这是实现最佳浮动效果的重要条件之一。采用浮动穿孔针穿孔时，由于浮动套与联结杆间存在间隙，在挤压时套筒与模孔所形成的环形截面不均匀，而流动阻力也不一样，缝隙小处流动阻力大、静压力大，迫使浮动套向流动阻力小、静压力小的一面浮动，因此起到了有效调偏的作用；采用浮动穿孔针后，可明显纠正挤压管材的偏心。

6.5.4　穿孔针的强度校核

6.5.4.1　稳定性校核

根据挤压杆稳定性校核公式进行穿孔针的稳定性校核，求出临界压力 P_1

$$P_1 = \frac{\pi^2 EI}{(\mu l)^2} \tag{6-11}$$

式中符号同前。

穿孔时，实际穿孔力应小于临界压力，一般取安全系数为 1.5～3.0。

6.5.4.2　抗拉强度校核

在挤压过程中，穿孔针承受着很高的温度和压力，这是穿孔针损坏的主要原因。在计算挤压过程中穿孔针受拉应力时，必须考虑挤压过程中作用于穿孔针的径向压缩应力和金属对针的摩擦应力值。径向压应力在塑性变形区开始处，可达到最大单位挤压应力数值的90%，径向应力引起穿孔针的横向变形，大大超过由于纵向摩擦应力作用所引起的穿孔针的横向变形。其次，在确定计算穿孔针的强度时，要区别固定穿孔针还是随动穿孔针，两种针的摩擦条件是不同的。采用固定穿孔针挤压时，在锭坯与穿孔针的接触长度上都作用着摩擦力，而当采用随动穿孔针挤压时，只是在金属的流动速度与穿孔针的移动速度不同处，即只塑性变形区存在摩擦力的作用。所以随动穿孔针受到的由摩擦力引起的拉应力比固定穿孔针小得多。

由上述分析可知，在挤压时，使穿孔针发生塑性变形的不仅仅是摩擦力的作用，必须考虑径向应力对穿孔针的作用。因此，在挤压时，在穿孔针的每个单元体上，都处于两向压缩和沿轴向延伸的变形状态。穿孔针的平均纵向变形量可以按照胡克定律的一般公式确定：

$$\varepsilon = \frac{1}{E}[\sigma_1 - \gamma(\sigma_2 + \sigma_3)] \tag{6-12}$$

式中　E——弹性模量；

　　　γ——泊松比，$\gamma = 0.30 \sim 0.33$；

　　　σ_1——由摩擦引起的轴向应力，$\sigma_1 = \sigma_1$。

　　考虑到主应力的符号以及 $\sigma_2 = \sigma_3 = \sigma_r$，这里的 σ_r 为径向应力，则得到

$$\varepsilon = \frac{1}{E}(\sigma_1 + 2\gamma\sigma_r) = \frac{1}{E}\sigma_d \tag{6-13}$$

式中　σ_d——等效应力；

　　　σ_1——加工金属中的轴向应力，等于挤压垫片上平均单位压力的大小。

　　按照等效应力来计算穿孔针的强度，其公式为

$$\sigma_d = \sigma_1 + 2\gamma\sigma_r \qquad \sigma_r = \sigma_1 - K_j$$

$$\sigma_d = 4\tau_{ch}\frac{L}{d_{ch}} + 2\gamma(\sigma_1 - K_j) \leqslant \frac{\sigma_s}{n} \tag{6-14}$$

当 γ 取 0.30 时

$$\sigma_d = 4\tau_{ch}\frac{L}{d_{ch}} + 0.6(\sigma_1 - K_j) \leqslant \frac{\sigma_s}{n} \tag{6-15}$$

式中　τ_{ch}——作用在穿孔针表面的摩擦应力；

　　　σ_s——在挤压温度下，穿孔针的屈服极限；

　　　n——安全系数，$n = 1.15 \sim 1.25$；

　　　d_{ch}——穿孔针的直径；

　　　K_j——挤压金属的变形抗力，即在该温度下的金属变形屈服极限。

6.6　挤　压　模

　　挤压模是金属从中挤出并获得模孔断面形状和尺寸的制品的挤压工具。挤压模对挤压制品的质量、产量及成品率都有重要意义，要求挤压模耐高温、耐高压而且耐磨。

6.6.1　挤压模类型

　　挤压模的类型比较多，按模的形式与结构大致分以下几种：

　　(1) 整体模。由一整块钢料制作的模具称之整体模，也可以是将不同材质镶嵌为一体的模具。例如为了提高挤压模的寿命，将硬质合金做模芯与钢料复合镶嵌为一体的模子。

　　(2) 可拆卸模。为挤压阶段变断面与逐渐变断面的特殊型材，利用整体模无法实现，必须根据型材的形状尺寸要求，由几个瓣模块组合为挤压模，应用时可拆卸，即为可拆卸模。

　　(3) 突桥式组合模。是将平模与模芯组合为一整体的模具，又称舌模。具有良好的

焊合性能金属,在挤压空心材时,用一般挤压模具生产极为困难,甚至不可能,那么可以采用突桥式组合模成型。挤压时在强大压力作用下金属被分成几股,借助于模壁的压力使金属重新焊合,再进入平模模孔形成空心制品。

突桥式组合模有许多优点,它可用实心锭坯挤压空心材,产品尺寸精确、壁厚偏差小、内表面质量好;其缺点主要是制造费用高、易于损坏、分离压余麻烦、挤压制品的焊缝强度不易保证等。

(4)孔道式分流组合模。由分流模与成型模构成,挤压铝和铝合金材应用比较广泛。孔道式组合模来完成挤压空心型材的任务,此模发展迅速,同突桥式组合模比较,加工制造方便,生产操作简单,能生产形状较复杂断面空心型材的特点。但挤压时阻力较大,易造成闷车(压挤不动),挤压完毕或中途修模较困难。

孔道式组合模使金属在流动过程中,产生两次激烈变形,一次是进入模腔的变形,一次是进入模孔成型。

(5)叉架式组合模。由分流叉架与成型模组合而成,在挤压力作用下,金属坯料经叉架分流进入焊合腔,焊合后进入成型模孔,叉架式组合模加工有难度,应用的较少。

(6)扩展式组合模。由扩展模、分流模及成型模组合而成,随着连续挤压技术的发展,应用于棒线材作为坯料,挤压大口径管材和大型型材,则需要扩展成型组合模,即坯料由扩展模小口进入扩展腔堆集,通过分流模分流进入焊合腔再焊合,然后进入大口径管材成型模成材。对于大型棒材、型材、铝排等视情况可不经分流模直接挤压成材。

6.6.2　整体模类型与设计

6.6.2.1　整体挤压模类别

整体模按模孔的形状分为平模、锥模、流线模、双锥模、平锥模、碗形模和平流线模,如图 6-17 所示。整体模制造简单,广泛用于管棒型材挤压。

(1)平模如图 6-17(a)所示,模角 α 为 90°,挤压时存在死区,金属流动时形成的自然模角一般为 40°~70°,用平模生产的挤压制品表面质量好,但挤压力大,能量消耗增加。

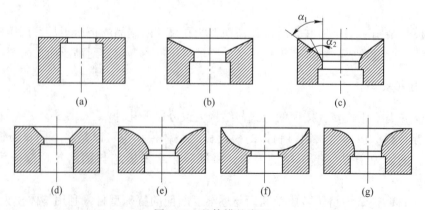

图 6-17　整体模的类型

(a)平模;(b)锥模;(c)双锥模;(d)平锥模;(e)流线模;(f)碗形模;(g)平流线模

(2)锥模如图 6-17(b)所示,模角 α 小于 90°,一般 $\alpha = 55°~70°$。挤压时金属流动

均匀，挤压力比平模的小，但制品表面质量不如平模好，适用于大规格管材和难变形金属管棒型材挤压。

（3）双锥模如图6-17（c）所示，模角 $\alpha_1 = 60° \sim 65°$，$\alpha_2 = 10° \sim 15°$。挤压时金属流动条件好，适合于挤压铜合金、镍合金和铝合金管材。

（4）平锥模如图6-17（d）所示，它介于平模和锥模之间，兼有两者之优点，适于钢和钛合金挤压。

（5）流线模如图6-17（e）所示，它的模孔呈流线形，金属变形均匀，适于钢和钛合金挤压。

（6）碗形模如图6-17（f）所示，它的模孔呈碗形，主要用于润滑挤压和无压余挤压。

（7）平流线模如图6-17（g）所示，它的模孔介于平模与流线模之间，兼有平模和流线模的优点，适于钢与钛合金的挤压。

6.6.2.2 整体模设计

A 单孔模设计

（1）模角 α。常用的模具为平模和锥模，其模角按要求设计，随着挤压条件的改变，模角 α 也是变化的，可根据不同的情况来确定最佳模角，锥模 $45° \sim 60°$。而静液挤压时，最佳模角为 $15° \sim 40°$，挤压比小可取下限，大挤压比可取上限，这是因为静液挤压时，摩擦条件发生了变化。

（2）工作带长度 l_1。工作带又称定径带是用以获得制品尺寸和保证制品表面质量的关键部分。工作带长短直接影响制品的质量，若工作带过短，易磨损，制品的形状不易保证；若工作带过长，在其上易黏结金属，使制品表面产生划伤、毛刺和麻面等缺陷。而且挤压力增大。工作带的长度要选择合理，根据经验确定的各种金属及合金挤压时模孔工作带长度如表6-4所示。

表6-4 各种金属与合金挤压时模孔工作带长度

金属与合金	紫铜、黄铜、青铜	白铜、镍合金	轻合金	稀有难熔金属	钛合金	钢
工作带长度/mm	8~12	20~25	2.5~3.0，最长8~10	4~8	20~30	10~25

（3）模孔尺寸。设计工作带模孔尺寸时，主要考虑挤压制品的材质、形状与尺寸、横断面的尺寸公差、制品和模的热膨胀系数、模的弹性变形及制品矫直时的断面尺寸收缩等因素。工作带模孔尺寸的设计要保证产品尺寸在冷状态下不超过所规定的偏差范围。同时要最大限度地延长模子的使用寿命。为了设计模孔尺寸的方便，通常用综合裕量系数考虑各种因素对制品尺寸的影响。即

$$A = A_0 + CA_0 \tag{6-16}$$

式中 A_0——制品断面名义尺寸；

C——综合裕量系数，根据生产经验确定，如表6-5所示。

对新产品来讲，设计模孔尺寸要根据影响模孔变化的各种条件和因素进行详细的计算：

$$A = A_0 + (C_1 + C_2 + C_3 + C_4)A_0 + M \tag{6-17}$$

式中　A_0——制品断面名义尺寸；

　　　C_1——金属的热膨胀系数，$C_1 = a_z t_z - a_m t_m$，其中，a_z、a_m 为制品与模子的线膨胀系数，t_z、t_m 为制品与模子的温度；

　　　C_2——模子工作带形状畸变（弹性变形）引起的制品尺寸变化；

　　　C_3——由于拉伸矫直引起的制品尺寸减小系数；

　　　C_4——其他因素引起制品尺寸减小系数；

　　　M——制品断面的正公差（在挤压铝型材、铜材及稀有金属材时考虑此项）。

表 6-5　综合裕量系数 C

合　金	C
纯铝、防锈铝、镁合金	0.015~0.020
硬铝和锻铝	0.007~0.010
紫铜、青铜、含铜量大于 65% 的黄铜	0.017~0.020
含铜量小于 65% 的黄铜	0.014~0.016
钛合金等稀有金属	0.01~0.04
镁合金	0.08
钢	0.012~0.015
不锈钢	0.015~0.018

（4）入口圆角半径 r　在工作带模孔入口处设有圆角半径 r，可以防止低塑性合金在挤压时产生裂纹和减少金属的非接触变形；也可以防止在高温下模子棱角被压秃或压堆，以保证制品尺寸精度。r 值的选用与被挤压金属的强度、挤压温度、制品断面尺寸有关，r 值大小见表 6-6。

表 6-6　各种合金挤压模圆角半径 r

被挤压的合金材料	r/mm
铝及其合金	0.40~0.75
铜及其合金	2.0~5.0
镍及其合金	4.0~8.0
镁合金	1.0~3.0

（5）模孔出口处直径。一般比工作带模孔直径大 4~5mm。对型材挤压模来说，为了保证工作带部分的抗剪强度，工作带模孔与出口处的过渡部分可圆弧连接，也可作成 30° 左右的斜面。

（6）模子的外形尺寸。模子外形尺寸大小主要依据挤压机的吨位大小确定，模子的外圆直径和厚度的确定要从强度、系列化及节约钢材等因素考虑。一般模子外圆最大直径 $D_{\max}$ 等于挤压筒内径的 0.80~0.85 倍，根据经验模子厚度为 30~80mm，吨位大的挤压机选择上限。

模子的外形形状可分正锥体与倒锥体二种配合形式，正锥体用于型、棒材模，倒锥体用于管材模。正锥体模在操作时顺挤压方向放模支撑中，为便于安放和取出，锥度为 1°30′，也有的取 2°~4° 的。如果角度小，人工取模困难，但角度也不能太大，否则在模座靠紧挤压筒时，模子容易由模支撑中弹出来。倒锥体模操作时，逆挤压方向装入模支撑中，其外圆锥度为6°。为了便于加工模子外圆的锥度，一般在锥体上有一段长10mm左右的圆柱部分。两种模子的外形尺寸如图6-18所示。

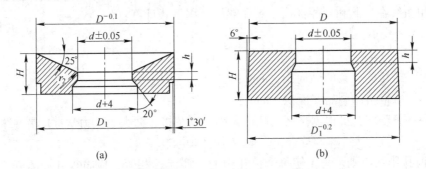

图 6-18　挤压机上所用的模子外形
（a）带正锥的模；（b）带倒锥的模

（7）挤压不同种材料的典型型材挤压模。挤压不同材质型材的典型模具的形式，如图6-19所示。

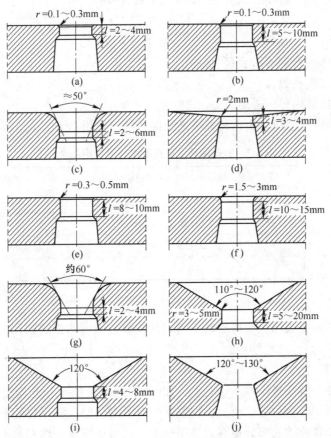

图 6-19　挤压不同种材料的典型模具形式
（a）纯铝、软铝材；（b）铝合金材（AlCuMg、AlMg2.5、AlZnMg1、AlZnMgCu1.5）；（c）镁合金材（MgAl2、MgZn6Zr）；（d）铅合金材（PbCu、铅锑合金）；（e）黄铜材（CuZn39Pb2、CuZn38Pb）；（f）铜合金材（CuCd、CuSb）；（g）锌合金材；（h）钢材（碳钢）；（i）钛合金材；（j）高温合金。

B　多孔模设计

（1）模孔数目选择。在生产 $\phi 30 \sim 40mm$ 以下的棒材和形状简单的小断面型材时，为了提高挤压机的生产率，常采用多孔模挤压。模孔数为 $2 \sim 8$ 根，孔数过多常会使金属出模孔后互相扭绞在一起和互相擦伤。模孔数量可用下式计算：

$$n = \frac{F_t}{\lambda F} \tag{6-18}$$

式中　F_t——挤压筒内孔的断面积，mm^2；

　　　F——每根挤压制品断面积，mm^2；

　　　λ——挤压比，可根据挤压机吨位大小，以及挤压筒大小、力学性能要求和合金变形抗力大小来确定。λ 一般取小于 $40 \sim 50$。

（2）模孔排列原则。为了使每个模孔中的金属流速相等，应将模孔布置在一个同心圆上，并使互相间的孔距相等，不宜将模孔安置的过分靠近模子边缘。因为这样会降低挤压模强度，导致死区金属流出，恶化制品表面质量，出现起皮、分层等。但也不能将模孔安置的过分靠近模子中心。这样都会由于内、外侧供应的金属量不同而引起制品弯曲甚至出现裂纹。根据实际经验同心圆直径大小可按下式计算：

$$D_{同} = \frac{D_t}{2.6 - 0.1(n - 2)} \tag{6-19}$$

式中　$D_{同}$——挤压模孔同心圆直径，mm；

　　　n——挤压模孔数；

　　　D_t——挤压筒内径，mm。

表 6-7 所列的模孔之间、模孔与外缘之间保持的距离供参考。

表 6-7　模孔间距及模孔距模外缘最小距离

挤压机吨位/MN	模孔距模外缘最小距离（不小于）/mm	模孔间距/mm
50	80~50	40~50
35	30~50	35~50
20	20~25	24
12~7	15	20

C　型材模设计

型材模设计主要是要解决金属流动不均匀性和模的强度两个问题。在设计时应考虑下列原则。

a　单孔模布置

挤压型材重心布置在挤压模的中心上，如图 6-20（a）所示，此原则适用于轴对称或近似轴对称的型材。当型材对称面少，特别是壁厚不均匀时，将型材的重心对挤压模中心要一定的偏移，使难流动的部分更靠近挤压模中心；对于壁厚虽然相差不大，但截面形状较复杂型材，应将型材截面外接圆的中心，布置在模中心线上；对延伸系数很大或流动很不均匀的型材，有时可采用平衡模孔的方法。当模具安装方向不能改变时，应将型材的大面放在下边，以防止型材由于自重而产生扭拧和弯曲。

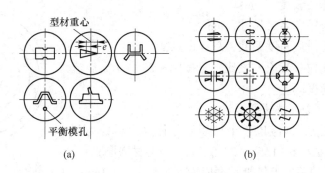

图 6-20　型材挤压模孔配置

（a）单孔模挤压调整型材重心位置；（b）多孔模挤压型材模孔的配置图

b　多孔模布置

对于对称面少的型材可以采用多孔模对称排列，以增加其对称性，同时应注意将壁厚的部分布置在靠近模子外缘，壁薄的部分靠近中心，如图 6-20（b）所示。

另外，考虑到操作等各方面的情况，多模孔的排列可采用不同形式。以图中所示的铝合金角材为例，分析三种布置形式：

（1）如图 6-21 所示，挤压出的角材两个腿强度无差异，晶粒也较细。但是型材出模孔后会产生扭拧，需安装导路；（2）如图 6-21（b）所示，此布置形式克服了（1）的弊病。而（1）（2）两种形式，由于模孔靠近模子边缘，使支撑环的导出孔太大，故也可考虑采用（3）的形式，如图 6-21（c）所示。

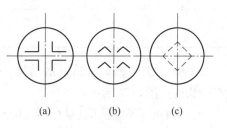

图 6-21　挤压模孔布置形式的选择

c　模孔工作带

（1）不等长的工作带。工作带对金属流动也起阻碍作用，若增加工作带长度可使该处的摩擦阻力增大，迫使金属向阻力小的部分流动。为了使金属在挤压时流动均匀，在设计模孔时，使型材壁薄处、断面形状复杂处的工作带越短；反之工作带越长，如图 6-22 所示。但是工作带也不能过长，过长也不起作用，如在挤压铝合金时，工作带的最小长度为 $1.5 \sim 3mm$，而极限长度则为 $15 \sim 20mm$，简单断面而壁厚又相等的型材，模孔各部位工作带长度为 $2 \sim 8mm$。另外，在挤压时模子受压产生弹性变形，

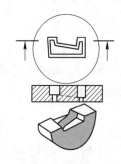

图 6-22　不等长工作带模

使工作带入口处变小，而出口处变大，以致使金属不能与工作带全部接触，所以模子工作带最好做成带一定锥度，一般取 $1° \sim 3°$。

（2）工作带长度。采用平模挤压型材，确定工作带长度的原则：

1）对壁厚相同的型材。可按金属流动速度图 6-23 确定模不同位置的工作带长度。设计工作带长度时，主要考虑两大影响因素，即模孔位置和模孔的尺寸大小。

工作带的长度可由下式确定：

$$l_1 = s_0 \cdot K_1 \cdot K_2 \qquad (6\text{-}20)$$

式中　l_1——工作带长度，mm；

　　　s_0——型材壁厚名义尺寸，mm；

　　　K_1——模子材质强度系数，$K_1 = 1.5 \sim 2$；

　　　K_2——模孔位置流速差之比，可按图6-23所示金属流动速度确定。

也可采用以下简便法进行设计：

① 选好基准点，即应以整个挤压制品最难出料处为基准点，工作带长度 $l_1 = (1.5 \sim 2)s_0$（s_0——型材壁厚）；

② 而基准点相邻处工作带长度应为 $(1.5 \sim 2)s_0 + 1\text{mm}$；

③ 与模中心距离相等处其工作带长度应相同；

④ 由模中心起每相距10mm，工作带长度的增减数值如表6-8所示。

图6-23　金属流动速度图

表6-8　工作带长度增减值

成品厚度/mm	每相距10mm工作带长度增减值/mm
1.2	0.2
1.5	0.23
2	0.3
2.5	0.35
3	0.4

举例：成品壁厚 $s = 2\text{mm}$ 的型材，确定各部分工作带长度如图6-24所示。

2) 对壁厚不相同的型材。各部分工作带的长度可按壁厚确定：

$$\frac{l_{1,2}}{l_{1,1}} = \frac{s_2}{s_1}$$

举例：不等壁厚型材如图6-25所示。

若取 B_1 部的工作带长度为2mm，那么 B_2 部的工作带长度为

$$l_{1,2} = l_{1,1} \cdot \frac{s_2}{s_1} = 4\text{mm} \qquad (6\text{-}21)$$

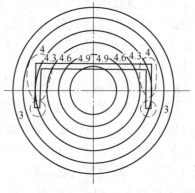

图6-24　等壁型材工作带长度的变化

若 B_1、B_2 部分比较短，那么模孔的位置因素影响不大。

若 B_1、B_2 部分比较长，那么模孔的位置因素要按上述原则进行考虑。

3) 型材的圆角及螺丝孔处工作带长度的确定。工作带的长度一般比相邻处加长 1mm 左右，如图6-26所示。

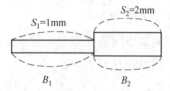

图6-25　不等壁工作带长度的变化

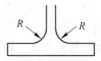
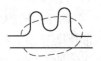

图6-26　型材特殊处工作带长度的变化

　　另外，工作带的长度确定，也可根据型材各部分比周长 $z_1 : z_2 : z_3\cdots$ 与相应部分工作带长度 $l_{1,1}$，$l_{1,2}$，$\cdots$，$l_{1,n}$ 的关系。

$$\frac{l_{1,1}}{l_{1,2}} = \frac{z_2}{z_1}, \quad \frac{l_{1,1}}{l_{1,3}} = \frac{z_3}{z_1}\cdots\frac{l_{1,1}}{l_{1,n}} = \frac{z_n}{z_1} \tag{6-22}$$

　　一般工作带最短为 $2.5\sim3\text{mm}$，这样根据上述的关系式，可计算出其他部分工作带长度。

　　d　阻碍角与促流角

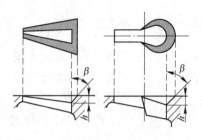

　　由于工作带的长度有一定的极限值，有时还不能完全解决挤压时型材各部分流动不均匀问题，所以就采用阻碍角或促流角，也就是在型材壁较厚处、比周长较小部分模子入口处做一个斜面，如图 6-27 所示。斜面与模子轴线间的夹角 $\beta_{阻}$ 称阻碍角，斜面的高度 h 称阻碍高度。一般在设计时 $\beta_{阻}$ 取 $3°\sim9°$。在阻碍角 $15°$ 时阻碍作用最大。阻碍高度应在 25mm 以内。

图 6-27　阻流角

　　同样在型材壁薄的部分做促流角 $\gamma_{促}$，就是倾斜的模子端面与模子轴垂直面间的夹角，如图 6-28 所示，在模子端面对金属的反作用力 $\text{d}p$ 的水平分力 $\text{d}x$ 有促进金属流动的作用。即向壁薄处流动，但应指出，这种方法实际生产中采用得较少。

　　e　引流法

　　在模子上做一定深度的凹兜称之引流孔，将金属引进模孔，引流孔的大小调节金属的流速。

　　例如生产槽形型材时，容易产生弯曲缺陷。采用引流法可消除弯曲，如图 6-29 所示。

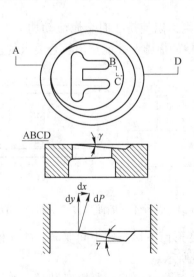

图 6-28　促流角分析示意图

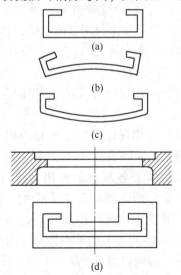

图 6-29　引流法示意图

（a）标准型材；（b）型材凹下缺陷；
（c）型材凸起缺陷；（d）正确的引流孔

　　f　采用平衡模孔

　　在挤压异型管材时，模上只能布置一个型材孔，为了减轻金属挤压时不均匀流动，保证制品尺寸、形状的精确，可以附加一个或两个平衡模孔，如图 6-30 所示。图 6-30（a）、（b）分别为两种不同异型管材配置平衡模孔。平衡模孔最好为圆形，平衡模孔的尺寸、形状、个数以及空心型材模孔的距离对金属流动都有影响，在设计空心型材模时应加以考虑。平衡模孔的尺寸可按式（6-23）计算：

$$D_\mathrm{P} = 2a\left(1 + \sqrt{1 + \frac{N_1}{\pi a n}}\right) \tag{6-23}$$

式中　a——系数，$a = \dfrac{F_2 - F_1}{N_2}$；

F_1，F_2——以 Y—Y 轴为分界线，型管小、大部分的断面积，mm^2；

N_1，N_2——以 Y—Y 轴为分界线，型管小、大部分的内、外周长，mm；

n——平衡孔个数。

挤压空心型材时模作的设计试验表明，在型材未平衡部分与其总面积之比 $\dfrac{F_2 - F_2}{F} < 0.5$ 时，则式（6-23）计算结果比较理想。若 $\dfrac{F_2 - F_2}{F} \geqslant 0.5$，则建议

$$D_\mathrm{P} = \sqrt{\frac{4(F_2 - F_1)}{\pi}} \tag{6-24}$$

计算得出的 D_P 是近似的，另外可根据经验确定平衡模孔与空心型材的距离。

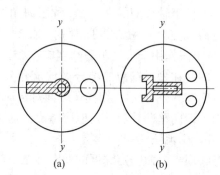

图 6-30　配置平衡模孔

以上是挤压型材用整体模设计时考虑的几个原则，以使挤压时金属流动均匀。但是，由于挤压件本身形状的复杂，还应根据实践采取其他的措施，才能挤出符合要求的型材。

　　g　特殊型材模孔设计

对下面几种型材模的设计还应注意以下问题：

（1）在模设计时给予型材薄壁处附加裕量的问题。如图 6-31（a）所示，由于在挤压时，型材断面各部分的流出速度相差悬殊，壁薄部分受到强烈的拉应力作用，使壁薄处更薄，所以应在此处增加一定的裕量。图 6-

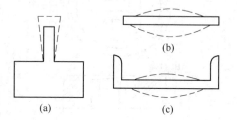

图 6-31　几种不同断面型材模附加裕量的设计

31（b）、（c）类型的断面型材，由于挤压时模子变形而下塌，使中间变薄，故在模孔设计时对变薄处应适当增厚 0.1～0.6mm。如图中虚线所示。

（2）采用附加筋条与过度形状。在挤压宽厚比很大的壁板一类的型材时，如果对称性很差，如图 6-32（a）所示，采用扁挤压筒进行挤压，为了平衡金属流动均匀，在模孔设计时型材无筋的一端多加一条筋，图中虚线部分。再如图 6-32（b）采用圆形挤压筒挤压壁板时，为挤压变形均匀，在缺筋空的部分加 2 条筋，可先挤压一个过渡形状，然后再剖开展平后铣去此筋，获得所要求的制品。或如图 6-32（c）所示挤压实线部分为制品的

形状，可先按虚线的过渡形状进行挤压，然后再用其他加工方法去掉虚线部分，获得实线形状制品。

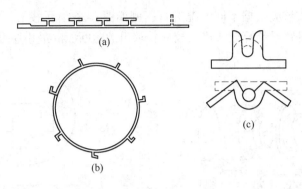

图 6-32　调整挤压平衡与金属流速

（a）采用扁挤压筒挤压壁板型材；（b）采用圆挤压筒挤压壁板型材；（c）异型材挤压模孔的调整

（3）关于型材模孔尺寸、形状的确定。仍按前面模孔设计的原则，在这里主要对圆角、圆弧、角度问题加以说明。一般情况下，对这三个尺寸，在模孔设计时都保持原型材要求多少就是多少。对于有公差要求的圆角、圆弧在模设计时加上公差。角度则根据型材断面形状不同，经过判断之后，适当地给出模孔尺寸。角度问题一般有三种情况，对于薄壁（$t<$3mm）角型材，如图 6-33（a）所示。在模孔设计时把角度作成 92°，这种型材在挤压时有拼口现象，在设计时扩大 1°～2°。对于槽形薄壁型材，如图 6-33（b）所示。挤压时有扩口现象，在模设计时相应减少 1°～2°。对于这两种类型以外的有角度的型材，在模孔尺寸上不做任何处理，图 6-33（c）型材，不管是 α 角还是 β 角，有公差还是无公差要求都一样，型材要求多少，模孔就设计成多少。

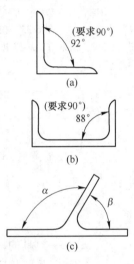

图 6-33　带角度的型材

6.6.2.3　模强度校核

在型材模设计时，模的强度是一个重要问题。特别在挤压如图 6-34 所示的半空型材时，模子最容易在悬臂部分变形和损坏。为了解决此类问题引进了一个舌比的概念和采取模装配形式。把型材所包围的面积 A 与型材开口宽度 W^2 之比称为舌比 R，R 过大，则舌根部不能承受挤压力而损坏。W 与 R 之间应保持如表 6-9 所给出的范围内。

表 6-9　舌比 $R=A/W^2$

W/mm^2	R
0.76～1.57	1.5
1.58～8.15	2
3.16～6.30	3
6.31～12.7	4
≥12.8	6

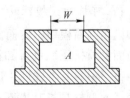

图 6-34　半空型材

为了增加模子强度，常采用模垫，支撑环以增加模孔断面厚度和强度。如图 6-35 所示为模具装配情况。

型材模的强度校核应根据不同情况进行，例如图 6-36 所示模孔，可按材料力学的一端固定均布载荷的悬臂梁计算公式进行校核，求出危险断面的最小厚度 h。

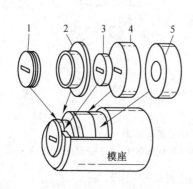

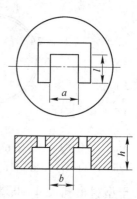

图 6-35　模具装配示意图

1—模；2—模套；3—模垫；4—前支撑环；5—后支撑环

图 6-36　槽形材挤压模

$$\sigma = \frac{M}{W} \leqslant [\sigma] \qquad (6\text{-}25)$$

$$M = \frac{Pal^2}{2}$$

$$W = \frac{bh^2}{6}$$

$$h = l\sqrt{\frac{3pa}{[\sigma]b}} \qquad (6\text{-}26)$$

式中　　$[\sigma]$——模具的许用弯曲应力，MPa；

　　　　l——悬臂长度，mm；

　　　　a——模孔入口处悬臂根部危险断面的宽度，mm；

　　　　b——模孔出口处悬臂根部危险断面的宽度，mm；

　　　　p——挤压筒内最大单位压力（通常称挤压机比压），MPa。

计算出 h 值后，可取整数，与现有模具厚度比较，可取相邻近模子厚度。

6.6.3　可拆卸模

6.6.3.1　可拆卸式模结构

可拆卸模由几瓣模块组装而成，如图 6-37 所示，主要应用于变断面型材挤压。可拆卸模的设计理论与原则同整体模基本一致，但有其特殊性，设计时予以充分考虑。

阶段变断面型材是指其横断面尺寸、形状沿长度上发生阶段式变化的一种特殊型材，一般由基本型材部分、过

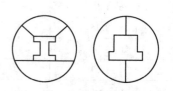

图 6-37　可拆卸模示意图

渡区、大头部分三部分组成。但也有无过渡区而由基本型材和大头两部分组成的，这主要和生产方法有关。采用大头模，小头模一次换模挤压生产时，则因大头本身就可作为过渡区，而不需再增加过渡区。只有大头模和小头模两次换模挤压时，则要在小头模上设计长30~50mm 的过渡区，以防止挤压大头时，由于金属流速不均使阶段变断面型材易产生歪、并、扩等缺陷。

阶段变断面型材主要有三类多个规格，如图 6-38 所示。阶段变断面型材是一种十分重要的受力构件。主要用于飞机的机翼、尾翼上，大头部分经机械加工后与大梁型材铆接，基本型材则与蒙皮铆接而形成整体的机翼或尾翼。

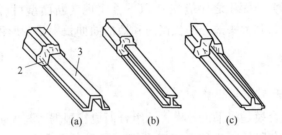

图 6-38　典型的阶段变断面型材

（a）八形变断面型材；（b）工形变断面型材；（c）T形变断面型材

1—型材大头部分；2—型材断变面过渡部分；3—型材的基本型材部分

6.6.3.2　可拆卸模设计

（1）根据分步挤压设计原则。分别将大头模和基本型材模单独设计成可拆卸分瓣模，过渡区设计在基本型材模上。模子前端与挤压筒有 10° 的配合角，后面与模支撑有 3°~5° 的配合角，以便换模之用。每块分瓣型材模尾端面均设计加工有一个小于 20mm 孔，以作为用钩子卸模之用。线性配合尺寸加工偏差必须保证在 0.1mm 之内。型材过渡区设计十分重要的，如设计不合理将会使过渡区产生成层，增加挤压力，金属流动不均。过渡区设计一般应近似于基本型材形状，由大头过渡到小头时应尽量采用大曲率半径的圆滑过渡并接近金属自然流动角，以免产生死区、过渡区成层。

（2）根据可拆卸模挤压型材全过程设计模具。如图 6-39 所示，首先将准备好的基本型材部分的分瓣模块装入模支撑内，锁紧后开始基本型材部分挤压，当挤压至所要求长度后停止挤压、

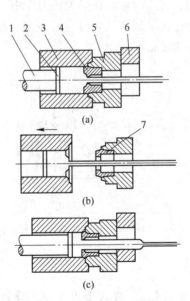

图 6-39　可拆卸模挤压型材全过程

（a）挤压型材；（b）换大头模；（c）挤压大头

1—挤压轴；2—垫片；3—挤压筒；4—型材模；
5—压型嘴；6—锁键；7—大头模

卸压、打开锁键、挤压轴前进 5mm，将模推开挤压筒，从模支撑中取出挤压基本型材的分瓣模，换上大头分瓣模，并装入模支撑进行挤压，大头部分挤压完成后卸压，压型嘴离开并剪切残料后，将大头部分从模中取出，完成变断面型材挤压全过程。

（3）一次挤压基本型材和大头型材。在模支撑内一次装入大头模和基本型材分瓣模。挤压时中间不需要换模，一次完成大头部分和小头部分的挤压。

（4）根据变断面型材生产工艺特点设计。挤压系数的确定，在同一个挤压筒上，一次同时挤压两个断面积相差很大的型材，并且挤压系数都选择得合理是十分困难的。因此，在这种情况下，为了满足力学性能和组织的要求，二者必须同时兼顾。根据模具设计经验，基本型材部分挤压系数范围一般为 20~45，如果太小则不易满足定尺长度要求，若太大则增加了挤压力，对于高强度铝合金变断面型材挤压易造成闷车；大头部分的挤压系数要大于 4，必须要有足够的变形量，以保证各向力学性能均能满足技术条件要求，大头部分断面积和型材部分断面积之比应在 9 以下，实现变断面型材可拆卸模挤压。尤其是LC4 合金变断面型材，其大头部分的长横向和短横向伸长率受变形程度的影响很大。

6.6.4　桥式舌形组合模

6.6.4.1　桥式舌形组合模类别

由于桥式舌形组合模是将平模与模舌芯组合而成，根据桥与模舌芯的形式不同，可分为突桥式、半突桥式和隐桥式三种形式组合模，如图 6-40 所示。由于铝、镁、铅、锌及其合金具有良好的焊合性能，在挤压空心材时，特别是挤压内径 5~10mm 以下的铝镁合金空心型材，可以采用桥式舌形组合模。不论哪一种形式桥式舌形组合模，其工作原理皆相同，挤压时金属在强大压力作用下被分成几股流入模孔，借助于模壁的压力使金属重新焊合通过成型模孔获得空心制品。桥式舌形组合模适合于薄壁制品挤压，其壁厚最薄可达 0.38mm。

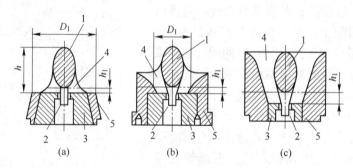

图 6-40　桥式舌形组合模示意图
（a）突桥式；（b）半突桥式；（c）隐桥式
1—桥；2—模舌芯；3—平模；4—进料孔；5—模套

6.6.4.2　桥式舌形组合模设计

A　桥式舌形组合模结构

桥式组合模的结构如图 6-41 所示。

（1）桥的断面形状有棱形与水滴形两种形状，以水滴形最合适，这是因为挤压时使金属流动均匀，易于分离压余，产品质量高，粗晶环薄。桥的尺寸如下：

桥高 h_1：一般 h_1 为挤压管材内径 d_n 的 1.5~2.0 倍，d_n 大时采用下限值。

桥长 l：一般比挤压筒内径值小 2~10mm，小挤压筒取下限，大挤压筒取上限。

桥宽 b：管内径 d_n 为 20~70mm 时，b 可以等于模芯的直径 d。

桥根弧半径 R： $R = h_1 - b/2$，一般为 $20 \sim 30\text{mm}$，太窄易压坏，桥面圆弧半径 $r = \dfrac{1}{2}b$。

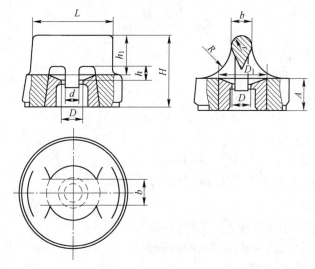

图 6-41 桥式舌形组合模的结构

（2）焊合室 h。焊合室是金属焊合处，其大小与高度对材料的焊合质量有重要影响，太浅压力不够，焊合不好，太深分离压余后易积存金属。在挤压空心型材时，应注意用焊合室的大小控制压力，使模芯受力均匀而不偏移，焊合室高度一般取 $10 \sim 20\text{mm}$，对大型挤压机取上限，小型挤压机取下限。

（3）模舌芯。模舌芯长度的确定，对小型挤压机模芯稍伸出工作带 $1 \sim 3\text{mm}$，对大型挤压机模舌芯伸出工作带可达 10mm。若模舌芯太长，易使管材偏心，若太短管材易出现椭圆。同时，为了保证管材内表面质量，模舌芯的端部应做成带尖角，因挤压过程中管材通过模舌芯后要收缩，在角部易存留金属小颗粒，当模舌芯做成如图 6-42 的形式，可使金属颗粒向中心移动。模芯的直径 d 与管材内径近似相等，即

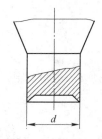

图 6-42 模舌芯端部形状

$$d = d_n + M + C_3 d_n \qquad (6\text{-}27)$$

式中 M——管材内径正公差，mm；

C_3——管材热膨胀系数；

d_n——管材内径，mm。

（4）工作带。为了保证制品可靠地焊合，模的工作带的高度要比一般模子的取得长些，且在其入口方向上做有 $1°$ 的锥角，在挤压型材时，位于桥下部分的工作带长度应比其他部分小一半，以平衡金属的流动。根据经验，工作带的长度如表 6-10 所示。

表 6-10 工作带长度

管壁厚 s/mm	2.5	3	4	5	6	7	8	9	10
工作带长度 h/mm	3	3	4	4	6	6	6	8	8

（5）模孔直径 D 与入口锥高度 a_2。

模孔直径：
$$D = d_w + C_3 d_w + M \tag{6-28}$$

式中　d_w——管材外径，mm。

入口锥高度：
$$a_2 = \frac{D_1 - D}{2}\tan\alpha \tag{6-29}$$

式中　D_1——模子内套的外径，mm；

　　　α——模角，一般取 25°。

（6）模子内套的高度 A 及外径 D_1。

模子内套高度：
$$A = H - h_1 \tag{6-30}$$

式中　H——模的厚度，mm；

　　　h_1——模桥的高度，一般取 h_1 为 10mm。

模内套的外径 D_1 比模孔直径大 18~25mm。

B　模的强度校核

桥式组合模在使用中最常发生的是桥被压弯以及在桥的根部断裂，因此需对此两种情况进行强度校核。模桥的断面如图 6-43 所示。

（1）抗弯强度校核。首先把桥断面简化为三角形进行强度校核。

$$\sigma_w = \frac{M_{max}}{W} \leqslant [\sigma] \tag{6-31}$$

$$M_{max} = \frac{ql^2}{12}$$

$$W = \frac{bh^2}{12}$$

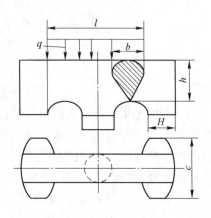

图 6-43　模桥示意图

所以其抗弯强度必须符合式（6-32）：

$$\sigma_w = \frac{ql^2}{bh^2} \leqslant [\sigma] \tag{6-32}$$

式中　q——模桥单位长度上载荷，MPa；

　　　l——桥受弯曲部分的长度，mm；

　　　b——桥的宽度，mm；

　　　h——桥的高度，mm。

（2）抗剪强度校核：

$$\tau = \frac{Q}{2F} \leqslant [\tau] \tag{6-33}$$

式中　Q——桥受剪切部分所受的总压力，$Q = ql$；

　　　F——受剪切的截面积，取 $F = \frac{1}{2}bh$。

（3）桥根断面校核。在挤压时，桥根同时受到压缩和弯曲应力的作用，取桥的一半进行计算，其合成应力

$$\sigma = \frac{Q}{2F_g} + \frac{M_g}{W_g} \tag{6-34}$$

式中 F_g——模桥根部断面积，mm^2；

M_g——模桥根所受弯矩，$M_g = \dfrac{ql^2}{48}$，$\text{kN} \cdot \text{mm}$；

W_g——模桥根截面模量，$W_g = \dfrac{CH^2}{6}$，mm^3；

C——模桥根宽度，mm；

H——模桥根长度，mm。

6.6.5 孔道式分流组合模

6.6.5.1 孔道式分流组合模结构

孔道式分流组合模主要由阳模（上模）、阴模（下模）、定位销和联结螺栓四部分组成，如图 6-44 所示。由于工业的发展，对空心型材的形状要求愈来愈复杂，精度要求愈来愈高，用带穿孔针的挤压管材方法是满足不了上述要求的。近年来国内外都采用孔道式分流组合模来完成挤压空心型材的任务，此模发展迅速，同突桥式舌形组合模比较，加工制造方便，生产操作简单，能生产形状较复杂断面空心型材的特点。但挤压时阻力较大，易造成闷车（压挤不动），挤压完毕或中途修模较困难。

孔道式分流组合模使金属在流变过程中，产生两次激烈变形，一次是进入模腔的变形，一次是进入模孔的变形，金属流动阻力大。因此，这种模子挤压硬铝较困难，适用于纯铝、防锈铝、锻铝等焊合性好的金属。而不适合应用于铜及铜合金，其原因包括：（1）强度高，使铸锭分流进入分流孔较难，需较大的挤压力。（2）高温下急易氧化，在挤压模焊合区难于焊合。

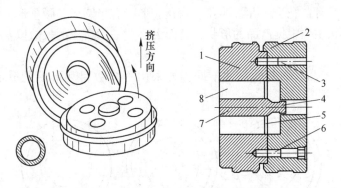

图 6-44 孔道式分流组合模结构示意图

1—阳模；2—阴模；3—定位销；4—模芯；5—焊合腔；6—固定螺栓；7—分流桥；8—分流孔

（1）阳模：在阳模上有分流孔、分流桥、模芯。分流孔是金属通往型孔的通道。分流孔腔是入口小出口大的喇叭形，以减少金属流动阻力。分流桥是支撑模芯用的。模芯用来形成型材内腔。

（2）阴模：在阴模上有焊合室和型孔。焊合室是把被分流孔分开的金属重新焊合起来，以形成围绕模芯的整体。型孔确定型材的外部尺寸。

在模芯和型孔上都做有工作带（也叫定径带）和空刀。利用工作带的长度来调整金属的流速。做空刀的目的是使金属在流动中不受阻碍，不划伤制品。空刀的形式不同，可直接影响到模工作带的强度。

（3）定位销是阳模和阴模装配定位。

（4）联结螺栓把上下模牢固地联结在一起，形成一个整体。

6.6.5.2 孔道式分流组合模设计

（1）挤压比 λ。也称断面减缩率或挤压延伸系数，它是在挤压筒内，锭坯填充后的断面积 F_0 与制品断面积 F_1 之比，即 F_0/F_1 称之为挤压比。

在分流组合模的挤压过程中，金属流动经过二次激烈变形，阻力很大。因此，λ 要选择合适，否则影响焊合质量。λ 一般为 30~80，纯铝的 λ 可选择大些。

（2）分流比 K。分流比是分流孔的面积与制品断面积之比，即

$$K = \frac{F_f}{F_1} \tag{6-35}$$

式中 F_f——分流孔面积，mm^2；

F_1——挤压制品截面积，mm^2。

分流比是确定分流孔面积的主要依据。分流比 K 的大小直接影响到挤压阻力大小，制品的成型和焊合质量。K 值越小，挤压变形阻力越大，这对模具和挤压生产都是不利的。

为了提高制品焊缝质量，保证正常挤压的情况下，对型材取 $K = 10 \sim 30$；对管材取 $K = 5 \sim 10$。对非对称空心型材或异型管材，应尽量保证各部分的分流比 K 基本相等。

（3）分流孔。分流孔的形状、大小及排列方式等影响到挤压制品的质量、挤压力及模具的寿命。

分流孔的数目有二孔、三孔、四孔、六孔，形状有半圆形、腰子形、扇形、异形。分流孔的数目和形状主要根据产品的形状、断面大小、一次挤压的根数以及不同的挤压条件确定。

1）同一形状产品，而断面尺寸不同，可采用不同数目和形状的分流孔。如图 6-45 所示。

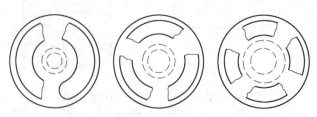

图 6-45 不同断面管材的分流孔形式

2）对于尺寸小、形状较对称的简单或复杂的制品，可用二孔或三孔的分流孔，如图 6-46 所示。

3）对断面形状复杂并且尺寸较大的型材采用四、六孔的分流孔。如图 6-47 所示。

以上只是列举三种情况，在设计分流孔时，采用的数目和形状一定要根据制品的形

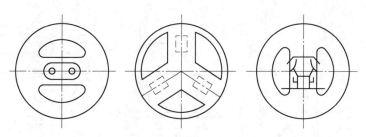

图 6-46　简单或复杂型材分流孔形式

状、尺寸、模孔的排列而具体确定，不可死搬硬套。

　　一般情况下，分流孔数量尽量少，以减少焊缝，增大分流孔的面积和降低挤压力。制品的外形尺寸大，扩大分流孔受到限制时，分流孔可做成斜孔，一般可取 3°~6°。

　　分流孔的布置应尽量与制品保持几何相似性，为了保证模具强度和产品质量，分流孔不

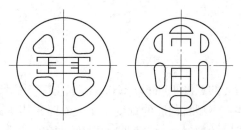

图 6-47　复杂断面型材分流孔的形式

能布置得过于靠近挤压筒或模具边缘，但为了保证金属的合理流动及模具寿命，分流孔也不宜布置得过于靠近挤压筒的中心。

　　(4) 分流桥。分流桥的结构如图 6-48 所示，它直接影响到挤压金属的流动快慢、焊合质量、挤压力大小和模具强度等。分流桥宽度 B，从加大分流比，降低挤压力来考虑，B 可选择小些，但从改善金属的流动来考虑，模孔最好被分流桥遮住，B 选择大些。根据经验一般 $B=b+(3~10)\,\mathrm{mm}$，其中 b 为型材空腔的宽度。型材外形及内腔尺寸大取下限，反之取上限。

　　分流桥的截面多采用矩形、倒角或近似水滴形截面，有利于金属流动与焊合，分流桥的斜度取 $\theta=45°$，对难挤压的金属 θ 取 30°，桥底圆角半径 $R=2~5\mathrm{mm}$。

　　为了增加桥的强度，要在桥两端作桥墩。

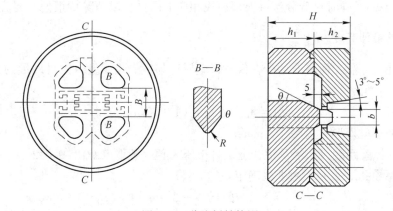

图 6-48　分流桥结构图

　　(5) 模芯。模芯的结构形式有凸台形、锥台形、锥形三种，如图 6-49 所示。当型材内腔的宽度 $b>20\mathrm{mm}$ 时，多采用凸台式，强度和刚度低，但加工容易；当型材

168

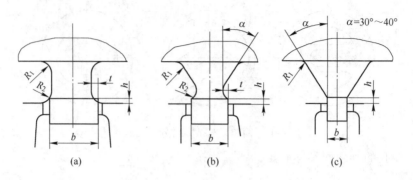

图 6-49　模芯的结构形式

(a) 凸台式；(b) 锥台式；(c) 锥式

内腔的宽度 10mm<b<20mm 时，多采用锥台式，强度和刚度比锥式的低点，但加工容易些；当型材内腔的宽度 b<10mm 时采用锥式，强度和刚度高，但不易加工。设计者可根据不同的型材尺寸、形状加以确定模芯的形式。

（6）焊合室的选择。焊合室的高度、形状和入口形式均影响焊合质量和挤压阻力的大小。焊合室高度 h 大，有利于焊合，但太高会影响模芯的稳定性，使型材出现壁厚不均的现象。焊合室的高度一般以挤压筒内径而定，见表 6-11。

表 6-11　焊合室的高度

挤压筒内径/mm	焊合室高度 h/mm
115~130	10~15
170~200	20~25
220~280	30
>300	40

焊合室形状一般为蝶形，为清除死区，取焊合室倾斜度 $\beta=5°\sim10°$，室底圆角过渡一般取 $R=5\sim10mm$。同时对着分流桥根部做成相应的凸台，以消除桥根处金属流动死区。

焊合室的最佳高度 $h=\left(\dfrac{1}{2}\sim\dfrac{1}{3}\right)B$。

（7）模孔尺寸。在模具设计中，仅考虑金属冷却后的收缩量。型材外形的模孔尺寸 A 可由下式确定：

$$A = A_0 + KA_0 = (1 + K)A_0 \tag{6-36}$$

式中　A_0——型材外形名义尺寸，mm；

　　　K——经验系数，如铝及铝合金型材挤压 K 值一般取 0.001~0.012。

型材壁厚模孔尺寸 B 可由下式确定：

$$B = B_0 + \Delta \tag{6-37}$$

式中　B_0——型材壁厚名义尺寸，mm；

　　　Δ——壁厚型孔尺寸增量，mm，当 $B_0 \leqslant 3$ 时，取 $\Delta = 0.1mm$；当 $B_0 > 3$ 时，取 $\Delta = 0.2mm$。

若型材尺寸大或具有悬臂梁部分挤压时，模具易产生弹塑性变形而引起制品壁厚尺寸变小对壁厚模孔进行修正，如图 6-50 所示。

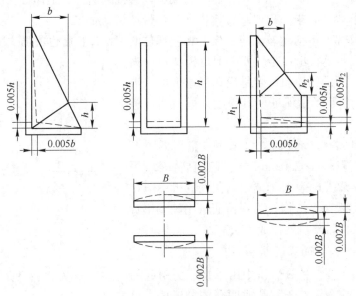

图 6-50 壁厚模孔尺寸修正值

（8）工作带长度。工作带长度可按型材空心部位和实心部位分别加以确定，参见图 6-51。

1）空心部位工作带长度确定：

① 处于桥下金属流入困难的部位，工作带长度取 $2s$（s 为型材壁厚）。

② 位于分流孔邻近部位的工作带长度一般取 $2s+1\text{mm}$，此部位工作带长度应随分流孔断面通位长度 e 的大小而变化：当 $e=15\sim20\text{mm}$ 时，工作带长度为 $2s+0.5\text{mm}$，当 $e=21\sim30\text{mm}$ 时，工作带长度为 $2s+1\text{mm}$，当 $e>30\text{mm}$ 时，按比例增加。

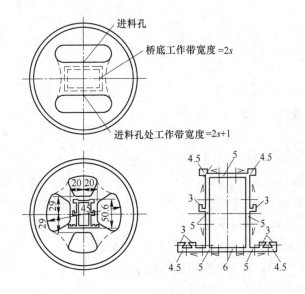

图 6-51 工作带长度

2）与空心部分相邻的实心部位工作带长度：

① 位于桥底金属不能直接到达的部位，其工作带长度取 $(3\sim4)s$。

② 处于分流孔下面的模孔部位，因为金属可以直接到达，其工作带长度为 $(4\sim5)s$。

③ 模芯工作带入口端与出口端应比模孔工作带加长 1mm。

④ 模孔工作带长度变化较大时，模芯相应部位的工作带长度也应随之变化。

（9）模出口带。模出口带尺寸一般比模孔尺寸大 4mm，如图 6-52 所示，模出口带是模孔工作带出口端悬臂支撑的结构，目的是保证模具强度，同时要注意易于加工。

当型材壁厚 $s\geq2.0$mm 时，可采用真空刀如图 6-52 （a）；当型材壁厚 $s<2.0$mm 时或带有悬臂处可用斜空刀，如图 6-52 （b）；对于危险断面处，可用图 6-54 （c）、（d）型空刀结构，为了降低工作带阻力，增加其强度，工作带出口处作成 $1°\sim3°$ 角。

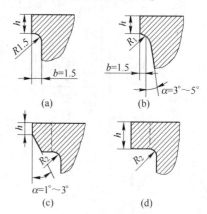

图 6-52 模出口带结构

6.6.5.3 组合模的强度校核

分流组合模主要校核分流桥中由于挤压力引起的弯曲应力及剪切应力。对于双孔或四孔的分流桥，可认为是一个受均布载荷的简支梁，按下式校核其危险断面处模具分流桥强度，确定最小高度

$$H = l\sqrt{\frac{P}{2[\sigma]}} \tag{6-38}$$

式中　l——分流桥根之间距离，mm；

　　　P——挤压筒内分流桥所受的最大单位压力（挤压机比压），MPa；

　　$[\sigma]$——模具材料在工作温度下的许用弯曲应力，MPa。

抗剪强度校核

$$\tau = \frac{Q_d}{F_d} < [\tau] \tag{6-39}$$

式中　τ——剪切应力，MPa；

　　　Q_d——分流桥端面总压力，N；

　　　F_d——分流桥受剪的总面积，mm^2。

计算结果应是 $\tau < [\tau]$，安全。

6.6.5.4 模孔几何形状与精度

制品的精度和质量取决于模子的创造加工质量。模孔和模子工作带的尺寸应该保证精度。因此，模孔的最终研磨工序用手工进行，要求工具装配钳工有很熟练的技术。

在加工模子时，必须满足以下基本要求：

（1）模孔的尺寸精度应在表 6-12 公差范围以内；

（2）工作带和挤压中心线的不平行度不应超过 $\pm5'$；

（3）工作带平面的凹陷不大于 0.025mm；

（4）模子的各平面间以及模子和模子垫的平面之间要严格地保持相互平行；

（5）工作带表面及其出口处应平坦，没有擦伤。

表 6-12　制品尺寸与公差对照表

尺寸/mm	1~10	10.1~30	30.1~50	50.1~80	80.1~120	120.1~180	180.1~260	>260
公差/mm	−0.05	−0.07	−0.1	−0.12	−0.14	−0.17	−0.2	−0.3

6.6.6　叉架式分流组合模

6.6.6.1　叉架式分流组合模结构

它的结构特点是由阴模、带模芯的叉架桥阳模及模套装配而成，如图 6-53 所示。

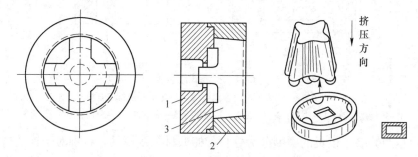

图 6-53　叉架式组合模
1—阴模；2—阳模；3—带舌芯的叉架

这种结构形式的优点是芯受到压力时，可以有少许变形的余地，从而防止了模芯与桥之间产生过大的应力。叉架式组合模也可以不带外套，与阴模一起直接安放在模支撑之中。

叉架式组合模的缺点是：清理、检查、打磨和重新投入使用所耗费的时间过长。因此，主要用在挤压比小外形尺寸较大的空心型材，挤压阻力较孔式分流组合模小些，此模生产成品率较高，挤压完毕后清理残料较容易，但模具加工困难。目前，挤压一般大批量的空心型材时应用得较少。

6.6.6.2　叉架式分流组合模强度校核

对于叉架式分流模，要验算分流桥基面与模子接触表面压应力，即叉架式组合模几只支脚上的压应力。

$$\sigma_{j} = \frac{P \cdot F_{d}}{F_{j}} \tag{6-40}$$

式中　σ_{j}——分流桥基面上的单位压力，MPa；

　　　P——挤压筒内分流桥所受的最大单位压力，MPa；

　　　F_{d}——分流桥端面受压面积，mm^2；

　　　F_{j}——分流桥基面面积，mm^2。

验算结果应满足 $\sigma_{j} < [\sigma]$。

6.6.7 扩展式分流组合模

6.6.7.1 扩展式分流组合模的结构

由扩展模、分流模及成型模构成的组合模，如图 6-54 所示。挤压模对挤压制品的质量、产量及成品率等有重要意义，要求挤压模耐高温、耐高压而且耐磨。连续挤压与连续铸挤模具的设计同常规挤压模具设计的原则基本一致。

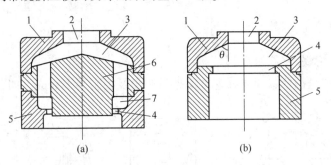

图 6-54 扩展式组合模
（a）挤压大口型管材组合模；（b）挤压实心型材组合模
1—扩展模；2—进料小口；3—扩展腔；4—模芯；5—成型模；6—分流模；7—焊合腔

连续挤压与铸挤工模具的类型分为管材、棒型材及线模具，特别对于连续挤压与铸挤生产大型管材模具的设计，需要在扩展模与成型模间加分流模，才能实现小口进坯料，在扩展腔内堆积，然后金属通过组合模的分流孔在焊合区焊合，进入大口径成型模孔而成型，如图6-54（a）所示，直接进入大型材、带筋板材及带材等成型模孔而成型，如图 6-54（b）所示。连续挤压与铸挤大型实心棒材时，其直径远超过进料口直径几倍以上，此时不能采用图 6-54（b）结构，而需要采用图 6-54（a）结构，但分流模需要改进，否则挤压料直接进入成型模而难以成型。如何解决？通过连续挤压实验，根据挤压时金属流变规律，将分流桥模芯缩短离开成型模定径带并在中间加开分流孔，则分流模设计 3~5 个分流孔，方可实现大型实心型材、圆棒材挤压成型。

6.6.7.2 扩展式组合模的工模具装配

根据挤压的产品的品种、形状及尺寸要求，确定模具的装配形式与结构，工模具装备与常规挤压有所区别。连续挤压与铸挤工模具装配类型分为线棒材挤压工模具、小型管材挤压工模具、大型型棒材挤压工模具和大型管材铸挤工模具等，如 6-55 所示。

（1）小型棒线材工模具装配结构，如图 6-55（a）所示，采用整体孔模挤压，金属在挤压型腔塑性变形区经流变直接进入挤压模连续成型，获得连续小型棒线材，可卷取成盘。

（2）小型管材工模具装配结构，如图 6-55（b）所示，采用小型组合模挤压，金属在挤压型腔塑性变形区经流变直接进入挤压扩展模腔。

（3）大型实心型棒材的横断面大，挤压型腔及扩展模的坯料入口小，产品宽且宽厚比较小，则需要设计扩展式分流组合模成型，如图 6-55（c）所示。

（4）大型管材模具装配，在图 6-55（c）的基础上设计分流模，确定焊合区的高度，通过成型模连续成型，获得大型管材，如图 6-55（d）所示。

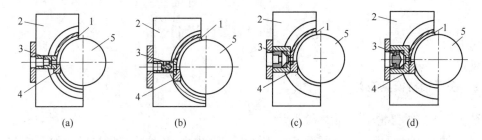

图 6-55 工模具装备类型

（a）挤压小型线棒材工模具装配；（b）挤压小型管材挤压工模具装配；
（c）挤压大型板型材工模具装配；（d）挤压大型管材工模具装配

1—挤压型腔（固、液体进料口）；2—挤压靴；3—挤压模；4—挡料块；5—挤压轮

6.6.7.3 扩展式组合模设计实例

利用 Conform 连续铸挤机和 Castex 连续铸挤机，挤压大口径铝合金导电管材，坯料为杆料或液体料，设计扩展式分流组合模结构。

扩展成型能否顺利实现以及扩展成型管材是否符合铝管的质量标准要求，其工艺控制和扩展成型的模具设计很关键。扩展模倾角 θ 较小时，减小侧壁作用，金属的流动可以在较舒缓的空间发生运动，涡流区域小且不剧烈，并且死区小；当 $\theta \geqslant 45°$ 时，死区又会变大；分流比越小，扩展腔内合金涡流区越小，死区较小，合理设计扩展模倾角和分流比，对于提高金属流动的均匀性具有重要的意义。

例题 对连续挤压和连续铸挤 $\phi80 \times 5mm$ 6201 合金管材扩展模设计，其设计原则与其他分流组合模的分流模、成型模基本相同，而所不同之处在于增加了扩展模，扩展成型模用的进料口为 $\phi20 \sim 35mm$，分流孔为 4 个腰型，相关参数详见模具设计图 6-56。

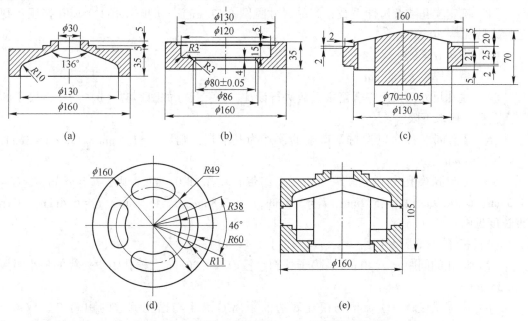

图 6-56 $\phi80 \times 5mm$ 管材扩展式分流组合模设计

（a）扩展模；（b）成型模；（c）分流模；（d）分流孔；（e）组合模装配图

6.7　典型模具设计

6.7.1　挤压铝材模具设计

6.7.1.1　薄壁槽形铝型材模设计

薄壁槽形铝型材模设计，如图 6-57 所示。薄壁槽形铝型材形状与尺寸如图 6-57（a）所示，采用 25 MN 卧式挤压机，ϕ258mm 挤压筒，型材断面积为 432mm^2。

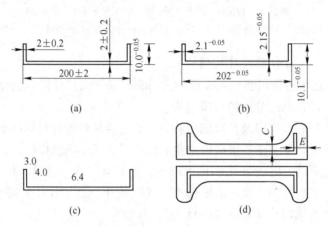

图 6-57　薄壁槽形型材模设计

（a）型材尺寸；（b）模孔尺寸；（c）工作带长度；（d）引流槽

设计参数包括：

（1）确定模孔数及延伸系数，产品尺寸见图 6-57（a），初步选用 2 个模孔挤压，则延伸系数 λ 为 60.5。

（2）模角 $\alpha = 90°$。

（3）模子厚度 $h = 80\text{mm}$。

（4）模孔尺寸，采用综合裕量系数进行设计，模孔尺寸如图 6-57（b）所示，模子的制造公差一般取下限$_{-0.02}^{-0.05}$。

（5）工作带长度，以型材开口端的顶点为基准点，则：$l_1 = 1.5\text{mm}$ $s_0 1.5 \times 2 = 3\text{mm}$，$l_2 = l_1 + 1 = 4\text{mm}$。

从端点起到模孔中心，每距 10mm 工作带长度增加 0.3mm，则：$l_3 = 4.3\text{mm}$，$l_4 = 4.6\text{mm}$，$l_5 = 4.9\text{mm}$，$l_6 = 5.2\text{mm}$，$l_7 = 5.5\text{mm}$，$l_8 = 5.8\text{mm}$，$l_9 = 6.1\text{mm}$，$l_0 = 6.4\text{mm}$，工作带长度见图 6-57（c）。

（6）模子出口带尺寸 $a_{xh} = s_1 + 4 = 2.1 + 4 = 6.1\text{mm}$。

（7）模孔的间距 $a_j = 40\text{mm}$，模子外圆直径 $D_w = 320\text{mm}$，模孔距模外缘的最小距离 $d = 35\text{mm}$。

（8）引流槽设计。引流槽与模孔底边的距离 C 大于与槽孔侧边的距离 E，取 $C = 10\text{mm}$，$E = 8\text{mm}$，如图 6-57（d）所示。

（9）校核。模孔如图 6-58 所示，模的材质为 H13 钢，根据式（6-26）进行抗压强度校核，挤压筒的比压 $p = \dfrac{P}{F_t} = \dfrac{25 \times 10^6 \times 4}{258^2 \pi} = 478.2\text{MPa}$；H13 钢在 450~500℃时的许用应

力 $[\sigma]$ 取 1000MPa；$a = 197.8\text{mm}$；$b = 193.8\text{mm}$。则求出模子危险断面的最小厚度 h

$$h = l\sqrt{\frac{3pa}{[\sigma]b}} = 8\sqrt{\frac{3 \times 478.2 \times 197.8}{1000 \times 193.8}} = 10\text{mm}$$

模子的强度满足要求。

6.7.1.2 薄壁 Z 形铝型材模设计

薄壁 Z 形铝型材形状与尺寸如图 6-59 所示，采用 16MN 卧式挤压机，挤压筒内径 207mm，挤压比 $\lambda = 73$，型材断面积为 214.81mm²，铸锭的规格为 200mm×584mm。

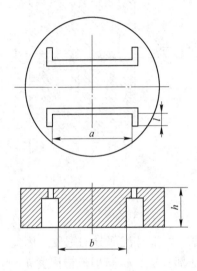

图 6-58 模孔强度校核用示意图

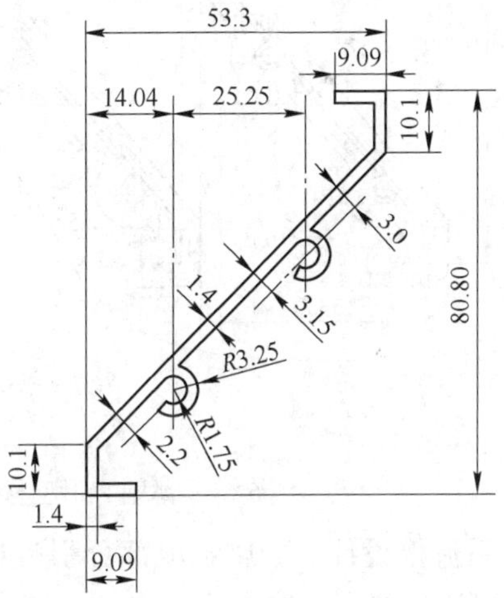

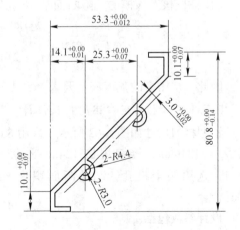

图 6-59 薄壁 Z 形铝型材

设计参数包括：

（1）确定延伸系数及模孔数。初步选用两个模孔挤压，则挤压比 λ 为 73。

（2）模角 $\alpha = 90°$。

（3）模子厚度 $H = 70\text{mm}$。

（4）模子外圆直径。采用滑座式模，模外圆直径 $D > D_t$，取 $D = 230\text{mm}$。

（5）工作带处的入口圆角 $r = 0.5\text{mm}$。

（6）工作带处模孔尺寸。按 $A = (1 + C)A_0$ 公式进行计算，C 取 0.01，各部分模孔尺寸如图 6-60 所示。

（7）工作带长度。以型材端部距模中心最远的顶点为基准，则该部分工作带长度

图 6-60 薄壁 Z 形型材模孔设计尺寸

$l_1 = (1.0 \sim 1.5)s_0$，取 $l_1 = 1.4 \times 1.3 = 1.8\text{mm}$，与该部分相邻的工作带 $l_2 = l_1 + 1 = 1.8 + 1 = 2.8\text{mm}$，其他部分的工作带长度视距模中心的距离大小加以确定，工作带的长度如图

6-61 所示。在有圆弧处，因金属流动较困难，其工作带长度可适当减小。

模的出口带应比工作带大 4mm。

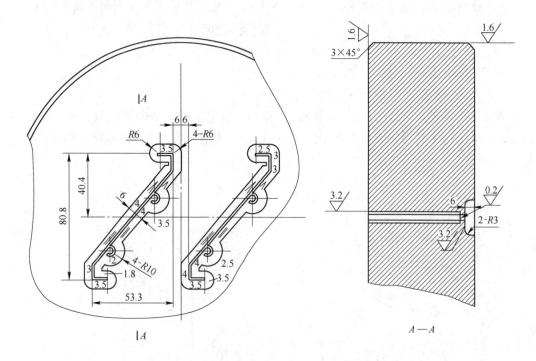

图 6-61　薄壁 Z 形型材模孔工作带长度与模孔布置

（8）引流槽设计。金属难流部分引流槽的宽度应大于易流部分的宽度。因此，有圆弧部分的引流槽宽度应取大些，取 $R = 10mm$，其他部分取 5mm，引流槽深度 $h = 6mm$。

（9）模材质与制造公差。材质 H13 钢，公差取负差$_{-0.02}^{-0.05}$，模热处理后硬度 HRC48~52。

（10）校核。该模的危险断面是在金属入口处，容易被压堆，主要承受压应力

$$\sigma_y = \frac{P}{F} = \frac{2318000}{\left(\frac{230}{2}\right)^2 \pi - 214.81 \times 2} = 518.7\text{MPa} < \left[\sigma\right]$$

因此，挤压模的强度满足要求。

6.7.1.3　方形空心铝型材模设计

铝型材的尺寸如图 6-62 所示，采用 8MN 挤压机，挤压筒 $D_t = 134mm$，铸锭规格 124mm×495mm，挤压比 $\lambda = 88.1$，选用两个模孔，制品断面积为 80.4mm^2。制品为 6063 合金。

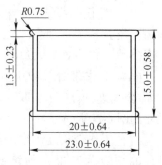

图 6-62　方形空心型材

设计参数包括：

（1）分流比，选取 30。

（2）分流孔。分流孔取 4 个，梯形形状，每个分流孔的断面积 $F_f = 1206mm^2$。

（3）分流桥宽度 $B = b + (3 \sim 10) = 13 + 7 = 20mm$。

（4）组合模下模的设计。模角 $\alpha = 90°$；模厚 $H = 55mm$；圆角 $r = 0.5mm$；模外圆直径 $D = 180mm$（由于采用滑动式模座）；焊合室高度 $h = 20mm$，焊合室为蝶形，圆心与模心重合，半径 $R = 60mm$，为消除死区，斜度取 $\beta = 5°$，过渡圆角 $R = 5mm$；模孔尺寸按 $A = A_0(1 + C)$ 式确定；壁厚 s，按 $s = s_0 + \Delta$（Δ 为型材壁厚 s_0 的公差）式计算；工作带长度的确定：在桥底入料困难处工作带长度 $l_1 = 2s = 2.2mm$，进料孔处金属流动较好，其工作带长度为 $l_2 = l_1 + 1 = 3mm$；出口带宽度比相应工作带模孔尺寸大4mm。下模设计见图6-63。

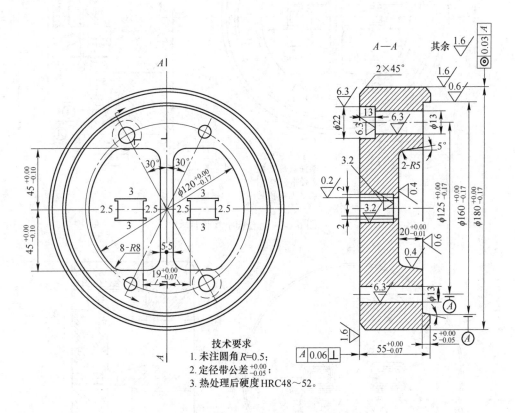

图 6-63　方形空心型材组合模的下模设计

（5）组合模的上模设计。模芯选用锥台式，模芯长度 $A = A_1 - 2s = 20.2 - 2 \times 1.1 = 18mm$，模芯宽度 $B = A_1 - 2s = 15.2 - 2 \times 1.1 = 13mm$；模芯的工作带应比相应模孔的工作带长 1mm，为 4.2mm；分流孔与焊合室的外轮廓线重合，因为 $A = 18mm$，所以上下两分流孔间距为 20mm；由分流孔面积，可确定分流孔高度 $h = 35mm$；距离模子中心为 5mm。上模的形状与尺寸如图6-64所示。

（6）上下模装配。上下模采用螺栓 M12 联结，定位销取 10mm，上下模装配如图6-65所示。

（7）模具材质。模子材质选用 H13 钢。

（8）校核。分流组合模主要校核分流桥的弯曲应力及剪切应力，对双孔或四孔的分流桥，可认为是一个受均布载荷的简支梁。

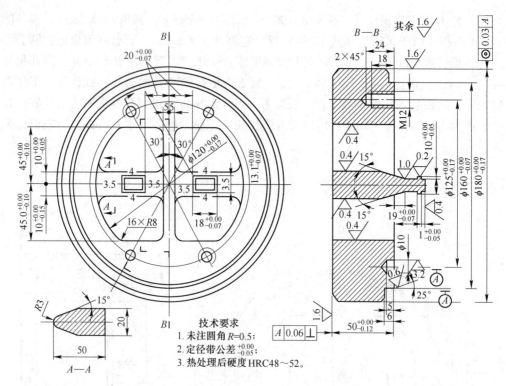

图 6-64　组合模上模设计

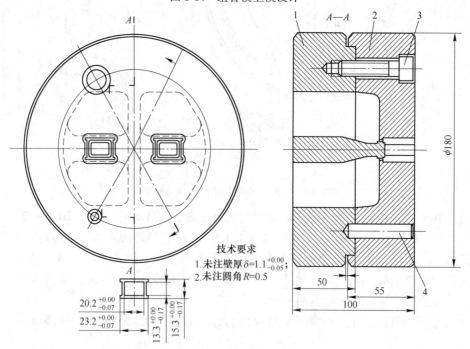

图 6-65　组合模装配图

模桥的抗弯强度

$$H = L\sqrt{\frac{P}{2[\sigma]}} = 45\sqrt{\frac{8000000 \times 4}{2 \times 1000 \times 134^2 \pi}} = 24\text{mm}$$

上模的设计高度为 50mm 是合理的。

抗剪强度的校核

$$\tau = \frac{Q_Q}{F_Q} = \frac{155.35 \times 10^4 N}{3000 mm^2} = 517.8 MPa < [\tau]$$

$$[\tau] = \frac{1}{\sqrt{3}}[\sigma] = 617.8 MPa$$

抗剪强度也满足要求。

综上所述，模子的设计是安全的。

6.7.1.4　复杂断面空心铝型材

复杂断面空心型材的形状与尺寸如图 6-66 所示，产品为 6063 合金，型材的断面积为 187.04mm²，采用 21.3MN 挤压机，挤压筒为 ϕ207mm，铸锭规格为 ϕ198mm×527mm，挤压模布置两个模孔，挤压比 $\lambda = 82.3$。

设计参数包括：

（1）分流比 $K = 20$。

（2）分流孔。采用 4 个近似于梯形平孔，每个分流孔的断面积 $F_f = 1870.4 mm^2$。

（3）分流桥宽度 $B = b + (3 \sim 10) = 23.4 + 6.6 = 30 mm$。

（4）组合模下模设计。模角 $\alpha = 90°$；模厚 $H = 55 mm$；圆角 $r = 1.5 mm$；模外圆直径 $D = 230 mm$；焊合室高度 $h = 15 mm$；焊合室为蝶形，其圆心与模子中心重合，半径 $R = 70 mm$，焊合室可以把两模孔包住，并留有一定的余量；模孔尺寸按 $A = A_0(1 + C)$，$s = s_0 + \Delta$ 进行计算，其结果如图 6-67 所示。工作带长度的确定：

1）型材实心部分模孔工作带长度确定。位于桥底处金属不能直接到达的地方 $l_1 = (2 \sim 4)s_0$，现取 $l_1 = 2 \times 1.7 = 3.4 \approx 3 mm$；离模子中心的间距每减少 10mm，工作带长度增加 0.3mm，靠近模子中心一侧的工作带长度 $l_2 = l_1 + 1 = 4 mm$，实心小体部分靠近模子中心一侧的工作带 $l_3 = (2 \sim 4)s_0$，现取 $l_3 = 2 \times 1.4 = 2.8 \approx 3 mm$，而另一侧 $l_4 = l_3 - 1 = 2 mm$。

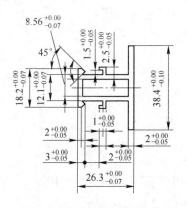

图 6-66　复杂断面空心铝型材的形状与尺寸

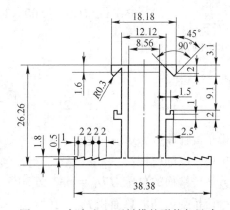

图 6-67　复杂空心型材模的形状与尺寸

2）型材空心部分模孔工作带长度的确定。位于分流孔侧面，工作带的长度随分流孔断面长度 l 的大小变化，$l = 21 \sim 30 mm$，则工作带长度为 $l_5 = 2s + 1 = 2 \times 1.7 + 1 =$

4.4mm，与之相邻部分工作带长度 $l_6 = l_5 + 1 = 5.5$mm，其余部分可根据金属流动情况适当处理。

下模的模孔工作带长度如图 6-68 所示。

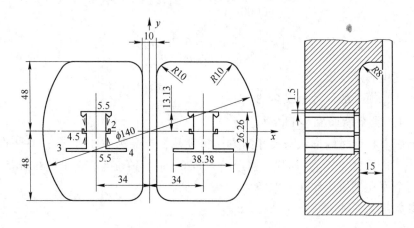

图 6-68　复杂断面型材组合模下模设计

（5）组合模上模设计。模芯采用锥台式，模芯断面为 8.5×22.7mm²，模芯的工作带长度比相应的模孔工作带长度长 1mm；上模的厚度为 70mm；分流孔与焊合室外轮廓线应重合，分流孔距模子中心垂直轴线为 5mm，模芯的中心距离模子中心垂直轴线为 34.0mm。

分流孔断面近似 65mm×33mm 的矩形，留有止口及螺孔。上模设计如图 6-69 所示。上下模用 M12 螺栓联结，并有定位销 ϕ10mm，上下模装配图如图 6-70 所示。

（6）校核。分流组合模主要校核分流桥的弯曲应力及剪切应力，将分流桥看作是一个受均布载荷的简支梁。分流桥根之间的距离 $L = 48$mm，单位挤压力 $p = \dfrac{P}{F_t} = \dfrac{21300000 \times 4}{207^2 \pi} = 632.9$MPa，H13 钢 500℃时许用应力 $[\sigma] = 1000$MPa。

模子的最小厚度

$$H = L\sqrt{\frac{p}{2[\sigma]}} = 48\sqrt{\frac{632.9}{2 \times 1000}} = 27.0\text{mm}$$

模子设计厚度为 70mm 是合理的。

抗剪强度的校核：

分流桥端面的总压力 $Q_Q = 632.9(30 \times 140 + 2 \times 10 \times 33) = 307.59 \times 10^4$N。

分流桥受剪切的总面积 $F_Q = 10 \times 70 \times 2 + 30 \times 70 \times 2 = 5600$mm²

分流桥所受的剪切应力 $\tau = \dfrac{Q_Q}{F_Q} = 549.3$MPa $< [\tau] = 617.8$MPa，抗剪切应力小于允许剪切应力，故安全。通过校核确认此模设计合理。

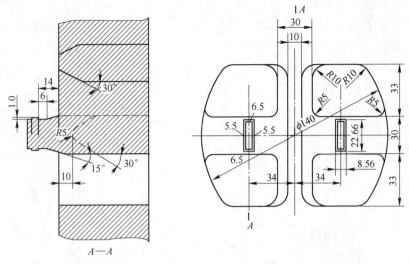

图 6-69 复杂断面型材组合模上模设计

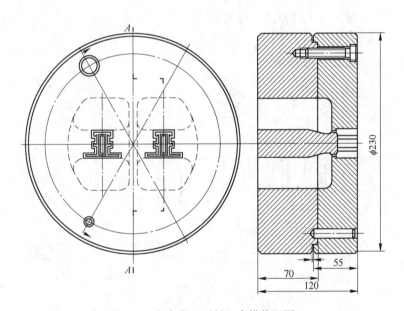

图 6-70 复杂断面型材组合模装配图

6.7.2 挤压铜材典型模设计

6.7.2.1 铜六角棒材模设计

六角棒形状及尺寸如图 6-71 所示，六角棒平行面间距离 $D = 45^{+0.00}_{-1.60}$ mm，断面积为 1753.7mm²，制品的材质为 H68 黄铜，挤压机为 12MN，挤压筒为 ϕ150mm，铸锭为 145mm×250mm，挤压比为 10。

设计参数包括：

（1）模角 $\alpha = 90°$。

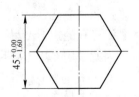

图 6-71 H68 黄铜六角棒的形状与尺寸

（2）模子厚度 $H = 40\text{mm}$。

（3）工作带模孔尺寸 $D = CD_0 = 1.015 \times 45 = 45.6\text{mm}$，模孔制造公差取 $^{-0.05}_{-0.02}$。

（4）工作带长度 $l_1 = 11\text{mm}$。

（5）工作带模孔入口圆角 $r = 2\text{mm}$。

（6）模子锥角 $\beta = 2°$ 正锥形。

（7）模子外圆直径 $D_{max} = 0.8D_t = 120\text{mm}$。

（8）模出口带尺寸：出口带比工作带模孔尺寸大 4mm。

（9）模的材质：H13 钢。

（10）校核。校核模具的抗压能力：

$$\sigma_y = \frac{P_{max}}{F}$$

$$\sigma_y = \frac{12000000}{\dfrac{150^2\pi}{4} - 1753.7} = 754 < [\sigma]$$

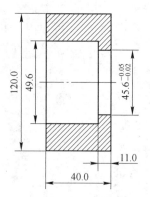

图 6-72　六角棒材模

挤压模安全。铜六角棒材模设计见图 6-72。

6.7.2.2　常用的铜空心型材

大致有几种，如图 6-73 所示。

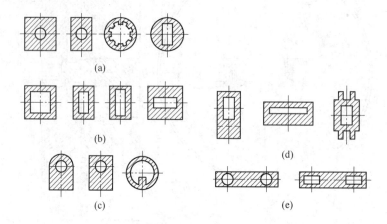

图 6-73　铜及其合金空心型材

（1）带中心圆孔的对称矩形（方形）或带非圆形中心孔的圆形型材。在模具设计时就是确定模孔与穿孔针的尺寸，主要考虑金属在挤压后热收缩和型材尺寸公差，根据实际情况，制品外形尺寸 60mm 以内，收缩裕量取 1%，大于 60mm 时取 2%。型材内孔的尺寸和长度的确定，在卧式挤压机上，生产内孔小（$\phi13 \sim 30\text{mm}$），长度大（$20 \sim 30\text{m}$）的型材时，应采用瓶式穿孔针。

（2）带矩形孔的矩形型材。挤压时必须将穿孔针对准模孔进行精确的调整后固定，以防其转动。因此采用专用工具可进行挤压，如图 6-74 所示。

（3）带偏心孔的型材。挤压时金属流动不均匀，需要采用专门的模具孔型设计，最常用的方法是带附加孔（空棒）的挤压模孔型设计。

（4）多孔型材。双孔型材可采用平模与带两个针头固定针的挤压方法，如图 6-75 所示。或用两个活动针和带凸台的模具。

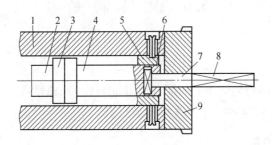

图 6-74 挤压铜型材采用的专用工具示意图

1—挤压杆；2—针支撑；3—定心凸台；4—移动导向轴；5—定位装置；
6—针与针支撑固定件；7—穿孔针圆柱部分；8—穿孔针；9—挤压垫

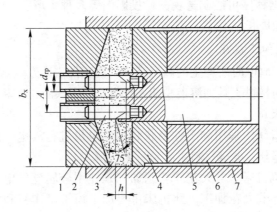

图 6-75 带两个针头的固定针的挤压工具

1—模；2—穿孔针；3—压余；4—挤压垫；5—针支撑；6—挤压杆；7—挤压筒

另外，苏联研制的一种组合模具，挤压铜及其合金型材，如图 6-76 所示。挤压过程：穿孔针过度锥靠在模具凹巢上，穿孔针的定径针头位于模孔内，坯料通过供料通道进入焊合室，继而进入模孔成型。采用实心锭坯，针作为坯料的分割器连接在针支撑上，可进行移动。此模具的优点是挤压制品的尺寸精度和焊缝的质量较高。

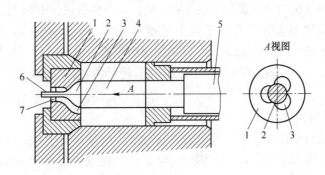

图 6-76 挤压铜型材的组合模具

1—模具；2—穿孔针过度锥；3—供料通道；4—穿孔针；5—针支撑；6—穿孔针头；7—模孔

6.8 模 具 制 造

6.8.1 模具材料

目前常用的材料是 4Cr5MoVSi(H13)、5CrMnMoV、3Cr2W8V 等。

模具图设计采用 CAD 软件、CASA 绘图软件。

6.8.2 模具加工主要设备

6.8.2.1 自动制图机

自动制图机带小型计算机，主要应用在挤压模的设计和制图上，因此提高了工作效率，其特点：（1）根据程序可绘制透视图、投影图等多种图形；（2）提高描绘速度；第三，可计算模断面积和周长。

6.8.2.2 电火花加工机床

电火花加工是利用放电时所产生的高温高压，使工件表面发生熔化或气化，从而使工件上被熔化或气化了的材料飞溅到溶液中的一种方法。电火花加工机床就是根据此原理制造的。电火花加工机床分：

（1）电火花加工机床。采用和工件形状相同的电极进行放电，进行加工。可加工挤压模的工作带和模孔部分。电极材料主要是石墨、铜。

（2）电火花线切割机床。电火花线切割加工是使用金属丝作电极，按工件所需的形状像移动线锯那样进行电火花加工。此机床主要加工模子工作带和加工使用的电极。优点：用数控控制形状、加工精度高、不需要制作电极。缺点是只能加工透孔。

6.8.2.3 电解加工机床

电解加工又称为电化学加工，根据电化学的溶解作用，而使工件表面溶解作用，使工件表面溶解的一种加工方法。就是把制成所需形状的电极作为阴极，把被加工的工件作为阳极。阳极和阴极位置非常接近（一般 0.02~0.70mm）时，则通过电解液进行放电。使阳极工件溶解。

优点：加工速度快是电火花加工的 5~10 倍；不消耗电极；不出现加工硬化层。

缺点：尺寸精度差。电火花加工误差范围为 0.01~0.02mm；电火花线切割加工为 0.005mm；而电解加工则为 0.1mm。另外加工表面粗糙，电火花加工粗糙度值为 5~8μm，而电解加工则为 10~15μm。但目前已有通过改进计算机和电解液实现高精度加工的报道。

6.8.2.4 电极加工机床

目前采用电极自动成型装置，靠模铣进行加工。电极自动成型装置是采用粘有金刚石的细线，使之像线锯那样回转，用数控控制工件的移动，加工出所需形状电极的一种装置。

靠模铣由光电管描图器和铣床构成。由描图器按指定图形绘制出电极大图面的线条。仿照其动作，铣床工作台随之移动。

6.8.2.5 热处理及氮化处理

热处理是提高模具的热强度的极重要的因素，应用真空热处理技术。由于没有氢脆性，也不脱碳，可提高模具的寿命，表面有光泽性，省去磨削和抛光。

目前我国大多数采用油冷淬火和回火，而国外采用气冷淬火和回火。

氮化处理，包括气体氮化法、盐溶软氮化法、离子氮化法特别引人注意。氮化处理原理：使氮从钢铁表面向其内部扩散，从而和铁、铝、铬、钼等形成氮化物，致使钢铁表面硬化。

优点：提高模具工作带的耐磨性，提高了表面光洁度，提高了模具的寿命。

6.8.2.6 模具抛光

采用液体抛光法抛光模具工作带。

6.9 模具的寿命

有关模具的寿命问题做出通用的定量说明是困难的，原因是模的形状和各部位所受的磨损不一样，而且制品用途不同所要求的允许偏差标准（尺寸、表面精度等）也不一样。另外由于许多挤压制品，特别是型材制品，在后道工序都不需要改变外形尺寸，即使局部超过允许偏差，而这样的模就不能使用了，这也即是模子的使用寿命。

日本某公司对铝型材模具使用寿命的实际情况做了调查研究，热挤压中磨损约占90%；其余是10%裂纹。空心模的裂纹所占的比例比实心模大。

6.9.1 挤压模具裂纹

6.9.1.1 实心材模的裂纹

实心材模的裂纹有三种典型的形态：

（1）靠近模子外周的模孔的角部产生裂纹，并沿径向扩展如图6-77（a）所示。

（2）在空间（悬臂梁受挤压力的部分）大的孔型根部产生裂纹，朝内扩展如图6-77（b）所示。

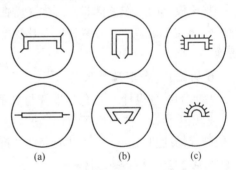

图6-77 实心材模子的裂纹形态

（3）在模孔周围生成很多细小裂纹，并沿孔的法线方向扩展，如图6-77（c）所示。

6.9.1.2 空心材模的裂纹

阳模也有三种形态如图6-78所示，阴模与实心模相同。

（1）在分流孔与模子外圆之间的环状部位产生裂纹，并由分流孔侧朝外如图6-78（a）所示。

（2）在连接分流孔之间的桥上产生裂纹，并沿挤压方向扩展，如图6-78（b）所示。

（3）在芯子和桥的交叉（芯子的根部）部位产生裂纹朝挤压的反方向扩展，如图6-78（c）所示。

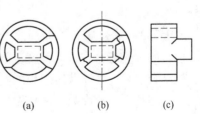

图6-78 空心材模子的裂纹形态

6.9.1.3 裂纹产生的主要原因

引起裂纹的主要因素是综合性的因素而不是单因素作用的结果，但是不外乎两点：（1）与模具本身的有关因素；（2）挤压工艺条件带来的因素。也就是说与模的设计、制造、模的维护保养以及挤压工艺条件等有密切的关系。

在模的设计方面主要考虑模具的强度、模具挤压时所受的应力分布状态以及模的圆角 R 的大小。为了增强模具的耐磨性以及强度要进行热处理及硬化处理，因此要考虑模制作时的热处理制度以及硬化处理前模的应力分布大小，这些都是与模具产生裂纹的相关因素。

另外还要考虑挤压工艺条件的因素。由于挤压时各个挤压阶段，和铸锭接触侧的模具表面附近的温度波动范围很大，另外同一模孔的中间与端部的温差也大，由于模具温度不均匀所产生的热应力与温度上下波动而产生热疲劳等在模子上叠加以及挤压力而产生的应力，将促进模子裂纹的产生，缩短模子寿命。

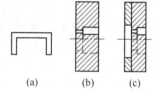

图 6-79　加保护模的形式
（a）制品形状；（b）平面模；（c）加保护模

对模的裂纹要根据不同的情况作具体的分析，防止裂纹的产生要采取相应的措施。如防止铝型材模角部产生裂纹采用加一层保护模的措施，如图 6-79 所示。对防止空心模的芯棒根部裂纹采用一方面加大分流孔入口，另一方面将芯棒做成圆锥形的措施等。

6.9.2 提高模具寿命的措施

挤压模具的工作条件非常恶劣，寿命较短。为延长挤压模具工作寿命，应提高模具材料的强韧性、耐磨性、疲劳强度、热稳定性及模具的合理设计与制造等，具体有以下几点措施。

6.9.2.1 合理设计模具

模具的合理设计才能充分发挥材料的性能。在模具设计时，应尽量使各部分受力均匀，避免尖角及一些特殊部位产生过大的应力集中，引起热处理变形、开裂及使用过程中的破裂或早期热裂。确定模具的合理结构，并进行可靠的强度校核，是非常必要的。

6.9.2.2 选择模具材料

根据模具的工作条件和性能要求，正确选择其材料也是提高寿命的有效措施。目前大多工厂所采用的模具材料是 4Cr5MoV1Si（H13）钢，它比 3Cr2W8V 钢的疲劳强度与热稳定性好。并且科学工作者也研究一些新钢种，如 5CrWnMo 、5Cr4WMo2V、5CrNiMoVSi 等，对于模具材料的研究，主要集中在如何提高热强度、热稳定性、热疲劳强度及热耐磨性等方面。

6.9.2.3 热处理和表面强化处理

模的工作寿命在很大程度上取决于热处理质量，把材料、热处理和表面强化处理三者有机结合起来，才能获得理想的热处理质量，调整淬火与回火工艺参数，增加预处理、稳定化处理和回火的次数，注意温控、升温，用新型淬火介质以及研究强韧化处理，以延长工模具的使用寿命。根据生产实践经验，热强模具钢经淬火与回火后的硬度为 HRC45～52 较为理想，但经渗 N、C 等处理更可提高工具的硬度，延长工具的寿命。

目前使用 4Cr5MoV1Si（H13）钢的热处理，根据模具的复杂程度采取的热处理制度也有所不同，但是淬火温度（1040℃）是相同的，主要是升温的速度与保温时间有差别，复杂大件升温的速度慢些，保温时间长些。模具形状复杂的热处理制度，如图 6-80 所示。

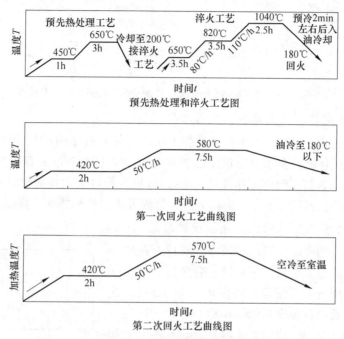

图 6-80　4Cr5MoV1Si 钢大型复杂模具热处理工艺曲线

形状复杂的较大模具，需要先预热，然后升温到淬火温度，目的是减小截面温差与热应力，防止开裂，同时防止模具在高温阶段停留时间长而产生晶粒粗大以及氧化和脱碳问题。模具淬火冷却要控制在空气中的预冷时间和在油中的冷却时间，目的是降低淬火内应力，减小变形，时间为 2min 左右。淬火油用 20 号机油，油温不高于 70℃。为消除淬火应力，应立即采用两次回火工艺，保温时间按 1h/25mm 计算。

一般形状不复杂的较小模具热处理工艺如图 6-81 所示，在真空热处理炉中进行热处理。在离子渗氮炉中可按图 6-82 工艺进行五元共渗处理，渗剂配比为 H_3CNO：$(NH_2)_2SC$：H_3BO_3：$RECl_3$ = 2000：300：16：25（g），共渗温度（550±10）℃，共渗时间 5h。模具硬度由五元共渗前 HRC48～52 提高到 HRC58～62，模具寿命提高 50% 左右。

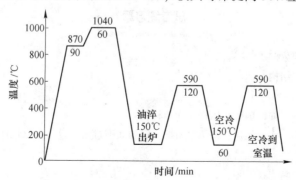

图 6-81　4Cr5MoV1Si 钢普通较小模具热处理工艺曲线

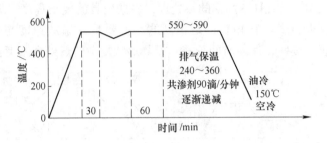

图 6-82　4Cr5MoV1Si 钢普通模具 C-N-O-S-B 共渗处理工艺曲线

6.9.2.4　优化挤压工艺参数，改善工作环境

挤压工艺方法和工艺参数、工作条件与工作环境等直接影响模具的使用寿命。因此，在挤压前，选择最佳的设备系统与挤压工艺参数（如挤压温度、挤压速度、挤压系数和挤压压力等）和改善挤压时的工作环境。模具合理维修可大大提高模具寿命。因此，需要提高生产工人的操作技术水平，应用先进的修模方法、修模技术和修模工具。

6.9.2.5　硬质合金（陶瓷）镶嵌模的应用

为了提高模具的寿命和制品的质量，建议有些中小型模具可采用硬质合金模具，但是硬质合金模具承载能力差，因此在使用时需要镶套，增强其模具的强度，使之不至于压碎。硬质合金模具如图 6-83 所示。

（1）模具的材质。模套材料可选合金钢，如 3Cr2V8、40Cr 等；模芯材料选 YG7、YG8、YG10、CA59 陶瓷等。

（2）模具设计。模套的外径应根据模芯的外径大小确定。

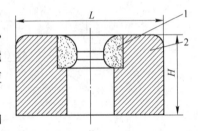

图 6-83　硬质合金模具
1—模芯；2—模套

（3）装配。装配孔的过盈量可取模芯外径的 0.25% ~ 0.3%，配合孔的深度要比模芯的厚度深 0.5mm，模套加热温度 400~450℃，采用热镶嵌法镶模，装配后应抛光模孔。

总之，模具的质量和使用寿命的提高是一项十分重要、十分复杂而技术含量十分高的系统工程，只有将优质材料的选择、合理结构设计、先进的加工工艺、模具的热处理与表面处理、模具的修理及合理使用等有机结合起来才能发挥作用，收到成效。

思考练习题

6-1　挤压工具主要由几部分构成？

6-2　挤压筒为什么是多层结构？

6-3　如何确定挤压筒的尺寸？

6-4　挤压杆的结构有几种，如何确定挤压杆尺寸与材质？

6-5　挤压垫片分几种类型，作用如何，挤压垫与挤压筒的间隙过大或过小会出现什么问题？

6-6　穿孔针有几种类型，各有什么特点？

6-7　叙述挤压模的类型及特点。

6-8　工作带有什么作用，确定工作带长短的原则是什么，工作带为什么不能过长，也不能过短？

6-9 多孔模设计时，模孔的布置原则是什么，为什么不能过分靠近模子的边缘或中心部位？

6-10 什么是分流组合模的分流比，其值对挤压生产有何影响？

6-11 平模挤压制品的表面质量为什么比锥模的好？

6-12 设计薄壁角型材模和槽型材模应注意什么问题？

6-13 挤压型材时，为什么金属易从比周长小的部位流出？

6-14 模角对产品质量的影响如何，模角大而死区大还是小？

6-15 如何提高模具的寿命？

6-16 说明下列几种型材模孔布置（图6-84）原则并画出每个型材模孔的布置图。

6-17 对铝合金（6063）角型模进行设计，画出模具制造图。条件为：利用95mm的挤压筒挤压，角型材尺寸如图6-85所示。试利用计算机进行设计。

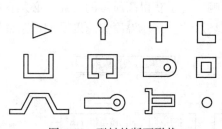

图6-84 型材的断面形状

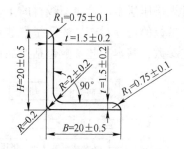

图6-85 角型材尺寸图

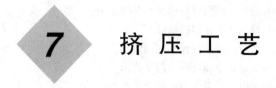

7   挤 压 工 艺

7.1   挤压工艺流程

常规挤压法生产管棒型线材的工艺流程，如图7-1所示。在整个挤压生产过程中，基本工艺参数的选择对产品的质量有着重要的影响。为了获得高质量的产品，必须正确地选择工艺参数，基本工艺参数包括产品设计、锭坯尺寸、挤压温度和速度及润滑条件等。

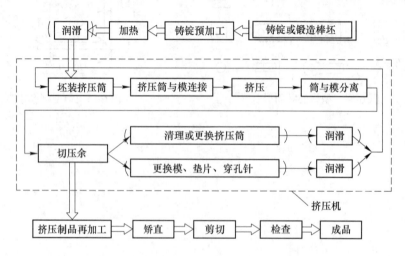

图 7-1   挤压生产工艺流程图

7.2   挤压工艺参数选择

7.2.1   锭坯尺寸选择

7.2.1.1   锭坯尺寸选择的原则

A   选择的一般原则

（1）依据锭坯质量的要求。根据金属及其合金性能、制品的技术要求及生产工艺条件而定，保证合金成分和微观组织、内部无夹杂、外观无裂纹与结疤等缺陷。

（2）根据合金塑性图确定适当变形量。一般为保证挤压制品断面组织和性能均匀，应使挤压时的变形程度大于80%，也可取90%以上。

（3）应考虑金属的损失量。确定压余量的大小及切头尾所需的金属量。

（4）根据设备能力和工模具强度。在确定锭坯尺寸时，必须考虑设备的能力大小和挤压工具的强度，保证设备与工具的安全。

 B 根据实践经验选择

  保证操作顺利进行，在锭坯与工具预留间隙，在挤压筒与铸锭间及空心锭内径与穿孔针间都应预留一定间隙。在确定这一间隙时，应考虑锭坯热膨胀的影响。$\Delta_外$为挤压筒内径与锭坯外径间的间隙；$\Delta_内$为空心锭内径与穿孔针外径间的间隙，根据生产经验选取$\Delta_外$与$\Delta_内$值，参见表7-1，最后确定坯料尺寸。

表 7-1 $\Delta_外$ 与 $\Delta_内$ 之经验值

合金种类	挤压机类型	$\Delta_外$/mm	$\Delta_内$/mm
铝及其合金	卧式	6~10	4~8
	立式	2~3	3~4
重有色金属	卧式	5~10	1~5
	立式	1~2	
稀有金属	卧式	2~4	3~5
	立式	1~2	1~1.5

  注：对于塑性差的合金，在选$\Delta_外$时应取得小些，以防在填充挤压过程中锭坯周边产生裂纹。

7.2.1.2 挤压比 λ 的选择

  选择挤压比 λ 时应考虑合金塑性、产品性能以及设备能力等因素。但在实际生产中主要考虑挤压工具的强度和挤压机允许的最大压力。

  为了获得均匀和较高的力学性能，应尽量选用大的挤压比进行挤压，一般要求：

一次挤压的棒、型材   λ > 10
锻造用毛坯   λ > 5
二次挤压用毛坯   λ 可不限

根据选择合理的挤压比，就可初步的确定锭坯的断面积或者锭坯的直径。
挤制管的锭坯直径

$$D_0 = \sqrt{\lambda(d^2 - d_1^2) + d_1^2} \tag{7-1}$$

挤制棒的锭坯直径

$$D_0 = d\lambda \tag{7-2}$$

式中 d——挤制品的直径，mm；
   d_1——穿孔针直径，mm。

7.2.1.3 锭坯长度的确定

  按挤压制品所要求的长度来确定锭坯的长度时，可用下式计算

$$L_0 = K_t \frac{L_z + L_Q}{\lambda} + h_y \tag{7-3}$$

式中 L_0——锭坯长度，mm；
   K_t——填充系数，$K_t = D_t^2/D_0^2$，其中 D_t 为挤压筒内径，D_0 为锭坯外径；
   L_z——制品长度，mm；
   L_Q——切头、切尾长度，mm；

h_y ——压余厚度，mm。

在实际生产中，坯料一般是圆柱形的，在挤压有色金属时坯料长度 L_0 为直径的 2.5 ~ 3.5 倍。对于不定尺产品，常采用较长的并已规格化的铸锭，无须计算铸锭的长度。

7.2.2 挤压温度选择

挤压温度与挤压速度是两个基本的挤压生产工艺参数，它们有着密切的关系，由于挤压时变形程度比其他的压力加工方法的变形程度高，高的变形程度必然导致变形速度的加快，所以挤压过程中的变形热效应较大，其结果将提高金属在变形区内的温度。当挤压速度或金属流出模孔的速度越大时，温度升高的越显著。因此，在确定铸锭的加热温度时，必须考虑变形热效应的影响，在控制挤压速度时又必须考虑锭坯的加热情况。

确定挤压温度的原则与确定热轧温度的原则基本相同。也就是说，在所选择的温度范围内，保证金属具有最好的塑性及较低的变形抗力，同时要保证制品获得均匀良好的组织性能等，但是挤压与轧制相比，由于挤压变形热效应大，所以一般来说挤压温度要比热轧的温度低些，即锭坯的加热温度低一些。合理的挤压温度范围，基本根据合金状态图、合金塑性图及第二类再结晶图确定，即所谓"三图"定温的原则。

7.2.2.1 合金的状态图

它能够初步给出加热温度范围，挤压上限低于固相线温度 T_0，为了防止铸锭加热时过热和过烧，通常热加工温度上限取 $(0.85 \sim 0.90)T_0$，而下限对单相合金为 $(0.65 \sim 0.70)T_0$。

对于有二相以上合金，如图 7-2 所示，挤压温度要高于相变温度 50 ~ 70℃，以防止在挤压过程中产生相变。因为相变不但造成了合金的组织不均匀，而由于性质不同的二相的存在，在挤压时将产生较大的变形和应力的不均匀性，结果增加了晶间的副应力，降低了合金的加工性能，所以热加工通常在单相区进行。

但也有例外，也有的在单相区，该相硬而脆，延伸率下降，反而在二相区内塑性高。因此，热加工在此种情况下，在二相区进行。由于热加工过程中有新的相形成，伴随晶粒的细化，所以塑性增高。合金状态图只能给出一个大致的温度范围，那么要选取合适的温度，还需看合金塑性图。

7.2.2.2 金属与合金的塑性图

塑性图是金属和合金的塑性在高温下随变形状态以及加载方式而变化的综合曲线图，这些曲线可以是冲击韧性 α_K，断面收缩率 ψ，延伸率 δ，扭转角 θ 以及镦粗出现第一个裂纹时的压缩率 ε_{max} 等。

通常利用塑性图中拉伸破断时断面收缩率 ψ 与镦粗出现第一个裂纹时的最大压缩率 ε_{max} 这两个塑性指标来衡量热加工时的塑性。塑性图给出具体的温度范围。如图 7-3 所示为 LY12 合金热加工温度应选在 350 ~ 450℃。

塑性图能够给出金属与合金的最高塑性的温度范围，它是确定热加工温度的主要依据，但塑性图不能反映挤压后制品的组织与性能。因此还要看合金的第二类再结晶图。

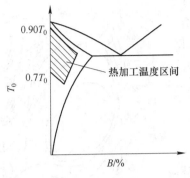

图 7-2　合金状态图

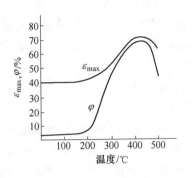

图 7-3　硬铝（LY12）合金热加工塑性图

7.2.2.3　再结晶全图

在挤压变形过程中，为了保证产品的性能，控制挤压变形产品的晶粒度是非常重要的。挤压制品晶粒度的大小，取决于变形程度和变形温度，尤其是加工终了温度。再结晶全图就是描述晶粒大小与变形程度及变形温度之间关系的，如图 7-4 所示为 2A02 铝合金再结晶全图。根据图 7-4，即可确定 2A02 铝合金获得均匀的组织和一定尺寸晶粒所需要保持的加工终了温度及与挤压的温度相应的变形程度。

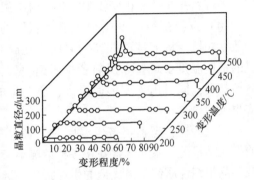

图 7-4　2A02 铝合金的再结晶全图

挤压的温度可以比热轧的温度低些，这是因为挤压比 λ 大，热效应亦大之故。

总之，"三图"定温是确定热加工温度的主要理论依据。同时要考虑挤压加工的特点。如挤压的金属与合金、挤压方法、热效应等，具体地说还要考虑以下几点对挤压温度的影响：

（1）金属与合金的影响。当挤压高温下易氧化的金属与合金（铜、铜镍合金和钛合金）以及在高温时易于和工具产生黏结的金属与合金（铝合金、铝青铜）时，应降低挤压温度，一般取下限温度。

（2）挤压热效应的影响。由于挤压时变形程度大而产生的变形热及摩擦热使变形区的温度升高。如某些合金，能使挤压温度上升 50℃ 左右，所以选择挤压温度时要适当降低。

（3）合金相的影响。如黄铜的挤压温度的选择。对具有单相 α-黄铜，当加热到任何温度都没有相的转变时，则铸锭加热温度的决定很简单，即它的下限高于脆性区的界限（根据图 7-5），它的上限尽可能接近固相线，但以不获得很粗大晶粒组织为限，在此情况下不需要有其他方面的考虑。

当挤压时，在高温下有相的转变的黄铜，问题就复杂了，根据 П. С. Истомин 等研究认为：α-黄铜的锭坯应加热到即使产品由模子流出及挤压结束时，都符合于（α+β）区的温度。即是超过相变线以上 10~20℃。那么可以得到较好的制品。

对于（α+β）黄铜，由图 7-5 可知，（α+β）黄铜高温时的塑性比 α-黄铜高；在低温时，则相反。（α+β）黄铜的脆性区域，在低温度范围。因此（α+β）黄铜可在较高的温度下挤压。至于黄铜 H67 在常温下有特殊的塑性，而 H80 在常温下塑性最坏。

总之，每一种成分的黄铜挤压温度是不同的，不论对于有相变的 α-黄铜，即在高温下处于（α+β）相，还是（α+β）黄铜，即在高温下处于 β 相，挤压温度的选择，应该使整个挤压过程在一相中进行，并在高于相变线 10~20℃时结束。

（4）选择挤压温度还须考虑挤压机的形式。一般立式挤压机上挤压锭坯的温度应比卧式挤压机的锭坯温度要低些。因前者挤压速度较快，锭坯冷却慢，同时由于变形速度大，所产生的热效应也大。

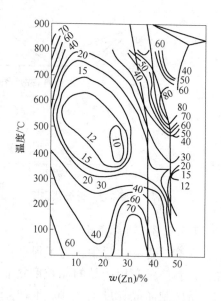

图 7-5　Cu-Zn 合金拉伸时的断面收缩率
（图中的曲线数字表示断面收缩率）

综上所述，当确定挤压温度时，必须考虑影响挤压结果的一系列因素并在各种情况下采用不同规程，以保证在设备生产率、成品率以及制品组织性质都获得优良的生产指标。选择锭坯加热温度时，必须估计到金属在挤压时温度的变化，特别是在金属自变形区中流出时的瞬间的温度变化。

7.2.3　挤压速度选择

挤压速度一般可分为三种表示方法，即：（1）挤压速度 $v_{挤}$。所谓挤压速度系指挤压机主柱塞运动速度，也就是挤压杆与垫片前进的速度；（2）流出速度 $v_{流}$。指金属流出模孔的速度；（3）变形速度 $\dot{\varepsilon}$。指最大主变形与变形时间之比，也称应变速度 $\dot{\varepsilon} = d\varepsilon/dt$，变形程度一定时，变形速度与流出速度成正比。

一般在工厂中大多采用金属流出速度，因为流出速度数值范围取决于金属或合金的高温塑性，以使制品的质量得到保证，不至于产生裂纹。根据挤压比与挤压速度控制挤压流出速度，也就是 $v_{流} = \lambda v_{挤}$，由此可知，当挤压速度一定，变形程度愈大，则流出速度就愈高。因此，确定流出速度时，必须考虑锭坯的加热温度、变形程度、型材的形状与尺寸、挤压筒的加热温度、变形抗力大小、挤压工具的形状与状态、润滑条件以及设备条件与经济因素等一系列对流出速度的影响，那么确定金属流出速度时应考虑如下原则：

（1）金属的可加工性确定流出速度。金属的塑性越好，挤压速度越大，金属和合金塑性变形区范围越宽，流出速度范围也越宽。纯金属的流出速度可高于合金的流出速度；塑性变形区温度范围窄或存在低熔点成分的合金，如锡磷青铜，要控制较低的流出速度；挤压快速冷硬的合金流出速度应慢些；挤压高温高强合金如钛合金和钢时，为避免模具受高热变形，保证制品的质量，一般采用高速挤压。

（2）制品的尺寸形状确定流出速度。为避免充不满模孔或局部产生较大的副应力，出现产品的扭拧弯曲，则复杂断面型材比简单断面的挤压流出速度要低；挤压大断面型材的流出速度应低于小断面流出速度；但挤压管材流出速度要比圆棒材的流出速度高些。

（3）考虑黏性程度确定金属挤压速度。黏性高且挤压速度快会使不均匀变形进一步加剧，形成较大的缩尾，还会降低产品的力学性能，所以要控制适当低的挤压速度。

（4）金属在变形区内温升快慢确定挤压速度。当变形区内金属温度超过其最高许可的临界温度时，金属进入热脆状态而开始形成裂纹。因此，应控制适当的挤压温度与速度，防止挤压裂纹的产生，一般应使挤压温度范围要比临界温度低，而挤压速度也应适当降低一些。

（5）考虑其他挤压条件确定挤压流出速度。当挤压温度高，则金属流出速度应低些；一般情况下，润滑条件好，则可提高挤压速度；为了保证生产率和产品的质量，在设备与工模具允许的情况下，还是尽量提高挤压速度。

总之，金属流出速度应对各种因素进行综合分析，方可正确地确定挤压速度。

7.3 挤压过程工艺参数优化

挤压过程优化系指挤压温度与挤压速度工艺参数的优化，即确定最大挤压速度和相应的最佳的出模温度，使挤压变形能以最大挤压出模速度实现最佳方案。挤压出模速度 v_{ch} 和出模温度 T_{ch} 之间的关系曲线是挤压优化的重要依据，如图 7-6 所示。图中有两条极限曲线：曲线 1 表示设备能力的挤压力 P 达到挤压机最大值 P_{max} 时的出模速度与出模温度的函数关系，超过它不可能实现挤压；曲线 2 表示合金制品表面开始撕裂的冶金学极限是按挤压制品表面开始出现宏观裂纹为判据做出的。凡是影响挤压力的所有因素，诸如金属变形抗力，挤压比，摩擦系数、锭坯长度等都会使曲线 1 的位置移动，而形成 1 的曲线族。凡是温度升高使挤压金属塑性降低的所有因素，如金属低熔点化合物的初始熔化温度等都会改变曲线 2 的位置。两条曲线之间的面积提供了该合金挤压所允许的加工工艺参数范围。

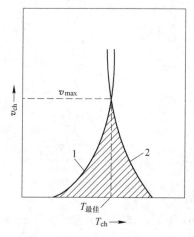

图 7-6 挤压出模速度出模温度的关系

1—挤压力极限曲线；2—合金极限曲线

T_{ch}—出模温度；$T_{最佳}$—最佳出模温度；v_{ch}—挤压出模速度；v_{max}—最大挤压速度

制品出模温度 T_{ch} 同锭坯加热温度 T_0 之差称为挤压温升 ΔT_{ch}。后者随挤压机柱塞速度 v_z 增加、形状因子 β 增大和锭坯加热温度 T_0 降低而升高。已知 T_0 和 ΔT_{ch}，便可确定出 T_{ch}。图 7-6 中与曲线 1 和曲线 2 的交点对应的速度和温度分别为极限出模速度和最优的出模温度。

实际生产中挤压机未必达到其最大的挤压力 P_{max}，为描述挤压机能力的利用程度，而引入挤压机能力利用因子 r_p：

$$r_p = \frac{P_{max} - P}{P_{max}} \times 100\%$$

$r_p = 0$ 时处于极限状态；$r_p < 0$ 时不能挤压；r_p 越接近于零，表明挤压机能力越得到充分利用。建立锭坯温度 T_0、制品出模温度 T_{ch}、锭坯长度 L、挤压比 λ、形状因子 β、挤压机能力利用因子 r_p 和制品出模速度 v_{ch} 之间关系的精确数学模型，借助于微机控制，便可实现挤压过程的优化。

而两线交点提供了理论上最大速度和相应的最佳出模温度。这个最佳值只是从挤压速度角度出发的。不一定能满足制品的组织性能要求。

根据用铝合金实验结果确定的热脆性极限曲线，可用一个指数函数来描述：

$$v_{jA} = a \cdot e^{-bT_{ch}^2}$$

式中　v_{jA} ——铝合金的挤压速度；

　　a，b ——常数；

　　T_{ch} ——与锭坯原始温度有关的制品出口温度。

根据初等解析法可得到挤压力曲线。当已给定挤压机能力时，可将最大可能的挤压速度作为材料性能和工艺参数的函数加以描述。

应用生产数据和实验方法得到上述常数后，便可研究挤压工艺参数对最大挤压速度的影响，图 7-7 示出 LD31(6063) 铝合金的最大挤压速度与挤压机能力 P_{max} 和挤压筒直径 D_t 间关系的计算曲线。

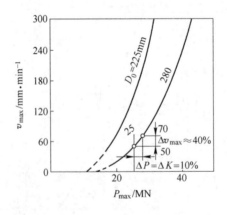

图 7-7　6063 合金最大挤压流出速度与挤压机能力关系曲线

易挤压合金和难挤压合金的挤压速度极限图是不同的，如图 7-8 所示。图 7-8 (a) 表明易挤压合金有很宽的加工范围，图 7-8 (b) 表明难挤压合金的加工范围很窄。这种最优化对于难挤压合金具有特别重要意义。

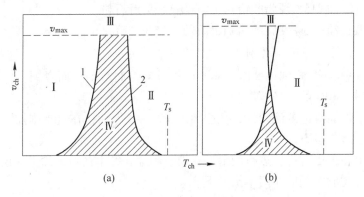

图 7-8　v-T 图上的挤压机加工范围

（a）易挤压合金；（b）难挤压合金

1—挤压机能力（挤压力极限曲线）；2—合金极限曲线

Ⅰ—超过挤压机能力范围区；Ⅱ—表面粗糙与撕裂范围区；Ⅲ—泵流量不足范围区；Ⅳ—允许加工范围区

7.4　挤 压 润 滑

为使挤压时金属流动均匀，提高制品表面质量，延长挤压工具的使用寿命和降低挤压力，减少能量消耗，则在挤压时应对挤压筒、挤压模、穿孔针进行润滑。但是，为了防止和减小挤压缩孔的形成，挤压时对挤压垫片不能进行润滑。

挤压润滑的另一目的是防止黏性较大的金属黏结挤压工具，以提高制品质量。如挤压铝合金管材时，对穿孔针就应该进行润滑，否则管材内表面质量就无法保证。

另外也应指出，挤压时有些金属如铝合金锭坯外表面与工具的接触界面进行润滑有一个不利的方面，就是锭坯表面的脏物、氧化物易带入挤压模而呈现在制品的表面，无润滑挤压可使铸锭表面的油污、氧化物等停留在死区，挤压后再除掉。保证制品质量。

因此，在挤压时选用什么样的润滑剂，对某些金属与合金进行润滑是非常重要的。

7.4.1　选择润滑剂的原则

润滑剂选择应遵循下述原则：

（1）有足够的黏度，能在润滑面形成一层致密的润滑薄膜。

（2）对加工工具及变形金属要有一定的化学稳定性，无腐蚀作用。

（3）润滑剂的闪点要高。

（4）润滑剂对接触表面尽可能有最大的活性。

（5）润滑剂灰分少。

（6）劳动条件好，不污染环境，对人无害。

7.4.2　润滑剂的选择

7.4.2.1　挤压铝合金用的润滑剂

（1）70%～80%的 72 号汽缸油+30%～20%粉状石墨。

（2）60%～70%的250号苯甲基硅油+40%～30%粉状石墨。

（3）65%汽缸油+15%硬脂酸铅+10%石墨+10%滑石粉。

（4）65%汽缸油+10%硬脂酸铅+10%石墨+15%二硫化钼。

7.4.2.2　重金属挤压润滑剂

重金属大多用45号机油加20%～30%片状石墨作润滑剂，而青铜、白铜挤压时，用45号机油加30%～40%的片状石墨。

在冬季为增加润滑剂的流动性，往往加入5%～9%煤油；在夏季则加适量的松香，可使石墨质点处于悬浮状态。

铜及铜合金在挤压时都要进行润滑，在模子和穿孔针上薄薄地涂上一层，挤压筒在挤压后也用蘸有上述润滑剂的布简单擦一下。

7.4.2.3　钢及高温合金挤压润滑剂

目前大多采用玻璃润滑剂。由于玻璃润滑剂的发明，钢及镍、钛等高熔点金属的挤压才成为可能。这种润滑剂在挤压时能起到润滑与绝热作用。

玻璃润滑剂的使用方法：涂层法和滚玻璃粉法以及玻璃布包锭法等来润滑挤压筒与锭坯的接触面。一般采用玻璃垫片装入法来润滑挤压模，玻璃垫内孔比模孔稍大些，外圆直径比挤压筒小4～5mm，厚度为4～10mm，放在挤压模前，进行模子润滑。穿孔针润滑。一般采用先在穿孔针体上涂上润滑剂（如沥青）然后包上玻璃布，进行穿孔针的润滑。

现代挤压机采用喷涂式自动润滑装置，对挤压筒、穿孔针、挤压模进行自动润滑，但对润滑剂要求较严格。润滑剂呈半胶体状的乳化石墨，在高温850～1050℃时，对挤压工具有较好的润滑性、喷涂性和可清除性，不污染工作环境。

在制品表面去除玻璃润滑剂的方法，一般采用喷砂法、急冷法及化学法等。

近年有报道用其他金属把坯料表面包覆住，起润滑和防止氧化皮及开裂作用的试验例子。例如对铝合金包以纯铝，对铸铁、钨、铀包以钢板，对钛包以钢板等。

7.5　轻金属挤压工艺

用轻金属铝、镁及其合金挤压成的管、棒、型材、线材规格极多，使用范围也极广，如表7-2所示。

表7-2　轻金属管、棒、型、线材应用范围

材　料	应　用　范　围
管材	热交换器，油路导管，仪器零件，光学机械零件，体育器材
棒材	齿轮、轮毂、轴等机械零件，飞机发动机零件
型材	飞机、导弹、船舶、车辆、货柜的承载结构件，建筑的门窗、幕墙，室内装潢件
线材	导电用母线、导线，连接用铆钉、焊条

7.5.1　轻金属挤压方法

轻金属挤压包括正向挤压、反向挤压、等温挤压及连续挤压法等。正向挤压应用比较广泛。为了稳定制品的性能，对于硬铝及超硬铝合金采用等温挤压较为合适，连续挤压应用于铝及其合金小规格的管材、型材及线材的生产。

7.5.2　轻金属挤压工艺参数

7.5.2.1　挤压比

轻金属挤压比 λ 值范围为 8~60，纯金属与软合金允许的值较大，硬金属较小。为了满足制品性能的要求，$\lambda \geqslant 8$；挤压型材时 $\lambda = 10 \sim 45$；挤压棒材时 $\lambda = 10 \sim 25$。为保证焊缝质量，使用组合模挤压时 $\lambda \geqslant 25$。特殊情况下挤压比可超过上述范围。

7.5.2.2　挤压温度

轻金属挤压时的温度范围如表 7-3 所示。

表 7-3　轻金属的挤压温度

合金牌号	纯　铝	防锈铝	锻　铝	硬　铝	超硬铝	镁合金
挤压温度/℃	320~480	320~480	370~520	380~450	380~450	300~360

7.5.2.3　挤压速度

轻金属的挤压速度如表 7-4 所示。现场一般用金属流出模孔的速度表示。为严格控制挤制品表面质量、提高生产率，应按所要求的金属出口温度与金属流出速度控制挤压温度与挤压速度，即所谓温度—速度规程。使用组合模挤压时，应采用较高的挤压温度与较低的挤压速度，以确保焊合条件。

表 7-4　轻金属挤压时金属流出模孔的速度

合　金　牌　号	纯　铝	防锈铝	锻　铝	硬　铝	超硬铝	镁合金
金属流出模孔速度/m·min⁻¹	40~250	25~100	3~90	1~3.5	1~2	0.5~5

7.5.2.4　挤压润滑

轻金属润滑挤压时，对工模具进行润滑，可提高断面尺寸精确度，使金属流动均匀，降低挤压力，提高挤压速度，减少沿制品纵向上的组织、性能不均匀性，防止粗晶环，防止金属黏结工具，提高工具的使用寿命。

轻金属挤压时采用的润滑剂多为含 10%~40% 粉状或片状石墨的油类润滑剂。必要时，可添加某些添加剂。

对铝合金正向挤压时，为了防止把锭坯表层的油污、氧化物带进制品内部或表面，保证制品质量，一般不使用润滑剂，必要时在模子上涂上极少一点润滑剂；铝合金反向无润滑挤压，需要把锭坯表面处理干净。对建筑铝型材通常采用可热处理强化、可焊、可着色的 6063 合金进行无润滑挤压，保证型材的质量。

7.5.2.5　挤压工具与设备

轻金属挤压时采用挤压模主要有三类：平模、锥模和分流组合模。挤压管材及空心型材时多用分流组合模。

轻金属挤压机的类型较多，有正向挤压机、反向挤压机和连续挤压机。根据轻金属挤压的工艺要求，挤压机的液压系统调速范围应较宽，一般挤压速度较低（小于 50mm/s）。

7.6　重金属挤压工艺

重金属如铜、镍、锌及其合金具有较好的加工性能，可通过挤压法制成管、棒、型和线材。

7.6.1　重金属挤压方法

重金属挤压方法主要有正向挤压、反向挤压、联合挤压、静液挤压及有效摩擦挤压法等。对于易形成挤压缩尾缺陷的某些黄铜和青铜宜采用正向脱皮挤压。为了防止铜及其合金管内外部表面的氧化，提高表面质量，减少金属消耗，采用水封挤压法。

铜、镍及其合金熔点高，要求快速挤压，防止不均匀冷却使金属变形抗力升高。锌及其合金变形热效应大，挤压时防止过热。

7.6.2　重金属挤压工艺参数

7.6.2.1　挤压比

根据金属的基本特性，挤制品规格范围，组织性能要求及挤压机能力，重金属挤压比 λ 一般在 4~90 范围内选取，对组织与性能有一定要求的挤制品，挤压比 λ 不得低于 4~6。

7.6.2.2　挤压温度

重金属的挤压温度控制范围如表 7-5 所示。

表 7-5　常用重金属挤压温度控制范围

牌　号	挤压温度/℃	牌　号	挤压温度/℃
紫　铜	750~830（棒）	QAl10-3-1.5	750~800
	800~880（管）	QAl9-2，QAl9-4	750~850
H96~H80	790~870	QSn6.5-0.1	650~700
H68	700~770	B30	900~1000
H62	600~710	镍及其合金	1000~1200
HPb59-1	600~650	铅及其合金	200~250
HSn70-1	650~750	锌	250~350
HSn62-1			
HAl77-2	720~820	锌合金	200~320

7.6.2.3　挤压速度

对熔点高、塑性高的金属，为了防止锭坯与挤压工具间的传热导致金属温度不均和模具过热，可使用高速挤压。对存在低熔点相或表面黏性大的合金，宜使用低速挤压。重金属挤压时，为控制制品表面质量，需控制金属挤压流出模孔的速度，如表 7-6 所示。

7.6.2.4　挤压润滑

铜合金中变形抗力高的，如铍青铜、锌白铜系合金通常采用锥形模润滑挤压，紫铜进行无润滑或润滑挤压，是因为紫铜表面在高温下会产生润滑性能好的氧化膜，但是需要严格控制生产技术规程，若氧化过分就会产生硬脆的氧化铜而成为制品的缺陷，而且还损伤工模具。当进行润滑挤压时需要对加热后锭坯表面氧化物、脏污等进行特殊的处理。

表 7-6　重金属挤压流出模孔的速度

金属牌号	流出模孔速度/m·min^{-1}	金属牌号	流出模孔速度/m·min^{-1}
紫 铜	18~300	镍及其合金	18~220
H62、H68	12~60	铅及其合金	6.0~60
HSn70-1	2.4~6.0	锌	2.0~23
HAl77-2		锌合金	2.0~12
QSn6.5-0.1	1.8~9.0	B30	1.8~7.2

根据铜及其合金挤压润滑的问题，对于紫铜以外的铜合金为了保证制品的质量最好采用无润滑脱皮挤压。

7.6.2.5　挤压工具及设备

挤压工具要求具有较高的高温强度、硬度、良好的耐磨性、耐冲击性和导热性能，较低的热膨胀系数，用于重金属的挤压模具材料为 4Cr5MoVSi，其他工具为 5CrNiMo，5CrMnMo 等。

铜及其合金，其中强度高、硬度高的，如铍青铜、锌白铜系合金采用锥形模润滑挤压，而其他除紫铜，都可采用无润滑挤压，使用平模进行脱皮挤压。脱皮挤压可保证制品的表面质量，能脱皮挤压的合金尽量采用。

紫铜采用无润滑和润滑挤压均可，无润滑挤压是由于紫铜在高温下会产生润滑性能好的氧化膜，但是需要严格执行生产工艺规程，控制氧化膜的厚度，若氧化过分，就会产生硬而脆的氧化铜膜，成为制品的缺陷，甚至损伤模具；润滑挤压需要对铸锭进行一些特殊处理，防止挤压是表面的油污、氧化物会进入制品内部，对工具也要进行特别维护保养。

根据重金属加工特点，对挤压机及其附属设备有如下要求：

（1）具有高的挤压速度和宽的调速范围，紫铜的挤压速度高，采用储能式挤压机，一般挤压速度在 100mm/s 左右；而黄铜挤压速度通常为 40~50mm/s，可采用液压直接传动的挤压机。另外，二者挤压速度不同也可以兼顾地用可调速的挤压机。

（2）采用可移动式挤压筒，筒模间有足够的锁紧力。

（3）带独立穿孔系统的挤压机结构简单、工作可靠。

（4）附有快速锯与慢速锯，适应不同合金的特性。

（5）冷床配备足够的风机、快速冷却制品。

7.7　稀有金属挤压工艺

7.7.1　稀有金属挤压工艺特点

稀有金属的挤压有下述特点：

（1）挤压温度高，要求铸坯车皮、包套后快速送至挤压筒，防止冷却及氧化。

（2）挤压速度高，以缩短高温锭坯与工模具的接触时间，防止过快的温降。

（3）要求润滑剂具有润滑和隔热作用。

（4）钛、锆及其合金变形热效应大，导热性差，挤压时要防止过热而使制品产生裂纹。

7.7.2 稀有金属挤压工艺及工艺参数

稀有金属挤压时，要严格控制挤压比、挤压温度及挤压速度，保证稀有金属产品的质量。

7.7.2.1 挤压锭坯的外形及包套设计

A 锭坯外形

锭坯的形状一般是圆柱形，但也经常车削成锥形头，锥角的大小与模角相适应，其作用是避免挤压开始时把玻璃饼压碎，降低挤压初期的挤压力的峰值，并使变形均匀，减少制品裂纹的产生。

钨、钼挤压锭坯还要注意其结晶方向，对于真空自耗电弧熔炼的锭坯，如钛及钛合金，要把铸锭的顶部做成锥形，如图 7-9 所示。并作为挤压锭坯的头部，因为其铸态的柱状晶的结晶方向倾斜于坩埚壁由底朝上，为了尽量减少制品开裂，应该顺着结晶方向挤压。

B 锭坯包套设计

包套的作用是防止金属黏结模具；防止金属基体被气体污染或改善挤压初期的应力状态。

图 7-9 挤压钨、钼棒材的锭坯形状
α—锥模的模角；D—模孔直径

包套材料要求在挤压温度下不与基体金属发生合金化反应生成低熔点共晶物、与基体金属有近似的力学性能、与模具材料不黏结、价廉易得、便于去除。包套材料及其与基体金属最低共晶反应的温度列于表 7-7。

表 7-7 包套材料及其与基体金属间的最低共晶温度

金属	包套材料	最低共晶温度/℃	金属	包套材料	最低共晶温度/℃
钛	紫铜	Ti-Cu：850	钽	钼	Ta-Mo 连续固溶，不发生共晶反应
	软钢	Ti-Fe：1085		软钢	Ta-Fe：1220
锆	紫铜	Zr-Cu：885	铪	软钢	Hf-Fe
	软钢	Zr-Fe：934	钼	软钢	Mo-Fe：1440
铌	钼	Nb-Mo 连续固溶，不发生共晶反应	钨	钼	W-Mo 连续固溶，不发生共晶反应
	软钢	Nb-Fe：1365			

包套层的厚度根据其作用不同而有差别，对挤压塑性差的金属，包套材料的厚度较厚，一般为 3~6mm，前端垫盖厚度为 20~40mm；对塑性好的金属外包套为 0.8~2.0mm，内包套 1.0~2.5mm。

包套的形式如图 7-10 所示，其中（a）、（d）平头薄包套用于塑性较好，变形抗力较低的金属；（b）、（c）、（e）、（f）、（g）锥形头厚包套用于塑性较差，变形抗力较大的金属的挤压。

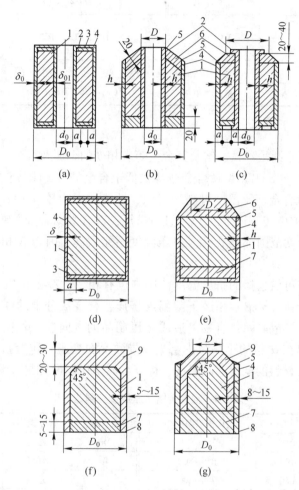

图 7-10　包套挤压锭坯的几种形式

1—被挤压的金属；2—内包套；3—端垫片；4—外包套；5—装配前焊接的
焊缝；6—前锥垫；7—后端垫；8—装配后焊接的焊缝；9—整体厚包套

$a = 3~5mm$；$\delta_0 = 0.8~2.0mm$；$\delta_{01} = 1.0~2.5mm$；

$h = 3~6mm$；$D \approx$ 制品尺寸；$D_0 = D_c - \Delta W$

7.7.2.2　挤压工艺参数

在稀有金属挤压时要严格控制挤压比、挤压温度及挤压速度，以保证稀有金属产品的质量。

A　挤压比

根据稀有金属的特性及加工工艺性能确定，通常 λ 在 3~30 范围。为了改善制品的组织与性能，希望采用较大的挤压比，以便达到充分破碎铸态的粗大晶粒。稀有金属挤压比详见表7-8。挤压比取上限或下限取决于挤压机的吨位，挤压筒及制品的尺寸。

表 7-8　稀有金属挤压比实例

金属牌号	挤压比	金属牌号	挤压比
W	3.0~5.6	TA0, TA1, TA2, TA3, Zr, Zr-2, Zr-4	4.0~30
Mo	3.5~8.0		
Mo-0.5Ti	3.0~6.0	TC1, TC2, TC3	4~13
Mo-0.5Ti-0.08Zr-0.025C			
Ta, Nb, Ta-3Nb	3.0~20	TA5, TA6, TA7, TC3, TC4, TC5, TC6, TC7, TC8	3.5~14
Ta-20Nb, Ta-10W, Nb-1Zr	3.0~7.0		

B　挤压温度

挤压温度确定的原则是：钛、锆及其合金等有相变的金属及合金，要严格控制挤压变形在所要求的相区内；$(\alpha+\beta)$ 型钛合金通常在低于合金的 $(\alpha+\beta)/\beta$ 相变温度以下进行挤压。纯钛及 α 型钛合金挤压温度对制品组织、性能的影响较 $(\alpha+\beta)$ 型钛合金小，挤压温度也要低于 $(\alpha+\beta)/\beta$ 相变温度以下进行挤压；对 β 型钛合金通常采用较高的挤压温度，可选择的挤压温度范围都是 β 相。挤压温度不能太高，因为 β 相会急剧长大，使塑性降低。

对锆及其合金在可供选择的挤压温度范围内也有相变。Zr-2 和 Zr-4 希望在 α 相区进行挤压。Zr-2 合金若在 $(\alpha+\beta)$ 相区下限温度挤压，合金成分中的铁、镍、铬将向 β 相晶界富集，在冷却后形成晶间化合物，造成挤压制品的方向性；若在 $(\alpha+\beta)$ 相区的上限温度挤压，氧和锡在 α 相的小晶粒内富集，导致晶粒变脆。包套挤压时，挤压温度应低于基体金属与包套材料的低熔共晶温度，稀有金属挤压温度控制范围见表7-9。

表 7-9　稀有金属挤压温度控制范围

金　属	锭坯类型	挤压加热温度/℃	金　属	锭坯类型	挤压加热温度/℃
TA1, TA2, TA3	光坯	750~900	Mo	光坯	1200~1600
	铜包套	650~800	Ta	钢包套	1000~1050
TC2	光坯	750~800	Zr	光坯	1100~1150
	铜包套	630~700		钢包套	600~780
TC3, TC4	光坯	850~1050	Hf	钢包套	890~1000
W	光坯	1500~1650		光坯	1000~1050
Nb	光坯	1000~1100			

C　挤压速度

钛、锆、铪等导热性能差且变形热效应大的金属，不宜采用过高的挤压速度，而应采用中等挤压速度 50~120mm/s，以防金属过热使制品出模孔时的表面质量与性能降低。钨、钼、铌、钽则应防止金属与挤压模具间接触热传导时间长引起的金属不均匀冷却及模具过热，一般使用高速挤压，挤压速度控制在 150~300mm/s。

D 挤压润滑

目前，挤压钨、钼、钽、铌、铪及其合金大多数采用玻璃润滑剂。钛及其合金采用玻璃润滑剂或包铜套后用普通润滑剂。锆及其合金则基本上还是在包铜套后用普通润滑剂。稀有金属挤压用的润滑剂如表 7-10 所示。

表 7-10 稀有金属挤压润滑剂

类 别	主 要 润 滑 剂
液体润滑剂	机油、汽缸油、菜籽油
固体润滑剂	石墨、二硫化钼、二硫化钨
润滑脂	含二硫化钼的复合钙基脂、高温纳基脂、锂基脂
玻璃润滑剂	玻璃粉、玻璃布、玻璃垫

7.8 钢挤压工艺

一般指钢的热挤压，玻璃做钢挤压的润滑剂。玻璃高温下，在钢材上可呈现适当的黏度，所形成的薄膜起到防止钢坯与工具直接接触的作用。同时由于玻璃具有绝热性，挤压时不仅能防止挤压模和挤压筒等过热，也防止了钢坯的冷却，具有非常好的绝热性能和润滑作用特性。

7.8.1 钢挤压工艺特点

钢的挤压工艺有下述特点：
(1) 可以挤压难以加工的低塑性高合金钢。
(2) 可以得到管壁更薄的管材以及复杂形状的实心或空心异型材，而且表面质量好。
(3) 制品的组织均匀。
(4) 生产多品种、小批量而轧制法又无法轧制的产品。

7.8.2 钢棒型材挤压

挤压时玻璃润滑的方法与机理，参见图 7-11，首先在挤压筒的内表面和钢坯的表面之间进行润滑。即将玻璃粉末撒散在倾斜的平板上，将加热好的钢坯在板上滚动，使其表面粘上玻璃粉末，在挤压筒内的钢坯表面覆盖一层润滑剂，然后在钢坯前端与挤压模之间，放入玻璃粉末压实的玻璃垫片，玻璃垫片一面贴着低温的挤压模；另一面贴着高温钢坯的前端面。

一般情况下，玻璃在常温下具有相当高弹性的固体，随着温度的上升，黏性增加而逐步变成熔融流动状态，在此温度范围黏性的变化是很大的。因为玻璃的特性是没有固定的熔点，因此，在挤压模一侧玻璃是固体，而在钢坯一侧已成为熔融流动状态。所以，钢坯从模孔被挤压出来时，其表面上黏附着黏性流体状态的玻璃，以薄膜形式覆盖着挤压材料从挤压模孔中通过。而且，在钢坯上附着的玻璃与挤压材料一起从挤压模流出后，后面的玻璃层又重新与高温钢坯的新表面接触，成为与上述相同的状态，挤压材料与玻璃薄膜接连不断地通过挤压模孔流出成型。

玻璃的黏度因化学成分不同可以有大范围变化，由于导热系数、比热和密度的不同，玻璃内的温度分布是可以改变的，因此可以根据挤压材料和工具状态选择合适的玻璃润滑剂。玻璃膜的厚度还受到挤压速度的影响。在实际生产中，当挤压速度达到 6m/s 时，玻璃膜的厚度约为 0.1~0.01mm。

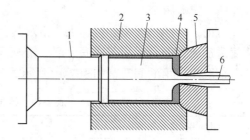

图 7-11　钢材挤压时玻璃润滑机理
1—挤压杆；2—挤压筒；3—坯料；
4—玻璃层；5—挤压模；6—钢制品

棒、型钢的生产工艺流程比较短，省略了穿孔工序，而钢管挤压工艺具有典型性。

7.8.3　钢管生产工艺流程

钢管生产工艺流程如表 7-11 所示。

表 7-11　热挤压钢管生产工艺

制 造 工 序	概 要
1. 圆钢坯	
车皮	除掉圆钢坯表面缺陷
切断	切成规定的长度
检查	用肉眼或磁粉探伤检查表面錾平或砂轮加工
2. 预热炉	预热到 600~700℃
3. 感应加热炉	加热到 1000~1100℃
4. 涂敷玻璃	将玻璃粉涂敷在圆钢坯表面
5. 穿孔挤压	将圆钢坯扩孔
6. 感应加热炉	加热到 1050~1200℃
7. 涂敷玻璃	将玻璃粉涂敷在圆钢坯的内外表面上
8. 挤压	挤压出外径和壁厚符合规定的管材
9. 冷却台矫直	矫正弯曲
清除玻璃	酸洗或喷丸清除玻璃
10. 切割机	切定尺
检查	
11. 成品	

7.8.3.1　供坯

钢锭经开坯或锻造加工得到圆坯，按挤压用坯的要求外径留有 3~10mm 的车削余量。管材用钢坯还需钻孔、扩孔及穿孔工序。通常钢坯的外径比挤压筒内径小 5~8mm，钢坯的内径比芯棒直径大 2~6mm。钢坯的长度按挤压钢管的大小、挤压机的吨位和挤压筒的大小确定小型挤压机选用的最长钢坯为 510mm；大型挤压机选用的最长钢坯为 1500mm。

7.8.3.2 钢坯加热

挤压钢管时，钢坯在穿孔前、挤压前和减径前都要加热。

穿孔前的钢坯加热应当保证沿长度和横截面上有最小的温差。一般要求钢坯上任意两点出炉时的温差不超过 30℃。为保证在钢坯穿孔时的温度均匀，最好采用电感应加热。钢坯的均匀化要在一般电炉中进行。

挤压前空心钢坯的加热应当保证钢坯的内外层在挤压时的温度均匀，因为在挤压时往往内层的温度超出外层，所以应将内层加热到较外层低些的温度。空心坯可用大功率的工频感应加热炉短时加热或高频感应炉加热。

减径前钢坯的加热应当保证沿长度方向均热并使温度略高于挤压前钢坯的加热温度。

坯料加热方式的选择取决于挤压产品的品种和牌号。穿孔前碳素钢和低合金钢坯料在普通火焰炉中加热，既简单又经济。因此，一般采用有氧化的环形煤气炉加热。不锈钢坯料适合在感应炉中加热，或者在煤气炉中加热到开始强烈形成氧化物的温度（750～800℃），再在感应加热炉中加热到指定温度。微氧化的煤气加热用于一切牌号钢坯。钢坯的加热温度如表 7-12 所示。加热时应注意均热控制及气氛保护，防止加热不均匀及氧化。

表 7-12 钢坯的加热温度

钢　种	碳素钢	低合金钢	滚珠轴承钢	铬不锈钢	铬镍不锈钢
加热温度/℃	1200±100	1200±70	1125±25	1175±25	1180±30

7.8.3.3 挤压穿孔与扩孔

用穿孔冲头把已加热的实心钢坯挤压穿成所要求尺寸的孔的方法，其工艺流程如下：

实心钢坯加热→清除氧化铁皮→涂玻璃润滑剂→钢坯推进挤压筒→挤压穿孔→空心钢坯

在加热炉中加热到规定温度的钢坯，清除氧化铁皮后涂上玻璃润滑剂。将外表面已经润滑的钢坯推进挤压筒，并供给润滑剂，然后送到立式穿孔机穿孔位置进行挤压穿孔。

扩孔工艺过程与穿孔工艺基本相同，而所不同的是它把已钻定心孔的钢坯放在立式穿孔机上，将穿孔冲头换成扩孔冲头，在扩孔冲头的作用下，使定心孔扩大成所要求的尺寸。

为了获得空心钢坯，扩孔法比穿孔法更好，生产率可提高。但是若穿孔法的钢坯内孔偏斜的问题得到解决，穿孔法则更为有利。减少穿孔法偏心措施：

（1）减少坯料长度与直径的比值；

（2）使坯料上的温度分布不均；

（3）减少坯料与挤压筒的间隙。

7.8.3.4 挤压

穿孔后的钢坯在挤压机上一次挤压成规定尺寸的管材，挤压生产的工艺流程如下：

　　将加热后的锭坯以及挤压垫片一起装入挤压筒内。挤压杆前进，通过挤压垫片将挤压力施加在钢坯上，开始挤压。挤压结束后，挤压残料和挤压垫片留在挤压筒内，挤压杆后退，挤压筒也稍向后退。这时挤出的管材同压余一起后退，模子从模座离开并带着压余后退，在挤压筒和模座之间空出一个间隙，在这个部位用热锯切断。当挤压筒侧向移动或回转到取出压余的位置时，挤压杆（或推顶杆）把压余顶出，同时清扫挤压筒的内表面，然后恢复到开始的状态，做接受下一个钢坯的准备，并进行换模，参见图 7-12 。

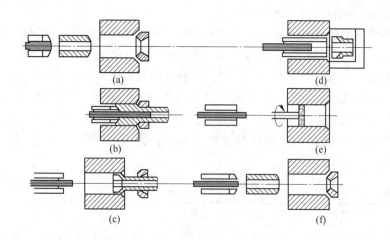

图 7-12　管材挤压工艺示意图

（a）空心坯料装入挤压筒；（b）钢管挤压；（c）切压余；（d）将压余与垫片从挤压筒推进料槽；
（e）清理和冷却挤压筒内衬；（f）恢复到开始位置

7.8.3.5　钢挤压工艺润滑剂

　　钢挤压时使用的玻璃润滑剂，是天然硅酸盐或人造硅酸盐。硅酸盐以 SiO_2 为主要成分。其中所含 B_2O_3 和 P_2O_5 是形成玻璃本身的氧化物。Na_2O、CaO、MgO、K_2O 溶于玻璃，起调节玻璃性质的作用，称修饰氧化物。Al_2O_3 介于二者之间称中间氧化物。挤压不同产品采用的润滑剂组成也不同。

A　穿孔润滑

　　穿孔挤压时，钢坯在撒有玻璃粉末的工作台上滚动使外表面得到润滑。钢坯在同挤压筒接触时表面温度会有所降低，但玻璃仍然具有所要求的黏度（约 $100Pa \cdot s$）。

　　挤压钢管时，钢坯内表面的润滑是为了防止扩孔冲头同钢坯热焊，通常在钢坯钻孔处用玻璃粉，或将玻璃粉成型润滑。润滑剂在钢坯上一定要均匀分布，否则容易出现壁厚不均。

　　另外，底座垫圈和钢坯的润滑，靠底座垫圈上面放置的玻璃片，是为了防止底座垫圈（下支撑环）同钢坯的热焊。

B　挤压润滑

　　挤压时外表面润滑的方法和作用同穿孔时的相同。内表面润滑的目的是减少在挤压过程中钢坯和芯棒之间的摩擦。通常，把玻璃粉撒在管坯的内表面。内表面的玻璃成分及添加量对挤压管材质量有很大影响，所以要规定添加标准。

C 挤压模润滑

挤压模用玻璃粉制成的玻璃垫润滑。玻璃润滑剂连续软化熔融，并随金属不断地带出挤压筒外。

D 玻璃润滑剂的清理

成品管材上的润滑剂采用喷丸、酸洗、盐浴法清理。

喷丸法是把磨料喷射到钢管的表面，清除掉表面上的氧化铁皮和玻璃。

酸洗法是把产品放在充有硫酸和氢氟酸的酸洗液的酸洗槽内，浸泡 5~120min，把玻璃溶解掉。

盐浴法是把以苛性钠为主要成分的盐，放在槽中加热到 400~500℃左右，再把管材在其中浸泡 20~60min 将玻璃清除。

7.9 挤压产品的质量控制

7.9.1 产品缺陷形成原因及控制措施

在生产过程中，挤压制品的主要缺陷、形成原因及其控制措施，参见表 7-13。

表 7-13 挤压制品生产部分缺陷形成原因及控制措施

缺陷种类	产 生 原 因	消 除 方 法
挤压裂纹	1. 挤压毛料温度过高； 2. 挤压速度太快； 3. 节流阀失控； 4. 加热炉仪表失灵； 5. 多孔挤压时，模孔排列太靠中心，使中心金属供给量不足，以致中心与边部流速差很大； 6. 模具设计和制造不佳； 7. 铸锭均匀化退火不好	1. 严格执行各项加热和挤压规范； 2. 经常巡回检测仪表和设备，以保证正常地运行； 3. 修改模具设计，精心加工
气泡与起皮	1. 挤压筒，挤压垫磨损超差；挤压筒和挤压垫尺寸配合不当，同时使用的两个垫片之间直径相差超过允许值； 2. 挤压筒和挤压垫太脏，粘有油污、水分、石墨等； 3. 润滑油中含有水； 4. 铸锭表面凹坑太多、过深；或铸锭表面有气孔、砂眼、组织疏松，有油污等； 5. 更换合金时筒内未清理干净； 6. 挤压筒温度和挤压铸锭温度过高； 7. 铸锭直径超过允许负偏差； 8. 充填太快，铸锭温度不均，引起非鼓形充填，因而筒内排气不完全	1. 合理设计挤压筒和挤压垫片的配合尺寸，经常检查工具尺寸，保证符合要求； 2. 工具、铸锭表面应保持清洁平整； 3. 更换合金时，彻底清筒； 4. 经常检查设备和仪表； 5. 严格执行工艺规程和各项制度
成层	1. 模孔排列不合理，距挤压筒内壁太近； 2. 挤压筒，挤压垫磨损过大，超过规程规定值； 3. 铸锭或毛料表面有毛刺、油污、金属屑、灰尘等； 4. 铸锭表面质量不好，有较大的偏析瘤； 5. 切残料时，在模面上留有斜头； 6. 铸锭本身有分层或气泡	1. 合理设计模具、及时检查和更换不合格工具； 2. 不合格的铸锭不装炉； 3. 剪切残料后，应清理干净； 4. 保持挤压筒内衬完好，用垫片及时清理内衬

续表 7-13

缺陷种类	产 生 原 因	消 除 方 法
缩尾	1. 挤压残料留得太短； 2. 挤压垫片涂油或不干净； 3. 铸锭或毛料表面不清洁； 4. 制品切尾长度不符合规定； 5. 挤压筒内衬超差； 6. 挤压终了时突然增加挤压速度	1. 严格按工艺制度留残料和切尾； 2. 挤压工具、铸锭表面应清洁； 3. 经常检查挤压筒尺寸并更换不合格的工具； 4. 平稳挤压
金属毛刺（麻点或麻面）	1. 模具工作带硬度不够； 2. 挤压筒和金属温度太高，挤压速度太快或不均匀； 3. 模子工作带太宽，粗糙度不够； 4. 模子工作带粘有金属，不光滑； 5. 挤压毛料太长	1. 提高模具工作带硬度； 2. 按规程加热挤压筒和铸锭，采用适当的挤压速度； 3. 合理设计模具，提高工作表面粗糙度； 4. 采用合理铸锭长度
划道或凸棱	1. 模具工作带有棱或碰坑； 2. 模具空刀有尖棱，不光滑； 3. 导路不光滑或装配不适当； 4. 工作台面有棱，不光滑	1. 及时检查和抛光工作带； 2. 清理模子空刀、导路和工作台面
尺寸不合格	1. 模子设计或制造错误； 2. 图纸尺寸错误； 3. 修模不精准； 4. 尺寸检查错误或漏检； 5. 挤压时铸锭温度升得太高，挤压速度变化太大； 6. 对于定尺产品，因铸锭长度计算错误或毛料切得太短，或因制品尺寸正偏差而引起不足定尺长度	1. 精心设计和制造、管理模具； 2. 加强模孔尺寸和制品尺寸检查； 3. 严格控制挤压速度； 4. 认真进行定尺型材铸锭长度计算，并且要考虑制品正偏差系数
扭拧弯曲波浪	1. 模孔设计不合理； 2. 导路不合适或未安装导路； 3. 模孔润滑不适当； 4. 挤压速度不合适	1. 提高设计和制造水平； 2. 安装合适的导路，牵引挤压； 3. 对流速慢的部位润滑或修模
硬弯	1. 挤压速度突变或中间停车； 2. 挤压过程中，操作人员用手突然搬动型材； 3. 挤压机工作台面不平	1. 不要随便停车或突然改变挤压速度； 2. 不要用手突然搬动型材，或用木板慢慢导正
表面腐蚀	挤压时工作台漏水，制品表面的水未及时清除	及时修理漏水部分，制品上如有水要及时擦干净或干燥

7.9.2 管材偏心

管材壁厚不均超过允许偏差称之为偏心，管材偏心是卧式挤压机挤压管材生产最关键的问题之一。由于各种工艺因素的影响，生产过程中极易产生管材偏心，管材偏心一般分不定向偏心和定向偏心。

7.9.2.1 不定向偏心

挤压时各管材在同一段横断面上壁厚偏心的方向是变化或基本是变化的，称之为不定向偏心。产生的原因：

（1）垫片、穿孔针、模具等工具尺寸的变化引起偏心。垫片尺寸过大或过小，减小了对穿孔针的控制作用，进而造成管材壁厚偏心。挤压垫片过大，进入垫片与穿孔针间隙的金属不均匀，引起偏心；垫片内孔边缘磨损或局部压秃也会出现局部偏心。穿孔针弯曲或穿孔针头部变形压秃，引起偏心；模孔不圆或安装不同心而引起偏心。

（2）铸锭直径过小，加热不均，空心锭坯偏心等，在挤压过程中都会引起偏心。

7.9.2.2 定向偏心

（1）挤压机设备状态的影响，主要关注的是挤压中心线的直线性，凡是影响挤压中心线的直线性有问题，都会引起偏心，如挤压轴座支撑面等零件的磨损，变形等。

（2）挤压筒内衬套在靠近模的一端易磨损，使直径变大，衬套本身和模支撑贴合的锥体变形，而锥体的变形总是不均匀的，导致衬套与模支撑中心线不吻合。

（3）挤压筒底座滑板磨损，挤压筒偏离中心线位置。

7.9.2.3 管材偏心的一般规律

管材偏心程度采用壁差率 R 表示，即管材横断面上最大和最小壁厚之差同平均壁厚之比。当穿孔针直径较大时 R 沿管材长度方向分布不均匀程度大，而穿孔针直径较小时 R 沿管材长度方向分布不均匀程度小。一般来说挤压管材靠近头部一定长度的壁差率大些，而其他部分随着挤压的进行管材壁差率小趋于均匀。

7.9.3 各种挤压技术的比较

对各种常规挤压技术的特点进行比较，如表 7-14 所示。

表 7-14 各种挤压技术的比较

挤压项目	无润滑挤压	润滑挤压	反向挤压
工具形式	直角模可使用桥式孔型挤压模	可以使用圆锥形或曲面模，不能用桥式孔型挤压模挤空心材	直角模，不能使用空心件挤压模
挤压力	压力大，因与挤压筒摩擦可升高 25% ~ 35%	坯料长的要升高一些，很难避免挤压初期阶段的压力峰值	挤压力低而恒定，与正挤压比较要低 25% ~ 50%
工具寿命	短	较短，钢和钛等挤压使用玻璃润滑剂，易引起损伤	短
坯料的材质、尺寸形状	适于 Al、Cu、Mg 及其合金等，特别适合 Al 和低强 Al 合金、低熔点软金属； 坯料长度与直径比 3 ~ 4，芯杆与空心锭的同心度高，锭坯表面一般不用精整	可挤压钢、耐热合金、脆的 Al-Cu 合金、复合材料。 长度可达直径的 5 倍，空心锭要求同心度高，锭坯表面精整	可挤压铝合金，空心制品内表面可衬其他金属。 长度可大于直径的 5 倍，直径也可选择比无润滑正挤的坯料大些；锭坯表面要求精整
变形过程	不均匀	均匀	均匀
成型材料	可挤多孔、复杂、空心材料，制品表面无氧化膜，光滑，美观；材料强度纵向不均匀	不挤多孔、复杂、空心材料，表面不如无润滑挤压材料；材料强度纵向均匀	调整空心材的同心度难，挤形状不太复杂的材料，挤压比大于 30 ~ 40；表面一般；材料强度纵向均匀
挤压速度	受晶粒粗大化与裂纹的限制，铝合金的挤压速度不能太快，如 6000 系 5 ~ 25mm/s；用不等温加热可增加挤压速度。挤压 Cu 的速度快（5000mm/s），根据不同合金确定挤压速度	可加快，铝合金可达无润滑的 2 ~ 5 倍，钢可达 3 ~ 10m/s	对铝合金挤压速度可达到无润滑的 3 倍

资料来源：〔日〕金属塑性加工技术，仅作参考。

7.10　连续挤压与连续铸挤技术

近 40 多年来，国内外学者为实现挤压技术做了大量的实验研究，Conform 连续挤压和 Castex 连续铸挤由于设备结构合理，工艺先进，已实现了工业化。

7.10.1　Conform 连续挤压

7.10.1.1　Conform 连续挤压特点

Conform 连续挤压法具有以下重要的工艺特点：

（1）高效节能。挤压型腔与坯料间的摩擦得到有效的利用，挤压过程本身的能耗就可比常规挤压降低 30%，因为常规挤压过程 30% 以上的能量用来克服挤压筒壁上的有害摩擦。挤压变形温度由摩擦热和变形热提供。摩擦热加上塑性变形热的共同作用，可使挤压坯料的温升达到很高的值。如可使室温下进入的铝及铝合金坯料在模孔附近的温度高达 400~500℃，铜及铜合金坯料的温度高达 500℃ 或更高些。可使铝材挤压前无须预热，因此对铝及铝合金 Conform 连续挤压可以省去坯料加热装置，大大降低电耗，估计这比常规挤压可节省 3/4 左右的电费。

（2）成材率高。Conform 连续挤压法只要连续喂料，便可连续挤压出长度达数千米，乃至万米长的成卷制品，如薄壁铝及铝合金的盘管。这不仅大大缩短了工序和减少了非生产时间，提高了劳动生产率，而且由于无挤压压余，切头切尾量很少，因而材料的利用率也很高，一般可高达 95%~98.5%。此外，由于挤压过程稳定，制品的组织性能的均匀性也好。

（3）工艺流程短、坯料的适应性强。可用实心盘杆作坯料，也可以使用金属颗粒或粉末为坯料，坯料省掉加热工序，直接挤压成材。

近几年 HOLTON 公司开发成功的 Castex 连铸连挤法，还可以直接使用金属熔体为坯，把连续铸造技术与 Conform 连续挤压技术有机地结合成一体，经济效益更好，据 HOLTON 公司介绍 Castex 连铸连挤法坯料费用可减少 100~200 英磅/吨，生产费用根据产品的不同可节省 200~300 英磅/吨。

（4）设备紧凑、轻型化、占地小，设备造价及基建费用较低。

总之，Conform 连续挤压具有许多优点，但是也存在一些不足，如需要使用超高压液压元件、坯料清洁度要求高，工模具材料耐热耐磨性要求高，生产量较常规挤压低等问题。

7.10.1.2　Conform 连续挤压工艺

Conform 连续挤压产品的生产方式，如图 7-13 所示。连续挤压过程主要控制坯料形状尺寸、咬入系数、填充系数、挤压比、挤压温度、挤压速度、运转间隙等工艺参数。

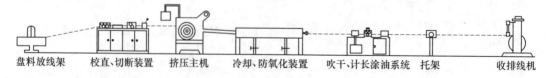

盘料放线架　　校直、切断装置　　挤压主机　　冷却、防氧化装置　　吹干、计长涂油系统　　托架　　收排线机

图 7-13　Conform 连续挤压生产方式示意图

A　咬入系数

为了使坯料顺利进入挤压型腔，在挤压入口附近安装压紧轮，首先将坯料压入挤压轮凹槽，要求压轮与凹槽对中，并保证压轮深入凹槽有一定深度，压住坯料，使挤压轮咬入坯料，进入挤压型腔。为了实现此过程，达到合理设计压轮和坯料形状尺寸，引入坯料咬入系数，即压轮与凹槽形成的断面积同坯料的断面积之比，称之为坯料咬入系数。例如圆坯料进入方形凹槽，一般取 1.05~1.10。

B　填充系数

坯料进入型腔后要发生塑性变形，使其坯料充满挤压型腔，为了衡量坯料填充的量，也是衡量此阶段坯料变形状态，引入坯料填充系数的概念，即挤压型腔的断面积与坯料的断面积之比，称之为填充系数。例如坯料 $\phi 9.5mm$，挤压型腔的断面积 $10mm \times 10mm$，则坯料的填充系数为 1.4。视坯料和型腔的大小，也可以取大一些，加大坯料的横向变形。

C　扩展系数

一般情况下，当挤压模前挤压变形区的断面积，也称之为微挤压筒的断面积，要大于挤压型腔的断面积和槽封块上进料孔的断面积时，坯料存在一个金属由小变大的过程，因此引入扩展系数的概念，即微挤压筒的断面积同进料孔断面积之比，称之为扩展系数。视变形情况而定，可取 1.5~2.0。

D　挤压系数

基本挤压变形区的断面积同挤压制品的断面积之比，称之为挤压系数，挤压系数反映连续挤压变形的重要参数。

以上是为了描述连续挤压过程的各个阶段而引出的 4 种参量，但是通常在生产过程中，把整个过程采用连续挤压比的概念，即挤压型腔的断面积同挤压制品的断面积之比，来反映连续挤压剪切挤压变形状态。

E　运转间隙

挤压轮面与槽封块之间的间隙称之为运转间隙，它是连续挤压一个重要参数，直接影响到挤压过程能否正常进行，泄漏量的多少以及工具的磨损。间隙过大泄漏量必然增加，间隙过小工具磨损加快，甚至于挤压不能正常进行。通常情况下运转间隙取 0.8~1.3mm。

F　挤压温度-速度

挤压温度系指连续挤压模前微挤压筒内变形金属的温度，挤压温度是由坯料与挤压型腔之间的摩擦热和金属塑性变形热的共同作用所提供的。挤压速度系指连续挤压金属出模的速度，挤压速度由挤压轮的转速提供。挤压速度可以由挤压轮转速确定。挤压温度与速度密切相关，挤压速度愈快挤压温度就愈高。因此，在挤压过程中要想控制合理的挤压温度，那么就得一定控制好挤压速度、挤压轮与槽封块及模具的冷却。例如铝及其合金的挤压温度为 400~500℃。

设备启动到稳定挤压需要经过升温阶段和基本稳定挤压阶段，升温阶段需要向挤压型腔喂一些 70~200mm 短料，挤压轮低速运转，使挤压型腔金属的温度与变形区温度基本保持一致。当达到挤压温度，从而进入基本稳定挤压阶段。

在挤压过程中，影响挤压温度的因素很多，但只要确定合理的挤压温度-速度的相匹配关系，保持挤压温度稳定，保证连续挤压正常进行。

G　轮靴包角

挤压靴上的槽封块与挤压轮接触弧部分所对应的角度称之为轮靴包角，包角大挤压力增大，电机负荷增加，因此在保证连续挤压正常进行的条件下，尽量减少包角。包角的增大为坯料摩擦热要增加，可以使挤压温度增高，则可以利用包角调整挤压温度，根据里压轮的大小和挤压条件确定包角大小，例如挤压轮直径为 $\phi350mm$，那么包角可取60°～90°。

H　坯料清洗

由连铸连轧提供的坯料在进入挤压型腔前表面需要进行清洗，除掉表面污物及氧化物等，一般利用超声波清洗。例如铝及其合金的清洗液，一般采用 NaOH 质量分数为4.0%～6.0%的溶液作为坯料超声波清洗液。

7.10.2　Castex 连续铸挤工艺

7.10.2.1　连续铸挤技术特点

连续铸挤工艺与连续挤压相比，具有明显的优点：

（1）工序少，效率高。连续铸挤同常规挤压工艺流程生产管、棒、型及线材比较。例如生产铝及其合金材时，连续铸挤主要省略了铸锭与加热工序，利用铝液可一次连续成型，生产流程最短，是一种典型的短流程工艺。

（2）节能效果显著。同连续挤压相比，由于金属以液态形式进入，在型腔中有一个液态—半固态—固态的变化过程，当金属处于液态和半固态时，变形抗力是很低的，因此，生产相同产品时，连续铸挤所需功率小于连续挤压工艺，是一种节能效果非常显著的挤压工艺；同时节省了坯料清洗工序。

（3）设备结构紧凑。产品成本低。连续铸挤工艺以液态金属为坯料，在保证熔体净化前提下，完全不必担心坯料表面油污和脏物的影响，连续挤压的坯料为杆料，并且需要增加了坯料在线清洗设备，提高了整条生产线的成本。

（4）细化组织，提高性能。金属在连续铸挤过程中，从液体凝固和固体变形受到强烈的错动剪切及挤压作用，组织得到细化，晶粒细小，力学性能得到提高。

7.10.2.2　铸挤工艺

建立稳定连续铸挤过程取决于挤压温度、挤压轮转速、运转间隙、挤压比等工艺参数的控制，图7-14 为 Castes 连续铸挤生产方式示意图。

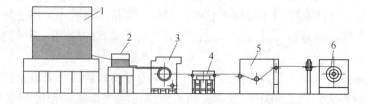

图 7-14　Castes 连续铸挤生产方式示意图

1—熔炼炉；2—中间包；3—铸挤主机；4—冷却水系统；5—张力调整系统；6—收线卷取机

A 运转间隙

运转间隙指挤压轮与靴的槽封块形成的间隙，运转间隙的实验结果如表7-15所示。

表 7-15 运转间隙对连续铸挤的影响

间　　隙	试　验　结　果
过大	摩擦力大、泄漏量增加、电机转矩增大
过小	工具表面磨损严重，有划沟损伤、主机运转不正常
较合理	工具表面有一层铝薄膜，成为金属润滑剂，主机运转正常

运转间隙的调整通过挤压靴底部垫垫片，合理间隙可保证连续铸挤机正常运转。间隙过大，除成材率低之外，容易损伤传动系统部件；如果间隙过小，由于铸挤轮与槽封块受热后膨胀，容易出现轮面与槽封块间直接摩擦，损坏工具表面，甚至影响主机正常运转。

试验结果表明，控制合理的运转间隙，要根据挤压轮的转速、挤压温度、泄漏量大小等进行调整，以便维持稳定铸挤过程的进行。运转间隙通常控制在 1.0mm 左右。

B 挤压温度

控制浇注温度与挤压温度。挤压温度过高，挤压制品易产生周期性裂纹，而温度过低，金属变形困难。控制好挤压温度是连续铸挤正常进行的必要条件。挤压开始阶段要使挤压工具升温，而稳定挤压阶段需要使工具冷却，不断维持稳定挤压的工艺条件。

稳定挤压条件建立阶段每次开机运转必须间断地向挤压轮槽的型腔内喂入长度不等的杆料，也可间断地浇注液体料，使挤压工具升温，挤压腔各点的温度达到稳定挤压的要求，从开机到稳定挤压条件建立一般需 20~30min 左右的时间。稳定挤压条件建立阶段的挤压轮转速不要太快，以便使升温均匀，过程稳定。

在稳定挤压条件建立后，可进行稳定连续铸挤。为了保持稳定挤压条件，需要在挤压过程中对工具冷却，使挤压轮与槽封块间以及挤压内腔热量平衡。

根据试验结果表明：应根据挤压轮的转速、运转间隙、挤压比与冷却条件，严格地控制挤压温度。

C 挤压轮转速

在挤压比一定的情况下，挤压轮转速越高，单位时间内铝的变形量增大，产生的热量越多，而高温金属的热量又来不及通过工具散热，使整个系统温度比低速时高。为了保持稳定的挤压温度条件，当挤压轮转速高时，需加大冷却水流量，当挤压轮转速低时，则需减少冷却水流量，应根据料的浇注温度，挤压温度及冷却水的流量来确定挤压轮的转速。

D 挤压比

连续铸挤的挤压比概念，同连续挤压基本相同，在连续铸挤时，挤压比是指挤压型腔的断面积与制品的断面积之比；为了提高材料性能，当挤压模前存在微挤压筒时，挤压比是指微挤压筒的断面积与产品之比。挤压比大，则金属变形热增加，那么要保持稳定挤压时的温度条件，需加大冷却水的流量。

E 包角

挤压轮槽的包角采用90°与180°两种形式，试验结果表明：两种形式均可实现连续铸挤，制品的性能及表面质量基本相同。挤压轮槽的包角小，可以减少摩擦，电机的转矩变小，但需严格控制工艺条件；挤压轮槽包角大，工作区加长，可分为凝固靴段与挤压靴段，摩擦增大，电机的转矩变大，但是能比较好地控制工艺条件。

7.10.2.3 应用与发展方向

液态连续铸挤设备生产的产品范围基本与连续挤压设备相同，可以生产各种形式的复合材以及管、棒、线、型材，应用前景广阔。连续铸挤的类型如下所述。

A 管、棒、线、型材的连续铸挤

Castex 连续铸挤产品主要是铝及其合金的管棒型线材的生产，特别适合生产细长的产品。采用开展模挤压可以生产大型管材与型材。

铜材连续铸挤仍在研究之中，较铝材连续铸挤的难度大。Castex 连续铸挤机的形式有单轮单槽及单轮双槽两种。Castex 连续铸挤同连续铸轧一样对国民经济发展具有重要意义。目前东北大学正在研究连续铸挤 $\phi200mm$ 以上的大型导电管材以及连铸连挤技术。

B 铝包钢复合线的连续铸挤

铝包钢产品是发展电力、通讯广播及交通等工业的基础原料。目前国内外广泛采用固体作原料的 Conform 连续挤压法生产。现研究采用液体金属作为原料的 Castex 连续铸挤法，如图 7-15 所示，它比 Conform 连续挤压法更为先进。铝包钢复合线的主要用途：

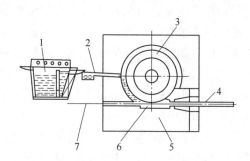

图 7-15 Castex 连续铸挤法生产复合线
1—液态金属保温炉（电磁泵）；2—流槽；3—挤压轮；4—复合线；
5—挤压靴；6—模具；7—钢丝

（1）作通讯广播线比镀铸架空线老产品具有强度高、耐腐蚀、传输频带宽的优点，广泛用于有线广播、电话、电报及图文传真等应用领域。

（2）作输送电导线。在电力工业中，现用的钢芯铝绞线作为输电线或架空线，其耐腐蚀性远不如铝包钢绞线，在发达国家将铝包钢复合线或铝包钢绞线作为芯线，外层用铝丝绞成的铝包钢芯铝绞线已成为钢芯铝绞线的换代产品。

（3）用铝包钢绞线作大跨越导线。采用铝包钢绞线作江河或高山之间无法立杆时的大跨越导线是一种其他材料难于替代的产品。

（4）铝包钢绞线作良导体地线，其优点为防雷击、过载能力强、瞬间过流时线路干扰小及屏蔽好。

（5）铝包钢线还可作电气机车滑道线、防雷导线特殊用途导线。

C 新型连续铸挤机的开发

随着冶金工业的发展，要不断开发研究适合其他有色金属材料生产的新设备。目前连续铸挤机是一体机，适合批量生产，为满足大批量生产，开发分体连续铸挤机，实现连铸——连挤，或称 Castex 铸挤机列，如图 7-16 所示。Castex 铸挤机列由熔炉、铸造机、Castex 铸挤机或 Conform 挤压机及卷取机等组成，此机列最大点就是较 Castex 单机生产率高。

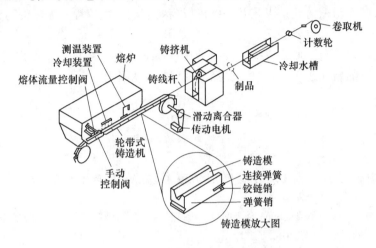

图 7-16　Castex 连续铸挤机列示意图

D　连续铸轧挤一体化加工成型技术

此成型技术将铸造、轧制及挤压技术合而为一，型成铸轧挤成型一体化、连续化。该装置由电机、行星轮减速机、齿轮机、主机及辅助装置构成，称为 CRE 铸轧挤一体机。主机由机架、铸造靴、轧辊、挤压成型靴、冷却系统及电控系统等组成，铸造靴由靴体和封闭槽块及冷却系统组成，并与轧辊凹槽构成动态铸造型腔；双轧辊由带冷却系统组合式结构的凸凹辊构成；挤压成型靴由带冷却的靴体、模座与模具、挡料块等构成，如图 7-17 所示。

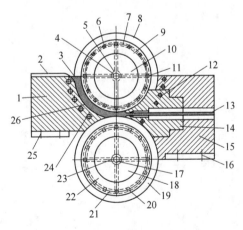

图 7-17　铝合金连续铸轧挤一体化技术

1—铸挤靴；2—流槽；3—液体金属；4—冷却水出水通道；5—凹辊出水通道；6—凹辊冷却水孔；
7—环形冷却水通道；8—凹辊；9—凹辊套；10—转动轴；11—凹辊冷却水通道；12—模具冷却水孔；
13—制品；14—挤压模具；15—挤压成型装置；16—成型装置固定螺栓；17—凸辊进水通道；
18—凸辊转动轴；19—凸辊；20—凸辊冷却水孔；21—凸辊冷却水通道；22—凸辊套；
23—凸辊冷却水出水通道；24—铸挤靴冷却水孔；25—铸挤靴固定螺栓；26—铸挤型腔

　　其工艺特点是动态铸造型腔为轧制提供坯料，在铸挤摩擦力作用下，将坯料推进轧辊孔型中进行轧制，由轧制变形而产生的挤压力，使坯料在成型靴内发生塑性变形挤出模孔成型，形成铸轧挤一体化先进工艺及装置，可应用于高品质导电铝、镁合金、锌合金、锡合金等材料成型。新型铸轧挤工艺及一体机属高效节能，短流程，无污染的先进技术，对于有色金属工业生产有重要意义。

　　综上所述，在冶金工业、电线电缆行业中，Castex 连续铸挤技术有广阔的应用前景，是亟待开发研究的新课题。它将对国民经济发展有重要作用。

思考练习题

7-1　确定锭坯尺寸的原则是什么，挤压比如何确定？

7-2　如何确定挤压速度与挤压温度，挤压速度与挤压温度过高或过低会出现什么问题？

7-3　钢、钛挤压为什么采用玻璃润滑剂？

7-4　编制不锈钢棒、H62 黄铜管、6063 合金型材、钨棒挤压工艺、确定工艺参数以及所需设备。

7-5　叙述挤压裂纹的形成原因与消除方法。

7-6　叙述管材偏心的产生的原因。

7-7　什么是定向偏心与不定向偏心，形成的原因？

7-8　叙述挤压产品常规缺陷及质量控制。

7-9　连续挤压与连续铸挤区别与特点为何？

7-10　明确阐述 Conform 连续挤压生产方式及工艺参数。

7-11　叙述 Castes 连续铸挤工艺流程及工艺参数的控制。

7-12　简述新型连续铸挤设备及铸轧挤加工成型一体化设备的开发。

第二篇

金属拉拔

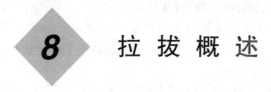

8 拉拔概述

8.1 拉拔基本概念

8.1.1 拉拔

金属坯料在外加拉力作用下，使其通过模孔以获得与模孔截面尺寸、形状相同的制品的塑性加工方法称之为拉拔。拉拔是管材、棒材、型材以及线材的主要生产方法之一。

8.1.2 拉拔分类

按制品截面形状，拉拔可分为实心材拉拔与空心材拉拔。

8.1.2.1 实心材拉拔

实心材拉拔主要包括棒材、型材及线材的拉拔，如图 8-1 所示。图 8-1（a）为整体模拉拔；图 8-1（b）为两辊模拉拔；图 8-1（c）为 4 辊模拉拔。

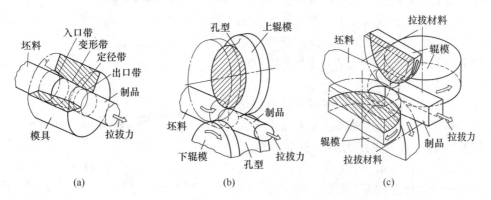

图 8-1　棒材、型材及线材的拉拔示意图

8.1.2.2 空心材拉拔

空心材拉拔主要包括圆管及异型管材的拉拔，对于空心材拉拔有如图 8-2 所示的几种

基本方法。

（1）空拉。拉拔时，管坯内部不放芯头，即无芯头拉拔，主要是以减小管坯的外径为目的，如图 8-2（a）所示。拉拔后的管材壁厚一般会略有变化，壁厚或者增加，或者减小。经多次空拉的管材，内表面粗糙，严重时会产生裂纹。空拉法适用于小直径管材、异型管材、盘管拉拔以及减径量很小的减径与整形拉拔。

（2）长芯杆拉拔。将管坯自由地套在表面抛光的芯杆上，使芯杆与管坯一起拉过模孔，以实现减径和减壁，此法称之为长芯杆拉拔，芯杆的长度应略大于拉拔后管材的长度，拉拔一道次之后，需要用脱管法或滚轧法取出芯杆，长芯杆拉拔如图 8-2（b）所示。长芯杆拉拔的特点是道次加工率较大，可达 63%，但由于需要准备许多不同直径的长的芯杆和增加脱管工序，通常在生产中很少采用，它适用于薄壁管材以及塑性较差的钨、钼管材的生产。

（3）固定芯头拉拔。拉拔时将带有芯头的芯杆固定，管坯通过模孔实现减径或减壁，如图 8-2（c）所示。固定芯头拉拔的管材内表面质量比空拉的要好，此法在管材生产中应用的最广泛，但拉拔细管比较困难，而且不能生产长管。

（4）游动芯头拉拔。在拉拔过程中，芯头不固定在芯杆上，而是靠本身的外形建立起来的力平衡被稳定在模孔中，如图 8-2（d）所示。游动芯头拉拔是管材拉拔较为先进的一种方法，非常适用于长管和盘管生产，对于提高拉拔生产率、成品率和管材内表面质量极为有利。但是与固定芯头拉拔相比，游动芯头拉拔的难度较大，工艺条件和技术要求较高，配模有一定限制，故不可能完全取代固定芯头拉拔。

（5）顶管法。顶管法又称艾尔哈特法，将芯杆套入带底的管坯中，操作时管坯连同芯杆一同由模孔中顶出，从而对管坯进行加工，如图 8-2（e）所示。在生产难熔金属和贵金属短管材时常用此种方法，它也适合于生产 $\phi 300 \sim 400mm$ 以上的大直径管材。

（6）扩径拉拔。管坯通过扩径后，直径增大，壁厚和长度减小，这种方法主要是由于受设备能力限制，不能生产大直径的管材时采用，如图 8-2（f）所示。

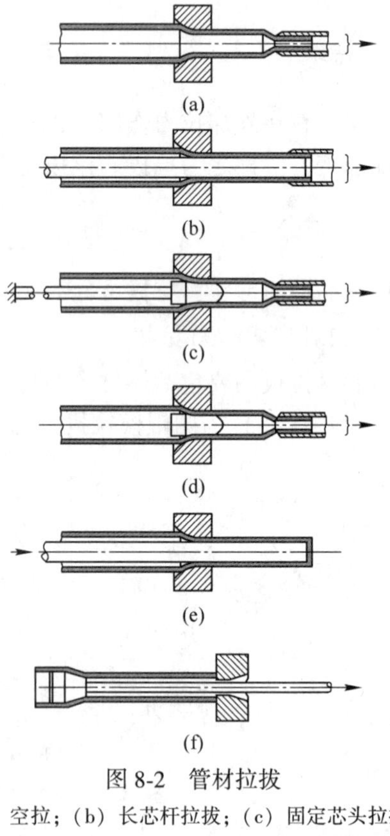

图 8-2　管材拉拔

（a）空拉；（b）长芯杆拉拔；（c）固定芯头拉拔；
（d）游动芯头拉拔；（e）顶管法；（f）扩径拉拔

拉拔一般皆在冷状态下进行，但是对一些在常温下强度高，塑性差的金属材料，如某些合金钢和钼、铍、钨等，则采用温拔和热拔。此外，对于具有六方晶格的锌、镁合金，为了提高其塑性，也需采用温拔。

8.2 拉拔的特点

拉拔相比其他压力加工方法具有如下特点：

（1）拉拔制品的尺寸精确、表面光洁。

（2）最适合于连续高速生产断面非常小的长的制品。铜、铝线的直径最细可达 $\phi 10\mu m$，而用特殊方法拉拔的不锈钢丝最细可达 $\phi 0.5\mu m$。拉拔的管材的壁厚最薄达 $0.5\mu m$。

（3）拉拔生产的工具与设备简单，维护方便。在一台设备上可以生产多种规格和品种的制品。

（4）坯料拉拔道次变形量和两次退火间的总变形量受到拉应力的限制。一般道次断面加工率在 20%~60% 以下，过大的道次加工率将导致拉拔制品的尺寸、形状不合格，甚至频繁地被拉断。这就使得拉拔道次、制作夹头，退火及酸洗等工序繁多，成品率较低。

8.3 拉拔变形指数

拉拔时坯料发生变形，原始形状和尺寸将改变。不过，金属塑性加工过程中变形体的体积实际上是不变的。

以 F_Q、L_Q 表示拉拔前金属坯料的断面积及长度，F_H、L_H 表示拉拔后金属制品的断面积及长度。根据体积不变条件，可以得到主要变形指数和它们之间的关系式。

8.3.1 变形指数

（1）延伸系数 λ，表示拉拔一道次后金属材料的长度增加的倍数或拉拔前后横断面的面积之比，即

$$\lambda = L_H/L_Q = F_Q/F_H \tag{8-1}$$

（2）相对加工率（断面减缩率）ε，表示拉拔一道次后金属材料横断面面积缩小值与其原始值之比，通常以百分数表示，即

$$\varepsilon = (F_Q - F_H)/F_Q \tag{8-2}$$

（3）相对延伸率 μ，表示拉拔一道次后金属材料长度增量与原始长度之比，通常以百分数表示，即

$$\mu = (L_H - L_Q)/L_Q \tag{8-3}$$

（4）积分（对数）延伸系数 i，这一指数等于拉拔道次前后金属材料横断面积之比的自然对数，即

$$i = \ln(F_Q/F_H) = \ln\lambda \tag{8-4}$$

8.3.2 变形指数间的关系

拉拔时的变形指数之间的关系，即：

$$\lambda = 1/(1 - \varepsilon) = 1 + \mu = e^i \tag{8-5}$$

各变形指数之间的关系，如表 8-1 所示。

表 8-1 变形指数之间的关系

变形指数	变量符号	变形指数						
		用直径 D_Q、D_H 表示	用截面积 F_Q、F_H 表示	用长度 L_Q、L_H 表示	用延伸系数 λ 表示	用加工率 ε 表示	用延伸率 μ 表示	用断面减缩系数 ψ 表示
延伸系数	λ	$\dfrac{D_Q^2}{D_H^2}$	F_Q/F_H	L_H/L_Q	λ	$\dfrac{1}{1-\varepsilon}$	$1+\mu$	$\dfrac{1}{\psi}$
加工率	ε	$\dfrac{D_Q^2-D_H^2}{D_Q^2}$	$\dfrac{F_Q-F_H}{F_Q}$	$\dfrac{L_H-L_Q}{L_H}$	$\dfrac{\lambda-1}{\lambda}$	ε	$\dfrac{\mu}{1+\mu}$	$1-\psi$
延伸率	μ	$\dfrac{D_Q^2-D_H^2}{D_H^2}$	$\dfrac{F_Q-F_H}{F_H}$	$\dfrac{L_H-L_Q}{L_Q}$	$\lambda-1$	$\dfrac{\varepsilon}{1-\varepsilon}$	μ	$\dfrac{1-\psi}{\psi}$
断面减缩系数	ψ	D_H^2/D_Q^2	F_H/F_Q	L_Q/L_H	$1/\lambda$	$1-\varepsilon$	$\dfrac{1}{1+\mu}$	ψ

8.4 实现拉拔过程的基本条件

拉拔不同于挤压、轧制、锻造等成型加工过程，它是借助于在被加工金属坯料的前端施以拉力实现的，此拉力称之为拉拔力。拉拔力与被拉金属出模口处的横断面积之比称为单位拉拔力即是拉拔应力，实际上拉拔应力就是变形区末端的纵向应力。

8.4.1 拉拔基本条件

拉拔应力应小于金属出模口的屈服强度。如果拉拔应力过大，超过金属出模口的屈服强度，则可引起制品出现细颈，甚至拉断。因此，拉拔时一定要遵守下列条件：

$$\sigma_L = \frac{P_L}{F_L} > \sigma_s \tag{8-6}$$

式中 σ_L——作用在被拉金属出模口横断面上的拉拔应力；

　　　　P_L——拉拔力；

　　　　P_L——被拉金属出模口横断面积；

　　　　σ_s——金属出模口后的变形抗力。

对有色金属来说，由于变形抗力 σ_s 不明显，确定困难，加之金属在加工硬化后与其抗拉强度 σ_b 相近，故亦可表示为 $\sigma_L < \sigma_b$。

8.4.2 拉拔安全系数

8.4.2.1 安全系数与制品的关系

被拉金属出模口的抗拉强度 σ_b 与拉拔应力 σ_L 之比称为安全系数 K，即

$$K = \frac{\sigma_b}{\sigma_L} \tag{8-7}$$

所以，实现拉拔过程的基本条件是 $K>1$，安全系数与被拉金属的直径、状态（退火或硬化）以及变形条件（温度、速度、反拉力等）有关。一般 K 在 1.40~2.00 之间，即

$\sigma_L = (0.7\sim0.5)\sigma_b$，如果 $K<1.4$，则由于加工率过大，可能出现断头、拉断等。当 $K>2.0$ 时，则表示道次加工率不够大，未能充分利用金属的塑性。制品直径越小，壁厚越薄，K 值应越大。这是因为随着制品直径的减小、壁厚的变薄以及被拉金属对表面的微裂纹缺陷、设备的振动以及速度的突变等因素的敏感性增加，因而 K 值相应增加。

安全系数 K 与制品品种、直径的关系见表 8-2 所示。

表 8-2　金属拉拔时的安全系数

拉拔制品的品种与规格	厚壁管材、型材及棒材	薄壁管材和型材	不同直径的线材/mm				
			>1.0	1.0~0.4	0.4~0.1	0.10~0.05	0.05~0.015
安全系数 K	>1.35~1.4	1.6	≥1.4	≥1.5	≥1.6	≥1.8	≥2.0

对钢材来说，变形抗力 σ_s 的确定也不很方便，σ_s 是变量，它取决于变形的大小。一般来说，习惯采用拉拔钢材头部的断面强度（即拉拔前材料的强度极限）确定拉拔必要条件较为方便，实际上拉拔条件的被破坏主要是断头的问题。因此，在配模计算时拉拔应力 σ_L 的确定，主要根据实际经验取 $\sigma_L < (0.8\sim0.9)\sigma_b$，安全系数 $K>1.1\sim1.25$。

8.4.2.2　成盘拉拔安全系数

游动芯头拉拔预直线拉拔的区别在于：管材在卷筒上弯曲过程中，承受负荷的不仅是横断面，还有纵断面。每道次拉拔的最大加工率受管材横断面和纵断面允许应力值的限制。与此同时，在卷筒反力的作用下，管材横断面形状可能产生畸变，由圆形变成近似椭圆。

从管材与卷筒接触处开始，在管材横断面上产生拉拔应力与弯曲应力的叠加，在弯曲管材的不同断面及同一断面的不同处，应力均不同。在管材与卷筒开始接触处，断面外层边缘的拉应力达到极大值。此时实现拉拔过程的基本条件发生变化，安全系数 K 值为

$$K = \frac{\sigma_b}{\sigma_L + \sigma_W} \tag{8-8}$$

式中　σ_W——最大弯曲应力。

因此，成盘拉管的道次加工率必须小于直线拉拔的道次加工率，弯曲应力 σ_W 随卷筒直径的减小而增大。

用经验公式可计算卷筒的最小直径，即

$$D \geq 100\frac{d}{s} \tag{8-9}$$

式中　d——拉拔后管材外径；
　　　s——壁厚（拉拔后）。

8.5　拉拔历史与发展趋向

8.5.1　拉拔历史

拉拔具有悠久的历史，在公元前 20~30 世纪就出现了把金块锤锻后通过小孔，用手工拉制成细金丝的加工，并发现了在同一时期类似拉线模的东西。公元前 15~17 世纪，

在亚述（Assyria）、巴比伦、腓尼基等进行了各种贵金属的拉线，并把这些贵金属线用于装饰品。公元 8~9 世纪，能制各种金属线。公元 12 世纪，有锻线工与拉线工之分，前者是通过锤锻，后者是通过拉拔制线材，人们认为就是从这个时候起确立了拉拔加工。

公元 13 世纪中叶，德国首先制造了水力拉线机，并在世界上逐渐推广，直到 17 世纪才接近于现在的单卷筒拉拔机。1871 年出现了连续拉线机。

20 世纪 20 年代由韦森西贝尔（Weissenberg Siebel）发现反张力拉拔法，由于反张力的作用，使拉模的磨损大幅度减少，同时改善了制品的力学性能。在此时期拉拔模由铁模发展到合金钢模，到 1925 年克鲁伯（Krupp）公司研制成功硬质合金模。随着拉拔技术的不断进步，萨克斯（1929）和西贝尔（1927）两人以不同的观点，第一次确立了拉拔理论，此后拉拔理论得到不断的发展，尤其是新的研究方法（上界法、有限元法等）的开拓，计算机的发展，也使拉拔理论的研究推向一个新的阶段。

1955 年柯利斯托佛松（Christopherson）研究成功强制润滑拉拔法，可大幅度减小摩擦力和拉拔难加工材料，同时使拉模寿命明显延长。同年布莱哈（Blaha）和拉格勒克尔（lagencker）发展了超声波拉拔法，使拉拔力显著减小。

辊模拉拔法是 1956 年由五弓等研究成功的，可使材料表面的摩擦阻力大大减小，拉拔道次加工率增加，能明显改善拉拔材料的力学性能。

近几十年来，在研究许多新的拉拔方法的同时，展开了高速拉拔的研究，成功地制造了多模高速连续拉拔机、多线链式拉拔机和圆盘拉拔机。高速拉线机的拉拔速度达到 80m/s；圆盘拉拔机可生产 $\phi 40 \sim 50$mm 以下的管材，最大圆盘直径为 ϕ3m，拉拔速度可达 25m/s，最大管长为 6000m 以上；多线链式拉拔机一般可自动供料、自动穿模、自动套芯杆、自动咬料和挂钩、管材自动下落以及自动调整中心。另外，还有管棒材成品连续拉拔矫直机列，在该机列上实现了拉拔、矫直、抛光、切断、退火以及探伤等。

拉拔产品的产量在逐年增加，产品的品种和规格也在不断增多，例如用拉拔技术可以生产直径大于 ϕ500mm 的管材，也可以拉制出 ϕ0.002mm 的细丝，而且性能合乎要求，表面质量好，拉拔制品被广泛应用在国民经济各个领域。

8.5.2　拉拔技术发展趋向

根据拉拔技术的发展与现状，目前仍要围绕下列问题展开研究：

（1）拉拔装备的自动化、连续化与高速化。

（2）扩大产品的品种、规格，提高产品的精度，减少制品缺陷。

（3）提高拉拔工具的寿命。

（4）新的润滑剂及润滑技术的研究。

（5）发展新的拉拔技术与理论的研究，达到节能、节材、提高产品质量和生产率的目的。

（6）拉拔生产工艺过程的优化与智能化。

思考练习题

8-1 什么是拉拔？同其他方法比较有什么优缺点？

8-2 拉拔类型有几种？各有什么特点？

8-3 请说明拉拔变形指数。

8-4 请说明实现拉拔过程的基本条件以及安全系数 K 的定义。

8-5 需要比管坯大的管材采用什么方法生产？画图说明。

8-6 请说明游动芯头成盘拉拔与直线拉拔区别。

8-7 叙述拉拔发展历史与发展趋势。

9 拉拔理论基础

9.1 棒材拉拔应力与变形

9.1.1 应力与变形状态

拉拔时，变形区中的金属所受的外力有：拉拔力 P，受模壁的正压力 N 和摩擦力 T，如图 9-1 所示。

拉拔力 P 作用在被拉棒材的前端，它在变形区引起主拉应力 σ_1，正压力与摩擦力作用在棒材表面上，它们是由于棒材在拉拔力作用下，在通过模孔时，模壁阻碍金属运动所形成的。正压力的方向垂直于模壁，摩擦力的方向平行于模壁且与金属的运动方向相反。摩擦力的数值可由库仑摩擦定律求出。

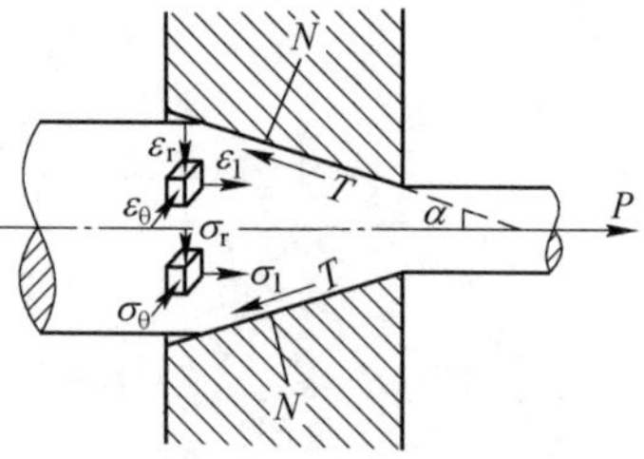

金属在拉拔力、正压力和摩擦力的作用下，变形区的金属基本上处于两向压（σ_r，σ_θ）和一向拉（σ_1）的

图 9-1 拉拔时的受力与变形状态

应力状态。由于被拉金属是实心圆形棒材，应力呈轴对称应力状态，即 $\sigma_r = \sigma_\theta$。变形区中金属所处的变形状态为两向压缩（ε_r，ε_θ）和一向拉伸（ε_1），如图 9-1 所示。

9.1.2 变形区金属流动特点

为了研究金属在锥形模孔内的变形与流动规律，通常采用网格法和计算机模拟法。图 9-2 是采用网格法所获得在锥形模孔内圆断面实心棒材的坐标网格变化示意图，通过对坐标网格在拉拔前后的变化分析，得出下述规律。

9.1.2.1 纵向网格变化

拉拔前在轴线上的正方形格子 A 拉拔后变成矩形，内切圆变成正椭圆，其长轴和拉拔方向一致。由此可见，金属轴线上的变形是沿轴向延伸，在径向和周向上被压缩。

拉拔前在周边层的正方形格子 B 拉拔后变成平行四边形，在纵向上被拉长，径向上被压缩，方格的直角变成锐角和钝角。其内切圆变成斜椭圆，它的长轴线与拉拔轴线相交成 β 角，这个角度由入口端向出口端逐渐减小。由此可见，在周边上的格子除受到轴向拉长，径向和周向压缩外，还发生了剪切变形 γ。产生剪切变形的原因是由于金属在变形区中受到正压力 N 与摩擦力 T 的作用，而在其合力 R 方向上产生剪切变形，沿轴向被拉长，椭圆形的长轴（5-5，6-6，7-7，8-8，9-9 等）不与（1-2-3-4）线相重合，而是与模孔中心线（x-x）构成不同的角度，这些角度由入口到出口端逐渐减小。

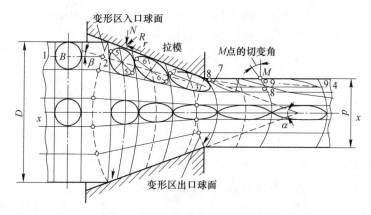

图 9-2 拉拔圆棒时断面网格的变化

9.1.2.2 横向网格的变化

在拉拔前，网格横线是直线，自进入变形区开始变成凸向拉拔方向的弧形线，表明平的横断面变成凸向拉拔方向的球形面。由图 9-2 可见，这些弧形的曲率由入口到出口端逐渐增大，到出口端后保持不再变化。这说明在拉拔过程中周边层的金属流动速度小于中心层的，并且随模角、摩擦系数增大，这种不均匀流动更加明显。拉拔后往往在棒材后端面所出现的凹坑，就是由于周边层与中心层金属流动速度差造成的结果。

由网格还可看出，在同一横断面上椭圆长轴与拉拔轴线相交成 β 角，并由中心层向周边层逐渐增大，这说明在同一横断面上剪切变形不同，周边层的变形大于中心层。

综上所述，圆形实心材拉拔时，周边层的实际变形要大于中心层。这是因为在周边层除了延伸变形之外，还包括弯曲变形和剪切变形。

观察网格的变形可证明上述结论，如图 9-3 所示。

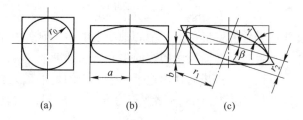

图 9-3 拉拔时方网格的变化

(a) 变形前正方形格；(b) 变形后轴线处的 A 格；(c) 变形后边部的 B 格

对正方形 A 格子来说，由于它位于轴线上，不发生剪切变形，所以延伸变形是它的最大主变形，即

$$\varepsilon_{1A} = \ln \frac{a}{r_0} \tag{9-1}$$

压缩变形为

$$\varepsilon_{2A} = \ln \frac{b}{r_0} \tag{9-2}$$

式中 a ——变形后格子中正椭圆的长半轴；

b ——变形后格子中正椭圆的短半轴；

r_0——变形前格子的内切圆的半径。

对于正方形 B 格子来说，有剪切变形，其延伸变形为：

$$\varepsilon_{1B} = \ln \frac{r_{1B}}{r_0} \tag{9-3}$$

压缩变形为：

$$\varepsilon_{2B} = \ln \frac{r_{2B}}{r_0} \tag{9-4}$$

式中 r_{1B}——变形后 B 格子中斜椭圆的长半轴；

r_{2B}——变形后 B 格子中斜椭圆的短半轴。

同样，对于相应断面上的 n 格子（介于 A，B 格子中间）来说，延伸变形为：

$$\varepsilon_{1n} = \ln \frac{r_{1n}}{r_0} \tag{9-5}$$

压缩变形为

$$\varepsilon_{2n} = \ln \frac{r_{2n}}{r_0} \tag{9-6}$$

式中 r_{1n}——变形后 n 格子中斜椭圆的长半轴；

r_{2n}——变形后 n 格子中斜椭圆的短半轴。

由实测得出，各层中椭圆的长、短轴变化情况为：

$$r_{1B} > r_{1n} > a$$
$$r_{2B} < r_{2n} < b$$

对上述关系都取主变形，则有：

$$\ln \frac{r_{1B}}{r_0} > \ln \frac{r_{1n}}{r_0} > \ln \frac{a}{r_0} \tag{9-7}$$

这说明拉拔后边部格子延伸变形最大，中心轴线上的格子延伸变形最小，其他各层相应格子的延伸变形介于二者之间，而且由周边向中心依次递减。

同样由压缩变形也可得出，拉拔后在周边上格子的压缩变形最大，而中心轴线上的格子压缩变形最小，其他各层相应格子的压缩变形介于二者之间，而且由周边向中心依次递减。

9.1.3　变形区的形状

9.1.3.1　变形区划分

根据棒材拉拔时的滑移线理论可知，假定模子是刚性体，通常按速度场把棒材变形分为三个区：Ⅰ区和Ⅲ区为非塑性变形区或称弹性变形区；Ⅱ区为塑性变形区，如图 9-4 所示。Ⅰ区与Ⅱ区的分界面为球面 F_1，而Ⅱ区与Ⅲ区分界面为球面 F_2。一般情况下，F_1 与 F_2 为两个同心球面，其半径分别为 r_1 和 r_2，原点为模子锥角顶点 O。因此，塑性变形区的形状为：模子锥面（锥角为 2α）和两个球面 F_1，F_2 所围成的部分。

另外，根据网格法试验也可证明，试样网格纵向线在进、出模孔发生两次弯曲，把它们各折点连起来就会形成两个同心球面。或者把网格开始变形和终了变形部分分别连接起

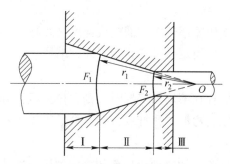

图 9-4　棒材拉拔时变形区的形状

来，也会形成两个球面。多数研究者认为两个球面与模锥面围成的部分为塑性变形区。

根据固体变形理论，所有的塑性变形皆在弹性变形之后，并且伴有弹性变形，而在塑性变形之后必然有弹性恢复，即弹性变形。因此，当金属进入塑性变形区之前肯定有弹性变形，在Ⅰ区内存在部分弹性变形区，若拉拔时存在后张力，那么Ⅰ区变为弹性变形区。当金属从塑性变形区出来之后，在定径区会观察到弹性后效作用，表现为对断面尺寸有少许的增大和网格的横线曲率有少许减小。因此，在正常情况下定径区也是弹性变形区。

处于拉拔过程的棒、线材的变形区可分为弹性区和塑性区。变形区在弹性变形区中。

9.1.3.2　弹性变形区

由于受拉拔条件的作用，在弹性变形区中，可能出现下述几种异常情况。

A　非接触直径增大

当无反拉力或反拉力较小时，在拉模入口处可以看到环形沟槽，这说明在该区出现了非接触直径增大的弹性变形区，如图 9-5 所示。

在非接触直径增大区内，金属表面层受轴向和径向压应力，而周向为拉应力。同时，仅发生轴向压缩变形，而径向和周向为拉伸变形。

坯料非接触直径增大的结果，使本道次实际的压缩率增加，入口端的模壁压力和摩擦阻力增大。由此而引起拉模入口端易过早磨损和出现环形沟槽。同时，随着摩擦力和模角增大及道次压缩率减小，金属的倒流量增多，从而拉模入口端环形沟槽的深度加深，导致使用寿命明显降低。同时，由沟槽中剥落下来的屑片还能使棒或线材表面出现划痕。

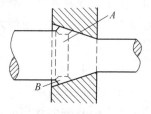

图 9-5　坯料的非接触直径增大
A—非接触直径增大区；
B—轴向应力和径向应力为压应力，
而周向应力为拉应力区

B　非接触直径减小

在带反拉力拉拔的过程中，会使拉模的入口端坯料直径在进入变形区以前发生直径变细，而且随着反拉力的增大，非接触直径减小的程度增加。因此，可以减小或消除非接触直径增大的弹性变形区。这样，该道次实际的道次压缩率将减小。

C　出口直径增大或缩小

在拉拔的过程中，坯料和拉模在力的作用下都将产生一定的弹性变形。因此，当拉拔力去除后，棒或线材的直径将大于拉模定径带的直径。一般随着线材断面尺寸和模角增大、拉拔速度和变形程度提高，以及坯料弹性模数和拉模定径带长度的减小，则棒或线材直径增大的程度增加。

但是，当摩擦力和道次压缩率较大，而拉拔速度又较高时，则变形热效应增加，从而棒或线材的出口直径会小于拉模定径带的直径，简称缩径。

D　纵向扭曲

当棒或线材沿长度方向存在不均匀变形时，则在拉拔后，沿其长度方向上会引起不均匀的尺寸缩短，从而导致纵向弯曲、扭拧或打结，会危害操作者的安全。

E　断裂

当坯料内部或表面有缺陷或加工硬化程度较高或拉拔力过大等使安全系数过低时，会在拉模出口弹性变形区内引起脆断。

9.1.3.3　塑性变形区

塑性变形区的形状与拉拔过程的条件和被拉金属的性质有关，如果被拉拔的金属材料或者拉拔过程的条件发生变化，那么变形区的形状也随之变化。在塑性变形区中，中心层与表面层金属变形是不均匀的。

A　中心层

金属主要产生压缩和延伸变形，而且中心层金属流动速度最快。这是因为中心层的金属受变形条件的影响比表面层小些。

B　表面层

表面层的金属除了发生压缩和延伸变形外，还产生剪切和附加弯曲变形。它们主要是由压缩应力、附加剪切应力和弯曲应力的综合作用引起的。

附加剪切变形程度随着与中心层距离的减小而减弱。另外，随着与中心层距离的增加，金属的流动速度逐渐减慢，在坯料表面达最小值。这是由于表面层金属所受的摩擦阻力最大。而且在摩擦力很大时，表面层可能变为黏着区。这样，就使原来是平齐的坯料尾端变成了凹形。

9.1.3.4　自然变形

在拉拔过程结束后，棒或线材经过长久存放或在使用过程中，随着残余应力的消失会逐渐改变自身的形状和尺寸，称为自然变形。

自然变形量的大小随不均匀变形程度的增加，即残余应力的增大而相应加大。这种自然变形是不利的，因而要求拉拔过程中要减小不均匀变形的程度。

9.1.3.5　变形区内应力的分布规律

根据用赛璐珞板拉拔时做的光弹性实验，变形区内的应力分布如图9-6所示。

A　应力沿轴向的分布规律

轴向应力 σ_1 由变形区入口端向出口端逐渐增大，即 $\sigma_{1r} < \sigma_{1ch}$，周向应力 σ_θ 及径向应力 σ_r 则从变形区入口端到出口端逐渐减小，即 $|\sigma_{\theta r}| > |\sigma_{\theta ch}|$，$|\sigma_{rr}| > |\sigma_{rch}|$。

轴向应力 σ_1 此种分布规律可以作如下的解释。在稳定拉拔过程中，变形区内的任一横断面在向模孔出口端移动时面积逐渐减小，而此断面与变形区入口端球面间的变形体积不断增大。为了实现塑性变形，通过此断面作用于变形体的 σ_1 亦必须逐渐增大。径向应力 σ_r 和周向应力 σ_θ 在变形区内的分布情况可由以下两方面得到证明：

（1）根据塑性方程式可得：

$$\sigma_1 - (-\sigma_r) = K_{zh}$$

$$\sigma_1 + \sigma_r = K_{zh} \tag{9-8}$$

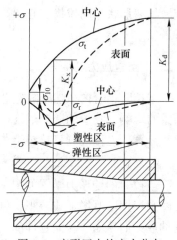

图 9-6　变形区内的应力分布

由于变形区内的任一断面的金属变形抗力可以认为是常数，而且在整个变形区内由于变形程度一般不大，金属硬化并不剧烈。这样，由上式可以看出，随着 σ_1 向出口端增大，σ_r 与 σ_θ 必然逐渐减小。

（2）在拉拔生产中观察模子的磨损情况发现，当道次加工率大时模子出口处的磨损比道次加工率小时要轻。

这是因为道次加工率大，在模子出口处的拉应力 σ_1 也大，而径向应力 σ_r 则小，从而产生的摩擦力和磨损也就小。

另外，还发现模子入口处一般磨损比较快，过早地出现环形槽沟。这也可以证明此处的 σ_r 值是较大的。

综上所述，可将 σ_1 与 σ_r 在变形区内的分布以及二者间的关系表示于图 9-7 中。

B　应力沿径向分布规律

径向应力 σ_r 与周向应力 σ_θ 由表面向中心逐渐减小，即 $|\sigma_{rw}| > |\sigma_{rn}|$ 和 $|\sigma_{\theta w}| > |\sigma_{\theta n}|$，而轴向应力 σ_1 分布情况则相反，中心处的轴向应力 σ_1 大，表面的 σ_1 小，即 $\sigma_{1n} > \sigma_{1w}$。

σ_r 及 σ_θ 由表面向中心层逐渐减小可作如下解释：在变形区，金属的每个环形的外面层上作用着径向应力 σ_{rw}，在内表面上作用着径向应力 σ_{rn}，而径向应力总是力图减小其外表面，距中心层愈远表面积愈大，因而所需的力就愈大，如图 9-8 所示。

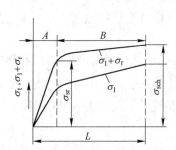

图 9-7　变形区内各断面上 σ_1 与 σ_r 间的关系

L—变形区全长；A—弹性区长；B—塑性区长；

σ_{sr}—变形前金属屈服强度；σ_{sch}—变形后金属屈服强度

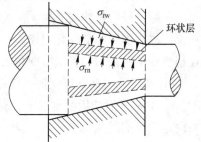

图 9-8　作用于塑性变形区环内、外表面上的径向应力

轴向应力 σ_1 在横断面上的分布规律同样亦可由前述的塑性方程式得到解释。另外，拉拔的棒材内部有时出现周期性中心裂纹也证明 σ_1 在断面上的分布规律。

9.2　管材拉拔应力与变形

拉拔管材与拉拔棒材最主要的区别是前者已失去轴对称变形的条件，这就决定了它的应力与变形状态同拉拔实心圆棒时的不同，其变形不均匀性、附加剪切变形和应力也皆有所增加。

9.2.1 空拉应力与变形

空拉时，管内虽然未放置芯头，但其壁厚在变形区内实际上常常是变化的，由于不同因素的影响，管子的壁厚最终可以变薄、变厚或保持不变。掌握空拉时的管子壁厚变化规律和计算，是正确制订拉拔工艺规程以及选择管坯尺寸所必需的。

9.2.1.1 空拉应力分布

空拉时的变形力学图如图 9-9 所示，主应力图仍为两向压、一向拉的应力状态，主变形图则根据壁厚增加或减小，可以是两向压缩、一向延伸或一向压缩、两向延伸的变形状态。

空拉时，主应力 σ_1、σ_r 与 σ_θ 在变形区轴向上的分布规律与圆棒拉拔时的相似，但在径向上的分布规律则有较大差别，其不同点是径向应力 σ_r 的分布规律是由外表面向中心逐渐减小，达管子内表面时为零。这是因为管子内壁无任何支撑物以建立起反作用力之故，管子内壁上为两向应力状态。周向应力 σ_θ 的分布规律则是由管子外表面向内表面逐渐增大，即 $|\sigma_{\theta w}| < |\sigma_{\theta n}|$。因此，空拉管时，最大主应力是 σ_1，最小主应力是 σ_θ，σ_r 居中（指应力的代数值）。

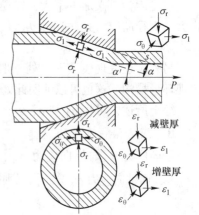

图 9-9 空拉管材时的应力与变形

9.2.1.2 空拉变形区的变形特点

空拉时变形区的变形状态是三维变形，即轴向延伸、周向压缩、径向延伸或压缩。由此可见，空拉时变形特点就在于分析径向变形规律，亦即在拉拔过程中壁厚的变化规律。

在塑性变形区内引起管壁厚变化的应力是 σ_1 与 σ_θ，它们的作用正好相反，在轴向拉应力 σ_1 的作用下，可使壁厚变薄，而在周向压应力 σ_θ 的作用下，可使壁厚增厚。那么在拉拔时，σ_1 与 σ_θ 同时作用的情况下，对于壁厚的变化，就要看 σ_1 与 σ_θ 哪一个应力起主导作用来决定壁厚的减薄与增厚。

根据金属塑性加工力学理论，应力状态可以分解为球应力分量和偏差应力分量，将空拉管材时的应力状态分解，有如下三种管壁变化情况，如图 9-10 所示。

由上述分解可以看出，某一点的径向主变形是延伸还是压缩或为零，主要取决于 $\sigma_r - \sigma_m$ 的代数值如何，其中：

$$\sigma_m = \frac{\sigma_1 + \sigma_r + \sigma_\theta}{3}$$

当 $\sigma_r - \sigma_m > 0$，亦即 $\sigma_r > \frac{1}{2}(\sigma_1 + \sigma_\theta)$ 时，则 ε_r 为正，管壁增厚。

当 $\sigma_r - \sigma_m = 0$，亦即 $\sigma_r = \frac{1}{2}(\sigma_1 + \sigma_\theta)$ 时，则 ε_r 为零，管壁厚不变。

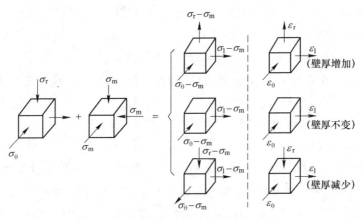

图 9-10 空拉管材时的应力状态分解

当 $\sigma_r - \sigma_m < 0$，亦即 $\sigma_r < \dfrac{1}{2}(\sigma_l + \sigma_\theta)$ 时，则 ε_r 为负，管壁变薄。

空拉时，管壁厚沿变形区长度上也有不同的变化，由于轴向应力 σ_l 由模子入口向出口逐渐增大，而周向应力 σ_θ 逐渐减小，则 $\dfrac{\sigma_\theta}{\sigma_l}$ 比值也是由入口向出口不断减小，因此管壁厚度在变形区内的变化是由模子入口处壁厚开始增加，达最大值后开始减薄，到模子出口处减薄最大，如图 9-11 所示。管子最终壁厚，取决于增壁与减壁幅度的大小。

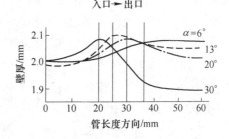

图 9-11 空拉 LD2 管材时变形区的
壁厚变化情况

（试验条件：管坯外径 $\phi 20.0mm$；
壁厚 2.0mm；拉后外径 $\phi 15.0mm$）

9.2.1.3 影响空拉时壁厚变化的因素

影响空拉时的壁厚变化因素很多，其中首要的因素是管坯的相对壁厚 s_0/D_0（s_0 为壁厚；D_0 为外径）及相对拉拔应力 $\sigma_l/\beta\,\overline{\sigma_s}$（$\sigma_l$ 为拉拔应力；$\beta = 1.155$；$\overline{\sigma_s}$ 为平均变形抗力），前者为几何参数，后者为物理参数，凡是影响拉拔应力 σ_l 变化的因素包括道次变形量、材质、拉拔道次、拉拔速度、润滑以及模子参数等工艺条件都是通过后者而起作用的。

A 相对壁厚的影响

对外径相同的管坯，增加壁厚将使金属向中心流动的阻力增大，从而使管壁增厚量减小。对壁厚相同的管坯，增加外径值，由于减小了"曲拱"效应而使金属向中心流动的阻力减小，从而使管坯经空拉后壁厚增加的趋势加强。当"曲拱"效应很大，即 s_0/D_0 值大时，则在变形区入口处壁厚也不增加，在同样情况下，沿变形区全长壁厚减薄。s_0/D_0 值大小对壁厚的影响尚不能准确地确定，它与变形条件和金属性质有关，因此 s_0/D_0 对壁厚的影响需通过实践确定。

过去人们一直认为，当 $s_0/D_0 = 0.17 \sim 0.2$ 时，管坯经空拉壁厚不变化，此值称为临界值；当 $s_0/D_0 > 0.17 \sim 0.2$ 时管壁减薄；当 $s_0/D_0 < 0.17 \sim 0.2$ 时管壁增厚。近些年来，国内的研究者对影响空拉管壁厚变化因素的研究作了大量的工作，研究结果表明，影

响空拉壁厚变化的因素应是管坯的径厚比以及相对拉拔应力，在生产条件下考虑两者联合影响所得到的临界系数 $D_0/s_0 = 3.6 \sim 7.6$，比沿用的 $D_0/s_0 = 5 \sim 6$（即 $s_0/D_0 > 0.17 \sim 0.2$）的范围宽。以紫铜及黄铜为试料研究的结果，当 $\sigma_1/\beta\overline{\sigma}_s = 0.3 \sim 0.8$ 时，临界值范围则应是 $D_0/s_0 = 3.6 \sim 7.6$，随试验条件的不同，可出现增壁、减壁或不变的情况，而当 $D_0/s_0 > 7.6$ 时，只出现增壁；当小于 3.6 时只有减壁。过去一直沿用的临界系数 $D_0/s_0 = 5 \sim 6$，忽视了其他工艺因素的影响，因此与实际生产的结果有所不同。

B 材质与状态影响

这一因素影响变形抗力 σ_s，摩擦系数以及金属变形时的硬化速率等。例如，采用 T2M、H62M 和 B30M 等不同牌号及不同状态（退火与不退火）的 T2 合金管子进行试验，三种合金的 D_0/s_0 分别为 11.86、11.54、11.54，空拉后管壁厚的相对增量分别为 7.90、6.80、3.80。退火和不退火 T2 合金管空拉时壁厚变化试验结果也表明，金属越硬，增壁趋势越弱。

C 道次加工率与加工道次的影响

道次加工率增大时，相对拉应力值增加，这使增壁空拉过程的增壁幅度减小，减壁空拉过程的减壁幅度增大。此外，当 $\varepsilon > 40\%$ 时，尽管 $D_0/s_0 > 7.6$，也能出现减壁现象，这是由于相对拉拔应力增大之故。因此，这一因素的影响是复杂的。

对于增壁空拉过程，多道次空拉时的增壁量大于单道次的增壁量。

对于减壁空拉过程，多道次空拉时的减壁量较单道次空拉时的减壁量要小。

D 润滑条件与模子几何参数及拉拔速度的影响

润滑条件的恶化、模角、定径带长度以及拉速增大均使相对拉拔应力增加。因此，导致增壁空拉过程的增壁量减小，而使减壁过程的减壁幅度加大。

9.2.1.4 空拉对纠正管子偏心的作用

在实际生产中，由挤压或斜轧穿孔法所生产出的管坯壁厚总会是不均匀的，严重的偏心将导致最终成品管壁厚超差而报废。在对不均匀壁厚管坯拉拔时，空拉能起自动纠正管坯偏心的作用，且空拉道次越多，效果就越显著。由表 9-1 可以看出衬拉与空拉时纠正管子偏心的效果。

表 9-1 H96 管衬拉与空拉时的管壁厚变化

道次	外径 /mm	衬 拉			空 拉		
		壁厚/mm	偏 心		壁厚/mm	偏 心	
			偏心值 /mm	与标准壁厚偏差/%		偏心值 /mm	与标准壁厚偏差/%
坯料	13.89	0.24~0.37	0.13	42.7	0.24~0.37	0.13	42.7
1	12.76	0.19~0.24	0.05	23.2	0.31~0.37	0.06	17.6
2	11.84	0.18~0.23	0.05	24.4	0.33~0.38	0.05	14.1
3	10.06	0.17~0.22	0.05	25.6	0.35~0.37	0.02	5.6
4	9.02	0.15~0.19	0.04	23.5	0.37~0.38	0.01	2.7
5	8	0.14~0.175	0.035	22.3	0.395~0.4	0.005	1.2

空拉能纠正管子偏心的原因可以做如下的解释。偏心管坯空拉时，假定在同一圆周上径向压应力 σ_r 均匀分布，则在不同的壁厚处产生的周向压应力 σ_θ 将会不同，厚壁处的 σ_θ 小于薄壁处的 σ_θ。因此，薄壁处要先发生塑性变形，即周向压缩，径向延伸，使壁增厚，轴向延伸；而厚壁处还处于弹性变形状态，那么在薄壁处，将有轴向附加压应力的作用，厚壁处受附加拉应力作用，促使厚壁处进入塑性变形状态，增大轴向延伸，显然在薄壁处减少了轴向延伸，增加了径向延伸，即增加了壁厚。因此，σ_θ 越大，壁厚增加得也越大，薄壁处在 σ_θ 作用下逐渐增厚，使整个断面上的管壁趋于均匀一致。

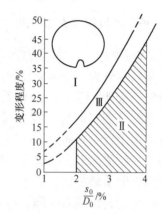

应指出的是，拉拔偏心严重的管坯时，不但不能纠正偏心，而且由于在壁薄处周向压应力 σ_θ 作用过大，会使管壁失稳而向内凹陷或出现皱褶。特别是当管坯 $s_0/D_0 \leqslant 0.04$ 时，更要特别注意凹陷的发生（见图9-12）。由图可知，出现皱褶不仅与 s_0/D_0 比值有关，而且与变形程度也有密切关系，该图中 I 区就是出现皱褶的危险区称为不稳定区。

图9-12　管坯 s_0/D_0 与临界变形量间的关系
I—不稳定区；II—稳定区；III—过渡区

另外，衬拉纠正偏心的效果与人们一般所想象的相反，没有空拉时的效果显著。因为在衬拉时径向压力 N 使 σ_r 值变大，妨碍了壁厚的调整，而衬拉之所以也能在一定程度上纠正偏心，看来主要是靠衬拉时的空拉段的作用。

9.2.2　固定短芯头拉拔应力与变形

这种拉拔方法由于管子内部的芯头固定不动，接触摩擦面积比空拉和拉棒材时都更大，故道次加工率较小。此外，此法难以拉制较长的管子。这主要是由于长的芯杆在自重作用下易产生弯曲，芯杆在模孔中难以固定在正确位置上。同时，长的芯杆在拉拔时弹性伸长量较大，易引起"跳车"，而造成管子上出现"竹节"的缺陷。

固定短芯头拉拔时，管子的应力与变形如图9-13所示，图中 I 区为空拉段，II 区为减壁段。在 I 区内管子应力与变形特点与管子空拉时一样。而在 II 区内，管子内径不变，壁厚与外径减小，管子的应力与变形状态同实心棒材拉拔应力与变形状态一样。在定径段，管子一般只发生弹性变形。固定短芯头拉拔管子所具有的特点包括：

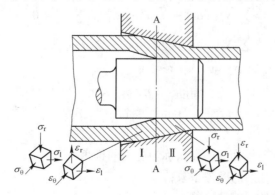

图9-13　固定短芯头拉拔时的应力与变形图

（1）芯头表面与管子内表面产生摩擦，其摩擦力的方向与拉拔方向相反，因而使轴向应力 σ_1 增加，拉拔力增大。

（2）管子内部有芯头支撑，因而其内壁上的径向应力 σ_1 不等于零。由于管子内层与外层的径向应力差值小，所以变形比较均匀。

9.2.3 长芯杆拉拔应力与变形

长芯杆拉拔管子时的应力和变形状态与固定短芯头拉拔时的基本相同，如图 9-14 所示，变形区亦分为三个部分，即空拉段 I，减壁段 II 及定径段 III。但是长芯杆拉拔也有其本身的特点，即管子变形时沿芯杆表面向后延伸滑动，故芯杆作用于管内表面上的摩擦力方向与拉拔方向一致。在此情况下，摩擦力不但不阻碍拉拔过程，反而有助于减小拉拔应力，继而在其他条件相同的情况下，拉拔力下降。与固定短芯头拉拔相比，变形区内的拉应力减少 30%～35%，拉拔力相应地减少 15%～20%。所以长芯杆拉拔时允许采用较大的延伸系数，并且随着管内壁与芯杆间摩擦系数增加而增大。通常道次延伸系数为 2.2，最大可达 2.95。

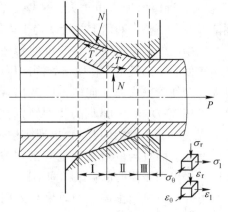

图 9-14 长芯杆拉拔时的应力与变形

9.2.4 游动芯头拉拔应力与变形

在拉拔时，芯头不固定，依靠其自身的形状和芯头与管子接触面之间力平衡保持在变形区中。在链式拉拔机上有时也用芯杆与游动芯头连接，但芯头不与芯杆刚性连接，使用芯杆所起的作用在于向管内导入芯头、润滑与便于操作。

9.2.4.1 芯头在变形区内的稳定条件

A 芯头在变形区内的平衡方程

游动芯头在变形区内的稳定位置取决于芯头上作用力的轴向平衡。当芯头处于稳定位置时，作用在芯头上的力如图 9-15 所示。其力的平衡方程为：

$$\sum N_1 \sin\alpha_1 - \sum T_1 \cos\alpha_1 - \sum T_2 = 0$$
$$\sum N_1 (\sin\alpha_1 - f\cos\alpha_1) = \sum T_2$$

(9-9)

由于 $\sum N_1 > 0$ 和 $\sum T_2 > 0$，故

$$\sin\alpha_1 - f\cos\alpha_1 > 0$$
$$\tan\alpha_1 > \tan\beta$$
$$\alpha_1 > \beta$$

(9-10)

式中 α_1——芯头轴线与锥面间的夹角称为芯头的锥角；

f——芯头与管坯间的摩擦系数；

β——芯头与管坯间的摩擦角。

B 实现游动芯头拉拔的基本条件

游动芯头锥面与轴线之间的夹角 α_1 必须大于芯头与管坯间的摩擦角 β，即 $\alpha_1 > \beta$。它是芯头稳定在变形区内的条件之一。若不符合此条件，芯头将被深深地拉入模孔，造成断管或被拉出模孔。

为了实现游动芯头拉拔，还应满足 $\alpha_1 \leqslant \alpha$，即游动芯头的锥角 α_1 小于或等于拉模的模角 α，它是芯头稳定在变形区内的条件之二，若不符合此条件，在拉拔开始时，芯头上尚未建立起与 $\sum T_2$ 方向相反的推力之前，使芯头向模子出口方向移动挤压管子造成拉断。

另外，游动芯头轴向移动有一定的限度。芯头向前移动超出前极限位置，其圆锥段可能切断管子；芯头后退超出后极限位置，则将使其游动芯头拉拔过程失去稳定性。轴向上的力发生变化会使芯头在变形区内往复移动，使管子内表面出现明暗交替的环纹。

9.2.4.2 游动芯头拉拔时管子变形区特征

A 变形区划分

游动芯头处于稳定拉拔时，管子在变形区的变形过程与一般衬拉不同，变形区可分 6 部分，如图 9-16 所示。

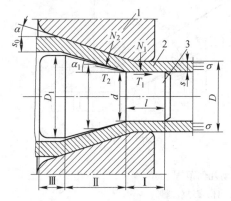

图 9-15 游动芯头拉管时在变形区内的作用力
Ⅰ—定径圆柱段；Ⅱ—圆锥段；Ⅲ—后圆柱段
1—拉拔模；2—管材；3—游动芯头；

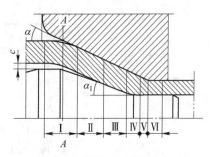

图 9-16 游动芯头拉拔时的变形区

（1）非接触变形区Ⅰ。在此区管子内表面不与芯头接触，在实际计算一般忽略此区而假定变形从 A—A 断面开始。

（2）空拉区Ⅱ。在该区最终断面上管坯内壁开始与芯头接触，当管材与芯头的间隙 C 相等和其他条件相同时，游动芯头拉拔时的空拉区长度比固定短芯头的要长，故管坯增厚量也较大，此区的受力及变形特点与空拉管的相同。空拉区的长度随芯头锥角 α_1 及间隙 C 的增大而增大，可近似地用下式确定：

$$L_1 = \frac{C}{\tan\alpha - \tan\alpha_1} \tag{9-11}$$

（3）减径区Ⅲ。管子在该区进行较大的减径，同时也有减壁，减壁量大致等于空拉区壁厚增量。因此，可以近似地认为该区最终断面处管子壁厚与拉拔前的管子壁厚一致相同。

（4）第二次空拉区Ⅳ。管子由于拉应力方向的改变而稍微离开芯头表面。

（5）减壁区Ⅴ。主要实现壁厚减薄变形。

（6）定径区Ⅵ。管子只产生弹性变形，该区的作用在于规整管材各形状和尺寸。

变形区的划分，可从磨损后芯头表面状况得到验证。芯头磨损主要圆锥和定径圆柱面上靠近交接线的区域，柱面磨损的更为严重。圆锥、圆柱面交接不良，如有凹沟的芯头能正常使用，凹沟处不产生显著的金属黏着，并能保留润滑油，也由此亦证实Ⅳ区的存在。

在拉拔过程中，由于外界条件变化，芯头的位置以及变形区各部分的长度和位置也将改变，甚至有的区可能消失。例如，芯头在后极限位置时，Ⅴ区增长，Ⅲ，Ⅳ区消失。芯头在前极限位置时，Ⅲ区增长，Ⅴ区消失。芯头向前移动超出前极限位置，其圆锥段可能切断管材；芯头后退超出后极限位置，不能实现游动芯头拉拔。

B　芯头轴向移动几何范围的确定

芯头在前、后极限位置之间的移动量，称为芯头轴向移动几何范围，以 I_j 表示，如图 9-17 所示。

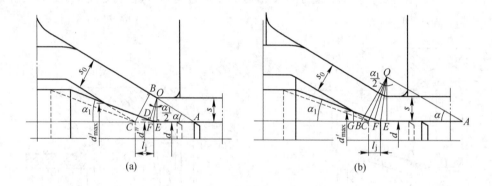

图 9-17　芯头轴向移动几何范围

（a）拉模无过渡圆弧；（b）拉模有过渡圆弧

芯头在前极限位置时，$OD = OE = s$，如图 9-17（a）所示；

芯头在后极限位置时，$BC = s_0$，如图 9-17（a）虚线所示。

$$I_j = s \frac{\dfrac{s_0}{s} - \cos\alpha}{\sin\alpha} - s\tan\frac{\alpha_1}{2} \tag{9-12}$$

或

$$I_j = \frac{s_0\cos\dfrac{\alpha_1}{2} - s\cos\left(\alpha - \dfrac{\alpha_1}{2}\right)}{\sin\alpha\cos\dfrac{\alpha_1}{2}} \tag{9-13}$$

如果拉模压缩带与工作带交接处有一过渡圆弧 r，如图 9-17（b）所示，则

$$I_{j} = \frac{(s_0 + r)\cos\dfrac{\alpha_1}{2} - (s + r)\cos\left(\alpha - \dfrac{\alpha_1}{2}\right)}{\sin\alpha\cos\dfrac{\alpha_1}{2}} \qquad (9\text{-}14)$$

芯头在前极限位置时，管材与芯头圆锥段开始接触处的芯头直径为

$$d'_{max} = 2\left[(s + r)\tan\frac{\alpha_1}{2} + \frac{s - s_0}{\tan(\alpha - \alpha_1)}\right]\sin\alpha_1 + d$$

管材与芯头圆锥面最终接触处的芯头直径为

$$d'' = 2(s + r)\tan\frac{\alpha_1}{2}\sin\alpha_1 + d \qquad (9\text{-}15)$$

芯头轴向移动几何范围，是表示游动芯头拉管过程稳定性的基本指数。该范围愈大，则愈容易实现稳定的拉管过程，即指芯头在前、后极限位置之间轴向移动的正常拉管过程。

9.2.5　管材压拉扩径的应力与变形

扩径是一种用小直径的管坯生产大直径管材的方法，扩径有两种方法：压入扩径与拉拔扩径，如图 9-18 所示。

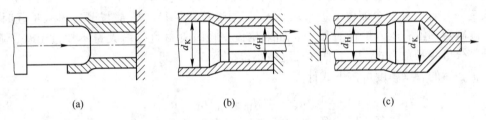

图 9-18　扩径制管材的方法
（a）挤压入扩径；（b）拉压入扩径；（c）拉拔扩径

A　压入扩径法

压入扩径法有两种方法，一种为从固定芯头的芯杆后部施加挤压力，进行扩径成型，称之挤压入扩径法，如图 9-18（a）所示；另一种方法是采用带有芯头的芯杆固定到拉拔机小车的钳口中，把它拉过装在托架上的管子的内部，进行扩径成型，称之拉压入扩径法，如图 9-18（b）所示。两种扩径法受力状态基本相同，因此统称为压入扩径法，可在压力机或拉拔机上进行管材扩径。

压入扩径法适合大而短的厚壁管坯，若管坯过长，在扩径时容易产生失稳。通常管坯长度与直径之比不大于 10。为了在扩径后较容易地由管坯中取出芯杆，它应有不大的锥度，在 3000mm 长度上斜度为 1.5~2mm。对于直径 200~300mm，壁厚 10mm 的紫铜管坯，每一次扩径可使管坯直径增加 10~15mm。

压入扩径时，变形区金属的应力状态是纵向、径向两个压应力（σ、σ_r）和一个周向拉应力（σ_θ）如图 9-19 所示。这时，径向应力在管材内表面上具有最大值，在管材外表面上减小到零。

用压入法扩径时，管材直径增大，同时管壁减薄，管长减短。因此，在这一过程中发生一个伸长变形（ε_θ）和两个缩短变形（ε、ε_1）。

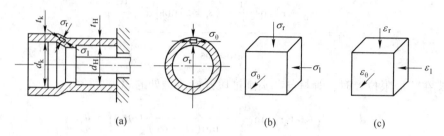

图 9-19　压入扩径法制管时的应力与变形

（a）变形区；（b）应力图；（c）变形图

　　B　拉拔扩径法

　　拉拔扩径法适合于小断面的薄壁长管扩径生产。可在普通链式拉床上进行。扩径时首先将管端制成数个楔形切口，把得到的楔形端向四周掰开形成漏斗，以便把芯头插入。然后把掰开的管端压成束，形成夹头，将此夹头夹入拉拔小车的夹钳中进行拉拔。此法不受管子的直径和长度的限制。

　　拉拔扩径时金属应力状态为（图 9-20）两个拉应力（σ_θ、σ_1）和一个压应力（σ_r），后者由管材内表面上的最大值减小到外表面上的零。这一过程中的管壁厚度和管材长度，与应入扩径法一样也减小。因此，应力状态虽然变了，变形状态却不变，其特征仍是一个伸长变形（ε_θ）和两个缩短变形（ε_r、ε_1）。不过拉拔扩径时管壁减薄比压入扩径时多，而长度减短却没有压入扩径时显著。如果拉拔扩径时管材直径增大量不超过 10%，芯头圆锥部分母线倾角为 6°~9°，管材长度减小量很小。

　　扩径后的管壁厚度可按下式计算：

$$t_k = \left[\sqrt{d_k^2 + 4(d_H + t_H)t_H} - d_k \right]/2 \tag{9-16}$$

式中　　d_H，d_k——扩径前后的管材内径

　　　　t_H，t_k——扩径前后的管材壁厚。

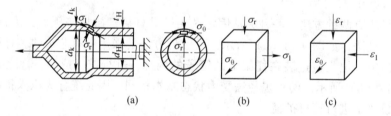

图 9-20　拉拔扩径法制管时的应力与变形

（a）变形区；（b）应力图；（c）变形图

　　两种扩径方法其轴向变形的大小与管子直径的增量、变形区长度、摩擦系数以及芯头锥部母线对管子轴线的倾角等有关。

　　扩径制管时，不管是压入法还是拉拔法，工具都是固定在芯杆上的钢芯头、硬质合金芯头或复合芯头，如图 9-21 所示。

　　在大多数情况下，有色金属及合金大多数以冷

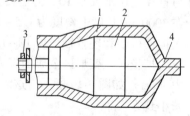

图 9-21　扩径制管用芯头

1—管材；2—芯头；3—螺栓固定件；4—管子前端

拉为主，不过如果拉拔管的塑性不足或变形抗力大，则在拉拔前可采用电阻炉和感应加热炉进行预热。

9.3 拉拔制品的残余应力

在拉拔过程中，由于材料内的不均匀变形而产生附加应力，在拉拔后残留在制品内部形成残余应力。这种应力对产品的力学性能有显著的影响，对成品的尺寸稳定性也有不良的作用。

9.3.1 残余应力分布

9.3.1.1 拉拔棒材中的残余应力分布

拉拔后棒材中呈现的残余应力分布有如下三种情况。

（1）拉拔时棒材整个断面都发生塑性变形，那么拉拔后制品中残余应力分布，如图9-22所示。

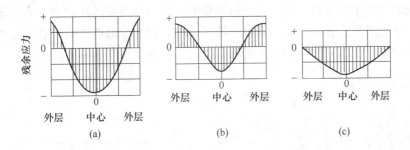

图 9-22　棒材整个断面发生塑性变形时的残余应力分布
（a）轴向残余应力；（b）周向残余应力；（c）径向残余应力

拉拔过程中，虽然棒材外层金属受到比中心层较大的剪切变形和弯曲变形，造成沿主变形方向有比中心层较大的延伸变形，但是外层金属沿轴向比中心层受到的延伸变形相对较小，并且由于棒材表面受到摩擦的影响，外层金属沿轴向流速也比中心层较慢。因此，在变形过程中，棒材外层产生附加拉应力，中心层则出现与之平衡的附加压应力，当棒材出模孔后，仍处在弹性变形阶段，那么拉拔后的制品有弹性后效的作用，外层较中心层缩短得较大。但是物体的整体性妨碍了自由变形，其结果是棒材外层产生残余拉应力，中心层则出现残余压应力。

在径向上由于弹性后效的作用，棒材断面上所有的同心环形薄层皆欲增大直径。但由于相邻层的互相阻碍作用而不能自由涨大，从而在径向上产生残余压应力。显然，中心处的圆环涨大直径所受的阻力最大，而最外层的圆环不受任何阻力。因此中心处产生的残余压应力最大，而外层为零。

由于棒材中心部分在轴向上和径向上受到残余压应力，故此部分在周向上有涨大变形的趋势。但是外层的金属阻碍其自由涨大，从而在中心层产生周向残余压应力，外层则产生与之平衡的周向残余拉应力。

（2）拉拔时仅在棒材表面发生塑性变形，那么拉拔后制品中残余应力的分布与第一种情况不同。在轴向上棒材表面层为残余压应力,中心层为残余拉应力。在周向上残余应力的分布与轴向上基本相同,而径向上棒材表面层到中心层均为残余压应力。

(3)拉拔时塑性变形未进入到棒材的中心层,那么拉拔后制品中残余应力的分布应该是前两种情况的中间状态。在轴向上拉拔后的棒材外层为残余拉应力,中心层也为残余拉应力,而二者之间各层为残余压应力。在周向上残余应力的分布与轴向上基本相同。而在径向上,从棒材外层到中心层为残余压应力。

这种情况是由于拉拔的材料很硬或拉拔条件不同,使材料中心部不能产生塑性变形的缘故。棒材横截面的中间各层所产生的轴向残余压应力表明塑性变形只进行到此处。

9.3.1.2 拉拔管材中的残余应力

A 空拉管材

在空拉管材时,管的外表面受到来自模壁的压力,如图 9-23 所示。在圆管截面内沿径向取出一微小区域,其外表面 X 处将为压应力状态,而在其稍内的部分则有如箭头所示的周向压应力的作用。因此,当圆管从模内通过时,由于其截面仅以外径减小的数量而向中心逐渐收缩,这就相当于在内表面 Y 处受到如图所示的等效的次生拉应力作用,从而产生趋向心部的延伸变形。当圆管通过模子后,由于外表面的压应力和内表面的次生拉应力消失,圆管将发生弹性回复。此时,除了不均匀塑性变形所造成的状态之外,这种弹性回复也将使管材中的残余应力大大增加,其分布状态如图 9-24 所示。

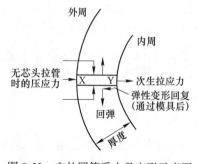

图 9-23 空拉圆管受力及变形示意图

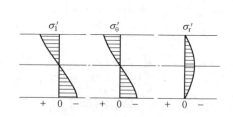

图 9-24 空拉管壁残余应力的分布

B 衬拉管材

衬拉管材时,一般情况下,管材内、外表面的金属流速比较一致。就管材壁厚来看,中心层金属的流速比内、外表面层快。因此衬拉管材时塑性变形也是不均匀的,必然在管材的内、外层与中心层产生附加应力。这种附加应力在拉拔后仍残留在管材中,而形成残余应力。其残余应力的分布状态如图 9-25 所示。

上述是拉拔制品中残余应力的分布规律。但是,由于拉拔方法、断面减缩率、模具形状以及制品力学性能等的不同,残余应力的分布特别是周向残余应力的分布情况和数值会有很大的改变。

在拉拔管材时,管子的外表面和内表面的变形量是不相同的,这种变形差值可以用内径减缩率和外径减缩率之差来表示,即

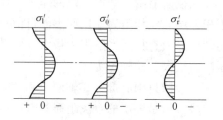

图 9-25 衬拉时管壁残余应力分布

$$\Delta = \left(\frac{d_0 - d_1}{d_0} - \frac{D_0 - D_1}{D_0} \right) \times 100\% \qquad (9\text{-}17)$$

式中　　D_0，d_0——拉拔前管外径与内径；

　　　　D_1，d_1——拉拔后管外径与内径。

根据实验得知，变形差值 Δ（不均匀变形）越大，则周向残余应力也越大。衬拉时，有直径减缩，还有管壁的压缩变形，因此变形差值 Δ 越小，继而管子外表面产生的周向残余拉应力也越小，如图 9-26 所示。

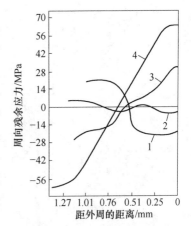

周向残余应力分布曲线 1 与其他的曲线相反，管子外表面受压应力，内表面受拉应力，而曲线 2 则表明管子内、外表面的残余应力趋于零，即可实现无周向残余应力拉拔。曲线 3、曲线 4 的周向残余拉应力在管子外表面较大。这主要是在拉拔时壁厚减薄较少之故。空拉管时，由于只有直径减缩，变形差值大，从而管子外表面产生的周向残余拉应力也较大。

图 9-26　衬拉时管材残余应力实测值
管坯：$\phi 25.4\text{mm} \times 1.42\text{mm}$ 的 H70 黄铜
管材：1—$\phi 24.36\text{mm} \times 1.02\text{mm}$；
2—$\phi 21.46\text{mm} \times 1.17\text{mm}$；
3—$\phi 19.94\text{mm} \times 1.27\text{mm}$；
4—$\phi 18.08\text{mm} \times 1.37\text{mm}$

9.3.2　残余应力的消除

拉拔制品中残余应力，特别是其中的残余拉应力是极为有害的，这是产生合金应力腐蚀和裂纹的根源。在生产中，黄铜拉拔料常因在车间内放置时间稍长，未及时进行退火，在含有氨或 SO_2 气氛的作用下产生裂纹而报废。

带有残余应力的制品在放置和使用过程中会逐渐地改变其自身形状与尺寸。同时对产品的力学性能也有影响。因此，人们设法减少和消除制品的残余应力，目前采取以下几种方法。

9.3.2.1　减小不均匀变形

这是最根本的措施，可通过减少拉拔模壁与金属的接触表面的摩擦、采用最佳模角、对拉拔坯料采取多次的退火、使两次退火间的总加工率不要过大、减少分散变形度等，皆可减少不均匀变形。在拉拔管材时应尽可能地采用衬拉，减少空拉量。

9.3.2.2　矫直加工

对拉拔制品最常采用的是辊式矫直。在此情况下，拉拔制品的表面层产生不大的塑性变形。此塑性变形力图使制品表面层在轴向上延伸，但是受到了制品内层金属的阻碍作用，从而表面层的金属只能在径向上流动使制品的直径增大，并在制品的表面形成一封闭的压应力层，如图 9-27 所示。矫直后制品直径的增大值随着制品直径增大而增加。因此在拉拔大直径的（$\geqslant \phi 30\text{mm}$）管材时，选用的成品模直径的大小应考虑此因素，以免矫直后超差。

对拉拔后的制品施以张力亦可减小残余应力。例如，对黄铜棒给予 1% 的塑性延伸变形可使拉拔制品表面层的轴向拉应力减少 60%。

据 Bühler 试验，把表面层带有残余拉应力的圆棒试样，用比该试样直径稍小的模具

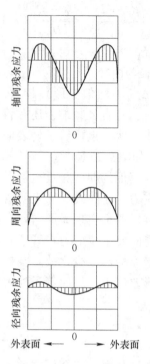

图9-27　拉拔棒材辊式矫直后的残余应力分布示意图

再拉拔一次后，便可达到表面层残余拉应力降低的效果，如图9-28所示。在生产中，有时在最后一道拉拔时给以极小的加工率0.8%~1.5%，亦可获得与辊式矫直相当的效果。

9.3.2.3　退火

通常利用低于再结晶温度的低温退火来消除或减小拉拔材料的残余应力，称之为消除应力退火。

通过镍铜棒消除应力退火实验可以消除残余应力，图9-29为ϕ36mm拉拔棒材退火前、后残余应力的分布情况。

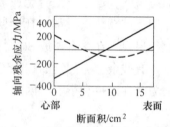

图9-28　二次拉拔对棒材残余应力的影响
（ϕ50mm含C 0.10%的钢坯料用ϕ48mm
模拉拔，进一步用ϕ47.5mm模拉拔）

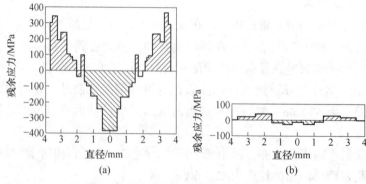

图9-29　拉拔棒材退火前、后残余应力的变化
（a）退火前；（b）退火后

思考练习题

9-1 解释拉拔时的变形指数：延伸系数 λ、相对延伸率 μ、积分（对数）延伸系数 i。

9-2 实现拉拔过程的基本条件是什么，游动芯头成盘拉拔与直线拉拔有什么区别？

9-3 分析圆棒材拉拔时变形区所受外力以及应力与应变状态。

9-4 叙述拉拔圆棒材时金属在变形区内的流动特点。

9-5 拉拔圆棒时变形区的形状以及应力分布规律是什么？

9-6 为什么在模子入口处，往往过早出现环形沟槽？

9-7 为什么道次加工率大时模子出口处的磨损比道次加工率小时要轻？

9-8 空拉管材与拉拔圆棒时，变形区的应力分布有什么不同之处？

9-9 如何确定空拉时管壁的变化？各种因素对壁厚变化的影响如何？

9-10 解释增壁空拉时，多道次的空拉比单道次的增壁量大；而减壁空拉时，多道次的空拉比单道次的减壁量小的原因。

9-11 分析空拉时能明显纠正管子偏心的原因。为什么衬拉纠正管子偏心不明显？

9-12 分析固定短芯头拉拔有时管子表面上出现"竹节"的原因。

9-13 固定短芯头与长芯棒拉拔管子各有什么特点？

9-14 游动芯头拉拔时，芯头在变形区内的稳定条件是什么，当 $\beta > \alpha_1$ 或者 $\alpha < \alpha_1$ 时会出现什么情况？

9-15 为什么游动芯头拉拔时，管子内表面易出现明暗交替的环纹？

9-16 说明拉拔管材、棒材时残余应力如何分布。残余应力的存在对制品质量有什么影响，应采取什么措施消除？

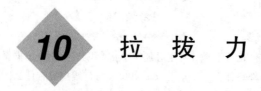

10　拉　拔　力

为实现拉拔过程，将作用在拉拔模出口加工材料上的外力 P_L，称之为拉拔力；拉拔力 P_L 与拉拔后材料的断面积 F_L 之比 P_L/F_L，用 σ_L 表示作用在模出口加工材料上的单位外力，称之为挤压应力。

10.1　各种因素对拉拔力的影响

10.1.1　被加工金属的性质对拉拔力的影响

拉拔力与被拉拔金属的抗拉强度成线性关系，抗拉强度愈高，拉拔力愈大。图 10-1 表示由直径 2.02mm 拉到 1.64mm，即以 34% 的断面减缩率拉拔各种金属圆线时所存在的这种关系。

10.1.2　变形程度对拉拔力的影响

拉拔应力与变形程度为正比关系，如图 10-2 所示，随着断面减缩率的增加，拉拔应力增大。

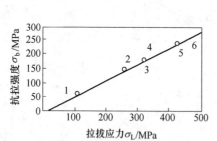

图 10-1　金属抗拉强度与拉拔应力之间的关系
1—铝；2—铜；3—青铜；4—H70；
5—含 97% 铜、3% 镍的合金；6—B20

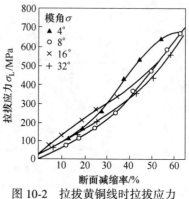

图 10-2　拉拔黄铜线时拉拔应力
与断面减缩率的关系

10.1.3　模角对拉拔力的影响

拉拔模的模角 α 对拉拔力的影响如图 10-3 所示，由图可见，随着模角 α 增大，拉拔力发生变化，并且存在一个最小值，其相应的模角称为最佳模角。

由图还可以看出，随着变形程度增加，最佳模角 α 值逐渐增大，有关模角 α 问题将在第 11 章详细叙述。

10 拉 拔 力

247

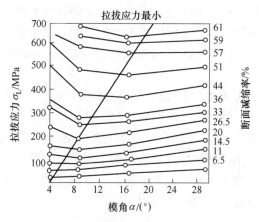

图 10-3　拉拔应力与模角 α 之间的关系

10.1.4　拉拔速度对拉拔力的影响

在低速（5m/min 以下）拉拔时，拉拔应力随拉拔速度的增加而有所增加。当拉拔速度增加到 6~50m/min 时，拉拔应力下降，继续增加拉拔速度而拉拔应力变化不大。

另外，开动拉拔设备的瞬间，由于产生冲击现象而使拉拔力显著增大。

10.1.5　摩擦与润滑对拉拔力的影响

拉拔过程中，金属与工具之间的摩擦系数大小对拉拔力有着很大的影响。润滑剂的性质、润滑方式、模具材料、模具和被拉拔材料的表面状态对摩擦力的大小皆有影响。表 10-1 为不同润滑剂和模子材料对拉拔力的影响。在其他条件相同的情况下，使用金刚石模的拉拔力最小，硬质合金模次之，钢模最大。这是因为模具材料越硬，抛光得越良好，金属越不容易黏结工具，摩擦力就越小。

表 10-1　润滑剂与模子材料对拉拔力影响的实验结果

金属与合金	坯料直径/mm	加工率/%	模子材料	润滑剂	拉拔力/N
铝	2.0	23.4	碳化钨	固体肥皂	127.5
			钢	固体肥皂	235.4
黄铜	2.0	20.1	碳化钨	固体肥皂	196.1
			钢	固体肥皂	313.8
磷青铜	0.65	18.5	碳化钨	固体肥皂	147.0
			碳化钨	植物油	255.0
B20	1.12	20	碳化钨	固体肥皂	156.9
			碳化钨	植物油	196.1
			钻石	固体肥皂	147.0
			钻石	植物油	156.9

一般润滑方法所形成的润滑膜较薄，未脱离边界润滑的范围，摩擦力仍较大。近年来，拉拔时采用了流体动力润滑方法，可使材料和模子表面间的润滑膜增厚，实现流体摩擦。流体动力润滑的方法请参如图 13-40 所示。单模流体动力润滑又称为柯利斯托佛松管

润滑。套管与坯料之间具有狭窄的间隙，借助于运动的坯料和润滑剂的黏性，使模子入口处的润滑剂压力增高，从而达到增加润滑膜厚度的目的。在拉管时，将两个模子靠在一起实现所谓的倍模拉拔，在管内壁与芯头间形成 0.25~0.50mm 的间隙，也可以建立起流体动力润滑的条件。

生产实践已经证明，用游动芯头拉拔时的拉拔力较固定短芯头的要小。其原因是，在变形区内芯头的锥形表面与管子内壁间形成狭窄的锥形缝隙可以建立起流体动力润滑条件（润滑楔效应），从而降低了芯头与管子间的摩擦系数之故。流体动压力越大，则润滑效果越好。流体动压力的大小与润滑楔的角度、润滑剂性能、黏度以及拉拔速度有关，润滑楔的角度越小、润滑剂黏度越大和拉拔速度越高，则润滑楔效应越显著。

不同条件下的摩擦系数见表 10-2 及表 10-3。

表 10-2 拉拔管材时平均摩擦系数

金属与合金	道 次			
	1	2	3	4
紫铜	0.10~0.12	0.15	0.15	0.16
H62	0.11~0.12	0.11	0.11	0.11
H68	0.09	0.09	0.12	—
HSn70-1	0.10	0.11	0.12	—

表 10-3 拉拔棒材时的平均摩擦系数

金属与合金	状 态	模 子 材 料		
		钢	硬质合金	钻石
紫铜、黄铜	退火	0.08	0.07	0.06
	冷硬	0.07	0.06	0.05
青铜、镍及其合金、白铜	退火	0.07	0.06	0.05
	冷硬	0.06	0.05	0.04
铝	退火	0.11	0.10	0.09
	冷硬	0.10	0.09	0.08
硬铝	退火	0.09	0.08	0.07
	冷硬	0.08	0.07	0.06
锌及其合金		0.11	0.10	—
铅		0.15	0.12	—
钨、钼	600~900℃	—	0.25	0.20
钼	室温	—	0.15	0.12
钛及其合金	退火		0.10	—
	冷硬		0.08	—
锆	退火		0.11~0.13	
	冷硬		0.08~0.09	

10.1.6 反拉力对拉拔力的影响

反拉力对拉拔力的影响如图 10-4 所示。随着反拉力 Q 值的增加，模子所受到的压力 M_q 近似直线下降，拉拔力 P_L 逐渐增加。但是，在反拉力达到临界反拉力 Q_c 值之前，对拉拔力并无影响。临界反拉力或临界反拉应力 σ_{qc} 值的大小主要与被拉拔材料的弹性极限和拉拔前的预先变形程度有关，而与该道次的加工率无关。弹性极限和预先变形程度越大，则临界反拉应力也越大。利用这一点，将反拉应力值控制在临界反拉应力值范围以内，可以在不增大拉拔应力和不减小道次加工率的情况下减小模子入口处金属对模壁的压力磨损，从而延长了模子的使用寿命。

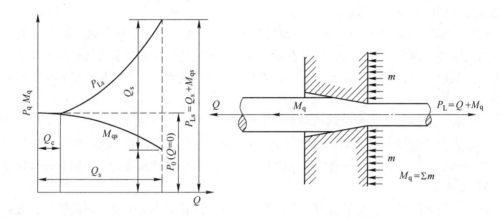

图 10-4　反拉力对拉拔力与模子压力的影响

现就临界反拉应力范围内，增加反拉应力对拉拔应力无影响的原因做下述解释。

随着反拉应力的增加，模子入口处的接触弹性变形区逐渐减小。与此同时，金属作用于模孔壁上的压力减小，继而使摩擦力也相应减小。摩擦力的减小值与此时反拉力值相当。当反拉力 Q 比较小时，反拉力消耗于实现被拉拔材料的弹性变形。

当反拉应力 σ_q 达到临界反拉应力 σ_{qc} 值后，弹性变形可完全实现，塑性变形过程开始。如果继续增大反拉力，将改变塑性变形区的应力 σ_r 和 σ_L 的分布，使拉拔应力增大。此时拉拔力不仅消耗于实现塑性变形，而且还用于克服过剩的反拉力。

因此，不论在什么情况下，采取反拉力 Q 小于或等于临界反拉力进行拉拔都是有利的，因为这时拉拔力不增大，但同时模孔的磨损却减小。采用反拉力 Q 大于临界反拉力值是不合适的，因为此时拉拔力和拉拔应力都增大，从而可能有必要减小道次延伸系数，并且相应地增多变形次数。

10.1.7 振动对拉拔力的影响

在拉拔时对拉拔工具（模子或芯头）施以振动可以显著地降低拉拔力，继而提高道次加工。所用的振动频率分为声波（25~500kHz）与超声波（16~80kHz）两种。振动的方式有轴向、径向和周向，见第 13 章图 13-35 为拉线时采用的三种振动方式。

在用声波使模子振动时，模子以振动装置所给予的频率对被拉拔的制品做相对移动。

但是此过程并不带有波动的性质，因在此种频率下的波长大于模子到鼓轮间的距离。所用的振荡器的功率要足以保证模子振动，而不会在拉拔力的作用下停止。声波低频振动可利用机械的或液压振动装置。

超声波振动的拉拔过程与声波振动的不同，它是一种波动过程。目前，研究了各种方法以保证用不同的振动方法拉拔时能保持共振条件，达到使拉拔力降低，提高模子寿命，改善制品质量的目的。

根据对声波和超声波拉拔研究的结果可得出以下结论：

（1）在高频振动下，拉拔应力的减小部分是由于变形区的变形抗力降低所引起的，其机理可解释为在晶格缺陷区吸收了振动能，继而使位错势能提高和为了使这些位错移动所必须的剪切应力减小所致。

（2）在低频和高频轴向振动下，拉拔应力的减小还由于模子和金属接触表面周期的脱开而使摩擦力减小。但这只有在模子振动速度大于拉拔速度时才有可能。随着拉拔速度增大，此效应减小，并在一定条件下（拉拔与模子振动速度相等），由于模子与金属未脱离接触而消失。

（3）振动模接触表面对金属的频繁打击作用可能也是一个减少拉拔应力的附加原因。

（4）高频周向或扭转振动在速度高于1m/s时没有明显的效果。这是由于在拉拔方向所发生的振幅非常小，故其振动的线速度变低。所以采用高频振动的效果随着拉拔速度增加而减少。

在低频周向振动时，变形抗力不会降低。因此，此种频率下不能实现此机理，故拉拔应力的减小只能解释为是由于摩擦力减小之故。

10.2　拉拔力的实测与理论计算

拉拔力是拉拔变形的基本参数，确定拉拔力的目的在于提供给拉拔机设计及校核拉拔机部件强度、选择与校核拉拔机电动机容量和制订合理的拉拔工艺规程所必须的原始数据。同时，确定拉拔力是研究拉拔过程所必不可少的资料。确定拉拔力的方法有实测法和理论计算法。

10.2.1　拉拔力实测

拉拔力实测可直接进行，也可以通过确定传动功率或者能耗来求得。

图 10-5 所示为在拉力试验机上测定拉拔力的装置。用它可以测定带反拉力和无反拉力时的拉拔力。图 10-5（a）为测定无反拉力时的拉拔力装置。图 10-5（b）、（c）用于测定带反拉力时的模子压力 M_q。在采用后一装置时，先测出用模 4 拉拔时的拉拔力，此力即为用模 2 拉拔时的反拉力 Q。然后在试验机指示盘上可得 M_q。带反拉力的拉拔力 P_L 则为 Q 与 M_q 之和。图 10-5（d）为将支撑模 10 固定在模子架 11 上测定拉拔力 P_L 的装置。

图 10-6 为液压测力计，用它可以测定拉拔棒材和线材时的拉拔力。

除上述方法外，也可以采用应变仪和示波器或用能耗法测定，如：

（1）电阻应变仪直接测量。这种方法的精确度较高，而且适用于动态测量。因此，

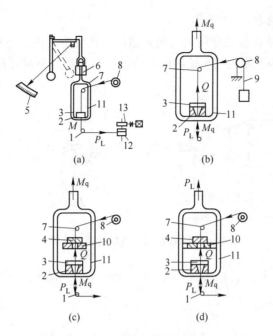

图 10-5 在拉力试验机上测定拉拔力的装置

Q—反拉力；M—模子压力；P_L—拉拔力；M_q—带反拉力时的模子压力；

1—导轮；2—模子；3—润滑垫；3—反拉力模；5—刻度盘；6—夹头；7—导轮；8—放线盘；

9—建立反拉力的荷重；10—支撑模；11—模子架；12—收线盘；13—收线盘传动装置

目前在测定拉拔力和轧制力等方面获得了广泛应用。

（2）测定能量消耗法。直接用功率表或电流和电压表测量拉拔设备所需电动机的功率消耗，再经换算来确定拉制力的大小。这种方法较方便，因而在生产中应用广泛。

用电动机功率换算拉拔力（N）见式（10-1）：

$$P = \frac{(W_A - W_B)\eta \times 1000}{v_B} \qquad (10\text{-}1)$$

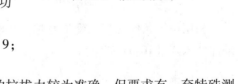

图 10-6 液压测力计

式中 W_A，W_B——拉拔、空转时的电动机功率，kW；

η——拉拔设备的机械效率，取 0.9；

v_B——拉伸速度，m/s。

实测法由于十分接近实际拉拔过程，所测定的拉拔力较为准确。但要求有一套特殊测量设备及仪器。

10.2.2 拉拔力的理论计算

拉拔力的理论计算方法较多，如平均主应力法、滑移线法、上界法以及有限元法等。而目前应用较广泛的为平均主应力法，下面主要介绍该方法。

10.2.2.1　棒线材拉拔力计算

图 10-7 所示为棒线材拉拔中应力分析示意图。在变形区内 x 方向上取一厚度为 $\mathrm{d}x$ 的单元体，并根据单元体上作用的 x 轴向应力分量，建立微分平衡方程式

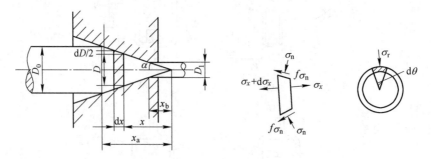

图 10-7　棒线材拉拔中的应力分析

$$\frac{1}{4}\pi(\sigma_{Lx} + \mathrm{d}\sigma_{Lx})(D + \mathrm{d}D)^2 = \frac{1}{4}\pi\sigma_{Lx}D^2 - \pi D\sigma_n(f + \tan\alpha)\mathrm{d}x \qquad (10\text{-}2)$$

整理，略去高阶微量得

$$D\mathrm{d}\sigma_{Lx} + 2\sigma_{Lx}\mathrm{d}D + 2\sigma_n\left(\frac{f}{\tan\alpha} + 1\right)\mathrm{d}D = 0 \qquad (10\text{-}3)$$

当模角 α 与摩擦系数 f 很小时，在变形区内金属沿 x 方向变形均匀，可以认为 τ_k 值不大，采用近似塑性条件 $\sigma_{Lx} - \sigma_n = \sigma_s$。

如将 σ_{Lx} 与 σ_n 的代数值代入近似塑性条件式中得

$$\sigma_{Lx} + \sigma_n = \sigma_s \qquad (10\text{-}4)$$

将式（10-4）代入式（10-3），并设 $B = \dfrac{f}{\tan\alpha}$，则式（10-3）可变成

$$\frac{\mathrm{d}\sigma_{Lx}}{B\sigma_{Lx} - (1 + B)\sigma_s} = 2\frac{\mathrm{d}D}{D} \qquad (10\text{-}5)$$

将式（10-5）积分

$$\int \frac{d\sigma_{Lx}}{B\sigma_{Lx} - (1 + B)\sigma_s} = \int 2\frac{\mathrm{d}D}{D}$$

$$\frac{1}{B}\ln\left[B\sigma_{Lx} - (1 + B)\sigma_s\right] = 2\ln D + C \qquad (10\text{-}6)$$

利用边界条件，当无反拉力时，在模子入口处 $D = D_0$，$\sigma_{Lx} = 0$。因此，$\sigma_n = \sigma_s$，将此条件代入式（10-6）得

$$\frac{1}{B}\ln\left[-(1 + B)\sigma_s\right] = 2\ln D + C \qquad (10\text{-}6a)$$

式（10-6）与式（10-6a）相减，整理后为

$$\frac{B\sigma_{Lx} - (1 + B)\sigma_s}{-(1 + B)\sigma_s} = \left(\frac{D}{D_0}\right)^{2B}$$

$$\frac{\sigma_{Lx}}{\sigma_s} = \left[1 - \left(\frac{D}{D_0}\right)^{2B}\right]\frac{1 + B}{B} \qquad (10\text{-}7)$$

在模子出口处，$D = D_1$ 代入式（10-7）得

$$\frac{\sigma_{L1}}{\sigma_s} = \frac{1 + B}{B}\left[1 - \left(\frac{D_1}{D_0}\right)^{2B}\right]$$ （10-8）

拉拔应力 $\sigma_L = (\sigma_{Lx})_{D = D_1} = \sigma_{L1}$

$$\sigma_L = \sigma_{L1} = \sigma_s\left(\frac{1 + B}{B}\right)\left[1 - \left(\frac{D_1}{D_0}\right)^{2B}\right]$$ （10-9）

式中　σ_L——拉拔应力，即模出口处棒材断面上的轴向应力 σ_{L1}；

　　　σ_s——金属材料的平均变形抗力，取拉拔前后材料的变形抗力平均值；

　　　B——参数；

　　　D_0——拉拔坯料的原始直径；

　　　D_1——拉拔棒、线材出口直径。

讨论式（10-9）：

（1）公式考虑了模面摩擦的影响，但是没有考虑由于附加剪切变形引起的剩余变形，在"平均主应力法"中是无法考虑剩余变形的，而根据能量近似理论，Korber–Eichringer 提出把式（10-9）补充一项附加拉拔应力 σ'_L，他们假定在模孔内金属的变形区是以模锥顶点 O 为中心的两个球面 F_1 和 F_2，如图 10-8 所示。金属材料进入 F_1 球面时，发生剪切变形，金属材料出 F_2 球面也受剪切变形，并向平行于轴线的方向移动，考虑到金

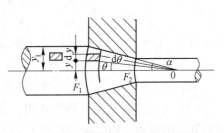

图 10-8　进出变形区的剪切变形示意图

属在两个球面受到剪切变形。因此，在拉拔力计算公式（10-9）中追加一项附加拉拔应力 σ'_L。在距中心轴为 y 的点上，以 θ 角作为在模入口处材料纵向纤维的方向变化，那么纯剪切变形 $\theta = \dfrac{\alpha y}{y_1}$，也可以近似地认为 $\tan\theta = (y\tan\alpha)/y_1$，剪切屈服强度为 τ_s，微元体 $\pi y_1^2 \mathrm{d}l$ 所受到的剪切功 W 为

$$W = \int_0^{y_1} 2\pi y \mathrm{d}y \tau_s \tan\theta \mathrm{d}l = \frac{2}{3}\tau_s \tan\alpha \pi y_1^2 \mathrm{d}l$$ （10-10）

由于这个功等于轴向拉拔应力 σ_L 所作的功

$$W = \sigma_L \pi y_1^2 \mathrm{d}l$$ （10-11）

因此，由式（10-10）和式（10-11）可得

$$\sigma_L = \frac{2}{3}\tau_s \tan\alpha$$ （10-12）

金属在模的出口 F_2 处又转变为原来的方向，同时考虑到 $\tau_s = \dfrac{\sigma_s}{\sqrt{3}}$，结果拉拔应力适当加上剪切变形而产生的附加修正值

$$\sigma'_L = \frac{4\sigma_s}{3\sqrt{3}}\tan\alpha$$ （10-13）

所以
$$\sigma_{\mathrm{L}} = \sigma_{\mathrm{s}}\left\{(1 + B)\left[1 - \left(\frac{D_1}{D_0}\right)^{2B}\right] + \frac{4}{3\sqrt{3}}\tan\alpha\right\} \tag{10-14}$$

（2）若考虑反拉力的影响，则拉拔力的公式（10-9）也要变化，假设加的反拉应力为 $\sigma_{\mathrm{q}}(<\sigma_{\mathrm{s}})$，利用边界条件，当 $D = D_0$，$\sigma_{\mathrm{L}x} = \sigma_{\mathrm{q}}$ 时，因此 $\sigma_{\mathrm{n}} = \sigma_{\mathrm{s}} - \sigma_{\mathrm{q}}$，则将此条件代入式（10-6）可得

$$\frac{1}{B}\ln\left[B\sigma_{\mathrm{q}} - (1 + B)\sigma_{\mathrm{s}}\right] = 2\ln D_0 + C \tag{10-15}$$

式（10-6）与式（10-15）相减，整理后为

$$\frac{B\sigma_{\mathrm{L}x} - (1 + B)\sigma_{\mathrm{s}}}{B\sigma_{\mathrm{q}} - (1 + B)\sigma_{\mathrm{s}}} = \left(\frac{D}{D_0}\right)^{2B}$$

$$\frac{\sigma_{\mathrm{L}x}}{\sigma_{\mathrm{s}}} = \frac{1 + B}{B}\left[1 - \left(\frac{D}{D_0}\right)^{2B}\right] + \frac{\sigma_{\mathrm{q}}}{\sigma_{\mathrm{s}}}\left(\frac{D}{D_0}\right)^{2B} \tag{10-16}$$

当 $D = D_1$ 代入式（10-12）

$$\frac{\sigma_{\mathrm{L}1}}{\sigma_{\mathrm{s}}} = \frac{1 + B}{B}\left[1 - \left(\frac{D_1}{D_0}\right)^{2B}\right] + \frac{\sigma_{\mathrm{q}}}{\sigma_{\mathrm{s}}}\left(\frac{D_1}{D_0}\right)^{2B} \tag{10-17}$$

拉拔应力 $\sigma_{\mathrm{L}} = (\sigma_{\mathrm{L}x})_{D=D_1} = \sigma_{\mathrm{L}1}$，所以

$$\sigma_{\mathrm{L}} = \sigma_{\mathrm{s}}\left(1 + \frac{1}{B}\right)\left[1 - \left(\frac{D_1}{D_0}\right)^{2B}\right] + \sigma_{\mathrm{q}}\left(\frac{D_1}{D_0}\right)^{2B} \tag{10-18}$$

（3）考虑定径区的摩擦力作用，在拉拔力计算公式（10-9）中，$\sigma_{\mathrm{L}1}$ 只是塑性变形区出口断面的应力，而实际拉拔模有定径区，为克服定径区外摩擦，所需的拉拔应力要比 $\sigma_{\mathrm{L}1}$ 大，计算定径区这部分摩擦力较为复杂。但在实际工程计算中，由于工作带长度很短，摩擦系数也较小，故常忽略或者采用近似处理方法，有以下几点情况：

1）把定径区这部分金属按发生塑性变形近似处理。

在前面的应力分布规律分析中，认为定径区金属处在弹性状态。若在计算中按弹性变形状态处理较为复杂，而由于模子定径区工作带有微小的锥度（1°~2°），同时金属刚出塑性变形区，因此把这部分仍按塑性变形处理，使拉拔力的计算大大简化。

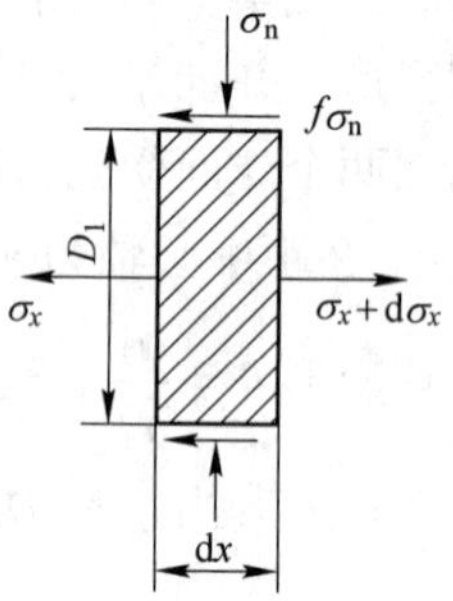

从定径区取出单元体如图10-9所示，取轴向上微分平衡方程式

图10-9　定径区微小单元体的应力状态

$$(\sigma_x + d\sigma_x)\frac{\pi}{4}D_1^2 - \sigma_x\frac{\pi}{4}D_1^2 - f\sigma_{\mathrm{n}}\pi D_1 \mathrm{d}x = 0$$

$$\mathrm{d}\sigma_x\frac{\pi}{4}D_1^2 = f\sigma_{\mathrm{n}}\pi D_1 \mathrm{d}x$$

$$\frac{D_1}{4}\mathrm{d}\sigma_x = f\sigma_{\mathrm{n}}\mathrm{d}x \tag{10-19}$$

与式（10-4）类似，采用近似塑性条件

$$\sigma_x + \sigma_{\mathrm{n}} = \sigma_{\mathrm{s}}$$

并代入式（10-19）得

$$\frac{D_1}{4}\mathrm{d}\sigma_x = f(\sigma_s - \sigma_x)\mathrm{d}x$$

$$\frac{\mathrm{d}\sigma_x}{\sigma_s - \sigma_x} = \frac{4f}{D_1}\mathrm{d}x \tag{10-20}$$

将式（10-20）在定径区（$x = 0$ 到 $x = l_d$）积分

$$\int_{\sigma_{L1}}^{\sigma_1} \frac{\mathrm{d}\sigma_x}{\sigma_s - \sigma_x} = \int_0^{l_d} \frac{4f}{D_1}\mathrm{d}x \tag{10-21}$$

$$\ln\frac{\sigma_L - \sigma_s}{\sigma_{L1} - \sigma_s} = -\frac{4f}{D_1}l_d$$

$$\frac{\sigma_L - \sigma_s}{\sigma_{L1} - \sigma_s} = e^{-\frac{4f}{D_1}l_d} \tag{10-22}$$

所以

$$\sigma_L = (\sigma_{L_1} - \sigma_s)e^{-\frac{4f}{D_1}l_d} + \sigma_s \tag{10-23}$$

式中　f——摩擦系数；

　　l_d——定径区工作带长度。

2）若按 C. N. 古布金考虑定径区摩擦力对拉拔力的影响，可将拉拔应力计算式（10-9）增加一项 σ_a，σ_a 值由经验公式求得

$$\sigma_a = (0.1 \sim 0.2)f\frac{l_d}{D_1}\sigma_s \tag{10-24}$$

10.2.2.2　管材拉拔力计算

管材拉拔力计算公式的推导方法与棒、线材拉拔力公式推导基本相同，为了使计算公式简化，有三个假定条件：

（1）拉拔管材壁厚不变；

（2）在一定范围内应力分布是均匀的；

（3）管材衬拉时的减壁段，其管坯内外表面所受的法向压应力 σ_n 相等，摩擦系数 f 相同。

推导过程仍然是首先对塑性变形区微小单元体建立微分平衡方程式，然后采用近似塑性条件，利用边界条件推导出拉拔力计算公式，下面仅对不同类型的拉拔力计算公式做简要介绍，详见《金属塑性加工原理》一书（曹乃光主编，冶金工业出版社出版）。

A　空拉管材

管材空拉时，其外作用力情况与棒、线材拉拔是类似，见图 10-10，在塑性变形区取微小单元体，其受力状态如图 10-11 所示。

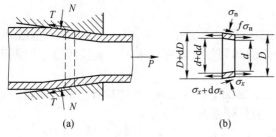

图 10-10　管材空拉时的受力情况

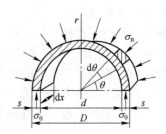

图 10-11　σ_θ 与 σ_n 的关系

对微小单元体在轴向上建立微分平衡方程：

$$(\sigma_x + d\sigma_x)\frac{\pi}{4}\left[(D+dD)^2 - (d+dd)^2\right] - \sigma_x(D^2-d^2) + \frac{1}{2}\sigma_n\pi DdD + \frac{f\sigma_n\pi D}{2\tan\alpha}dD = 0$$

展开简化并略去高阶微量，得

$$(D^2-d^2)d\sigma_x + 2(D-d)\sigma_x dD + 2\sigma_n DdD + 2\sigma_n D - \frac{f}{\tan\alpha}dD = 0 \qquad (10\text{-}25)$$

引入塑性条件

$$\sigma_x + \sigma_\theta = \sigma_s \qquad (10\text{-}26)$$

由图 10-12 可见，沿 r 方向建立平衡方程

$$2\sigma_{\theta s}dx = \int_0^\pi \frac{D}{2}\sigma_n d\theta dx\sin\theta$$

简化为

$$\sigma_\theta = \frac{D}{D-d}\sigma_n \qquad (10\text{-}27)$$

将式（10-25）、式（10-26）、式（10-27）引入 $B=f/\tan\alpha$，利用边界条件求解

$$\frac{\sigma_{x1}}{\sigma_s} = \frac{1+B}{B}\left(1 - \frac{1}{\lambda^B}\right) \qquad (10\text{-}28)$$

式中　λ——管材的延伸系数。

定径区的摩擦力作用，将使模口出管材断面上的拉拔应力要比 σ_{x_1} 大一些，用棒、线材求解，可以导出

$$\frac{\sigma_L}{\sigma_s} = 1 - \frac{1 - \dfrac{\sigma_{x_1}}{\sigma_s}}{e^{c_1}} \qquad (10\text{-}29)$$

$$c_1 = \frac{2fl_d}{D_1 - s};$$

式中　f——模定径区摩擦系数；

　　l_d——模定径区工作带长度；

　　D_1——模定径区工作带直径；

　　s——管材壁厚。

故拉拔力为

$$P = \sigma_L\frac{\pi}{4}(D_1^2 - d_1^2) \qquad (10\text{-}30)$$

式中　D_1，d_1——该道次拉拔后管材外、内径。

B　衬拉管材

衬拉管材时，塑性变形区可分减径段和减壁段，对减径段拉应力可采用管材空拉时的公式（10-28）计算，现在主要是解决减壁段的问题，对减壁段来说，减径段终了时断面上的拉应力，相当于反拉力的作用。

（1）固定短芯头拉拔。图 10-12（a）中 b 断面上拉应力 σ_{x_2} 按空拉管材的公式进行计算，而式中的延伸系数 λ，在此是指空拉段的延伸系数

$$\lambda_{ab} = \frac{F_0}{F_2} = \frac{D_0 - s_0}{D_2 - s_2}$$

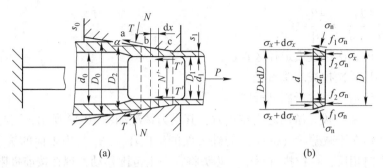

图 10-12　固定短芯头拉拔

在减壁段，即图 10-12 中的 b—c 段，坯料变形的特点是内径保持不变，外径逐步减小，因此管坯壁厚也减小。为了简化，设管坯内、外表面所受的法向压应力 σ_n 相等，即 $\sigma_n = \sigma'_n$，摩擦系数也相同，即 $f_1 = f_2 = f$，按图 10-12（b）中所示的微小单元体建立微分平衡方程

$$(\sigma_x + \mathrm{d}\sigma_x)\frac{\pi}{4}\big[(D + \mathrm{d}D)^2 - d_1^2\big] - \sigma_x \frac{\pi}{4}(D^2 - d_1^2) +$$

$$\frac{\pi}{2}D\sigma_n\mathrm{d}D + \frac{f}{2\tan\alpha}\pi D\sigma_n\mathrm{d}D + \frac{f}{2\tan\alpha}\pi d_1\sigma_n\mathrm{d}D = 0$$

整理后

$$2\sigma_x D\mathrm{d}D + (D^2 - d_1^2)\mathrm{d}\sigma_x + 2\sigma_n D\mathrm{d}D + \frac{2f}{\tan\alpha}\sigma_n(D + d_1)\mathrm{d}D = 0 \qquad (10\text{-}31)$$

代入塑性条件 $\sigma_x + \sigma_n = \sigma_s$，整理后得

$$(D^2 - d_1^2)\mathrm{d}\sigma_x + 2D\left\{\sigma_s\left[1 + \left(1 + \frac{d_1}{D}\right)\frac{f}{\tan\alpha}\right] - \sigma_x\left(1 + \frac{d_1}{D}\right)\frac{f}{\tan\alpha}\right\}\mathrm{d}D = 0 \quad (10\text{-}32)$$

以 $\dfrac{d_1}{\overline{D}}$ 代替 $\dfrac{d_1}{D}$，$\overline{D} = \dfrac{1}{2}(D_2 + D_1)$ 并引入符号 $B = \dfrac{f}{\tan\alpha}$，将式（10-32）积分并代入边界条件：

$$\frac{\sigma_{x_1}}{\sigma_s} = \frac{1 + \left(1 + \dfrac{d_1}{D}\right)B}{\left(1 + \dfrac{d_1}{\overline{D}}\right)B}\left[1 - \left(\frac{D_1^2 - d_1^2}{D_2^2 - d_2^2}\right)^{1 + \frac{d_1}{\overline{D}}}\right] + \frac{\sigma_{x2}}{\sigma_s} \times \left(\frac{D_1^2 - d_1^2}{D_2^2 - d_2^2}\right)^{1 + \frac{d_1}{\overline{D}}B} \qquad (10\text{-}33)$$

式中，$\dfrac{D_1^2 - d_1^2}{D_2^2 - d_2^2}$ 为减壁段的延伸系数的倒数，以 $\dfrac{1}{\lambda_{\mathrm{bc}}}$ 表示，并设

$$A = \left(1 + \frac{d}{\overline{D}}\right)B$$

代入式（10-32）得

$$\frac{\sigma_{x1}}{\sigma_s} = \frac{1 + A}{A}\left[1 - \left(\frac{1}{\lambda_{\mathrm{bc}}}\right)^A\right] + \frac{\sigma_{x2}}{\sigma_s}\left(\frac{1}{\lambda_{\mathrm{bc}}}\right)^A \qquad (10\text{-}34)$$

固定短芯头拉拔时定径区摩擦力对 σ_L 的影响与空拉不同，还有内表面的摩擦应力。用板材拉拔时的同样方法，可得到

$$\frac{\sigma_L}{\sigma_s} = 1 - \frac{1 - \sigma_{x1}/\sigma_s}{\mathrm{e}^{c_2}} \qquad (10\text{-}35)$$

式中　　$c_2 = \dfrac{4fl_{\mathrm{d}}}{D_1 - d_1} = \dfrac{4fl_{\mathrm{d}}}{s_1}$；

$\quad\quad D_1$——该道次拉拔模定径区直径；

$\quad\quad d_1$——该道次拉拔芯头直径；

$\quad\quad s_1$——该道次拉拔后制品壁厚。

（2）游动芯头拉拔。游动芯头拉拔时，其受力情况如图 10-13 所示，它与固定短芯头拉拔的主要区别在于减壁段（b—c）的外表面的法向压力 N_1 与内表面的法向压力 N_2 的水平分力的方向相反，在拉拔过程中，芯头将在一定范围移动，现在按前极限位置来推导拉拔力计算公式。

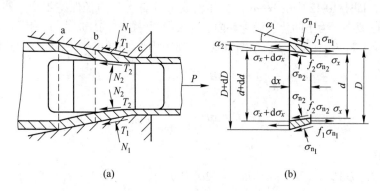

图 10-13　游动芯头拉拔管材

将变形区分空拉区、减径区、减壁区及定径区进行拉拔应力计算。

空拉区按空拉管材式（10-28）计算拉拔应力 $\sigma_{\mathrm{L}3}(\sigma_{x3})$，即

$$\frac{\sigma_{x3}}{\sigma_{s3}} = \frac{1 + B}{B}\left(1 - \frac{1}{\lambda_{\mathrm{ab}}^{B}}\right) \tag{10-36}$$

式中　　λ_{ab}——空拉区 ab 的延伸系数；

$\quad\quad \sigma_{s3}$——空拉区 ab 的平均屈服应力；

$\quad\quad B = \dfrac{f}{\tan\alpha}$。

按式（10-34）计算减径区 bc 的最终断面上的拉拔应力 $\sigma_{\mathrm{L}2}(\sigma_{x2})$，即

$$\frac{\sigma_{x2}}{\sigma_{s2}} = \frac{1 + A}{A}\left[1 - \left(\frac{1}{\lambda_{\mathrm{ab}}}\right)^{A}\right] + \frac{\sigma_{x3}}{\sigma_{s3}}\left(\frac{1}{\lambda_{\mathrm{bc}}}\right)^{A} \tag{10-37}$$

式中　　$A = \left(1 + \dfrac{d_{\mathrm{c}}}{\overline{D}_{\mathrm{bc}}}\right)B$；

$\quad\quad \overline{D_{\mathrm{bc}}}$——bc 区的平均直径，$\overline{D}_{\mathrm{bc}} = \dfrac{D_{\mathrm{b}} + D_{\mathrm{c}}}{2}$；

$\quad\quad \sigma_{s2}$——bc 区管的屈服应力，$\sigma_{s2} = \dfrac{\sigma_{\mathrm{sb}} + \sigma_{\mathrm{sc}}}{2}$。

减壁区 cd 的最终断面上的拉拔应力 σ_{x1}，取一微小单元体，列出微分平衡方程式。

$$\sigma_{n1} \frac{\pi}{4} \left[(D + \mathrm{d}D)^2 - D^2 \right] - \sigma_{n2} \frac{\pi}{4} \left[(d + \mathrm{d}d)^2 - d^2 \right] +$$

$$f_1 \sigma_{n1} \pi D \mathrm{d}x + f_2 \sigma_{n2} \pi d \mathrm{d}x - \sigma_x \frac{\pi}{4} (D^2 - d^2) + \tag{10-38}$$

$$(\sigma_x + \mathrm{d}\sigma_x) \frac{\pi}{4} \left[(D + \mathrm{d}D)^2 - (d + \mathrm{d}d)^2 \right] = 0$$

假设，$\sigma_{n1} = \sigma_{n2} = \sigma_n$；$f_1 = f_2 = f$；并且将 $\sigma_n = \sigma_s - \sigma_x$；$\mathrm{d}x = \dfrac{\mathrm{d}D}{2\tan\alpha}$；$\mathrm{d}d = \dfrac{\tan\alpha_2}{\tan\alpha_1}\mathrm{d}D$；$B = $

$\dfrac{f}{\tan\alpha_2}$ 代入式（10-38），略去高阶微量后得

$$(D^2 - d^2)\mathrm{d}\sigma_x + 2\sigma_s \left[D + (D - d)B - d \cdot \frac{\tan\alpha_2}{\tan\alpha_1} \right] \mathrm{d}D - 2\sigma_x(D + d)B\mathrm{d}D = 0 \tag{10-39}$$

将式（10-39）与式（10-32）比较，两式完全相似，区别在于增加了 $d \cdot \dfrac{\tan\alpha_2}{\tan\alpha_1}$ 项，同时式（10-32）中的常量 d_1 在式（10-39）中是变量的，如果以减壁段的内径平均值 $\overline{d} = \dfrac{1}{2}(d_c + d_1)$ 代替 d，外径平均值 $\overline{D} = \dfrac{1}{2}(D_c + D_1)$，用固定短芯头相同的计算方法，可以得到减壁区终了断面上 d 的拉拔应力计算式

$$\frac{\sigma_{x1}}{\sigma_s} = \frac{1 + A - C}{A} \left[1 - \left(\frac{1}{\lambda_{cd}} \right)^A \right] + \frac{\sigma_{x2}}{\sigma_s} \left(\frac{1}{\lambda_{cd}} \right)^A \tag{10-40}$$

式中，$A = \left(1 + \dfrac{\overline{d}}{\overline{D}} \right) B$，$\overline{D}$、$\overline{d}$ 为减壁区 bc 管的平均外径与内径；$B = \dfrac{f}{\tan\alpha}$；$C = \dfrac{\overline{d}}{\overline{D}} \cdot \dfrac{\tan\alpha_1}{\tan\alpha}$，$\alpha_1$ 为芯头锥角、α 为模角；σ_{x2} 为减径区 c 点的轴向应力。

考虑定径区摩擦力的影响，

$$\frac{\sigma_L}{\sigma_s} = 1 - \frac{1 - \sigma_{x1}/\sigma_s}{\mathrm{e}^{c_2}} \tag{10-41}$$

10.2.2.3 拉拔机电机功率计算

（1）单模拉拔时电机功率 $W(\mathrm{kW})$ 计算：

$$W = Pv/1000\eta$$

式中 P——拉拔力，N；

v——拉拔速度，m/s；

η——拉拔机的效率 $0.8 \sim 0.9$。

（2）多模拉拔时电机功率 W 的计算：

$$W = (P_1 v_1 + P_2 v_2 + P_3 v_3 + \cdots + P_n v_n)/1000\eta_1\eta_2$$

式中 η_1——拉拔机卷筒的机械效率，$0.9 \sim 0.95$；

η_2——拉拔机机械传动效率，$0.85 \sim 0.92$。

例1 2A11 棒材，坯料 $\phi50\mathrm{mm}$ 退火，拉前 $\phi40\mathrm{mm}$，拉后 $\phi35\mathrm{mm}$，模角 $\alpha = 12°$，定

径带长度 3mm，摩擦系数 0.09，试求 P_L。

解：

1. 准备参数：

$$B = \frac{f}{\tan\alpha} = \frac{0.09}{\tan 12°} = 0.425, \quad \lambda = \frac{D_0^2}{D_1^2} = \frac{40^2}{35^2} = 1.31$$

$$C_0 = \frac{4fl_d}{D_1} = \frac{4 \times 0.09 \times 3}{35} = 0.031$$

2. 求变形抗力 σ_s：

$$\bar{\varepsilon} = 0.5 \times (\varepsilon_1 + \varepsilon_0) = 0.5 \times \left(\frac{50^2 - 40^2}{50^2} + \frac{50^2 - 35^2}{50^2} \right) = 43.5\%$$

查加工硬化曲线，得 $\sigma_s = 260\text{MPa}$。

3. 求 $\frac{\sigma_{x1}}{\sigma_s}$，$\frac{\sigma_L}{\sigma_s}$、$P_L$：

$$\frac{\sigma_{x1}}{\sigma_s} = \frac{1+B}{B}\left(1 - \frac{1}{\lambda^B}\right) = \frac{1+0.425}{0.425} \times \left(1 - \frac{1}{1.31^{0.425}}\right) = 0.3635$$

$$\frac{\sigma_L}{\sigma_s} = 1 - \frac{1 - \dfrac{\sigma_{x1}}{\sigma_s}}{e^{c_0}} = 1 - \frac{1 - 0.3635}{e^{0.031}} = 0.3829$$

$$P_L = \left(\frac{\sigma_L}{\sigma_s}\right)\sigma_s \frac{\pi}{4}D_1^2 = 0.3829 \times 260 \times \frac{\pi}{4} \times 35^2 = 95\text{kN}$$

例2　空拉 LF2 铝管，退火后拉第一道次，拉前 $\phi 30\text{mm} \times 4\text{mm}$，拉后 $\phi 25\text{mm} \times 4\text{mm}$，模角 $\alpha = 12°$，定径带长度 3mm，摩擦系数 0.1，试求 P_L。

解：

1. 准备参数：

$$B = \frac{f}{\tan\alpha} = \frac{0.1}{\tan 12°} = 0.472, \quad \lambda = \frac{D_0 - S_0}{D_1 - S_1} = \frac{30 - 4}{25 - 4} = 1.24$$

$$C_1 = \frac{4fl_d}{D_1 - S_1} = \frac{4 \times 0.1 \times 3}{35 - 4} = 0.0286$$

2. 求变形抗力 σ_s：

$$\bar{\varepsilon} = 0.5(\varepsilon_1 + \varepsilon_0) = 0.5 \times \left[\frac{(30-4) \times 4 - (25-4) \times 4}{(30-4) \times 4} + 0 \right] = 9.65\%$$

查加工硬化曲线，得 $\sigma_s = 230\text{MPa}$。

3. 求 $\frac{\sigma_{x1}}{\sigma_s}$、$\frac{\sigma_L}{\sigma_s}$，$P_L$：

$$\frac{\sigma_{x1}}{\sigma_s} = \frac{1+B}{B}\left(1 - \frac{1}{\lambda^B}\right) = \frac{1+0.472}{0.472} \times \left(1 - \frac{1}{1.24^{0.472}}\right) = 0.301$$

$$\frac{\sigma_L}{\sigma_s} = 1 - \frac{1 - \dfrac{\sigma_{x1}}{\sigma_s}}{e^{c_1}} = 1 - \frac{1 - 0.301}{e^{0.0286}} = 0.320$$

$$P_L = \left(\frac{\sigma_L}{\sigma_s} \right) \sigma_s \pi S_1 (D_1 - S_1) = 0.32 \times 230 \times 3.14 \times 4 \times (25 - 4) = 19.4 \text{kN}$$

例 3 拉拔 H80 黄铜管，坯料在 $\phi 40\text{mm} \times 5\text{mm}$ 时退火，其后道次用游动芯头拉拔，拉拔前 $\phi 30\text{mm} \times 4\text{mm}$，拉拔后 $\phi 25\text{mm} \times 3.5\text{mm}$，模角 $\alpha = 12°$，芯头锥角 $\alpha_1 = 9°$，定径带长度 3mm，摩擦系数 0.09，试求 P_L。

解：

1. 搞清各断面尺寸：

$D_0 = 30\text{mm}$，$D_2 = ?$，$D_1 = 25\text{mm}$；

$d_o = 22\text{mm}$，$d_2 = ?$，$d_1 = 18\text{mm}$；

$S_0 = 4\text{mm}$，$S_2 = S_0 = 4\text{mm}$，$S_1 = 3.5\text{mm}$。

$$d_2 = d_1 + 2\Delta S \frac{\cos\alpha}{\sin(\alpha - \alpha_1)}\sin\alpha_1 = 18 + 2 \times (4 - 3.5) \times \frac{\cos 12°}{\sin(12° - 9°)}\sin 9° = 20.92$$

$$D_2 = d_2 + 2S_2 = 20.92 + 2 \times 4 = 28.92$$

2. 求各个指数：

$$B = f/\tan\alpha = 0.09/\tan 12° = 0.42$$

$$\bar{d} = \frac{1}{2}(d_2 + d_1) = \frac{1}{2} \times (20.92 + 18) = 19.46\text{mm}$$

$$\bar{D} = \frac{1}{2}(D_2 + D_1) = \frac{1}{2} \times (28.92 + 25) = 26.96\text{mm}$$

$$A = \left(1 + \frac{\bar{d}}{\bar{D}} \right) B = \left(1 + \frac{19.46}{26.96} \right) \times 0.42 = 0.72$$

$$C_2 = \frac{2fl_d}{S_1} = \frac{2 \times 0.09 \times 4}{3.5} = 0.21$$

$$C = \frac{\bar{d}}{\bar{D}} \frac{\tan\alpha_1}{\tan\alpha} = \frac{19.46}{26.96} \times \frac{\tan 9°}{\tan 12°} = 0.54$$

$$\lambda_{ab} = \frac{D_0 - S_0}{D_2 - S_2} = \frac{30 - 4}{28.92 - 4} = 1.04$$

$$\lambda_{bc} = \frac{(D_2 - S_2)S_2}{(D_1 - S_1)S_1} = \frac{(28.92 - 4) \times 4}{(25 - 3.5) \times 3.5} = 1.32$$

3. 求 $\frac{\sigma_{x2}}{\sigma_s}$，$\frac{\sigma_{x1}}{\sigma_s}$，$\frac{\sigma_L}{\sigma_s}$：

$$\frac{\sigma_{x2}}{\sigma_s} = \left(\frac{1 + B}{B} \right) \left(1 - \frac{1}{\lambda_{ab}^B} \right) = \left(\frac{1 + 0.42}{0.42} \right) \left(1 - \frac{1}{1.04^{0.42}} \right) = 0.055$$

$$\frac{\sigma_{x1}}{\sigma_s} = \frac{1 + A - C}{A} \left(1 - \frac{1}{\lambda_{bc}^A} \right) + \frac{\sigma_{x2}}{\sigma_s} \frac{1}{\lambda_{bc}^A} = \frac{1 + 0.72 - 0.54}{0.72} \left(1 - \frac{1}{1.32^{0.72}} \right) +$$

$$0.55 \times \frac{1}{1.32^{0.72}} = 0.34$$

$$\frac{\sigma_{L}}{\sigma_{s}} = 1 - \frac{1 - \frac{\sigma_{x1}}{\sigma_{s}}}{e^{c_2}} = 1 - \frac{1 - 0.34}{e^{0.21}} = 0.465$$

4. 求变形抗力 σ_s:

$$\bar{\varepsilon} = 0.5(\varepsilon_0 + \varepsilon_1)$$

$$= 0.5 \times \left[\frac{(40-5) \times 5 - (30-4) \times 4}{(40-5) \times 5} + \frac{(40-5) \times 5 - (25-3.5) \times 3.5}{(40-5) \times 5} \right]$$

$$= 48.7\%$$

查加工硬化曲线, 得 $\sigma_s = 600\text{MPa}$。

5. 求拉拔力 P_L:

$$P_L = \left(\frac{\sigma_L}{\sigma_s} \right) \sigma_s \pi (D_1 - S_1) S_1 = 0.465 \times 600 \times 3.14 \times (25 - 3.5) \times 3.5 = 65.92\text{kN}$$

也可用游动芯头拉拔简化拉拔应力计算

$$\sigma_L = 1.6\omega_1 \ln\lambda \overline{\sigma_s}$$

式中　　$\omega_1 = \dfrac{\tan\alpha + f}{(1 - f\tan\alpha)\tan\alpha} + \dfrac{d_1}{d}\dfrac{f_1}{\tan\alpha}$;

$\overline{\sigma_s}$——变形前后的平均屈服应力;

λ——延伸系数;

f——管材外表面与拉模的摩擦系数;

f_1——管材内表面与芯头的摩擦系数;

d, d_1——管材拉拔后的外径与内径。

例4　拉拔 H80 黄铜管, 坯料在 $\phi40\text{mm} \times 5\text{mm}$ 时退火, 其后道次用固定芯头拉拔, 拉拔前 $\phi30\text{mm} \times 4\text{mm}$, 拉拔后 $\phi25\text{mm} \times 3.5\text{mm}$, 模角 $\alpha = 12°$, 芯头锥角 $\alpha_1 = 9°$, 定径带长度 3mm, 摩擦系数 0.09, 试求 P_L。

解:

1. 搞清各断面尺寸:

$D_0 = 30\text{mm}$, $D_2 = ?$, $D_1 = 25\text{mm}$;

$d_0 = 22\text{mm}$, $d_2 = d_1 = 18\text{mm}$;

$S_0 = 4\text{mm}$, $S_2 = 4\text{mm}$, $S_1 = 3.5\text{mm}$。

$$D_2 = d_2 + 2S_2 = 18 + 2 \times 4 = 26$$

2. 求各个指数:

$$B = f/\tan\alpha = 0.09/\tan12° = 0.42$$

$$A = \left(1 + \frac{d_1}{\bar{D}} \right) B = \left(1 + \frac{18}{26.96} \right) \times 0.42 = 0.7$$

$$C_2 = \frac{2fl_d}{S_1} = \frac{2 \times 0.09 \times 4}{3.5} = 0.21$$

$$\lambda_{ab} = \frac{D_0 - S_0}{D_2 - S_2} = \frac{30 - 4}{26 - 4} = 1.18$$

$$\lambda_{bc} = \frac{(D_2 - S_2)S_2}{(D_1 - S_1)S_1} = \frac{(26 - 4) \times 4}{(25 - 3.5) \times 3.5} = 1.17$$

3. 求 $\dfrac{\sigma_{x2}}{\sigma_s}$、$\dfrac{\sigma_{x1}}{\sigma_s}$、$\dfrac{\sigma_L}{\sigma_s}$：

$$\frac{\sigma_{x2}}{\sigma_s} = \frac{1 + B}{B}\left(1 - \frac{1}{\lambda_{ab}^B}\right) = \frac{1 + 0.42}{0.42} \times \left(1 - \frac{1}{1.18^{0.42}}\right) = 0.227$$

$$\frac{\sigma_{x1}}{\sigma_s} = \frac{1 + A}{A}\left(1 - \frac{1}{\lambda_{bc}^A}\right) + \frac{\sigma_{x2}}{\sigma_s}\frac{1}{\lambda_{bc}^A}$$

$$= \frac{1 + 0.7}{0.7}\left(1 - \frac{1}{1.17^{0.7}}\right) + 0.227 \times \frac{1}{1.17^{0.7}} = 0.456$$

$$\frac{\sigma_L}{\sigma_s} = 1 - \frac{1 - \dfrac{\sigma_{x1}}{\sigma_s}}{e^{c_2}} = 1 - \frac{1 - 0.456}{e^{0.21}} = 0.559$$

4. 求变形抗力 σ_s：

$$\bar{\varepsilon} = 0.5(\varepsilon_1 + \varepsilon_0)$$

$$= 0.5 \times \left[\frac{(40 - 5) \times 5 - (30 - 4) \times 4}{(40 - 5) \times 5} + \frac{(40 - 5) \times 5 - (25 - 3.5) \times 3.5}{(40 - 5) \times 5}\right]$$

$$= 48.7\%$$

查加工硬化曲线，得 $\sigma_s = 600\text{MPa}$。

5. 求拉拔力 P_L：

$$P_L = \left(\frac{\sigma_L}{\sigma_s}\right)\sigma_s\pi(D_1 - S_1)S_1 = 0.559 \times 600 \times 3.14 \times (25 - 3.5) \times 3.5 = 79.25\text{kN}$$

思考练习题

10-1 分析影响拉拔力的因素，包括：如何降低拉拔力，减少模子磨损，提高模具寿命。

10-2 拉拔 LY11 棒材，拉拔前坯料为退火状态，某道次拉拔前直径 $\phi38\text{mm}$，拉拔后直径为 $\phi33\text{mm}$，模角 $\alpha = 12°$，工作带长 $L_d = 3\text{mm}$，摩擦系数 $f = 0.1$，试计算拉拔力。

10-3 采用游动芯头拉拔 H68 管材，拉拔前是退火状态坯料，$\phi28.3\text{mm} \times 1.32\text{mm}$，拉拔后的规格为 $\phi25\text{mm} \times 1\text{mm}$，拉模模角 $\alpha = 12°$，芯头锥角 $\alpha_1 = 9°$，拉模工作带长度 $L_d = 2\text{mm}$，芯头小圆柱段长度为 10mm，摩擦系数为 0.09，求拉拔力。

10-4 在工艺条件相同的情况下，游动芯头拉拔与固定短芯头拉拔比较，哪个拉拔力更大，为什么？

10-5 何谓临界反拉力，加反拉力的作用是什么，在临界反拉应力范围内，增加反拉应力对拉拔应力无影响的原因？

10-6 试分析超声波拉拔可降低拉拔应力的原因。

11　拉　拔　工　具

　　拉拔工具主要包括拉拔模和芯头，它们直接和拉拔金属接触并使其发生变形。拉拔工具的材质、几何形状和表面状态对拉拔制品的质量、成品率、道次加工率、能量消耗、生产效率及成本都有很大的影响。因此，正确的设计、制造拉拔工具、合理地选择拉拔工具的材料十分重要。

11.1　拉　拔　模

11.1.1　棒材拉拔模

　　棒材拉拔模对控制棒材产品的尺寸精度和表面质量是很重要的。

　　棒材拉拔模子的结构与尺寸如图 11-1 所示。

　　拉拔棒材一般采用锥形模，锥形模的模孔可分为 4 个区，各个区的作用和形状如下所述。

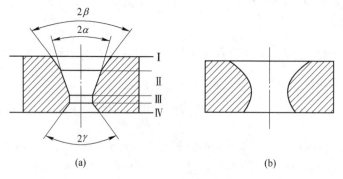

(a)　　　　　　　　　　　　　　(b)

图 11-1　模孔的几何形状
(a) 锥形模；(b) 弧线形模
Ⅰ—润滑区；Ⅱ—压缩区；Ⅲ—工作区；Ⅳ—出口区

　　A　润滑区

　　润滑区（入口锥、润滑锥）的作用是在拉拔时使润滑剂容易进入模孔，减少拉拔过程中的摩擦，带走金属由于变形和摩擦产生的热量，还可以防止划伤坯料。

　　润滑锥角的角度大小应适当，一般为 40°到 60°。角度过大，润滑剂不易储存，润滑效果不良；角度太小，拉拔过程产生的金属屑、粉末不易随润滑剂流出而堆积在模孔中，会导致制品表面划伤、夹灰、拉断等缺陷。

　　为了提高拉拔速度，可将润滑锥角 β 减少至 20°到 40°，使润滑剂在进入压缩区之前，在润滑区内即开始受到一定的压力，从而有助于产生有效的润滑作用。同时，加长压缩区，使压缩区的前半部分仍然提供有效润滑，提高润滑膜的致密度，而在压缩区的后半部分才进行压缩变形。这样润滑区和压缩区前半部建立起来的楔形区，在拉拔时能更好地获得"楔角效应"，造成足够大的压力，将润滑剂牢固地压附在金属表面，达到高速拉拔的目的。

B 压缩区

金属在此压缩区（压缩锥）进行塑性变形，并获得所需的形状和尺寸。

为防止制品与模孔不同心产生压缩带以外的变形，压缩区长度应大于拉拔时变形区的长度，如图 11-2 所示。压缩带长度用下式确定：

$$L_y = aL'_y = a \times 0.5(D_{0max} - D_1)\cot\alpha$$

式中 a ——不同心系数，$a = 1.05 \sim 1.3$；

     D_{0max} ——坯料可能的最大直径；

     D_1 ——制品直径。

压缩区的模角 α 是拉模的主要参数之一。α 角过小，坯料与模壁的接触面积增大；α 角过大，金属在变形区中的流线急剧转弯，导致附加剪切变形增大，从而使拉拔力和非接触变形增大。因此，α 角存在着一最佳区间，在此区间拉拔力最小。

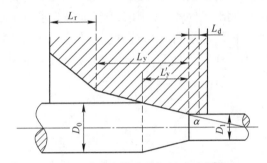

图 11-2   确定模孔几何尺寸示意图

在不同条件下，拉拔模压缩带 α 角的最佳区间也不相同。变形程度增加，最佳模角值增大。这是因为变形程度增加使接触面积增大，继而摩擦增大。为了减少接触面积，必须相应地增大模角 α，表 11-1 为拉拔不同材料时最佳模角与道次加工率的关系。

表 11-1   拉拔不同材料时最佳模角与道次加工率的关系

道次加工率 /%	$2\alpha/(°)$					
	纯铁	软钢	硬钢	铝	纯铜	黄铜
10	5	3	2	7	5	4
15	7	5	4	11	8	6
20	9	7	6	16	11	9
25	12	9	8	21	15	12
30	15	12	10	26	18	15
35	19	15	12	32	22	18
40	23	18	15	—	—	—

金属与拉拔工具之间的摩擦系数增加，最佳模角增大。

C 定径区

定径区（又称定径带或工作带）的作用是使制品获得稳定而精确的形状与尺寸。

圆棒材拉拔模的定径区起到控制制品直径尺寸与精度的作用，在确定定径带 D_1 时，应考虑制品的公差、弹性变形和模子的使用寿命，在设计模孔定径带直径时要进行计算，实际定径带的直径应比制品名义尺寸稍小。

定径带的长度 l_d 确定应保证模孔耐磨、拉断次数少和拉拔能耗低，金属由压缩区进入定径区后，由于发生弹性变形仍受到一定的压应力，因此在金属与定径区表面间存在摩擦。因此增加定径带长度使拉拔力增加。对于棒材，$l_d = (0.15 \sim 0.25)D_1$。

D 出口区

出口区的作用是防止金属出模孔时被划伤和模子定径区出口端因受力而引起的剥落。出口区的角度一般 $60° \sim 90°$。出口区的长度 l_{ch} 一般取 $(0.2 \sim 0.3)D_1$。

11.1.2 管材拉拔模

管材拉拔模用于空拉或带芯头拉拔，可控制管材的外径尺寸和与芯头配合控制管材的壁厚尺寸，同时决定管材的表面质量。管材拉拔模也分为 4 个区，即入口区、工作区、定径区和出口区。对于与芯头配合使用的管材拉模，其最佳模角比实心材的拉模更大。这是因为芯头与管内壁接触面的润滑条件较差，摩擦力较大。为了减小摩擦力，必须减小作用于此接触面上的径向压力，而增加模角 α 可达到此目的。管材拉模的角度 α 一般为 $12°$。管材拉拔模的定径带一般为圆柱形，对于不同的管材拉拔，定径区长度有所不同。

空拉管材：$l_d = (0.25 \sim 0.5)D_1$；

衬拉管材：$l_d = (0.1 \sim 0.2)D_1$。

11.1.3 线材拉拔模

线材拉拔模一般分为 5 个区，即入口区、润滑区、工作区、定径区和出口区，如图 11-2 所示。线材拉模入口区的角度一般为 $60°$，润滑区一般取 $40°$。工作区采用一定的锥角，工作区的长度 $l_d = (0.5 \sim 0.65)D_1$。定径区控制线材的尺寸精度，对该区要求较高。考虑到线材拉拔后的弹性回复，一般将定径区尺寸设计为负偏差。线材拉拔模出口区的锥度一般为 $60°$。对拉制细线用的模具，有时将出口部分做成凹球面的。

11.1.4 拉模的材料

在拉拔过程中，拉模受到较大的摩擦。尤其在拉制线材时，拉拔速度很高，拉拔模具的磨损很严重，因此要求拉拔模的材料具有高的硬度、高的耐磨性和足够的强度。常用的拉模材料有以下几种。

11.1.4.1 金刚石

金刚石是目前世界上已知物质中硬度最高的材料，其显微硬度可达 $1 \times 10^6 \sim 1.1 \times 10^6$ MPa。金刚石不仅具有高的耐磨性和极高的硬度，而且物理、化学性能极为稳定，具有高的耐蚀性。虽然金刚石有许多优点，但它非常脆且仅在模孔很小时才能承受住拉拔金属的压力。因此，一般用金刚石模拉拔直径小于 $0.3 \sim 0.5$ mm 的细线，有时也将其使用范围扩大到 $1.0 \sim 2.5$ mm 的线材，拉拔加工后的金刚石模镶入模套中，如图 11-3 所示。

在金属拉拔行业用金刚石制造拉丝模已有悠久的历史。但天然金刚石在地壳中储量极少，因此价格极为昂贵，人们一直致力于开发性能接近天然金刚石的材料，已相继研制出聚晶和单晶人造金刚石。人造金刚石不仅具有天然金刚石的耐磨性，而且还兼有硬质合金的高强度和韧性。用它制造的拉模寿命长，生产效率高，经济效益显著。小粒度人造金刚石制成的聚晶拉拔模一般用于中间拉

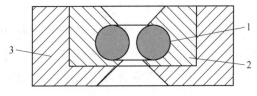

图 11-3　金刚石模
1—金刚石；2—模框；3—模套

拔，用大颗粒人造金刚石制成的单晶模作为最后一道成型模。

11.1.4.2　硬质合金

在拉制 $\phi25\sim40mm$ 的制品时，多采用硬质合金模。硬质合金具有较高的硬度、足够的韧性和耐磨性、耐蚀性。此外，硬质合金导热率高，线膨胀系数小，可以较好地将拉拔时的热量传导出去，即使在拉拔产生的热量较高时也能保证制品的尺寸精度。同时，用硬质合金制作的模具寿命比钢模高百倍以上，且价格也较便宜。

拉模所用的硬质合金以碳化钨为基，用钴为黏结剂在高温下压制和烧结而成。硬质合金的牌号、成分和性能列于表 11-2。为了提高硬质合金的使用性能，有时在碳化钨硬质合金中加一定量的 Ti，Ta，Nb 等元素，也有的添加一些稀有金属的碳化物如 TiC，TaC，NbC 等。含有微量碳化物的拉拔模硬度和耐磨性有所提高，但抗弯强度降低。

表 11-2　硬质合金的牌号、成分和性能

合金牌号	成分/%		密度/g·cm⁻³	性　能	
	WC	Co	/g·cm⁻³	抗弯强度/MPa	硬度（HRA）
YG3	97	3	14.9~15.3	1030	89.5
YG6	94	6	14.6~15.0	1324	88.5
YG8	92	8	14.0~14.8	1422	88.0
YG10	90	10	14.2~14.6		
YG15	85	15	13.9~14.1	1716	86
YG20	80	20	13.4~13.7	2200	82

虽然硬质合金具有高的耐磨性和抗压强度，但它的抗冲击性能较低。因此，需要在硬质合金模的外侧镶上一个钢制外套，给它以一定的预应力，减少和抵消拉拔模在拔制时所承受的工作应力。硬质合金拉模镶套装配如图 11-4 所示。

11.1.4.3　优质碳素钢

对于中、大规模的制品广泛采用钢制拉拔模，常用的钢号为 T8A 与 T10A 优质工具钢，经热处

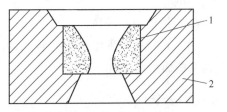

图 11-4　硬质合金模
1—硬质合金模芯；2—模套

理后硬度可达 HRC58~65，为了提高工具的抗磨性能和减少黏结金属，除进行热处理外还可在工具表面上镀铬，其厚度为 0.02mm~0.05mm。镀铬后可使拉拔模具的使用寿命提高 4~5 倍。

11.1.4.4　刚玉陶瓷

刚玉陶瓷是 Al_2O_3 和 MgO 混合烧结制得的一种金属陶瓷，它具有很高的硬度、耐磨性和耐腐蚀性能，高温力学性能优良，不易与金属发生黏结，但其抗热冲击性能差，韧性低，加工困难。刚玉陶瓷可用来拉拔 $\phi0.37 \sim 2.00$mm 的线材。

11.1.2　辊式拉模

辊式拉模如图 11-5 所示。辊式拉模的两对辊子上都有相应的孔型，且均是被动的。在拉拔时坯料与辊子之间没有相对运动，辊子随坯料拔制而转动。还有一种辊式模，其模孔工作表面由若干个自由旋转辊所构成，如图 11-6 所示，模孔由 3 个辊子构成一个孔型，当然还有 4 个或 6 个辊子构成孔型的。这种模子主要用来拉拔型材。

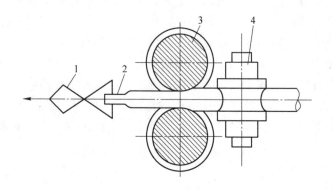

图 11-5　辊式拉模拉拔示意图

1—拉拔机小车夹钳；2—拉拔的材料；3—辊式拉模水平辊；4—辊式拉模立辊

用辊式拉模进行拉拔有如下优点：

（1）拉模与坯料之间摩擦系数很小，拉拔力小，力能消耗少，工具寿命长。

（2）可采用较大的变形量，道次压缩率可达 $30\% \sim 40\%$。

（3）拉拔速度较高。

（4）在拉拔过程中能改变辊间的距离，从而获得变断面型材。

11.1.3　旋转模

旋转模如图 11-7 所示，在模子的内套中放有

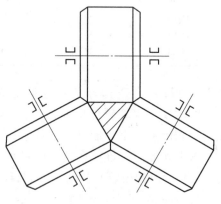

图 11-6　用于生产型材的辊式模示意图

模子，外套与内套之间有滚动轴承，通过蜗轮机构带动内套和模子旋转。使用旋转模以滚动代替滑动接触，从而既可使模孔均匀磨损，又可使沿拉拔方向上的摩擦力减小。用旋转模拉拔还可以降低线材断面的椭圆度，多用于连续拉线机的成品模。

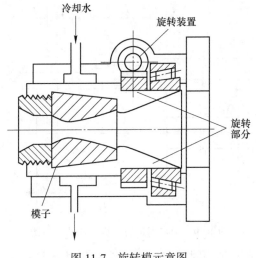

图 11-7　旋转模示意图

11.2　芯　　头

11.2.1　芯头的结构和尺寸

11.2.1.1　固定短芯头

固定短芯头的形状一般是圆柱形的。在拉制薄壁管时，为减小摩擦力以防拉断管坯，芯头带有锥度。芯头被套在芯杆的一端固定。芯头与芯杆一般采用螺纹连接。直径大于 30~60mm 的芯头用中空的，小于 5mm 的用钢丝代替。固定短芯头的形状如图 11-8 所示。

固定短芯头工作段的长度包括以下几段：保证能良好代入润滑剂的 l_2 段、减壁段 l_3、定径段 l_4，防止管子由于非接触变形而使其内部尺寸变小的（l_5+l_6）段以及调整芯头在变形区中的位置的 l_1 段，如图 11-9 所示。

芯头的总长度

$$l_{xi} = l_1 + l_2 + l_3 + l_4 + l_5 + l_6$$

式中　$l_1 = r_1 = (0.05 \sim 0.2)D_{xi}$；

$l_2 = \dfrac{(D_0 - 2s_0) - (D_1 - 2s_1)}{2\tan\alpha} + 0.05D_0$；

$l_3 = (s_0 \sim s_1)\cot\alpha$；

$l_4 = l_6 = (0.1 \sim 0.2)D_1$；

$l_5 = r_5 = (0.05 \sim 0.2)D_{xi}$；

D_{xi}——芯头外圆直径，即拉拔后管子内径 d_1。

11.2.1.2　游动芯头

游动芯头一般由两个圆柱部分和中间圆锥体组成，如图 11-10（a）所示。管壁的变化和管材内径的确定是借助前端的圆锥部分和圆柱部分实现的，后圆柱部分可防止芯

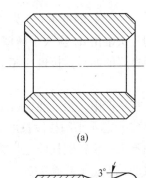

(a)

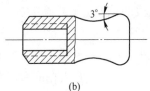

(b)

图 11-8　固定短芯头形状

（a）圆柱形芯头；（b）锥形芯头

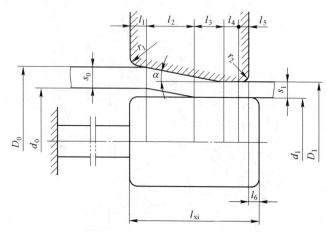

图 11-9 确定固定短芯头形状的示意图

头被拉出模孔，并保持装入芯头时的稳定。芯头的尺寸包括芯头锥角和芯头各段长度与直径。

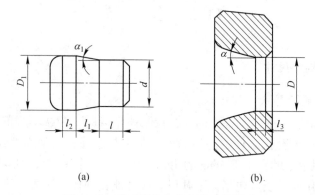

图 11-10 游动芯头与拉模的主要尺寸

(a) 游动芯头；(b) 拉模

（1）芯头的锥角 α。为了实现稳定的拉拔过程，根据对游动芯头拉拔过程的受力分析得到芯头锥角 α_1 应大于摩擦角 β，小于拉模锥角 α，即 $\beta < \alpha_1 < \alpha$。为了使拉拔过程稳定且得到良好的润滑，拉模与芯头之间的角度差一般取 $1° \sim 3°$，即

$$\alpha - \alpha_1 = 1° \sim 3°$$

在生产中，为了使拉拔工具有通用性，一般取 $\alpha = 12°$，$\alpha_1 = 9°$。

（2）芯头小圆柱段长度 l。芯头小圆柱段为管材内径的定径段，它的长度对拉拔力的影响不大。定径圆柱段过长将使芯头被深深地拉入变形区，影响拉拔过程的稳定性。小圆柱段的长度由下式确定：

$$l = l_j + l_3 + \Delta$$

式中　l_3——模孔工作带的长度；

　　　l_j——芯头在前后位置间移动的几何范围；

　　　Δ——芯头在后极限位置时伸出模孔定径带的长度，一般为 $2 \sim 5mm$。

（3）芯头圆锥段长度 l_1。当芯头锥角已确定时，芯头圆锥段长度 l_1 与后圆柱段直径

D_1 有关，芯头圆锥段长度按下式计算

$$l_1 = \frac{D_1 - d}{2\tan\alpha_1}$$

式中　D_1——芯头大圆柱段直径；

　　　d——芯头小圆柱段直径；

　　　α_1——芯头锥角。

（4）芯头大圆柱段直径 D_1。长度 l_2 芯头大圆柱段直径应小于拉拔前管坯内径 d_0。为了方便的装入芯头，对于盘管和中等规格的冷硬直管，$d_0-D_1 \geqslant 0.4$mm；退火后第一次拉拔，$d_0-D_1 \geqslant 0.8$mm；拉拔毛细管时可采用较小的间隙，$d_0-D_1 \geqslant 0.1$mm。芯头的大圆柱段长度 l_2 主要对管坯起导向作用，一般可取 l_2 等于 $(0.4 \sim 0.7)d_0$。

常用的游动芯头结构如图 11-11。其中图 11-11（a）、（b）所示的游动芯头用于直线拉拔。图 11-11（a）所示的双向游动芯头可以换向使用，相当于两个芯头，且比制造两个芯头简单。但是这种芯头不适合于拉拔大直径管材。图 11-11(c)~(e)所示的游动芯头适用于盘管拉拔，其特点是芯头长度较短，尾部倒圆或呈球形。

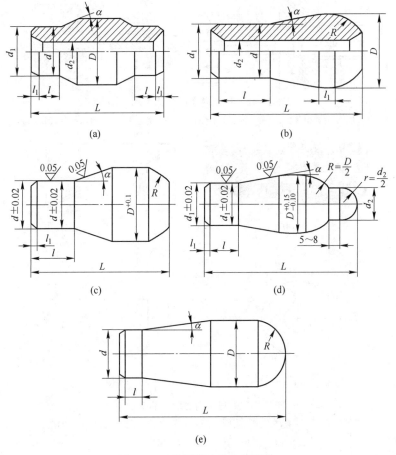

图 11-11　常用游动芯头的形状

在拉拔生产中，为了获得不同尺寸的产品，需要不同规格的芯头。如果不对游动芯头

的尺寸做适当的调整，则情况将变得十分复杂。这是因为在芯头锥角 α_1 固定的情况下，游动芯头其他尺寸的选取与许多工艺因素有关。这样，游动芯头的规格将非常之多，这对芯头的制造和使用都极不方便，因此在实际生产中设计游动芯头规格要考虑统一化的问题，经过统一化之后芯头规格显著减少，制造简化。

11.2.1.3　内螺旋管芯头

内螺纹管是一种内部带有凸筋的管材。通过拉拔方法可以生产带有内螺纹的管材。在此过程中，坯料采用无缝直管，内螺纹的形成由螺纹芯头控制。

内螺纹管生产工艺包括三个道次，即减径拉拔、旋压螺纹起槽和定径空拉成型，见图11-12。拉拔内螺纹成型时，将一个轴向可以自由旋转、外表面带有螺纹槽的芯头（见图11-13（a））塞入管内部。拉拔时，游动芯头起到对螺纹芯头的轴向定位作用和管坯的减径，外面钢球的旋压将管的内壁加工成与螺纹芯头对应的齿型结构。因此，拉拔内螺纹的齿型结构完全由螺纹芯头外表面的结构决定。内螺纹管芯头结构如图11-13所示，其主要的参数有：齿高、齿数（即螺纹数）、齿顶角、底壁厚、槽底宽、螺旋角等。

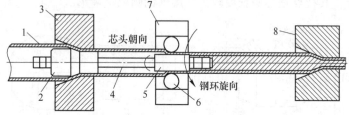

图 11-12　拉拔内螺纹管成型示意图

1—无缝铜管坯；2—游动芯头；3—外模；4—连杆；5—螺纹芯头；6—钢球；7—钢环；8—定径模

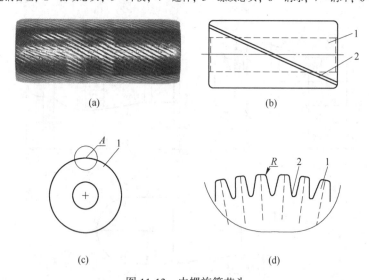

图 11-13　内螺旋管芯头

（a）芯头；（b）整体结构示意图；（c）横截面结构示意图；（d）A 的放大图

1—螺纹芯头；2—螺纹

实现连续拉拔成型内螺纹管并保证产品的尺寸规格及表面质量达标必须满足下述必要条件。

（1）螺纹芯头必须旋转才能成型内螺纹。内螺纹管连续挤压成型的过程是管内成型齿牙与螺纹芯轴齿牙相互后退的过程。在此过程中，若螺纹芯轴不旋转，则管必须旋转，才能成型内螺纹，否则两者没有相对的旋转运动只能挤出直条纹管，但是管旋转成型内螺纹会引起内螺纹管外表面质量不良，收线、排线难度增加，矫直后螺纹升角变小等一系列问题，因此连续挤压成型内螺纹管的必要条件之一是螺纹芯轴旋转。

（2）螺纹芯头的转速必须与产品的拉出速度相匹配，确保螺纹芯头的螺纹升角与内螺纹管螺纹升角相等，才能实现可控连续化生产。

11.2.2 芯头的材料

制造芯头的材料可以是钢或硬质合金。

（1）钢。对一般中、小芯头来说，其材质大多采用 35 钢、T8A、30CrMnSi 等，要求芯头表面镀铬，以增强耐磨性。

大的芯头多采用含碳量为 0.8%~1.0% 的钢，淬火后硬度 HRC 为 60 左右。

（2）硬质合金。硬质合金可用来制造小的和中等规格的芯头，以采用含 Co 占 15% 的 YG15 为佳。

思考练习题

11-1 画出拉拔模的示意图，并说明拉拔模各部分的作用。

11-2 分析变形程度、模具材料和拉拔方法对最佳模角的影响。

11-3 拉拔模具的工作带（定径带）尺寸的确定原则是什么，工作带过长或过短会带来什么问题？

11-4 画出游动芯头的示意图，说明游动芯头各部分的作用及尺寸的确定原则。

11-5 辊式拉模有何特点？

11-6 拉拔棒材和拉拔管材的工作带（定径带）长度是否相同，为什么？

11-7 试说明拉拔模具的发展趋势。

11-8 简述内螺纹管成型过程的工作原理，并说明对芯头的要求。

12　拉 拔 设 备

12.1　管棒型材拉拔机

12.1.1　链式拉拔机

广泛使用的管棒型材拉拔机为链式拉拔机，其特点是设备结构和操作都较简单，适应性强，管棒型制品皆可在同一台设备上拉制。链式拉拔机按用途可分为无芯杆拉拔机和有芯杆拉拔机。无芯杆拉拔机用于棒材拉拔和管材，有芯杆拉拔机用于管壁减壁拉拔。根据链数的不同可将链式拉拔机分为单链拉拔机和双链拉拔机，按同时拉拔制品的根数可将拉拔机分为单线拉拔机和多线拉拔机。

单链拉拔机主要由床身、拉拔小车、链条、传动装置、小车返回装置、芯杆装置（拉拔管材时用）和模座等组成，拉拔小车由一条链条带动。常见的单链拉拔机结构如图12-1所示，表12-1所示为常用的单链式拉拔机。

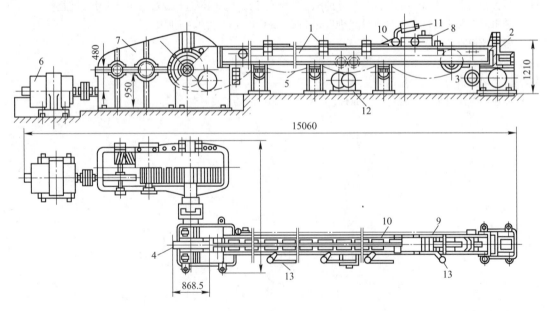

图 12-1　单链式拉拔机

1—机架；2—模架；3—从动轮；4—主动链轮；5—链条；6—电动机；7—减速机；8—拉拔小车；
9—钳口；10—挂钩；11—平衡锤；12—拉拔小车快速返回机构；13—拨料杆

双链式拉拔机的工作机架由许多 C 形架组成（见图12-2）。在 C 形架内装有两条水平横梁，其底面支撑拉链和小车，侧面装有小车导轨，两根链条从两侧连在小车上。C 形架之间的下部安装有滑料架。除拉拔机本体外，一般还包括以下机构：受料-分配机构、管子套芯杆机构和向模孔送管子与芯杆的机构。双链式拉拔机性能如表12-2所示。

表 12-1　单链式拉拔机系列的结构

种类	拉拔机性能	拉拔机能力/MN								
		0.02	0.05	0.10	0.20	0.30	0.50	0.75	1.00	1.50
管材拉拔机	拉拔速度范围/m·min⁻¹	6~48	6~48	6~48	6~48	6~25	6~15	6~12	6~12	6~9
	额定拉拔速度/m·min⁻¹	40	40	40	40	40	20	12	9	6
	拉拔最大直径/mm	20	80	55	80	130	150	175	200	300
	拉拔最大长度/m	9	9	9	9	9/12	9	9	9	9
	小车返回速度/m·min⁻¹	60	60	60	60	60	60	60	60	60
	主电机功率/kW	21	55	100	160	250	200	200	200	200
棒材拉拔机	拉拔速度范围/m·min⁻¹			6~35	6~35	6~35	6~35	6~35		
	额定拉拔速度/m·min⁻¹			25	25	25	25	25		
	拉拔最大直径/mm			35	65	80	80	110		
	拉拔最大长度/m			9	9	9	9	9		
	小车返回速度/m·min⁻¹			60	60	60	60	60		
	主电机功率/kW			55	100	160	160	160		

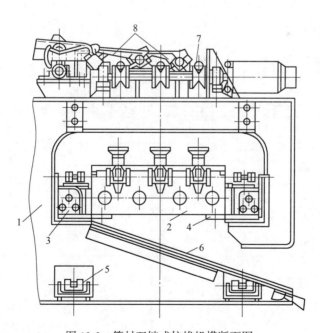

图 12-2　管材双链式拉拔机横断面图

1—C形架；2—拉拔小车；3—支撑架；4—导轮；5—链条导轮；6—滑板；7—滚轮；8—分料器

表 12-2　高速双链式拉管机基本参数

项　目		额定拉拔机能力/MN					
		0.20	0.30	0.50	0.75	1.00	1.50
额定拉拔速度/m·min⁻¹		60	60	60	60	60	60
拉拔速度范围/m·min⁻¹		3~120	3~120	3~120	3~120	3~100	3~100
小车返回速度/m·min⁻¹		120	120	120	120	120	120
拉拔最大直径/mm	黑色金属	30	40	50	60	80	90
	有色金属	40	50	60	75	85	100
最大拉拔长度/m		30	30	25	25	20	20
可拉拔数/根		3	3	3	3	3	3
主电机功率/kW		125×3	200×2	400×2	400×2	400×2	630×2

　　单链拉拔机结构简单，但是其长度较短，限制了拉拔制品的长度以及拉拔速度。双链拉拔机可拉拔长度较长和不同规格的制品，且制品尺寸精度和平直度高。链式拉拔机正向高速、多线、自动化的方向发展。拉拔速度最高可达 190m/min，同时最多可拉拔 9 根料，有些拉拔机的全部工序采用自动化程序控制。

12.1.2　液压式拉拔机

　　液压式拉拔机具有传动平稳、拉拔速度易于调整的优点，适合于拉拔难变形合金和高精度的异性管材。液压拉拔机的结构如图 12-3 所示，主要由主缸、主柱塞、前后横梁、张力柱、滑架和连接杆组成。

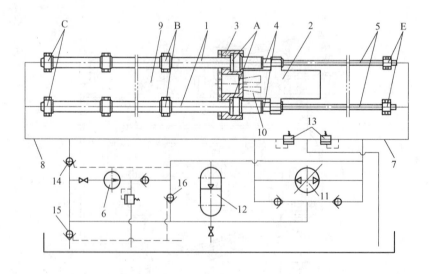

图 12-3　液压拉拔机的结构示意图

A—凸肩；B，C，E—支座；1—液压缸；2—拉模车；3—拉模座；4—工作柱塞；

5—返程柱塞；6—泵；7—工作管道；8—返程管道；9，10—拉拔机床身；11—变量泵；

12—储能器；13—压力阀；14~16—液控单向阀

12.1.3　联合拉拔机列

12.1.3.1　联合拉拔机列组成

将拉拔、矫直、切断、抛光和探伤组成在一起形成一个机列,可大大提高制品的质量和生产效率。用联合拉拔机列可生产棒材、管材和型材。

棒材联合拉拔机列由轧尖、预矫直、拉拔、矫直、剪切和抛光等部分组成,其结构如图 12-4 所示。

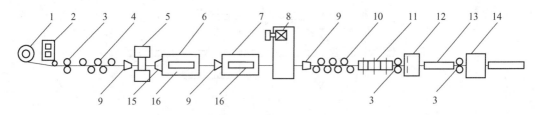

图 12-4　DC-SP-1 型联合拉拔机列示意图

1—放料架;2—轧尖机;3—导轮;4—预矫直辊;5—模座;6,7—拉拔小车;8—主电动机和减速机;9—导路;10—水平矫直辊;11—垂直矫直辊;12—剪切装置;13—料槽;14—抛光机;15—小车钳口;16—小车中间夹板

(1)轧头机由具有相同辊径并带有一系列变断面轧槽的两对辊子组成。两对辊子分别水平和垂直的安装在同一个机架上。制作夹头时,将棒料头部依次在两对辊子中轧细以便于穿模。

(2)预矫直装置机座上面装有 3 个固定辊和两个可移动的辊子,能适应各种规格棒料的矫直。预矫直的目的是使盘料进入机列之前变直。

(3)拉拔机构如图 12-5 所示。从减速机出来的主轴上,设有两个端面凸轮(相同的凸轮,位置上相互差 180°)。当凸轮位于图 12-5(a)的位置时,小车Ⅰ的钳口靠近床头且对准拉模。当主轴开始转动,带动两个凸轮传动。小车Ⅰ由凸轮Ⅰ带动并夹住棒材沿凸轮曲线向后运动。同时,小车Ⅱ借助于弹簧沿凸轮Ⅱ的曲线向前返回。当主轴转到 180°时凸轮小车位于图 12-5(b)的位置,再继续转动时,小车Ⅰ借助于弹簧沿凸轮Ⅰ的曲线向前返回,同时小车Ⅱ由凸轮Ⅱ带动沿其曲线向后运动。当主轴转到 360°时,小车和凸轮又恢复到图 12-5(a)的位置。凸轮转动一圈,小车往返一个行程,其距离等于 S。

拉拔小车中间各装有一对夹板,小车Ⅰ的前面还带有一个装有板牙的钳口,小车Ⅱ前面装有一个喇叭形的导路。棒材的夹头通过拉模进入小车Ⅰ的钳口中。当设备起动,小车Ⅰ的钳口夹住棒材向右运动,达到后面的极限位置后开始向前返回,这时钳口松开,被拉出的一段棒材进入小车Ⅰ的夹板中。当小车Ⅰ第二次往后运动时,钳口不起作用,因为夹板套是带斜度的,如图 12-6 所示。夹板靠摩擦力夹住棒材向后运动,小车Ⅰ开始返回时,夹板松开。小车Ⅰ可以从棒材上自由的通过。当小车Ⅰ拉出的棒材进入小车Ⅱ的夹板中以后,就形成了连续的拉拔过程。

(4)矫直与剪切机构矫直机由 7 个水平辊和 6 个垂直辊组成,对拉拔后的棒材进行矫直。

在减速机的传动轴上设有多片摩擦电磁离合器和端面凸轮,架上装有切断用刀具,用于棒材定尺剪切。

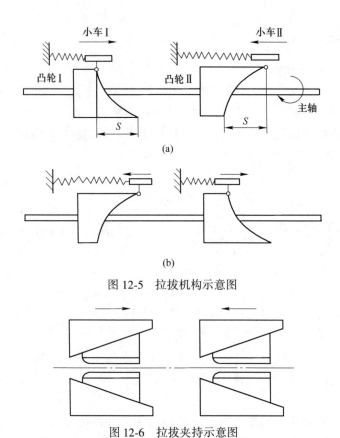

图 12-5　拉拔机构示意图

图 12-6　拉拔夹持示意图

（5）抛光机如图 12-7 所示。其中 4、7 为固定抛光盘，5、8 为可调抛光盘。棒材通过导向板 3 进入第一对抛光盘，然后通过三个矫直喇叭筒，再进入第二对抛光盘。抛光盘

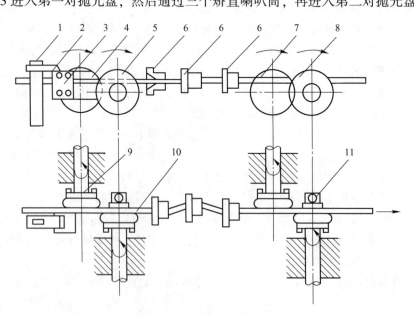

图 12-7　抛光机工作示意图
1—立柱；2—夹板；3—导板；4，7—固定抛光盘；5，8—可调整抛光盘；6—矫直喇叭筒；
9—轴；10—棒材；11—导向板

带有一定的角度，使棒材旋转前进，抛光速度必须大于拉拔速度和矫直速度，一般抛光速度为拉拔速度的 1.4 倍。

12.1.3.2 联合拉拔机列的特点

联合拉拔机列具有下述特点：

（1）机械化、自动化程度高，所需生产人员少，生产周期短，生产效率高。

（2）产品质量好，表面粗糙度值可达 $0.8\mu m$，弯曲度可小于 $0.02mm/m$。

（3）设备重量轻，结构紧凑，占地面积小。

采用联合拉拔机拉拔管材，可以生产直管，也可以采用盘式管材经圆盘拉拔机将管材拉至更小的规格。

12.1.4 履带式连续拉拔机

履带式拉拔机有单链履带式与双链履带式拉拔机以及高速履带式连续拉拔机等。与单链履带式拉拔机比较，双链式履带拉拔机的特点是：（1）继承了单履带式拉拔机所有的优点；（2）提高了拉拔的精度和速度；（3）设备整体结构体积小；（4）增设了辅助衬链，使得拉拔机的拉拔链传动机构的主要部件在结构形式和布置方式上均有所改变。

双链式履带拉拔机的机械结构与工作原理如图 12-8 所示。拉拔机结构主要由链传动装置、张紧装置、压紧装置、模架装置、预拉拔装置、机架和罩壳等组成，参见图 12-8（a）。

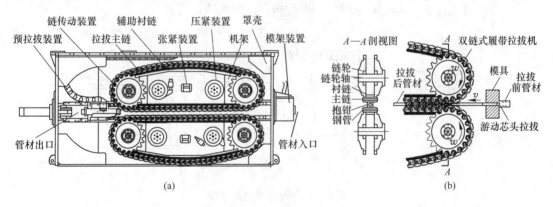

图 12-8　双链式履带拉拔机结构与拉拔工作原理

（a）双链式履带拉拔机结构；（b）双链式履带拉拔机拉拔原理图

双链式履带拉拔机拉拔原理如图 12-8（b）所示，拉拔机中的链传动系统采用上下布置的两套链组组成，提供驱动力的直流电机带动链轮转动。每套链组含有两组链轮，拉拔管材的出口端为主动链轮，管材的入口端为被动链轮。工作时张紧装置同时张紧拉拔主链和衬链，压紧装置相对压紧，通过主链抱钳夹紧时所产生的摩擦力来提供拉拔管材所需的拉拔力。被拉管材通过模架装置中的拉拔模实现缩小直径和减小壁厚。

履带式连续拉拔机通过上下链板间的压力夹紧坯料，链条传递拉拔力，使拉拔力持续而均匀。

近年来，我国自主研发的高速履带式连续拉拔机 GB-LLB-8 具有如下特点：设备结构紧凑、装配简单、运转速度平稳、产品质量好、成材率高、生产成本低、生产率高等，已推广得到应用。

12.1.5　圆盘拉拔机列

　　圆盘拉拔机最初被用来拉制小断面的棒、型材和空拉毛细管。后由于游动芯头衬拉管材的技术得以成功应用，圆盘拉拔得到了迅速的发展。圆盘拉拔机生产效率高，生产的制品质量好，成品率高，目前在圆盘拉拔机上衬拉的管材长达数千米，拉拔速度高达2400m/min。圆盘拉拔机一般与辅助工序如开卷、矫直、制夹头、盘管存放和运输等所用设备与机构组合成一个完整机列。还可以与联合拉拔矫直机列相连接。

　　圆盘拉拔机最适合于拉拔紫铜、铝等塑性良好的管材。因管子内表面的处理比较困难，对需经常退火、酸洗的高锌黄铜管不太适用。在圆盘拉拔机上进行拉拔时，管材除承受拉应力外，在管材接触卷筒的瞬间还受到附加的弯曲应力。当道次变形率和弯曲应力达到一定程度时，会引起管材横断面发生椭圆，椭圆度的大小主要与金属的强度、卷筒直径、管材的径壁比以及道次加工率有关。

　　将主传动装置配置在卷筒下部的立式圆盘拉拔机称为正立式，如图 12-9（a）所示。这种形式的圆盘拉拔机结构简单，传动装置安装在下部基础上，适合于大吨位的拉拔。但这种结构的圆盘拉拔机卸料不便，设备的生产率低。当将主传动装置配置在卷筒上部，则称之为倒立式圆盘拉拔机，如图 12-9（b）所示。在这种圆盘拉拔机拉拔后，盘卷依靠重力从卷筒上自动落下，不需要专门的卸料装置，卸料既快又可靠。

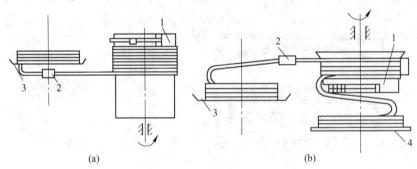

图 12-9　圆盘拉拔机示意图

（a）正立式；（b）倒立式

1—卷筒；2—拉模；3—放料架；4—受料盘

　　表 12-3 为几种倒立式圆盘拉拔机的型号规格和主要技术性能。

表 12-3　立式圆盘拉拔机技术性能参数

参　　　数	750 型	1000 型	1500 型	2800 型
拉拔速度/m·min^{-1}	100~540	80~540	40~575	40~400
卷筒直径/mm	750	1000	1500	2800
卷筒工作长度/mm	1200	1500	1500	
拉拔管材直径范围/mm	12~8	15~5	45~8	70~25
拉拔管材长度/mm	350~2300	280~800	130~600	100~500
主电机功率/kW	32	42	70	250
主电机转速/r·min^{-1}	750~1500	650~1800	600~1800	

圆盘拉拔机的另一种类型是 V 形槽轮拉拔机。这种拉拔机的特点是用外圆周上开有 V 形槽的轮子来代替拉拔卷筒（图 12-10）。在拉拔时，管材被置于 V 形槽中。采用"V"形槽轮可以在盘管小一圈的情况下实现管材拉拔。传统的圆盘拉拔机必须在卷筒上储存 6~8 圈后，方可借管子与卷筒的摩擦力实现继续牵引。如在一个工艺周期中设若干个"V"形槽轮，并使之与剪切、矫直设备组成联合机列，可实现在 300m/min 的速度下进行拉拔、矫直、飞锯切断的联合工序。V 形槽轮拉拔机不能拉拔大直径的管坯，仅适用于薄壁小管的生产。

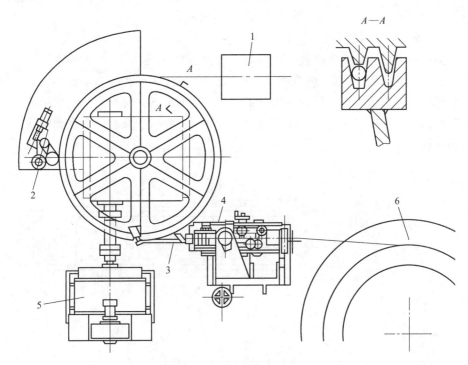

图 12-10 V 形槽轮拉拔机

1—矫直和定尺剪切机列；2—压辊；3—拉入夹钳；4—模座；5—驱动马达；6—上料卷筒

12.2 拉 线 机

根据拉拔工作制度又可将拉线机分为单模拉线机与多模拉线机。

12.2.1 单模拉线机

线坯在拉拔时只通过一个模的拉线机称为单模拉线机，也称一次拉线机。根据其卷筒轴的配置又分为立式与卧式两类。单模拉线机的拉拔速度慢，一般为 0.1~3m/s，生产率较低，且设备占地面积较大。但是单模拉线机结构简单，制造容易，多用于粗拉大直径的圆线、型线以及短料的拉拔。

12.2.2 多模连续拉线机

多模连续拉线机又称为多次拉线机。在这种拉线机上线材拉拔时连续同时通过多个模子，每两个模子之间有绞盘，线以一定的圈数缠绕其上，借以建立起拉拔力。根据拉拔时线与绞盘间的运动速度关系，可将多模连续拉线机分为滑动式多模连续拉线机和无滑动式多模连续拉线机。

12.2.2.1　滑动式多模连续拉线机

滑动式多模连续拉线机的特点是除最后的收线盘外，线与绞盘圆周的线速度不相等，存在着滑动。用于粗拉的滑动式多模连续拉线机的模子数目一般是 5、7、11、13 和 15 个，用于中拉和细拉的模子数为 9~21 个。根据绞盘的结构和布置形式可将滑动式多模连续拉线机分为下述几种。

A　立式圆柱形绞盘连续多模拉线机

立式圆柱形绞盘连续多模拉线机的结构形式如图 12-11 所示。在这种拉线机上，绞盘轴垂直安装，绞盘与模子全部浸在润滑剂中，被拉线材、模子和绞盘可得到充分、连续的润滑及冷却，但由于运动着的线材和绞盘不断的搅动润滑剂，悬浮在润滑剂中的金属尘屑易堵塞和磨损拉拔模孔。另外，由于绞盘垂直放置，这种拉线机的速度受到限制，一般为 2.8~5.5m/s。

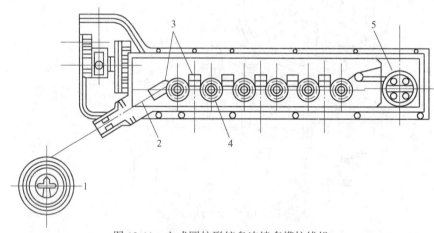

图 12-11　立式圆柱形绞盘连续多模拉线机

1—坯料卷；2—线；3—模盒；4—绞盘；5—卷筒

B　卧式圆柱形绞盘连续多模拉线机

卧式圆柱形绞盘连续多模拉线机的结构形式如图 12-12 所示。在这种拉线机上，绞盘轴线水平方向布置，绞盘的下部浸在润滑剂中，模子单独润滑。穿模方便，停车后可测量各道次的线材尺寸以控制整个生产过程。

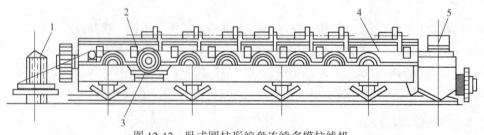

图 12-12　卧式圆柱形绞盘连续多模拉线机

1—坯料卷；2—模盒；3—绞盘；4—线；5—卷筒

圆柱形绞盘连续多模拉线机机身长，其拉拔模字数一般不宜多于9个。为克服此缺点可以使用两个卧式绞盘，将数个模子装在两个绞盘之间的模座上。另外也可将绞盘排列成圆形布置，如图12-13所示。为了提高生产率，还可以在一个轴上安装同一直径的数个绞盘，将几个轴水平排列，同时拉几根线。

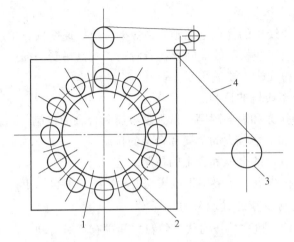

图 12-13　圆环形串联连续 12 模拉线机
1—模；2—绞盘；3—卷筒；4—线

C　卧式塔形绞盘连续多模拉线机

卧式塔形绞盘连续多模拉线机是滑动式拉线机中应用最广泛的一种，其结构如图12-14所示。这种拉线机拉拔速度较高，制品质量好，主要用于拉细线。

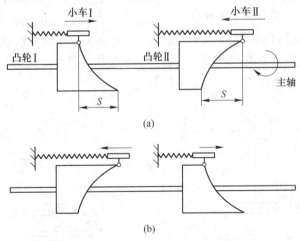

图 12-14　卧式塔形绞盘连续多模拉线机
1—模；2—绞盘；3—卷筒；4—线

根据工作层数的多少，可将塔形绞盘分为两级和多级。此外还可以根据拉拔时的作用将绞盘分为拉拔绞盘和导向绞盘。拉拔绞盘是使线材拉过模子进行着力的绞盘，也称为牵引绞盘。导向绞盘作用是使线材正确进入下一模孔，在不同的拉线机中有的成对的两个绞盘都是拉拔绞盘，但有一个是导向绞盘，一个是拉拔绞盘的，还有两个绞盘既做拉拔绞盘又做导向绞盘的。

立式塔形绞盘连续多模拉线机在长度上占地面积较大，拉拔速度低，故很少使用。

D　多头连续多模拉线机

此种拉线机可同时拉几根线，且每根线通过多个模连续拉拔，其拉拔速度最高可达 $25\sim30m/s$，其生产率大大提高。

滑动式多模连续拉线机的优点是总延伸系数大，拉拔速度快，生产率高，易于实现机械化、自动化。但是由于线材与绞盘间存在着滑动，绞盘易受磨损。

滑动式多模连续拉线机主要适用于：

（1）圆断面和异型线材的拉制。

（2）承受较大的拉力和表面耐磨的低强度金属和合金的拉制。

（3）塑性好，总加工率较大的金属和合金的拉制。

（4）能承受高速变形的金属和合金的拉制。

滑动式多模连续拉线机，主要用于拉拔铜线和铝线，但也用于拉拔钢线。

12.2.2.2　无滑动多模连续拉线机

无滑动多模连续拉线机在拉拔时线与绞盘之间没有相对滑动。

实现无滑动多次拉拔的方法有两种，一种是在每个中间绞盘上积蓄一定数量的线材以调节线的速度及绞盘速度，另一种通过绞盘自动调速来实现线材速度和绞盘的圆周速度完全一致。

A　储线式无滑动多模连续拉线机

在这种拉线机上除了为保证线材与绞盘之间不产生滑动现象而需在绞盘上至少绕上10圈线以外，还需在绞盘上积蓄更多一些的线圈以防止由于延伸系数和绞盘转速可能发生变化而引起的各绞盘间秒流量不相适应的情况。在拉拔过程中，根据拉拔条件的变化，线圈数可以自动增加或减少。图12-15为储线式无滑动多模连续拉线机的示意图。除最后一个绞盘外，每一绞盘都起着拉线和下一道次的放线架的作用。此种拉拔机构可用于几个绞盘同时拉拔，也可单独拉拔。

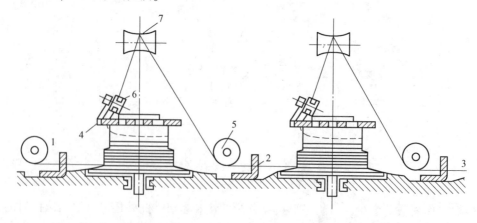

图12-15　储线式无滑动多模连续拉线机示意图

1，2，3—模子；4—圆环；5，6，7—导轮

储线式无滑动多模连续拉线机在拉拔过程中线材的形成复杂，不能采用高速拉拔，其拉拔速度一般不大于 10m/s。在拉拔时常会产生张力和活套，所以它不适于拉细线和极细线。同时，制品在拉拔时可能会受到扭转，因此也不适宜用来拉拔异型线和双金属线。

为了解决线材扭转的问题而发展出了一种双绞盘储线式拉线机，其结构如图 12-16 所示。双绞盘储线式拉线机分为上、下两个部分，中间有个滑轮。上绞盘集线，下绞盘拉拔。线材在张力作用下从一个绞盘以切线方向走至拉拔模，又从切线方向走向另一个绞盘，因此线材无扭转。同时，线材在绞盘上积蓄线材数量大，其热量几乎可全部被冷却绞盘的水和风带走，因此这种拉线机可采用很高的拉拔速度。双绞盘储线式拉线机结构简单，拉拔线路合理，电气系统也不复杂。

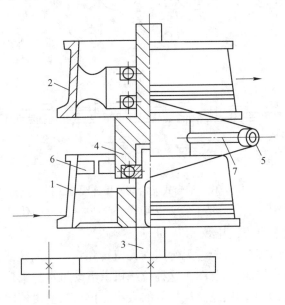

图 12-16　双绞盘储线式拉线机示意图

1—拉拔绞盘；2—储线绞盘；3—主轴；4—套筒；5—导向轮；6—磁性滑动扳手；7—杆

B　非储线无滑动多模连续拉线机

非储线无滑动多模连续拉线机的拉拔绞盘与线材之间无滑动，且在拉拔过程中不允许任何一个中间绞盘上有线材积累和减少。

非储线无滑动多模连续拉线机有两种形式，即活套式和直线式。

a　活套式无滑动多模连续拉线机

活套式无滑动多模连续拉线机如图 12-17 所示。从上一个绞盘出来的线材经过张力轮和导向轮进入下一拉线模，然后到达下一绞盘上。在相邻两个绞盘之间设置一个活套臂，活套臂在金属秒体积流量不相等时，可以收入或放出少量金属丝，起到缓冲作用。当拉拔绞盘的速度完全与线材的实际延伸系数相适应时，尺扇和齿轮处于平衡位置。当前一绞盘的速度较快或较慢而使线受到的张力发生变化时，平衡杠杆将离开平衡位置。通过尺扇和齿轮使控制绞盘的电动机速度的变阻器改变电阻值，使前一绞盘的速度发生变化，从而改变线材的张力。这种拉线机的主要特点是在拉拔过程中绞盘可借张力轮自动调整，并且借一平衡杠杆的弹簧建立反拉力。

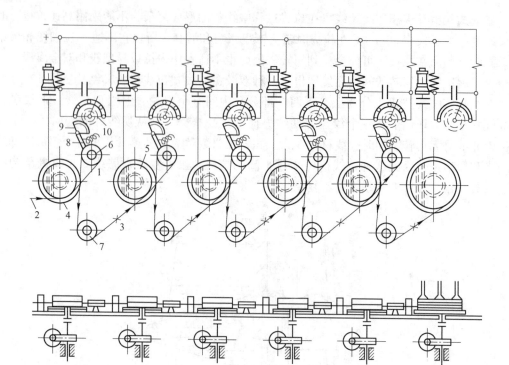

图 12-17 活套式无滑动多模连续拉线机

1—线材；2，3—拉拔模；4，5—绞盘；6—张力轮；7—导向轮；8—平衡杠杆；9—齿扇；10—弹簧

b 直线式无滑动多模连续拉线机

这种拉线机是一种高速、高效、无弯曲、无扭转和强冷却的拉线设备。图 12-18 为直线式无滑动多模连续拉线机的示意图。这种拉线机由电动机本身来建立反拉力，它允许采用较大的反拉力和在较大范围内调整反拉力的大小。拉拔绞盘由依次互相联系的直流电动机单独转动。在这种情况下，下一电动机所增加的过剩转矩可建立反拉力。

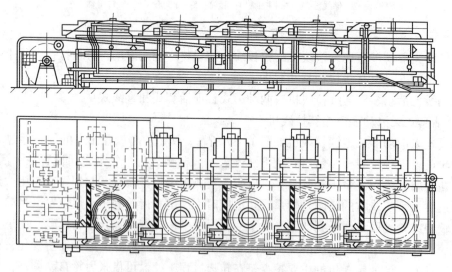

图 12-18 直线式无滑动多模连续拉线机

无滑动的多模连续式拉线机拉拔绞盘速度的自动调整范围大，延伸系数允许在 1.26~1.73 的范围内变动，既可拉制有色金属线材也能拉制黑色金属线材。由于在拉拔过程中存在反拉力，模子的磨损和线材的变形热显著减少，可提高拉拔速度，制品质量也较好。但活套式无滑动多模连续拉线机的电器系统比较复杂，且在拉拔大断面高强度钢线时，在张力轮和导向轮上绕线困难。

无滑动多模连续式拉线机的技术性能如表 12-4 所示。

表 12-4　无滑动的连续式多次拉线机的技术性能

名　　称		直线式（3-4/550）	活套式（6-7/550）
模子数量		3~4	6~7
绞盘直径/mm		425/550	430/550
绞盘个数		3	6
线坯直径/mm		9.2	6.5
成品直径/mm		6~3	3.2~1.5
拉拔速度/m·s^{-1}		2.5~8.5	1.6~4.8
线卷最大重量/kg		120~150	80~120
拉线机的电机功率/kW		55×3	40×6
转数/r·min^{-1}		600~1500	1470
拉伸机外形尺寸	长/m	12.05	15.6
	宽/m	4.63	2.92
	高/m	3.377	3.7
	面积/m^2	55.8	45.6
包括电机在内的拉伸机质量/kg		28.700	—

思考练习题

12-1　拉拔设备的发展方向是什么？试举例说明。

12-2　连续拉拔直管的设备有几种形式？各有何特点？

12-3　圆盘拉拔机有几种形式？它们的特点分别是什么？

12-4　若生产下列线材，应选用哪种（哪几种）拉线机？

　　（1）异形线材；

　　（2）大直径线材；

　　（3）高强度合金圆断面线材；

　　（4）双金属线材。

13 ◆ 拉 拔 工 艺

在管材、棒材、型材及线材生产过程中，不论采用挤压-拉拔工艺路线，还是挤压-冷轧-拉拔工艺路线，为了获得一定尺寸、形状、力学性能和表面质量优良的制成品，必须首先根据成品的要求，确定坯料的形状与尺寸，然后进行拉拔配模计算与设计。

13.1　拉拔配模分类与设计原则

拉拔配模就是确定坯料的拉拔道次及各道次所需模孔的形状与尺寸，从而获得产品的工作，这是拉拔工艺的重要环节。

另外，在进行配模设计时，还应根据拉拔设备的能力，在减少断头与拉断次数及裂纹等缺陷的前提下，尽量减少拉拔道次，提高生产率和设备利用率。

13.1.1　拉拔配模分类

拉拔配模可分类为单模拉拔配模和多模拉拔配模。

13.1.1.1　单模拉拔配模

在拉拔机上，坯料每次只通过一个模子的拉拔，而确定每道次拉拔所需拉模尺寸、形状的工作称为单模拉拔配模。对单模拉拔配模较容易，主要考虑保证产品质量和拉拔安全系数的要求，在满足此要求的前提下，应尽量采用大的加工率，提高生产效率，单模拉拔主要用于管棒型材的生产。

13.1.1.2　多模连续拉拔配模

在一台拉拔机上，坯料每次同时连续通过分布在牵引绞盘之间的数个或几十个模子进行拉拔时，其确定所需拉模尺寸、形状的工作称之为多模连续拉拔配模。多模连续拉拔除最后一个模子外，坯料被拉过模子都是借助发生于坯料与牵引绞盘表面间的摩擦作用力。当坯料由一个拉模到另一个拉模时，坯料直径依次减小而速度相应的增加。对于连续多模拉拔，拉拔过程中前后模子间互相影响，配模时要考虑各模孔秒体积以及绞盘与坯料滑动特性的要求，而使配模变得复杂。多模连续拉拔配模有两种，即滑动式多模连续拉拔配模和非滑动式多模连续拉拔配模。其中，多模连续拉拔主要用于线材的拉拔。

13.1.2　拉拔配模设计原则

（1）最少的拉拔道次，即要求充分利用金属的塑性，提高生产率、降低能耗，减小不均匀变形程度，为此在保证拉拔稳定的条件下，尽可能增大每道次之延伸系数。

（2）拉拔变形尽量均匀，最佳的表面质量、精确的尺寸，保证产品的性能。

（3）要与现有设备参数（模数、速度）和设备能力（拉制范围、生产率）等相适应。

总之，拉拔配模设计要根据在材料强度与塑性，在保证产品产量与质量的情况下，尽可能增大每道次的延伸系数。

13.2　配模设计的内容

13.2.1　坯料尺寸的确定

13.2.1.1　圆形制品坯料尺寸的确定

在拉拔圆形实心棒、线材以及空心管材时，如果能确定出总加工率，那么根据成品所要求的尺寸就可确定出坯料的尺寸。在确定总加工率时要考虑如下几个方面。

（1）保证产品的性能。拉拔时的加工率对制品的力学性能和物理性能有很大的影响，拉拔的总加工率（指退火后）直接决定制品性能。对软制品来说，关于总加工率一般没有严格的要求，在实际生产中软制品的力学性能通过成品退火来控制。但是为了使制品不产生粗晶组织，应避免采用临界变形程度进行加工。对半硬制品（用拉拔控制性能时）以及硬制品来说，应根据加工硬化曲线查出保证规定力学性能所需要的总加工率，并以此为依据，推算出坯料的尺寸。

（2）操作上的要求。这个问题主要是管材拉拔时应考虑的问题。因为在管材拉拔时不仅有坯料直径的变化，而且还有壁厚的变化。在衬拉时，每道次必须既有减壁量又有减径量。单有减壁量无法装入芯头，拉拔便不能进行。另一方面，如果总减壁量过大，以及总减径量过小的现象也不允许发生。这主要因为经过几道次拉拔后可能管径已达到成品尺寸，而管壁而仍大于成品尺寸，同样拉拔也无法进行。因此，拉拔圆管时，坯料的尺寸应保证减壁所需的道次小于或等于减径所需要的道次。减径所需的道次数大于减壁所需的道次数，不但允许而且在生产小直径管材也是必需的。这是由于管壁厚度已达要求时，可改用空拉减径，而壁厚可基本保持不变。因而，一般在确定管坯尺寸时，总是先定出管壁厚的尺寸，根据坯料及成品壁厚计算出减壁所需的道次。然后推算出与此相应的管坯最小外径。由管坯及成品壁厚计算减壁所需的道次数有两种方法。

$$n_s = \ln \frac{s_0}{s_k} \bigg/ \ln \overline{\lambda_s} \tag{13-1}$$

或者
$$n_s = (s_0 - s_k) \bigg/ \overline{\Delta s} \tag{13-2}$$

式中　n_s——减壁所需道次数；

s_0，s_k——管坯及成品壁厚；

$\overline{\lambda_s}$——平均道次壁厚延伸系数；

$\overline{\Delta s}$——平均道次减壁量。

由管坯及成品外径计算减径所需之道次数 n_D 经常用以下方法：

$$n_D = \frac{D_0 - D_k}{\overline{\Delta D}} \tag{13-3}$$

式中　$\overline{\Delta D}$——平均道次减径量；

D_0，D_k——管坯及成品外径。

（3）保证产品表面质量。由挤压或轧制供给的坯料，一般总会有些缺陷，如划伤、夹灰等。拉拔的特点是在轴向上，主应力与主变形方向一致。因此，坯料中的一些缺陷会随着拉拔道次和总变形量的增加而逐渐暴露于制品的表面，并可及时予以去除。故适当增大总变形量对保证制品质量有好处。但对空拉而言，过多道次空拉会降低管子内表面质量，使表面变暗、粗糙，甚至出现皱纹。所以在制订拉拔工艺时应控制空拉道次及其总变形量。在生产对壁厚和内表面要求严格的小直径管材时，尽管操作困难、麻烦，也不得不采用各种衬拉。根据生产实践经验，各种金属管材所用管坯的壁厚皆应有一定的最小加工裕量，如表 13-1 所示。

表 13-1　管坯壁厚裕量

合　金	管坯壁厚裕量 $(s_0 - s_k)$ /mm
紫　铜	1~3.5
黄　铜	1~2
青　铜	1~2

（4）根据坯料制造的条件及坯料具体情况选定。用挤压和轧制供给的坯料，由于受设备条件所限，其规格总有一定的公差范围，而且为了便于技术管理，其规格数量也不能很多。所以确定坯料尺寸，应考虑具体的生产条件，恰当地选取坯料的尺寸。

另外，若管坯的偏心比较严重，那么管坯直径的尺寸应选大些。可适当增加空拉道次，以便更好地纠正偏心。综上所述，在保证产品质量的前提下，应努力提高生产率，坯料断面尺寸尽可能地取小些为好。

关于坯料的长度选择，为了提高生产效率和成品率，根据设备条件和定尺要求应尽量选得长些，并通过计算确定。

13.2.1.2　异型管材拉拔坯料尺寸的确定

等壁厚异型管的拉拔都用圆管作坯料，当管材拉拔到一定程度之后，进行 1~2 道过渡拉拔使其形状逐渐向成品形状过渡，最后进行一道成型拉拔而出成品。过渡拉拔一般采用空拉；成品拉拔可以用空拉，也可以用衬拉，一般多用固定短芯头拉拔。

在确定生产异型管的原始坯料尺寸时，其原则与圆管的相似。生产等壁厚异型管材的一个特殊问题是确定过渡拉拔前的圆形管坯的直径及壁厚。

因为过渡拉拔及成型拉拔的主要目的是成型，所以一般加工率都很小，主要着重考虑的是成型正确的问题。

异型管材所用坯料尺寸的确定：根据坯料与异型管材的外形轮廓长度来确定，为了使圆形管坯在异型拉模内能充满，应使管坯的外形尺寸等于或稍大于异型管材的外形尺寸。

计算异型管材所用圆形坯料（图 13-1）的直径，按下列算式近似计算。

椭圆形
$$d_0 \approx 2b + 4\,\frac{a - b}{\pi}$$

六角形
$$d_0 \approx \frac{6}{\pi}a = 1.91a$$

方形　$d_0 \approx \dfrac{4}{\pi}a = 1.27a$

矩形　$d_0 \approx \dfrac{2}{\pi}(a + b)$

为了保证空拉成型时，棱角能充满，实际上所用坯料直径要大于计算值 3% ~ 5%，根据异型管材断面的形状和尺寸不同，可进行一次拉拔或两次拉拔，也可以采用固定短芯头拉拔或者空拉。

13.2.1.3　实心型材拉拔坯料尺寸的确定

确定实心型材的坯料时，首先有一个坯料的形状问题。实心型材的坯料的断面形状大多采用较简单的形状，如圆形、矩形、方形等。

在确定坯料尺寸时，除了和圆棒的一样外，还应考虑如下几方面：

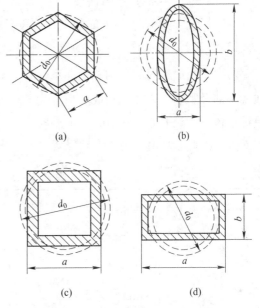

图 13-1　异型管材所用的坯料
（a）六角形；（b）椭圆形；（c）正方形；（d）矩形

（1）成品型材的断面轮廓要限于坯料轮廓之内。

（2）型材各部分的延伸系数尽可能相等。

（3）形状要逐渐过渡，并有一定量的过渡道次。

13.2.2　中间退火次数的确定

坯料在拉拔过程中会产生加工硬化，塑性降低，使道次加工率减小，甚至频繁出现断头、拉断现象。因此，需要进行中间退火以恢复金属的塑性。

13.2.2.1　中间退火的次数

中间退火的次数用下式确定

$$N = \frac{\ln \lambda_{\Sigma}}{\ln \overline{\lambda'}} - 1 \qquad (13\text{-}4)$$

式中　N ——中间退火次数；

　　λ_{Σ} ——由坯料至成品总延伸系数；

　　$\overline{\lambda'}$ ——两次退火间的平均总延伸系数。

对固定短芯头拉管，中间退火次数还可用下式计算

$$N = \frac{s_0 - s_k}{\Delta \overline{s'}} - 1 \qquad (13\text{-}5)$$

或者

$$N = \frac{n}{\overline{n}} - 1 \qquad (13\text{-}6)$$

式中　s_0，s_k ——坯料与成品壁厚，mm；

　　$\Delta \overline{s'}$ ——两次退火间的总平均减壁量，mm；

n ——总拉拔道次数；

$\bar{n}$ ——两次退火间的平均拉拔道次数。

13.2.2.2 两次退火间平均总延伸系数

两次中间退火间的平均总延伸系数 $\overline{\lambda'}(\Delta s', n)$ 值是确定中间退火次数的关键，$\overline{\lambda'}$ 太大或太小都会影响生产效率和成品率。如果 $\overline{\lambda'}$ 太小，则金属塑性不能充分利用，会增加中间退火次数。若 $\overline{\lambda'}$ 太大，则中间退火次数虽然减少了，但是易造成拉拔材出现裂纹、断头、拉断等。因此，$\overline{\lambda'}$ 值要根据实践经验确定，表 13-2 为 $\overline{\lambda'}$，$\bar{n}$ 的经验值。

表 13-2　$\overline{\lambda'}$，$\bar{n}$ 的经验值

铝 合 金 管 材	
合　金	两次退火间平均总延伸系数 $\overline{\lambda'}$
1070、1061、1050、1035、3A21、6A02	1.42～1.50
2A11	1.33～1.54
2A12	1.25～1.43
2A02	1.25～1.56
2A03	1.19～1.33
铜 合 金 管 材	
合　金	两次退火间平均拉拔道次 $\bar{n}$
紫铜，H96	不限
H62	1～2（空拉管材除外）
H68，HSn70-1	1～3（空拉管材除外）
QSn7-0.2，QSn6.5-01	3～4（空拉管材除外）
直径大于 100mm 的铜管材	1～5
铜 合 金 棒 材	
合　金	两次退火间平均总延伸系数 $\overline{\lambda'}$
紫铜	不限
H62，HPb59-1	1.2～1.4
H68，HSn70-1	1.5～2.2
QSn7-0.2，QSn65-0.1	1.28～1.60

13.2.3 拉拔道次及道次延伸系数分配

13.2.3.1 拉拔道次的确定

根据总延伸系数 λ_Σ 和道次的平均延伸系数 $\bar{\lambda}$ 确定拉拔道次

$$n = \frac{\ln\lambda_\Sigma}{\ln\bar{\lambda}} \tag{13-7}$$

或者先由道次最大延伸系数 λ_{max} 计算拉拔道次 n'，即

$$n' = \frac{\ln\lambda_\Sigma}{\ln\lambda_{max}} \tag{13-8}$$

然后选择实际拉拔道次 n。

13.2.3.2 道次延伸系数的分配

A 经验法

在分配道次延伸系数时，应考虑金属的冷硬速率、原始组织、坯料的表面状态和尺寸公差、成品精度及表面质量等。对于道次延伸系数分配，一般有两种情况：（1）像铜、铝、镍和白铜那样塑性好，冷硬速率慢的材料，可充分利用其塑性给予中间拉拔道次较大的延伸系数，由于坯料的尺寸偏差以及退火后表面的残酸、氧化皮等原因，第一道采用较小的延伸系数，最后一道延伸系数较小有利于精确地控制制品的尺寸公差；（2）像黄铜一类的合金，它的冷硬速率很快，稍予以冷变形后，强度急剧上升使继续加工发生困难。因此，必须在退火后的第一道尽可能采用较大的变形程度，随后逐渐减小，并且在拉2～3道次后便需退火。在实际生产中，最后成品道次的延伸系数 λ_K，往往近似按下式选取：

$$\lambda_K \approx \sqrt{\bar{\lambda}} \qquad (13-9)$$

而中间道次的延伸系数的分配要根据上述的道次延伸系数的分配原则确定。中间道次的延伸系数大约为 1.25～1.5；而成品道次的延伸系数大约为 1.10～1.20。表 13-3～表 13-5 介绍一些金属的道次延伸系数的实际经验数据。

表 13-3 铜合金棒平均道次延伸系数

合 金	平均道次延伸系数 $\bar{\lambda}$
紫 铜	1.15～1.40
黄 铜	1.10～1.20

表 13-4 铜与铜合金管材平均道次减壁量

合 金	拉拔前壁厚/mm	平均道次减壁量 $\overline{\Delta}_s$/mm		
		挤压或退火后第一道次	第二道次	第三道次
H62	1.0～1.5	0.1	～0.1	
	1.5～2.0	0.2～0.4	0.15～0.20	
	2.0～2.5	0.2～0.5	～0.2	
	2.5～3.0	0.3～0.6	0.2～0.4	
	3.0～3.5	0.3～0.7	～0.4	
	3.5～4.0	0.3～0.7	0.2～0.4	
	>4.0	0.4～0.7	0.3～0.4	
紫铜	2.0～2.5	0.25～0.60	0.2～0.4	0.2～0.3
	2.5～3.0	0.4～0.65	0.4～0.5	0.3～0.4
	3.0～4.0	0.50～0.65	0.4～0.5	0.3～0.4
	>4.0	0.6～1.0	0.6～0.7	

表 13-5 铝合金管平均道次壁厚减缩系数

合 金	平均道次壁厚减缩系数 $\overline{\lambda}_s$	
	挤压或退火后第一道次	第二道次
3A21，6A02	1.5	1.4
2A11，5A02	1.3	1.1
2A12	1.25	1.1
5A03	1.25	1.1

B 计算法

根据材料的延伸系数 λ 与其抗拉强度 σ_b 的曲线关系，近似地确定各道次延伸系数。

通常在允许延伸系数范围内，由于延伸系数 λ 与其抗拉强度 σ_b 近似呈线性关系。则

$$\lambda_2 = \lambda_1 \frac{\sigma_{b_1}}{\sigma_{b_2}} \quad \lambda_3 = \lambda_1 \frac{\sigma_{b_1}}{\sigma_{b_3}} \quad \cdots \quad \lambda_n = \lambda_1 \frac{\sigma_{b_1}}{\sigma_{b_n}} \tag{13-10}$$

式中 $\lambda_1, \lambda_2, \lambda_3, \cdots, \lambda_n$ ——第 1，2，3，$\cdots$，n 道次的延伸系数；

$\sigma_{b_1} \sigma_{b_2}, \sigma_{b_3}, \cdots, \sigma_{b_n}$ ——对应 1，2，3，$\cdots$，n 道次拉拔后材料抗拉强度。

因为

$$\lambda_\Sigma = \lambda_1 \cdot \lambda_2 \cdot \lambda_3, \cdots, \lambda_n = \lambda_n \frac{\lambda_{b_1}^{n-1}}{\sigma_{b_2} \sigma_{b_3} \cdots \sigma_{b_n}} \tag{13-11}$$

又由于在 λ_1 到 λ_Σ 范围内，σ_b 近似呈直线变化，即

$$\sigma_{b_n} - \sigma_{b_1} \approx (n-1)\Delta\sigma_b$$

所以

$$\lambda_\Sigma = \frac{\lambda_1^n \sigma_1^{n-1}}{(\sigma_{b_1} + \Delta\sigma_b)(\sigma_{b_1} + 2\Delta\sigma_b) \cdots [\delta_{b_1} + (n-1)\Delta\sigma_b]} \tag{13-12}$$

综上所述，确定各道次的延伸系数采用如下步骤：

（1）按式（13-8）计算 n'，然后选定 n。

（2）采用 $\lambda_1 = \lambda_{max}$，按 $\sigma_b = \varphi(\ln\lambda)$ 图，求出 σ_{b_1} 和 λ_Σ 对应的 σ_{b_n}。

（3）由式（13-12）确定 $\Delta\sigma_b$。

（4）计算实际的 λ_1。

（5）根据式（13-10）计算各道次延伸系数 $\lambda_2, \lambda_3, \cdots, \lambda_n$。

13.2.3.3 计算拉拔力及校核各道次的安全系数

对每一道次的拉拔力都要进行计算，从而确定出每一道次的安全系数。安全系数过大或过小都是不适宜的，必要时需重新设计与计算。

13.2.4 单模拉拔配模设计

13.2.4.1 圆棒拉拔配模

一般来说，圆棒拉拔配模有三种情况：

（1）给定成品尺寸与坯料尺寸，计算各道次的尺寸；

（2）给定成品尺寸并要求获得一定力学性能；

（3）只要求成品尺寸。

对最后一种情况，在保证制品表面质量前提下，使坯料的尺寸尽可能接近成品尺寸，以求通过最少道次拉拔出成品。

13.2.4.2 型材拉拔配模

用拉拔方法可以生产大量各种形状的型材，如三角形、方形、矩形、六角形、梯形以及较复杂的对称和非对称型材。设计型材拉拔配模的关键是尽量减小变形不均匀性，正确地确定原始坯料的形状与尺寸。

设计型材模孔时应考虑下述原则。

（1）要求成品型材的外形必须包括在坯料外形之中，因为实现拉拔变形的首要条件是拉力，材料的横向尺寸难于增加。例如，不可能用一个直径小于成品椭圆长轴的圆形坯料拉拔出此椭圆断面型材（图 13-2）。

（2）为了使变形均匀，坯料各部分应尽可能受到相等的延伸变形。例如，T 字型材拉拔时，较正确的坯料形状及尺寸应如图 13-3（b）所示，因为图 13-3（a）所示的形状与尺寸不能使其腰的端面受到压缩，而图 13-3（b）不是在壁高上给予余量，而是通过加大壁厚得到相等的压缩系数，即

$$\frac{ABCD}{abcd} = \frac{EFGH}{efgh}$$

（13-13）

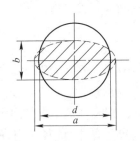

图 13-2　用圆形坯料拉拔椭圆
制品时不正确的配模设计

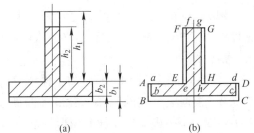

(a)　　　　　　　　(b)

图 13-3　T 型材选择坯料尺寸
（a）不正确；（b）正确

满足此点在实际生产中往往有一定困难，因型材的品种、规格很多，而为了生产方便则力求坯料的规格统一。在生产某些扁而宽，如矩形、梯形的型材时，往往只对其中的某一对平面的精度与粗糙度要求高。在此情况下，一般是两个方向上的延伸系数不相等，要求精度与粗糙度高的面给予较大的变形。

（3）拉拔时要求坯料与模孔各部分同时接触，否则由于未被压缩部分（即未接触模壁部分）的强迫延伸而影响制品形状的精确性。为了使坯料进模孔后能同时变形，各部分的模角亦应不同。

（4）对带有锐角的型材，只能在拉拔过程中逐渐减小到所要求的角度。不允许中间带有锐角，更不得由锐角转变成钝角。这是因为拉拔型材时，特别是复杂断面型材，一般道次较多而延伸系数则不大，这将导致金属塑性的降低，在棱角处因应力集中而出现裂纹。总之，型材模孔设计的关键是使坯料各部分同时得到尽可能均匀的压缩。

根据上述原则，在生产中常采用 B. B. 兹维列夫提出的"图解设计法"进行型材配模设计。

（5）图解法设计的步骤，如图 13-4 所示：

1）选择与成品形状相近，但又简单的坯料，坯料的断面尺寸应满足制品的力学性能和表面质量的要求。

2）参考与成品同种金属、断面积又相等的圆断面制品的配模设计，初步确定拉拔道次，道次延伸系数以及各道次的断面积（F_1，F_2，F_3，…）。

3）将坯料和成品断面的形状放大 10~20 倍，然后将成品的图形置于坯料的断面外形轮廓中，在使它们的重心尽可能重

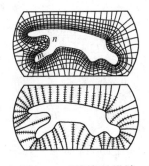

图 13-4　用图解法设计
导线用的型线材配模

合的同时，力求坯料与型材轮廓之间的最短距离在各处相差不大，以便使变形均匀。

4）根据型材断面的复杂程度，在坯料外形轮廓上分 30~60 个等距离的点。通过这些点作垂直于坯料与型材外形轮廓且长度最短的曲线。这些曲线应该就是金属在变形时的流线。在画金属流线时应注意到这样的特点：金属质点在向型材外形轮廓凸起部分流动时彼此逐渐靠近；而在向其凹陷部分流动时彼此逐渐散开（见图 13-4 中的 m 与 n 处）。

5）按照 $\sqrt{F_0} - \sqrt{F_1}$，$\sqrt{F_1} - \sqrt{F_2} \cdots \sqrt{F_{k-1} - F_k}$ 值比例将各金属流线分段。然后将相同的段用曲线圆滑地连接起来，这样就画出了各模子定径区的断面形状。为了获得正确的正交网，在金属流线比较疏的部分可作补助的金属流线。

6）设计模孔，计算拉拔应力和校核安全系数。

例1　紫铜电车线（图 13-5）断面积 $85mm^2$，电车线断面积允许误差 $\pm 2\%$，最低抗拉强度不小于 $362.8MPa$，试计算各道次的配模。

解：

1. σ_b-λ 曲线（图 13-6），为了保证最低抗拉强度 σ_b 不小于 $362.8MPa$，最小延伸系数为 2.0。根据电车线的偏差，其最大断面积为 $86.7mm^2$，故线杆最小断面积应为 $86.7 \times 2.0 \approx 174mm^2$。根据电车线断面形状选用圆线杆最为适宜，则线杆最小直径约为 $14.9mm$。根据工厂供给的线杆规格，选用 $16.5mm$。考虑正偏差，线杆直径为 $17mm$（$F_0 = 227mm^2$）。

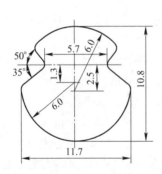

图 13-5　断面 $85mm^2$ 的电车线的形状与尺寸

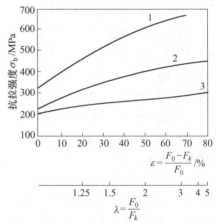

图 13-6　抗拉强度与变形程度之间的关系
1—H62；2—紫铜；3—2A12

2. 考虑成品的偏差，则电车线的最小断面为 $F_K = 83.3mm^2$。其可能的最大延伸系数为 $\lambda_\Sigma = \dfrac{227}{83.3} = 2.73$。

为了避免拉拔时在焊头处断裂，平均道次延伸系数取 1.25，则道次数为：

$$n = \frac{\ln 2.73}{\ln 1.25} = \frac{1.00}{0.223} = 4.5 ，因此道次数取 5。$$

由于道次增加，其平均道次延伸系数为：

$$\bar{\lambda} = \sqrt[5]{2.72} = 1.222$$

3. 根据铜的加工性能，按道次延伸系数的分配原则，参照平均道次延伸系数，现将

各道次延伸系数分配如下:

$\lambda_1 = 1.24$; $\lambda_2 = 1.26$; $\lambda_3 = 1.25$; $\lambda_4 = 1.19$; $\lambda_5 = 1.17$; $F_1 = 183mm^2$; $F_2 = 145mm^2$; $F_3 = 116mm^2$; $F_4 = 97.5mm^2$; $\sqrt{F_0} - \sqrt{F_1} = 1.54mm$; $\sqrt{F_1} - \sqrt{F_2} = 1.49mm$; $\sqrt{F_2} - \sqrt{F_3} = 1.27mm$; $\sqrt{F_3} - \sqrt{F_4} = 0.90mm$; $\sqrt{F_4} - \sqrt{F_5} = 0.74mm$。

4. 按照上面所得的各道次线段数值,将所有金属流线按比例分段,把相同道次的线段连线,即构成各道次的断面形状(图 13-7)。

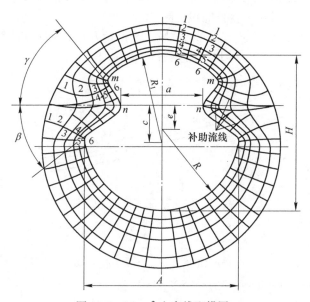

图 13-7 85mm² 电车线配模图

表 13-6 为各道次不同部分的尺寸及大、小扇形断面的延伸系数。由表可知,各道次的大、小扇形断面的延伸系数相差较小,故不致引起较大的不均匀变形。可以认为设计是合理的。

表 13-6 85mm² 电车线各道次的断面参数

道次	线尺寸/mm							角度/(°)		断面积/mm²			延伸系数 λ		
	A	H	a	c	e	R	R_1	γ	β	总面积	大扇形	小扇形	总面积	大扇形	小扇形
1	15.6	15.6	12.1	2.5	2.5	7.8	7.25	78	53	183	131	52	1.24	1.22	1.29
2	14.0	13.9	9.6	2.3	2.3	7.0	7.15	68	62	145	105	40	1.26	1.25	1.30
3	12.8	12.6	7.8	2.5	2.1	6.5	6.65	43	57	116	84	32	1.25	1.25	1.25
4	12.0	11.5	6.8	2.5	1.7	6.2	6.28	41	50	97.5	70.5	27	1.19	1.195	1.18
5	11.7	10.8	5.7	2.5	1.3	6.0	6.0	35	46	83.3	60.7	22.6	1.17	1.16	1.19

5. 确定各道次的模孔尺寸,计算拉拔力并校核安全系数(从略)。

13.2.4.3 圆管拉拔配模

A 空拉管材配模设计

对于小于 $\phi16\sim20mm$ 的管子,由于放芯头困难,为了操作方便和提高生产率,常采用空拉。只有对于内表面质量要求高的毛细管、散热管,尽管在其直径小于 6~10mm,也仍采用衬拉。在确定空拉道次变形量时,除了要考虑金属出模口的强度以防拉断外,还应考虑管子在变形时的稳定性的问题，特别是对薄壁管来说，决定道次加工率的因素已不是强度，而是它的稳定性。也就是说，当压缩量增加到一定程度时，管子将产生纵向凹陷。为了防止凹陷，一般认为在 $\alpha = 10° \sim 15°$ 时，空拉道次减径量的值不超过壁厚6倍是稳定的，即 $D_0 - D_1 < 6s_0$。

最大道次变形量还与模角以及 s_0/D_0 之比值有关，由图 13-8 可知，当 $\alpha = 8°$，$s_0/D_0 = 0.04 \sim 0.10$ 时，变形量可达 30%~40%；当 $s_0/D_0 = 0.10 \sim 0.18$ 时，变形量为 25%左右；当 $s_0/D_0 = 0.20 \sim 0.25$ 时，变形量只有 18%左右；而当 $s_0/D_0 = 0.25$ 时，变形量仅为 13%左右。若超过上述变形量时，就可能被拉断。

由图 13-8 还可知，对于小直径管材拉拔，当模角 $\alpha = 12°$ 时最有利，也就是说在管坯 s_0/D_0 值一定的情况下，可以采用较大的变形量。

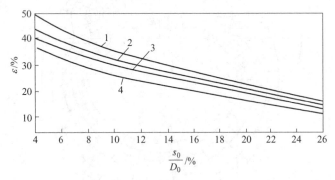

图 13-8 最大道次变形量与模角及 s_0/D_0 的关系

1—模角 α 为 12°；2—模角 α 为 20°；3—模角 α 为 8°；4—模角 α 为 3°

在生产中，空拉时的道次极限延伸系数可达 1.5~1.8，一般以 1.4~1.5 为宜。外径一次减缩量为 2~7mm，其中小管用下限，大管用上限。空拉时的减径量过大或过小对管子质量和拉拔生产都有不利影响。对于空拉时管子壁厚的变化，近二十多年来出现了一些计算公式，现推荐以下两个公式。

苏联学者 M.3. 耶尔曼诺克曾较系统的对各种空拉管壁厚变化计算公式进行理论分析与实验比较，指出 Г.A. 斯米尔诺夫-阿利亚耶夫公式的计算结果与试验资料吻合得最好。Г.A. 斯米尔诺夫-阿利亚耶夫提出的壁厚计算公式为：

$$\ln \frac{s_1}{s_0} = \frac{\ln \left(\frac{D_0}{D_1}\right)^{2\theta} - (1 + \Delta) \ln \left[3\Delta^2 + \left(\frac{D_0}{D_1}\right)^{2\theta} / 3\Delta^2 + 1\right]}{2\theta\Delta} \tag{13-14}$$

式中　　$\Delta = \dfrac{d_0}{D_0} = \dfrac{D_0 - 2s_0}{D_0}$；

$\theta = 1 + f\cot\alpha$；

D_0，d_0，s_0——拉拔前管坯的外径、内径与壁厚；

D_1，s_1——拉拔后管子外径与壁厚。

另外，Ю.Ф. 舍瓦金公式计算比较简单，其公式为：

$$\frac{\Delta s}{s_0} = \frac{1}{6}\left[3 - 10\left(\frac{s_0}{D_0}\right)^2 - 13\left(\frac{s_0}{D_0}\right)\right]\frac{\Delta D}{D_0 - S_0} \tag{13-15}$$

式中　　Δs——空拉前、后管子壁厚差；

ΔD ——空拉前、后管子外径差。

对工厂来说,空拉壁厚的变化往往采用经验数据,表 13-7 所列部分数据,系管子空拉时壁厚增厚的条件下,管坯外径每减少 1mm 的壁厚增量。

表 13-7　管子外径每减少 1mm 的壁厚增量

合　金	壁厚增量/mm	合　金	壁厚增量/mm
T1～T4	0.14～0.024	LF2	0.02
H62	0.016～0.030	LF21	0.02～0.03
2A12	0.020～0.035	LD2	0.014～0.02

例 2　试计算用 18mm 2Al2 铝合金管坯,空拉成 $\phi6.0\text{mm}\times(1.0\pm0.08)\text{mm}$ 管材的道次及各道次管子的尺寸。

解:

1. 确定拉拔道次与各道次延伸系数

若考虑公差时,取成品管的外径 $D_K = 5.9\text{mm}$,壁厚 $s_K = 1\text{mm}$;那么管坯外径 $D_0 = 18\text{mm}$,最后确定管壁厚,壁厚 s_0 暂取 1mm 进行计算,则

$$\lambda_{\Sigma} = \frac{\overline{F_0}}{\overline{F_K}} = \frac{\overline{D_0}}{\overline{D_K}} \approx 3.5$$

$$\ln\lambda_{\Sigma} = 1.25$$

按目前的实践经验采用 $\lambda_{max} = 1.5$;$\ln\lambda_{max} = 0.405$。根据式(13-8),得:

$$n' = \frac{\ln\lambda_{\Sigma}}{\ln\lambda_{max}} = \frac{1.25}{0.405} = 3.1$$

故选择 $n = 4$。

取 $\lambda_1 = \lambda_{max} = 1.5$,$\ln\lambda_1 = \ln\lambda_{max} = 0.405$,查 $\ln\lambda - \sigma_b$ 的关系曲线(图 13-6),得:

$$\sigma_{b1} = 247\text{MPa}$$

$$\sigma_{bK} = 283\text{MPa}$$

根据式(13-12),

$$\Delta\sigma_b = \frac{283 - 247}{3} = 12\text{MPa}$$

$$\lambda_1 = \sqrt[4]{\frac{3.5(247 + 12)(247 + 2\times12)(247 + 3\times12)}{247^3}} = 1.465$$

$$\lambda_2 = 1.465\frac{274}{274 + 12} = 1.397$$

$$\lambda_3 = 1.465\frac{274}{274 + 2\times12} = 1.335$$

$$\lambda_4 = 1.465\frac{274}{274 + 3\times12} = 1.278$$

2. 确定各道次管材尺寸

第四道次:

$$D_4 = 5.9\text{mm} \; ; \; s_4 = 1\text{mm} \; ; \; \overline{D_4} = 4.9\text{mm} \; ; \quad \overline{D_3} = 4.9 \times 1.278 = 6.3\text{mm}$$

$$\Delta\overline{D} = 6.3 - 4.9 = 1.4\text{mm}$$

根据式（13-17）得：

$$\frac{\Delta s_4}{s_4 - \Delta s_4} = \frac{1}{6}\left[3 - 10\left(\frac{s_3}{D_3}\right)^2 - 13\left(\frac{s_3}{D_3}\right)\right]\frac{\Delta D_4}{D_3 - s_3}$$

$$s_3 = s_4 - \Delta s_4 \quad D_3 = \overline{D_3} + s_3 = \overline{D_3} + s_4 - \Delta s_4$$

$$\frac{\Delta s_4}{s_4 - \Delta s_4} = \frac{1}{6}\left[3 - 10\left(\frac{1 - \Delta s_4}{7.3 - \Delta s_4}\right)^2 - 13\left(\frac{1 - \Delta s_4}{7.3 - \Delta s_4}\right)\right]\frac{D_3 - D_4}{D_3 - s_3}$$

$$= \frac{1}{6}\left[3 - 10\left(\frac{1 - \Delta s_4}{7.3 - \Delta s_4}\right)^2 - 13\left(\frac{1 - \Delta s_4}{7.3 - \Delta s_4}\right)\right]\frac{1 - \Delta s_4}{6.3}$$

整理后，略去 Δs_4^2 值，得：

$$2018.4\Delta s_4 = 78.26\text{mm}$$

$$\Delta s_4 = 0.04\text{mm}$$

$$s_3 = 1 - \Delta s_4 = 0.96\text{mm}$$

$$D_3 = 6.3 + 0.96 = 7.26\text{mm}$$

第三道次：

$$\overline{D_2} = 6.3 \times 1.335 = 8.4\text{mm}, \quad \Delta\overline{D_3} = 8.4 - 6.3 = 2.10\text{mm}$$

$$\frac{\Delta s_3}{s_3 - \Delta s_3} = \frac{1}{6}\left[3 - 10\left(\frac{s_2}{D_2}\right)^2 - 13\left(\frac{s_2}{D_2}\right)\right]\frac{\Delta D_3}{D_2 - s_2}$$

$$s_2 = s_3 - \Delta s_3 \quad D_2 = \overline{D_2} + s_2 = \overline{D_2} + s_3 - \Delta s_3$$

$$\frac{\Delta s_3}{0.96 - \Delta s_3} = \frac{1}{6}\left[3 - 10\left(\frac{0.96 - \Delta s_3}{9.36 - \Delta s_3}\right)^2 - 13\left(\frac{0.96 - \Delta s_3}{9.36 - \Delta s_3}\right)\right]\frac{D_2 - D_3}{D_2 - s_2}$$

$$\frac{\Delta s_3}{0.96 - \Delta s_3} = \frac{1}{6}\left[3 - 10\left(\frac{0.96 - \Delta s_3}{9.36 - \Delta s_3}\right)^2 - 13\left(\frac{0.96 - \Delta s_3}{9.36 - \Delta s_3}\right)\right]\frac{2.10 - \Delta s_3}{8.4}$$

整理后，略去 Δs_3^2 值，得：

$$\frac{\Delta s_3}{0.96 - \Delta s_3} = \frac{289.28 - 703.8\Delta s_3}{4415.09 - 943.5\Delta s_3}$$

$$5380.02\Delta s_3 = 277.7$$

$$\Delta s_3 = 0.06$$

$$s_2 = 0.96 - 0.06 = 0.90\text{mm} \qquad D_2 = 8.4 + 0.90 = 9.3\text{mm}$$

第二道次：

$$\overline{D_1} = 8.4 \times 1.395 = 11.75\text{mm}; \quad \Delta\overline{D_2} = 11.75 - 8.4 = 3.35\text{mm}$$

$$\frac{\Delta s_2}{s_2 - \Delta s_2} = \frac{1}{6}\left[3 - 10\left(\frac{s_1}{D_1}\right)^2 - 13\left(\frac{s_1}{D_1}\right)\right]\frac{\Delta D_1}{D_1 - s_1}$$

$$s_1 = s_2 - \Delta s_2 \qquad D_1 = \overline{D_1} + s_1 = \overline{D_1} + s_2 - \Delta s_2$$

$$\frac{\Delta s_2}{s_2 - \Delta s_2} = \frac{1}{6}\left[3 - 10\left(\frac{s_2 - \Delta s_2}{D_1 + s_1}\right)^2 - 13\left(\frac{s_2 - \Delta s_2}{D_1 + s_1}\right)\right]\frac{D_1 - D_2}{D_1 - s_1}$$

$$\frac{\Delta s_2}{0.9 - \Delta s_2} = \frac{1}{6}\left[3 - 10\left(\frac{0.9 - \Delta s_2}{12.65 - \Delta s_2}\right)^2 - 13\left(\frac{0.9 - \Delta s_2}{12.65 - \Delta s_2}\right)\right]\frac{3.35 - \Delta s_2}{11.75}$$

整理后，略去 Δs_2^2 值，得：

$$\frac{\Delta s_2}{0.9 - \Delta s_2} = \frac{1085 - 720.2\Delta s_2}{11280 - 1783.65\Delta s_2}$$

$$13013.18\Delta s_2 = 976.5\text{mm}$$

$$\Delta s_2 = 0.08\text{mm}$$

$$s_1 = 0.9 - 0.08 = 0.82\text{mm} \qquad D_1 = 11.75 + 0.82 = 12.57\text{mm}$$

第一道次：

$$\overline{D_0} = 11.75 \times 1.465 = 17.2\text{mm}; \quad \Delta\overline{D_1} = 17.2 - 11.75 = 5.45\text{mm}$$

$$\frac{\Delta s_1}{s_1 - \Delta s_1} = \frac{1}{6}\left[3 - 10\left(\frac{s_0}{D_0}\right)^2 - 13\left(\frac{s_0}{D_0}\right)\right]\frac{\Delta D_0}{D_0 - s_0}$$

$$s_0 = s_1 - \Delta s_1 \qquad D_0 = \overline{D_0} + s_0 = \overline{D_0} + s_1 - \Delta s_1 = 18\text{mm}$$

$$\frac{\Delta s_1}{s_1 - \Delta s_1} = \frac{1}{6}\left[3 - 10\left(\frac{s_1 - \Delta s_1}{D_0}\right)^2 - 13\left(\frac{s_1 - \Delta s_1}{D_0}\right)\right]\frac{D_0 - D_1}{D_0 - s_1}$$

$$\frac{\Delta s_1}{0.82 - \Delta s_1} = \frac{1}{6}\left[3 - 10\left(\frac{0.82 - \Delta s_1}{18}\right)^2 - 13\left(\frac{0.82 - \Delta s_1}{18}\right)\right]\frac{18 - 12.57}{18 - 0.82}$$

$$\frac{\Delta s_1}{0.82 - \Delta s_1} = \frac{4199.56 + 1379.22\Delta s_1}{33397.92}$$

$$\Delta s_1 = 0.095\text{mm}$$

$$s_0 = 0.82 - 0.095 = 0.73\text{mm} \qquad D_0 = 17.2 + 0.73 = 17.93 \approx 18\text{mm}$$

四个道次管材的尺寸为：$\phi18\text{mm} \times 0.73\text{mm}$、$\phi12.57\text{mm} \times 0.82\text{mm}$、$\phi9.3\text{mm} \times 0.9\text{mm}$、$\phi7.26\text{mm} \times 0.96\text{mm}$、$\phi5.9\text{mm} \times 1.0\text{mm}$，空拉时可按此选择管坯的壁厚和各道次的模子内孔尺寸。安全系数校核从略。

B 固定短芯头拉管配模设计

固定短芯头拉拔所用的坯料可以由挤压、冷轧管或热轧管法供给，在拉拔时，由于金属与芯头接触摩擦面较空拉时的大，所以道次延伸系数较小。对塑性良好的金属，如紫铜、铝和白铜等管材，道次延伸系数最大可达 1.7 左右，两次退火间总延伸系数可达 10，一般来说，可以一直拉到成品而无需中间退火。大直径的管材（$\phi300 \sim 160\text{mm}$）的道次延伸系数和两次退火间的延伸系数主要是受拉拔设备能力的限制，通常，拉拔 2~5 道次后要退一次火，道次延伸系数为 1.10~1.30。

对于钢及冷硬速率快的有色金属如 H62、H68、HSn70-1、硬铝等管材，一般在拉拔 1~3 道次后即需进行中间退火，道次延伸系数最大也可达到 1.7 左右，一般道次平均延伸系数为 1.30~1.50。

表 13-8 是国内采用固定短芯头拉拔各种金属管材时常用的延伸系数。

表 13-8　固定短芯头拉管时采用的延伸系数

金属与合金	两次退火间		
	总延伸系数	道次	道次延伸系数
紫铜，H96	不限	不限	1.20~1.70
H68，HSn70-1，HAl70-1.5 HAl77-2	1.67~3.30	2~3	1.25~1.60
H62	1.25~2.23	1~2	1.18~1.43
QSn4-0.2，QSn7-0.2 QSn65-0.1，B10，B30	1.67~3.30	3~4	1.18~1.43
1070，1060，1050，1035	1.20~2.80	2~3	1.20~1.40
6A02，3A21	1.20~2.20	2~3	1.20~1.35
5A02	1.10~2.00	2~3	1.10~1.30
2A11	1.10~2.00	1~2	1.10~1.30
2A12	1.10~1.70	1~2	1.10~1.25

固定短芯头拉拔时，管子外径减缩量（减径）一般为 2~8mm，其中小管用下限，大管用上限。只有对 ϕ200mm 以上的退火紫铜管，其减径量达 10~12mm。道次减径量不宜过大，以免形成过长的"空拉头"，即管子前端未与芯头接触的厚壁部分；此外，还会使金属的塑性不能有效地用于减壁上，因为衬拉的目的主要使管坯的壁厚变薄，也就是说，在衬拉配模时应该遵循"少缩多薄"的原则。"少缩多薄"也有利于减小不均匀变形，减少空拉阶段时的壁厚增量和使芯头很好地对中，减少管子偏心。对铝合金管，减径量过大还会降低其内表面质量。固定短芯头拉拔时不同金属的减壁量，如表 13-9 所示。

表 13-9　各种金属及合金管材固定短芯头拉拔时的道次减壁量　　　　　　（mm）

管坯壁厚	紫铜，H96 铝，LF21	H68H，HSn70-1 HAl77-2，LY11，LY12		HPb59-1，HSn62-1，LF5，LF6，LF11，LF12		镍及镍合金	白铜	QSn4-0.3
		退火后第一道	退火后第二道	退火后第一道	退火后第二道			
<1.0	0.2	0.2	0.1	0.15	—	0.15	0.20	0.15
1.0~105	0.4~0.6	0.3	0.15	0.2	—	0.20	0.30	0.30
1.5~2.0	0.5~0.7	0.4	0.20	0.2	—	0.30	0.40	0.40
2.0~3.0	0.6~0.8	0.5	0.25	0.25	—	0.40	0.50	0.50
3.0~5.0	0.8~1.0	0.6~0.8	0.1~0.3	0.30	—	0.50	0.55	0.50
5.0~7.0	1.0~1.4	0.8	0.3~0.4	—	—	0.65	0.70	0.70
≥7.0	1.2~1.5	—	—	—	—	—	—	—

在拟订拉拔配模时，为了便于向管子里放入芯头，任一道次拉拔前管子内径 d_n 必须大于芯头的直径 d'_n，一般为

$$d_n - d'_n \geqslant a \tag{13-16}$$

式中，$a = 2 ~ 3mm$。

因此，管坯的内径 d_0 与成品管材内径 d_K 之差，必须要满足下列条件

$$d_0 - d_K \geqslant na \qquad (13-17)$$

式中　n ——拉拔道次。

管材每道次的平均延伸系数要遵守下列关系：

$$\lambda_\Sigma = \frac{F_0}{F_K} = \frac{\pi(D_0 - s_0)s_0}{\pi(D_K - s_K)s_K} = \frac{\overline{D_0} \cdot s_0}{\overline{D_K} \cdot s_K} = \lambda_{\overline{D}_\Sigma} \cdot \lambda_{s_\Sigma} \qquad (13-18)$$

$$\overline{\lambda} = \sqrt[n]{\lambda_\Sigma} = \sqrt[n]{\lambda_{\overline{D}_\Sigma} \cdot \lambda_{s_\Sigma}} = \overline{\lambda_{\overline{D}}} \cdot \overline{\lambda_s} \qquad (13-19)$$

式中　$\lambda_{\overline{D}_\Sigma}$, λ_{s_Σ} ——与总延伸系数 λ_Σ 相对应的管子平均直径总延伸系数和壁厚总延伸系数；

　　$\overline{\lambda_{\overline{D}}}$, $\overline{\lambda_s}$ ——管子道次的平均直径延伸系数与壁厚平均延伸系数。

式（13-19）说明管子每道次的平均延伸系数 $\overline{\lambda}$ 等于相应的平均直径延伸系数 $\overline{\lambda_{\overline{D}}}$ 与壁厚平均延伸系数 $\overline{\lambda_s}$ 的乘积。表 13-10 为管材固定短芯头拉拔时的直径与壁厚道次延伸系数。

另外，在保证管子力学性能条件下，为了获得光洁的表面，管坯壁厚 s_0 必须大于成品管壁厚 s_K。当 $s_K \leqslant 4.00\text{mm}$ 时，$s_0 \geqslant s_K + 1 \sim 2\text{mm}$；当 $s_K > 4.00\text{mm}$ 时，$s_0 \geqslant 1.5 s_K$，亦可用表 13-10 所给的数据。

表 13-10　管材固定短芯头拉拔时的直径与壁厚道次延伸系数

金属与合金	管子拉拔前内径/mm	采用的道次延伸系数	
		$\lambda_{\overline{D}}$	λ_s
紫铜	4~12	1.25~1.35	1.13~1.18
	13~30	1.35~1.30	1.15~1.13
	31~60	1.30~1.18	1.13~1.10
	61~100	1.18~1.03	1.10~1.03
	>100	1.03~1.02	1.03~1.12
黄铜	4~12	1.25~1.35	1.13~1.18
	13~30	1.30~1.25	1.16~1.15
	31~60	1.25~1.10	1.15~1.06
	60~100	1.10~1.08	1.06~1.02
铝及其合金	14~20	1.18~1.28	1.15~1.10
	21~30	1.18~1.13	1.14~1.08
	31~50	1.12~1.11	1.06~1.05
	51~80	1.10~1.09	1.02~1.01
	81~100	1.09~1.08	1.02~1.015
	>100	1.07~1.05	1.02~1.01

例 3　紫铜管 $\phi(20 \pm 0.1)\text{mm} \times (0.5 \pm 0.03)\text{mm}$ 成品的拉拔配模设计。技术条件：抗拉强度 $\sigma_b \geqslant 353.0\text{MPa}$。

解：确定成品的最大断面积

$$F_{K\max} = \pi(D_{K\max} - s_{K\max})s_{K\max}$$

$$= \pi(20.1 - 0.53) \times 0.53$$
$$= 32.6mm^2$$

成品的最小断面积

$$F_{Kmin} = \pi(D_{kmin} - s_{Kmin})s_{Kmin}$$
$$= \pi(19.9 - 0.47) \times 0.47$$
$$= 28.6mm^2$$

根据材料强度与延伸系数的关系曲线，查得所需延伸系数为1.65。则可求得坯料所需的最小断面积

$$F_{0min} = 1.65 \times 32.6 = 53.8mm^2$$

根据工厂产品目录，选择挤压管坯尺寸为 $\phi27^{\pm0.1}mm \times 2^{\pm0.05}mm$，则所选管坯最大断面积为：

$$F_{0max} = \pi(27.1 - 2.05) \times 2.05$$
$$= 161.3mm^2$$

最大的（计算）总延伸系数

$$\lambda_{\Sigma max} = \frac{F_{0max}}{F_{Kmax}} = \frac{160.3}{28.6} = 5.6$$

根据表查得平均延伸系数

$$\overline{\lambda} = 1.5$$

拉拔道次

$$n = \frac{\ln 5.6}{\ln 1.5} = 4.25$$

取 $n=5$，则道次平均延伸系数 λ 为：

$$\ln\overline{\lambda} = \frac{\ln 5.6}{5} = 0.344$$

$$\overline{\lambda} = 1.41$$

$$\lambda_{\overline{D}\Sigma} = \frac{25.05}{19.43} = 1.29$$

$$\ln\overline{\lambda}_{\overline{D}} = \frac{1}{5}\ln 1.29 = 0.05$$

$$\overline{\lambda}_{\overline{D}} = 1.05$$

$$\lambda_{s\Sigma} = \frac{2.05}{0.47} = 4.35$$

$$\ln\overline{\lambda}_s = \frac{1}{5}\ln 4.35$$

$$\overline{\lambda}_s = 1.34$$

因此，可以计算各道次的平均直径

$$\overline{D}_4 = 1.05 \times \overline{D}_5 = 1.05 \times 19.43 = 20.40mm$$

$$\overline{D}_3 = 1.05 \times \overline{D}_4 = 1.05 \times 20.40 = 21.40mm$$

$$\overline{D}_2 = 1.05 \times \overline{D}_3 = 1.05 \times 21.40 = 22.5 \text{mm}$$

$$\overline{D}_1 = 1.05 \times \overline{D}_2 = 1.05 \times 22.5 = 23.7 \text{mm}$$

$$\overline{D}_0 = 1.05 \times \overline{D}_1 = 1.05 \times 23.7 = 25.5 \text{mm}$$

各道次延伸系数的确定

$$\lambda_{s_K} = \sqrt{\overline{\lambda}_s} = \sqrt{1.34} = 1.15$$

$$\ln\lambda_{s_\Sigma} = \ln4.35 = 1.470$$

$$= \ln\lambda_{s1} + \ln\lambda_{s2} + \ln\lambda_{s3} + \ln\lambda_{s4} + \ln\lambda_{s5}$$

$$= 0.37 + 0.34 + 0.32 + 0.30 + 0.14$$

由此，按壁厚及壁厚延伸系数计算各道次断面延伸系数。

表 13-11 所列为 ϕ27mm×2mm 管坯拉拔到 ϕ20mm×1.0mm 成品管子的各道次的参量的变化情况。

表 13-11 固定短芯头拉拔时各道次的参数

参 数	坯 料	各 道 次				
		1	2	3	4	5
$\lambda_{\overline{D}}$		1.05	1.05	1.05	1.05	1.05
$\overline{D}/\text{mm}$	25.05	23.7	22.5	21.4	20.40	19.43
λ_s		1.44	1.41	1.38	1.35	1.15
s/mm	2.05	1.42	1.01	0.73	0.54	0.47
D/mm	27.1	25.12	23.51	21.13	20.94	19.90
d/mm	23.0	22.28	21.49	20.67	19.86	18.96
$d_{n-1} - d_n$		0.79	0.79	0.82	0.81	0.90
F/mm^2	161	105.72	71.39	49.07	34.60	28.69
λ		1.52	1.48	1.45	1.42	1.20

完成上述计算后，即可进行验算，主要对各道次的拉拔力及安全系数进行计算（从略）。

例 4 20 号碳素钢锅炉用管材，其成品钢管的断面尺寸为 ϕ25mm×2.0mm，试作配模设计。

解：

1. 选择坯料

根据热轧减径后的钢管的最小断面尺寸为 ϕ57mm×3.5mm。因此采用 ϕ57mm×3.5mm的热轧钢管作为拉拔这种成品钢管的管坯。

2. 确定总延伸系数及拉拔道次

$$\lambda_\Sigma = \frac{F_0}{F_K} = \frac{588}{144} = 4.08 \approx 4.0$$

$$n = \frac{\ln\lambda_\Sigma}{\ln\lambda} = \frac{\ln4.0}{\ln1.35} = 4.6$$

取 $n = 5$。

3. 分配各道次的延伸系数

根据公式 $\qquad \lambda_\Sigma = \lambda_1 \cdot \lambda_2 \cdot \lambda_3 \cdot \cdots \cdot \lambda_n$

则 $\qquad \lambda_\Sigma = 1.30 \times 1.35 \times 1.35 \times 1.32 \times 1.30 \approx 4.08$

4. 确定各道次的钢管断面尺寸当用固定短芯头拉拔时，第一道次拉拔后钢管的断面积

$$F_1 = \frac{F_0}{\lambda_1} = \frac{588}{1.30} = 450 \text{mm}^2$$

根据经验，固定短芯头拉拔一道次钢管的壁厚可减小 $0.3 \sim 0.8 \text{mm}$，现设第一道次壁厚减少 0.6mm（在确定第一道次的管壁减少量时应考虑到管坯的壁厚正公差）。管坯的外径可进行计算，即

$$F_1 = 3.14 \times s_1(D_1 - s_1)$$
$$450 = 3.14 \times 2.9(D_1 - 2.9)$$
$$D_1 = 52.4 \approx 52 \text{mm}$$

这样，第一道次拉拔后钢管的尺寸为：$\phi 52 \text{mm} \times 2.9 \text{mm}$。

然后按上述方法依次可求得后几道次的尺寸。

第二道次拉拔后钢管的尺寸应为：$\phi 45 \text{mm} \times 2.4 \text{mm}$；

第三道次拉拔后钢管的尺寸应为：$\phi 40 \text{mm} \times 2.1 \text{mm}$；

第四道次拉拔后钢管的尺寸应为：$\phi 33 \text{mm} \times 1.9 \text{mm}$；

第五道次采用空拉后钢管的尺寸应为：$\phi 25 \text{mm} \times 2.0 \text{mm}$。

在确定各道次的拉拔尺寸以后，应该计算拉拔力，选择拉拔机及确定中间工序。有关中间工序在拉拔钢管过程中是不可少的，下面谈几个工序在什么情况下进行：

（1）钢管的连拔。凡是经过磷酸盐处理后的钢管在拉拔 1 次后，可重新涂皂后再进行连拔 1~2 次；镀铜后钢管在固定短芯头拉拔 1 次后可连续拉拔 1 次（空拉），但是空拉钢管的压缩率不能太大，同样在连拔前应重新涂皂。连拔可省去退火及酸洗等工序，可提高产量，降低成本，连拔适合一般用途的钢管，压缩率较小时较为适合。对于一些合金钢及重要用途钢管，为保证其表面质量不采用连拔的方法。

（2）退火。由于钢管经 1~3 道次拉拔后产生加工硬化需中间退火，或者为了控制钢管的组织及性能需成品退火。此例题由 $\phi 57 \text{mm} \times 3.5 \text{mm}$ 管坯拉拔到 $\phi 25 \text{mm} \times 2.0 \text{mm}$ 钢管成品，中间退火需 2 次，成品退火 1 次。

（3）打头及切头。每打 1 次头，基本上应保证它能经 2 次拉拔。在拉拔 2 次后就应切头，下次为空拉时可重新打头，对于厚壁钢管在拉拔 1 次后就应进行切头。

（4）中间矫直。凡是下一道次为衬拉时，则钢管在退火后需经中间矫直。

（5）切断。钢管的中间切断在生产过程中尽量减少为好，管料的长度应选择好。一般当钢管长度超过了所用拉拔机的允许长度或退火炉的允许长度时，才进行切断。

C 游动芯头拉管配模设计

游动芯头拉拔与固定短芯头拉拔相比较，具有许多的优点：可以改善产品的质量，扩大产品品种；可以大大提高拉拔速度；道次加工率大，对紫铜固定短芯头拉拔，延伸系数

不超过 1.5，用游动芯头可达 1.9；工具的使用寿命高，在拉拔 H68 管材时比固定短芯头的大 1~3 倍，特别是对拉拔铝合金、HAl77-2、B30 一类易黏结工具的材料效果更为显著；有利于实现生产过程的机械化和自动化。

游动芯头拉拔配模除应遵守第 9 章和第 11 章中所规定的原则外，还应注意，减壁量必须有相应的减径量配合，不满足此要求，将导致管内壁在拉拔时与大圆柱段接触，破坏了力平衡条件，其结果使拉拔过程不能正常进行。

当模角 $\alpha = 12°$，芯头锥角 $\alpha_1 = 9°$ 时，减径量与减壁量应满足以下关系：

$$D_1 - d \geqslant 6\Delta s \tag{13-20}$$

即芯头小圆柱段与大圆柱段直径差应大于该道次拉拔减壁量的 6 倍。实际上，由于在正常拉拔时芯头不处于前极限位置，所以在 $D_1 - d < 6\Delta s$ 时仍可拉拔。$D_1 - d$ 与 Δs 之间的关系取决于工艺条件，根据现场经验，在 $\alpha = 12°$、$\alpha_1 = 9°$，用乳液润滑拉拔铜及铜合金管材时，式（13-20）可改变为：

$$D_1 - d \geqslant (3 \sim 4)\Delta s \tag{13-21}$$

由于在配模时必须遵守上述条件，与用其他衬拉方法相比较，使游动芯头拉拔的应用受到一定的限制。游动芯头拉拔铜、铝及合金的延伸系数列于表 13-12 和表 13-13。

表 13-12 铜及其合金游动芯头直线拉拔的延伸系数

合　金	道次最大延伸系数		平均道次延伸系数	两次退火间延伸系数
	第 1 道	第 2 道		
紫铜	1.72	1.90	1.65~1.75	不限
HAl77-2	1.92	1.58	1.70	3
H68，HSn70-1	1.80	1.50	1.65	2.5
H62	1.65	1.40	1.50	2.2

表 13-13 $\phi 20 \sim 30\text{mm}$ 铝管直线与盘管拉拔时最佳延伸系数

道　次	14.7kN 链式拉拔机		$\phi 1525\text{mm}$ 圆盘拉拔机	
	道次延伸系数	总延伸系数	道次延伸系数	总延伸系数
1	1.92	—	1.71	—
2	1.83	3.51	1.67	2.85
3	1.76	6.20	1.61	4.60

例 5 拉拔 HAl77-2 尺寸为：$\phi 30\text{mm} \times 1.2\text{mm}$，长 14m 的冷凝管进行配模设计。

解：

1. 选择坯料

根据工厂生产条件及成品管材长度要求，选择拉拔前坯料的规格为 $\phi 45\text{mm} \times 3\text{mm}$，它是由 $\phi 195\text{mm} \times 300\text{mm}$ 铸锭经挤压（$\phi 65\text{mm} \times 7.5\text{mm}$）、冷轧（$\phi 45\text{mm} \times 3\text{mm}$）及退火工序而生产的。

2. 确定拉拔道次及中间退火次数

查表 13-12 平均道次延伸系数 $\bar{\lambda} = 1.7$，两次退火间的平均延伸系数 $\bar{\lambda}' = 3$，那么可确定拉拔道次 n 及中间退火次数 N。取 $n = 3$，则平均道次延伸系数：

$$\ln\bar{\lambda} = \frac{\ln 3.65}{3} = 0.43$$

$$\bar{\lambda} = 1.54$$

取中间退火次数 $N = 1$，安排在第一道拉拔后。

3. 确定各道拉拔后管子的尺寸、芯头小圆柱段与大圆柱段直径

（1）各道拉拔时的减壁量初步分配为：

$$0.9mm \rightarrow 退火 \rightarrow 0.6mm \rightarrow 0.3mm$$

计算各道的壁厚见表 13-14。

表 13-14　游动芯头拉拔时各道次的参数计算

工序名称	拉拔后管子尺寸/mm			减壁量 Δs/mm	间隙 a/mm	游动芯头直径/mm			延伸系数 λ	拉拔后管子长度/m
	D	d	s			D_1	d	$D_1 - d$		
坯料	45	39	3							4.30
第一道拉拔	38.4	34.2	2.1	0.9	0.8	38.2	34.2	4	1.65	6.90
退火										
第二道拉拔	33.2	30.2	1.5	0.6	1.0	33.2	30.2	3	1.615	10.70
第三道拉拔	30	27.6	1.2	0.3	0.6	29.6	27.6	2	1.38	14.80

（2）选取拉模模角 $\alpha = 12°$，芯心锥角 $\alpha = 9°$，确定芯头小圆柱段、大圆柱段直径 d、D_1，见表 13-14。计算 $D_1 - d$，按式（13-23）进行检查，$D_1 - d$ 均满足各道拉拔时减壁量的要求，并符合芯头规格统一化要求。

（3）游动芯头大圆柱段直径与管坯内径的间隙选为：

$$0.8mm \rightarrow 退火 \rightarrow 1.0mm \rightarrow 0.6mm$$

从而可以计算各道次拉拔后管子尺寸。

（4）计算各道次延伸系数，对各道次进行验算，检查其是否在允许范围内及其分配的合理性，并进行必要的调整。

13.2.4.4　异型管材拉拔配模

在异型管拉拔时，对各道次过渡形状和尺寸需要加以很好处理，型管拉拔配模应注意如下几点：

（1）防止在过渡拉拔时出现管壁内凹。因为过渡拉拔多为空拉，周向压应力较大很容易产生管壁内凹现象，尤其在异型管的大边这个问题更加突出，在拉拔配模时应给以注意。例如，在生产矩形波导管时，过渡拉拔后的形状不应设计成规整的矩形，而应设计成带凸度的近似矩形。如图 13-9 所示，此时长边所受的周向应力 σ_θ 可分解成水平分力与垂直分力，垂直分力可抵消一部分向心应力 σ_r 的作用，同时使水平分力比不带凸度的小，所以减少了管壁的失稳现象，从而防止管壁向内凹陷。凸度的大小，根据经验数值而定，见表 13-15。

表 13-15　矩形波导管的凸度值

长边长度 A/mm	长边凸度（弦高）/mm	短边长度 B/mm	短边凸度（弦高）/mm
7~20	0.7~1.1	3~35	0.20~0.30
21~30	1.2~1.5	36~50	0.31~0.40
31~50	1.6~2.0	51~80	0.41~0.50
51~72	2.1~3.5	81~120	0.51~0.60
73~100	3.6~4.5		
101~130	4.6~7.0		
131~160	7.1~11.0		

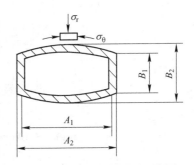

（2）保证成型拉拔时能很好成型。特别要保证有尖角的成品能在尖角处很好充满，这就要求在尖角处能有足够大的延伸系数。

一般对带有锐角的异型管材，所选用的过渡圆周长应比成品管周长增加 3%~12%，个别情况下可达 15%，同时 s/D 比值越大，过渡圆周长增加的越大。

（3）对于内表面粗糙度及内部尺寸精确度要求很高的异型管材。例如矩形波导管过渡圆的周长及壁厚亦必须比成品大些。以便在成型拉拔时使金属获得一定量

图 13-9　过渡近似矩形示意图

的变形，同时最后一道拉拔时一定要采用芯头，以保证内表面的质量。

（4）保证成型拉拔时能顺利地将芯头放入管内并留适当的间隙。例如，矩形波导管拉拔时，过渡矩形边长是根据波导管的大小来确定。波导管的过渡矩形与拉成品时所套芯头间隙 C_2 值，一般每边的间隙选用 0.2~11mm，波导管规格越小间隙也越小，同时还要视拉拔时金属流动的具体条件而定，对于大型波导管，短轴的间隙要比长轴的大；对中小型波导管，短轴与长轴的间隙则近似或相等，如图 13-10 所示。对紫铜和 H96 等冷加工塑性好的合金来说，根据图中近似矩形与成品芯头的间隙值的规律，合理地选取间隙，设计过渡模尺寸。若间隙选得过大，则迫使管坯也要选大，从而使成品拉拔加工率、缩径增大，对成品的质量和尺寸的公差影响大；若选得过小，则成品拉拔时套芯头困难，而且缩

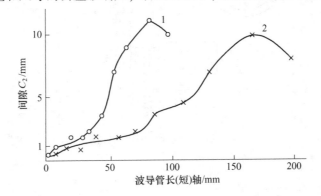

图 13-10　H96 波导管近似矩形与成品芯头的理论间隙
1—短轴；2—长轴

径小，成品外角不易充满。同时，根据间隙所确定的过渡模的宽窄边值所形成的周长，应符合图 13-11 的关系，一般过渡圆的内周长和成品内周长的比值 n_1 应为 $1.05 \sim 1.15$，其中大波导管取下限，小的波导管或长宽比大的取上限，同类规格时管壁较厚的取得大些，否则过渡形的圆角不易充满，成品拉拔套芯头困难。

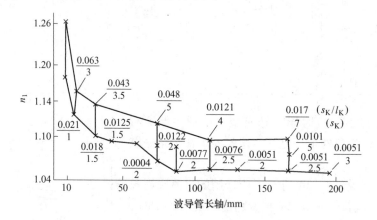

图 13-11　H96 波导管过渡圆内周长与成品内周长的比值

s_K—成品管壁厚，mm；l_K—成品管内周长，mm

（5）加工率的确定。对拉拔异型管来说，为了获得尺寸精确的成品，加工率一般不宜过大。若加工率大，则拉拔力就大，金属不易充满模孔，同时也使残余应力增大，甚至在拉出模孔后制品还会变形。例如，矩形波导管拉拔时，由过渡圆计算加工率，一般在 $15\% \sim 20\%$，其中长宽比大的取下限，小的取上限。

例 6　生产 H96 黄铜 110mm×41mm×2.5mm 矩形波导管配模设计，波导管的断面尺寸如图 13-12 所示。

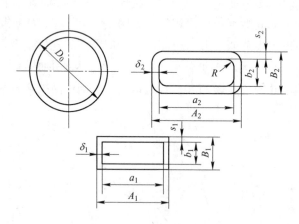

图 13-12　波导管配模设计图

解：

1. 过渡圆管坯尺寸的确定

（1）过渡圆管坯内径 d_0 的确定：

$$d_0 = l_0 / \pi = n_1 l_K / \pi$$

式中　l_0——过渡圆管坯内周长，mm；

　　　　l_K——成品管内周长，mm；

　　　　n_1——系数，参看图 13-11，$n_1 = 1.06$。

$$D_0 = 1.06 \times 2(110 + 41)/\pi = 101.9\text{mm}$$

（2）过渡圆管坯外径 D_0 的确定：

$$D_0 = d_0 + 2s_0 = d_0 + 2(1 + n_2)s_K$$

式中　s_0——过渡圆管坯壁厚，mm；

　　　　s_K——成品管壁厚（$s_K = s_1 = \delta_1$），mm；

　　　　n_2——系数，即壁厚余量，一般为 8%~20%，取 18%。

$$D_0 = 101.9 \times 2(1 + 18\%) \times 2.5 = 107.8\text{mm}$$

过渡圆管坯为 $\phi107.8\text{mm} \times 2.95\text{mm}$。

2. 过渡模尺寸的确定

（1）短轴尺寸 B_2：

$$B_2 = b_2 + 2s_2 = b_1 + 2C_2 + 2s_0 = 41 + 2 \times 3 + 2 \times 2.95 = 52.9\text{mm}$$

式中，C_2 为过渡矩形管坯短轴方向与芯头的间隙，参考图 13-10，现取 $C_2 = 3.0\text{mm}$；b_2，b_1，s_2，$\delta_2(s_2 = \delta_2)$ 如图 13-12 所示。

（2）长轴尺寸 A_2：

$$a_2 = a_1 + 2C_2' = 110 + 2 \times 4.5 = 119\text{mm}$$

$$A_2 = a_2 + 2\delta_2 = a_1 + 2C_2' + 2s_0$$

式中，C_2' 为过渡矩形管坯长轴方向与芯头的间隙，由图 13-10 取 $C_2' = 4.5\text{mm}$。设 $\delta_0 = s_0$

$$A_2 = 110 + 2 \times 4.5 + 2 \times 2.95 = 124.9\text{mm}$$

3. 过渡矩形管套芯头时，卡角的验算

（1）根据近似矩形和过渡圆管坯周长不变的原则，确定过渡矩形管坯的内圆角 R_2：

$$R_2 = \frac{(a_2 + b_2) - \dfrac{n_1 l_k}{2}}{4 - \pi} = \frac{(119 + 47) - \dfrac{1.06(110 + 41) \times 2}{2}}{4 - \pi} = 6.98\text{mm}$$

（2）内对角线 M_2 的确定

$$M_2 = \sqrt{a_2^2 + b_2^2} - 0.828R_2 = \sqrt{119^2 + 47^2} - 0.828 \times 6.98 = 122.2\text{mm}$$

成品芯头对角线：

$$M_1 = \sqrt{a_1^2 + b_1^2} = \sqrt{110^2 + 41^2} = 119.6\text{mm}$$

因为 $M_2 > M_1$，故套芯头无困难。

4. 过渡模孔的尺寸与过渡圆管坯周长关系的验算

$$n_3 = \frac{\text{过渡模孔的周长 } l_2}{\text{过渡圆管坯的周长 } l_0} = \frac{124.9 + 52.9}{107.8\pi} = 1.05$$

现求得 $n_3 > 1$，则说明设计合理，采用此模拉出的过渡矩形管的形状类似图 13-9，根据表 13-15 所列经验数据，长边凸度为 5mm；短边凸度为 0.35mm。

结论：H96 的 $110\text{mm} \times 41\text{mm} \times 2.5\text{mm}$ 波导管，最后三道拉拔的工艺流程应为 $\phi107.8\text{mm} \times 2.95\text{mm}$ 过渡圆拉拔，$124.9\text{mm} \times 52.9\text{mm}$ 的过渡成型以及 $110\text{mm} \times 41\text{mm}$ 的成品定径拉拔。

13.2.5 多模连续拉拔配模设计

13.2.5.1 带滑动多模连续拉拔

A 带滑动多模连续拉拔原理

带滑动多模连续拉拔过程如图 13-13 所示。由放线盘 1 放出的线首先穿过模子 2 的第一个模子，然后在绞盘 4 上绕 2~4 圈，再进入第二个模子，依此类推，最后线材通过成品模到收线盘 3 上。

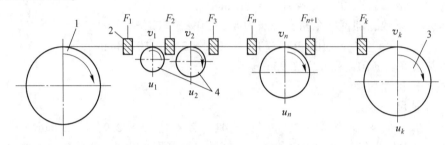

图 13-13 带滑动多模连续拉拔过程示意图
1—放线盘；2—模子；3—收线盘；4—绞盘

带滑动多模连续拉拔时，线与绞盘之间存在着滑动，线的运动速度小于绞盘的圆周线速度，即 $v_n < u_n$。

B 实现滑动多模连续拉拔的条件

a 建立拉拔力的条件

带滑动多模连续拉拔时的拉拔力是靠绞盘转动带动线产生的，若无中间绞盘就无法进行拉拔，这是因为线同时通过几个模子的变形量很大，只靠收线盘施加拉力，则作用在成品线断面上的拉拔应力太大，以致引起断线。现取任一个（第 n 个）绞盘分析如下（图 13-14）。

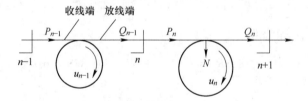

图 13-14 带滑动多模连续拉拔时受力分析示意图

为了使 n 绞盘对通过 n 模的线建立起拉拔力 P_n，必须对在 n 绞盘上的线的放线端施以力 Q_n，此 Q_n 力使线压紧在绞盘上，产生正压力 N。当绞盘转动时，绞盘与线材之间产生摩擦力，借以建立 P_n。Q_n 力也是 $n+1$ 模的反拉力。

P_n 与 Q_n 之间的关系可根据柔性物体绕圆柱体表面摩擦定律得：

$$Q_n = \frac{P_n}{e^{2\pi m f}} \tag{13-22}$$

式中 m——绕线圈数，一般为 2~4 圈；

f——线与绞盘之间的摩擦系数，取 0.1。

这样，$e^{2\pi mf}=3.5\sim6.6$，$Q_n=(30\%\sim15\%)P_n$。由式（13-22）可知 m，f 值越大，则 Q_n 值越小，以致可趋近于零。

b 实现带滑动拉拔的基本条件

绞盘圆周线速度 u_n 与绕在绞盘上线的运动速度 v_n 之间的关系可能有以下三种情况：

（1）$u_n<v_n$ 时，摩擦力的作用方向与线的运动方向相反，绞盘起到制动作用，绞盘上线的放线端由松边变为紧边，从而使反拉力 Q_n 急剧增大，必将引起 $n+1$ 绞盘上的拉拔力 P_{n+1} 增加，继而拉拔应力增大而发生断线。

（2）$u_n=v_n$ 时，线与绞盘间无滑动，绞盘作用给线的摩擦力方向与绞盘转动方向相同，为静摩擦。这种拉拔情况是不能持久的，一旦由于某些原因使放线端的线速度大于绞盘的运动速度时，就会过渡到 $u_n<v_n$ 的情况。

（3）$u_n=v_n$ 时，拉拔过程是相对稳定的。故 $u_n=v_n$ 是带滑动拉拔过程的基本条件，并可表示为：

$$\frac{v_n}{u_n}<1 \quad 或 \quad R=\frac{u_n-v_n}{u_n}>0 \tag{13-23}$$

式中，R 为滑动率。

c 保证 $u_n>v_n$

每台拉线机各绞盘的圆周线速度是一定的，其数值决定于拉线机的设计。因此，只能考虑 v_n，使它小于 u_n，下面分析一下影响 v_n 的因素。

在稳定拉拔过程中，每个绞盘上绕线圈数不变，线通过各模子的秒体积相等，即：

$$v_0F_0=v_1F_1=v_2F_2=\cdots=v_nF_n=\cdots=v_kF_k \tag{13-24}$$

v_k 为最后一个成品模的出线速度，因收线盘上的线圈与线盘间无相对滑动，所以 $v_k=u_k$。随着拉拔过程的进行，收线盘上的线层加厚，直径增大，从而使 v_k 有所增加。近代的拉线机的收线盘皆有调速装置，可以保证 v_k 基本上不变化。

这样，由式（13-24）可得

$$v_n=\frac{v_kF_k}{F_n} \tag{13-25}$$

式（13-25）说明，在稳定拉拔过程中，任一绞盘上的线速 v_n 只与该绞盘上线的断面积 F_n、成品线断面积 F_k 以及收线盘的收线速度 v_k 有关，而与其他中间绞盘的速度和其上的线的断面积完全无关。其中 v_k 是主导的，v_k 大，则 v_n 也增大；$v_k=0$，则 $v_n=0$。这就是说，当收线盘不工作时，尽管中间绞盘转动也不可能实现拉拔。这样，当成品模孔磨损后 F_k 增大，则 v_n 增加，根据式（13-23）可知，各绞盘上的滑动率就会减小。当任一个模子 n 磨损后使 F_n 增大，则 v_n 就会减小，导致绞盘 n 上的滑动率增加。对其他绞盘上的线速则无影响，因要保持秒体积不变。

所以当成品模 K 磨损引起 v_n 增加时，在 v_n 变化范围内仍必须保证小于 u_n，即

$$v_n=\frac{v_kF_k}{F_n}<u_n \tag{13-26}$$

变换后，得

$$\frac{F_k}{F_n} < \frac{u_n}{v_k} \quad \text{或} \quad \frac{F_n}{F_k} > \frac{u_k}{u_n}$$

因 $v_k = u_k$，故

$$\frac{F_n}{F_k} < \frac{u_k}{v_n} \quad \text{或} \quad \lambda_{n \to k} > \gamma_{k \to n} \qquad (13\text{-}27)$$

式（13-27）说明，为了保证拉拔过程的正常进行，第 n 道次以后的总延伸系数必须大于收线盘与第 n 个绞盘圆周线速度之比。这就是带滑动多模连续拉拔配模的必要条件。

但是，在生产中还可能出现一些不利的情况，在这些情况下单纯地满足上面的条件仍不可能可靠地保证拉拔过程正常进行。例如使用的润滑剂较黏稠或者线材、绞盘上有局部缺陷时，有可能使线与某绞盘产生短时的黏结。在此情况下，线的速度将接近该绞盘的圆周速度，使该道次的滑动率降低。与此同时，还会引起该道次以前所有的线与绞盘间的滑动率减小。但是，这与成品模磨损后引起所有绞盘与线间滑动率的减少不同，它只是暂时的。因当 n 道次的滑动率减少后，线速加快，但进 $n+1$ 模的线速没变化。这样，绞盘 n 上的线必然松弛，使拉拔过程又恢复正常。

对强度较高或断面较大的线材来说，遇到此种情况容易恢复正常而不会产生断线。但是在拉细且软的线材时必须考虑此影响，否则可能在未恢复正常之前就已产生断线。另外，在穿模时也有此类似的情况。现讨论在任一绞盘上线发生黏结时如何保证 $u_n > v_n$ 的条件。若第 n 个绞盘上的线与绞盘发生黏结，在极限情况下 $u_n = v_n$，则必然引起 $n-1$ 绞盘上的线速度 v_{n-1} 增加，为了防止断线，其值总应小于 $n-1$ 绞盘的圆周线速度 u_{n-1}，即

$$v_{n-1} = \frac{F_n}{F_{n-1}} u_n < u_{n-1} \qquad (13\text{-}28)$$

变换后，得

$$\frac{F_{n-1}}{F_n} > \frac{u_n}{u_{n-1}} \quad \text{或} \quad \lambda_n > \gamma_n \qquad (13\text{-}29)$$

也就是说，任一道次的延伸系数应大于相邻两个绞盘的速比，或者说相邻两个绞盘上线的速比大于该两个绞盘的速比，它即为带滑动多模连续拉拔配模的充分条件。

中间绞盘的速比 u_n/u_{n-1} 可以设计成等值的，也可以是递减的。目前趋向于用等值的。中间绞盘的速比一般为 1.15~1.35。但最后的两个绞盘的速比 u_k/u_{k-1} 为 1.05~1.15，以便能采用较小的延伸系数，从而精确地控制线材的尺寸。

由此可知，绞盘的速比越小，则拉线机的通用性越大。因为根据这个条件可知，延伸系数 λ_n 可在较大的范围内选择。这样，对塑性好的与差的金属皆可在同一台设备上拉拔。此外，绞盘速比小，可以采取小延伸系数配模，减小绞盘磨损和断线率，为实现高速拉拔创造条件。

　　d　滑动系数、滑动率的确定及分配

为了可靠地保证 $v_n < u_n$ 条件的实现，各道次应该按 $\lambda_n < \gamma_n$ 来配模。此条件可以改写为：

$$\tau_n = \frac{\lambda_n}{\gamma_n} > 1 \qquad (13\text{-}30)$$

式中　τ_n ——滑动系数。

滑动系数不宜选择得过大。因为过大会使能耗增加和绞盘过早地磨损，对软金属则易划伤表面。τ_n 是根据线坯的偏差大小确定的。当模孔由线材的负偏差增大到正偏差时应更换新模子，即

$$\tau_n = 1.00 + \frac{F_{n\max} - F_{\min}}{F_{n\min}} \tag{13-31}$$

一般，τ_n 在 1.015~1.04 范围内。由式（13-31）可知，如 τ_n 值较大，则 λ_n 也相应大些。故在确定时 τ_n 应考虑一些金属易冷硬的特点，使 λ_n 值逐渐减小。下面对各绞盘上的滑动率分配进行分析。

将所有的线与绞盘的速度分别用下式表示：

$$v_1 = \frac{v_1}{v_2} \times \frac{v_2}{v_3} \times \cdots \times \frac{v_{k-1}}{v_k} v_k = \frac{1}{\lambda_2 \lambda_3 \cdots \lambda_k} v_k$$

$$v_2 = \frac{1}{\lambda_3 \lambda_4 \cdots \lambda_k} \lambda_k \tag{13-32}$$

$$\vdots$$

$$v_n = \frac{1}{\lambda_{n+1} \lambda_{n+2} \cdots \lambda_k} v_k$$

$$u_1 = \frac{u_1}{u_2} \times \frac{u_2}{u_3} \times \cdots \times \frac{u_{k-1}}{u_k} u_k = \frac{1}{\gamma_2 \gamma_3 \cdots \gamma_k} u_k \tag{13-33}$$

$$u_2 = \frac{1}{\gamma_3 \gamma_4 \cdots \gamma_k} u_k$$

$$\vdots$$

根据式（13-32）和式（13-33）可得：

$$\frac{u_n}{v_n} = \frac{u_k \lambda_{n+1} \cdots \lambda_k}{v_k \gamma_{n+1} \cdots \gamma_k} = \frac{u_k}{v_k} \times \frac{\lambda_{n+1}}{\lambda_{n+1}} \times \frac{\lambda_{n+2}}{\gamma_{n+2}} \times \cdots \times \frac{\lambda_k}{\gamma_k} \tag{13-34}$$

因 $\frac{\lambda_n}{\gamma_n} > 1$，即 $\frac{\lambda_{n+1}}{\gamma_{n+1}}$，$\frac{\lambda_{n+2}}{\gamma_{n+2}}$，$\cdots$，$\frac{\lambda_k}{\gamma_k}$ 皆大于1，则 $\frac{u_n}{v_n}$ 比值，当 $n=1$ 时，项数最多，数值最大；$n=k$ 时，项数最少，数值最小。从而得

$$\frac{u_1}{v_1} > \frac{u_2}{v_2} > \frac{u_3}{v_3} > \cdots > \frac{u_n}{v_n} > \cdots > \frac{u_k}{v_k} \tag{13-35}$$

既然 $\frac{u_{n-1}}{v_{n-1}} > \frac{u_n}{v_n}$，则 $1 - \frac{v_{n-1}}{u_{n-1}} > 1 - \frac{v_n}{u_n}$

或者

$$\frac{u_{n-1} - v_{n-1}}{u_{n-1}} > \frac{u_n - v_n}{u_n}$$

从而可得

$$\frac{u_1 - v_1}{u_1} > \frac{u_2 - v_2}{u_2} > \cdots > \frac{u_n - v_n}{u_n} > \cdots > \frac{u_k - v_k}{u_k} \tag{13-36}$$

式（13-36）表明，在遵守 $\lambda_n > \gamma_n$ 条件下，正确而可靠的配模应当是使线与绞盘的滑动率变化由第一个绞盘向最后一个绞盘逐渐减小。

13.2.5.2　无滑动多模连续拉拔

目前，储线式拉拔机用得较多，其工作原理如图 13-15 所示，下面针对此种拉拔的特点及实现拉拔过程的条件进行分析。

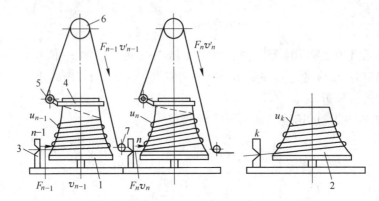

图 13-15　储线式无滑动连续拉拔过程示意图

1—中间绞盘；2—收线绞盘；3—模子；4—滑动圆盘；5~7—导轮

A　储线式无滑动多模连续拉拔过程的特点

为了防止线在绞盘上产生滑动，每个绞盘上的线圈数必须不少于 7~12 圈，在此情况下，n 绞盘转动圆周线速度 u_n 与线材进线速度 v_n 相等，即 $u_n = v_n$，但是在此种拉线机上，任意一个中间绞盘上的线速度 v_n 可以不等于放线速度 v'_n，即

$$v_n F_n \neq v'_n F_n$$

这表明，在储线式无滑动多模连续拉拔时，两个模子之间线的秒流量可以不等。这样，任一个中间绞盘上的线圈数可以增多，也可以减少。

但是，两个绞盘之间线的进模与出模速度是遵守秒体积相等定律的，即

$$v'_{n-1} F_{n-1} = v_n F_n$$

B　绞盘绕线与放线的关系对拉拔过程的影响

绞盘绕线与放线的关系对拉拔过程的影响有三种情况：

（1）绕线速度等于放线速度（$v_n = v'_n$）的情况下，遵守秒体积相等定律，绞盘上的线圈数不变。因此绞盘上的滑动圆盘不动，线不受扭转。

（2）绕线速度大于放线速度（$v_n > v'_n$），绞盘上的线圈数增加，滑动圆盘转动方向与绞盘的相同，线受到顺绞盘转动方向的扭转。

（3）绕线速度小于放线速度（$v_n < v'_n$），绞盘上的线圈数减少，滑动圆盘逆绞盘转动方向旋转，线受到逆绞盘转动方向的扭转。

v_n 与 v'_n 相差越大，则线受到的扭转越严重。当第 n 个绞盘停止工作不进线时，则在 $n-1$ 绕盘上的导轮 5、6 间的线受到连续的扭转，以致将线扭断。

由上述可知，$v_n = v'_n$ 是最理想的。但此种情况并不稳定，随着第 $n+1$ 个模子的磨损，根据 $v_n F_n = v_{n+1} F_{n+1}$ 可知，F_{n+1} 增大，必然使 v'_n 增大，因 $v_n F_n = v_{n+1} F_{n+1}$ 是不变的。这样，当 $v_n < v'_n$ 时，第 n 个绞盘上线圈数就要不断地减少。为了保证该绞盘上有足够的线圈数以防产生滑动，就不得不暂时停止第 $n+1$ 个绞盘，甚至停止其后的所有绞盘。这样影响

了拉线机的工作效率。为了克服此缺点，必须 $v_n > v'_n$，即第 n 绞盘上的线圈数在拉拔过程中不断增加。

C 实现合理拉拔过程的配模条件

根据 $v_{n-1} > v'_{n-1}$，可改写为：

$$v_{n-1}F_{n-1} > v'_{n-1}F_{n-1} \tag{13-37}$$

又
$$v'_{n-1}F_{n-1} = v_n F_n \tag{13-38}$$

将式（13-38）代入式（13-37），得：

$$v_{n-1}F_{n-1} > v_n F_n \quad 或 \quad \frac{F_{n-1}}{F_n} > \frac{v_n}{v_{n-1}} \tag{13-39}$$

因 $v_n = u_n$ 和 $v_{n-1} = u_{n-1}$，故代入式（13-39）后，得：

$$\frac{F_{n-1}}{F_n} > \frac{u_n}{u_{n-1}} \quad 或 \quad \lambda_n > \gamma_n \tag{13-40}$$

也可以将它用下式表示：

$$\tau_n = \frac{\lambda_n}{\gamma_n} \tag{13-41}$$

式中 τ_n ——储线系数，一般取 $1.02 \sim 1.05$。

绞盘的储线速度确定如下，

$$v_{n-1} - v'_{n-1} = u_{n-1} - v'_{n-1} \tag{13-42}$$

又
$$\frac{u_n}{u_{n-1}} = \gamma_n \quad 和 \quad v'_{n-1} = u_n \frac{F_n}{F_{n-1}} = u_n \frac{1}{\lambda_n}$$

将此二式代入式（13-42）整理，得：

$$v_{n-1} - v'_{n-1} = \frac{u_n}{\gamma_n} - \frac{u_n}{\lambda_n} = \frac{u_n(\lambda_n - \gamma_n)}{\gamma_n \lambda_n} \tag{13-43}$$

最后，将式（13-41）代入式（13-43）得

$$v_{n-1} - v'_{n-1} = u_n \frac{\tau_n - 1}{\gamma_n \tau_n} \tag{13-44}$$

例 7 紫铜成品线为 $\phi3.0\text{mm}$，绞盘直径为 $\phi560\text{mm}$，收线绞盘的圆周线速度 $u_k = 7.42\text{m/s}$，绞盘速比 $\gamma_k = 1.40$，储线系数 $\tau_n = 1.03$，求第 $k-1$ 个绞盘上储线速度。

解： 由式（13-44）得

$$v_{k-1} - v'_{k-1} = 7.42 \times \frac{1.03 - 1}{1.03 \times 1.40} = 0.154\text{m/s}$$

假定一捆线卷重 85kg，则其长度为：

$$l = \frac{85}{62.87} = 1.35\text{km}$$

拉完一捆线卷的时间

$$t = \frac{1.35}{0.00742} = 182\text{s}$$

一圈线长

$$l_0 = \pi \times 0.56 = 1.75\text{m}$$

则收线绞盘拉完一捆线卷时，在第 $k-1$ 个绞盘上增加的线圈数

$$m = \frac{182 \times 0.154}{1.75} = 16 \text{ 圈}$$

计算结果表明是合理的，不必在拉拔过程中使第 $k-1$ 个绞盘停车。

13.2.5.3　多模连续拉拔配模

与一般单模拉拔配模不同，多模连续拉拔配模时的延伸系数分配与拉线机原始设计的绞盘速比有关。

对储线式无滑动拉线机，由于各绞盘上的线圈储存量可以调节拉拔过程，故对配模的要求不甚严格。

对滑动式拉线机，则应根据 $\lambda_n > \gamma_n$ 条件按一定的滑动系数确定各拉模的孔径。延伸系数的分配有等值的与递减的两种。

目前在大拉机上对铜多采用递减的延伸系数，对铝则用等值的延伸系数。在中、小、细与微拉机上也采用等值延伸系数。道次延伸系数一般为 1.26。但是，由于拉线速度的不断提高，为了减少断线次数将道次延伸系数降至 1.24 左右。对大拉机，由于拉拔的线较粗，速度又低，故道次延伸系数可达 1.43 左右。为了控制出线尺寸的精度，一些拉线机，例如小拉与细拉机上最后一道的延伸系数很小，大约为 1.06~1.16。此外，为了提高线材的质量和减少绞盘的磨损，趋向于采用百分之几到 15% 的滑动率配模。

线材连续拉拔配模的具体步骤：

（1）根据所拉拔的线材和线坯直径选择拉线机，在正常情况下，拉线消耗的功率不会超过拉线机的功率。

（2）计算由线坯到成品总的延伸系数，道次及延伸系数的分配。

（3）根据现有拉线机说明书查得各道次绞盘速比，并计算总的速比

$$\gamma_\Sigma = \frac{v_k}{v_1} = \gamma_2 \gamma_3 \gamma_4 \cdots \gamma_k$$

（4）根据总的延伸系数 λ_Σ 和总的速比 γ_Σ，计算总的相对滑动系数

$$\tau_\Sigma = \frac{\lambda_\Sigma / \lambda_1}{\gamma_\Sigma}$$

（5）确定平均相对滑动系数

$$\overline{\tau} = \sqrt[k-1]{\tau_\Sigma}$$

（6）根据值的大小，按照前面的各道次延伸系数分配原则分配 τ_1，τ_2，τ_3，$\cdots$，τ_k 的值，并计算 λ_1，λ_2，λ_3，$\cdots$，λ_k 的值。有时要计算拉拔力、安全系数，一般情况下就直接上机试用。

例 8　用 $\phi(7.2^{\pm0.05})$ mm 铜线杆拉拔（$1.2^{\pm0.02}$）mm 线材，试计算拉拔配模。

解： 根据上述配模原则及步骤，将计算结果列于表 13-16。拉拔力计算及安全系数校核从略。

1. 确定拉拔道次与选用拉线机。首先计算总延伸系数

$$\lambda_\Sigma = \frac{(7.2 + 0.5)^2}{(1.20 - 0.02)^2} = 42.6$$

取平均延伸系数为 1.35，则拉拔道次为：

$$n = \frac{\ln 42.6}{\ln 1.35} = 12.5$$

取 13 道次。

根据道次数和进、出线径尺寸，选用 13 模大拉机。拉线机的各绞盘线速度和绞盘速比如表 13-16 所示。

表 13-16　紫铜线 $\phi 7.2^{\pm 0.5}$mm 拉到 $\phi 1.2^{\pm 0.2}$mm 配模计算表

项　目	0	1	2	3	4	5	6	7	8	9	10	11	12	13
绞盘线速度 $u/\text{m}\cdot\text{s}^{-1}$		0.92	1.15	1.44	1.80	2.24	2.81	3.51	4.39	5.48	6.85	8.56	10.70	12.0
绞盘速比 γ			1.25	1.25	1.25	1.25	1.25	1.25	1.25	1.25	1.25	1.25	1.25	1.12
滑动系数 τ		1.076	1.076	1.076	1.076	1.076	1.076	1.076	1.076	1.076	1.076	1.076	1.076	0
各道次延伸系数 λ		1.346	1.346	1.346	1.346	1.346	1.346	1.346	1.346	1.346	1.346	1.346	1.346	1.20
线断面积 F/mm^2	46.57	34.30	25.50	18.94	14.06	10.46	7.78	5.78	4.30	3.20	2.375	1.765	1.31	1.094
线径 d/mm	7.70	6.60	5.70	4.91	4.23	3.65	3.15	2.71	2.34	2.02	1.74	1.50	1.30	1.18
线速 $v/\text{m}\cdot\text{s}^{-1}$	0.281	0.382	0.514	0.69	0.93	1.25	1.685	2.27	3.05	4.10	5.52	7.44	10.0	12.0
绝对滑动值 $u-v/\text{m}\cdot\text{s}^{-1}$		0.44	0.64	0.75	0.87	0.99	1.12	1.24	1.34	1.38	1.33	1.12	0.70	0
相对滑动率 $R/\%$		47.8	55.6	52.0	48.3	44.2	39.8	35.3	30.5	25.2	19.7	13.1	6.5	0

2. 确定各道次延伸系数、线断面积与直径。取绞盘 12 上的滑动系数 $\tau_{12} = 1.07$，则延伸系数 λ_{13} 为：

$$\lambda_{13} = \tau_{12}\gamma_{12\sim13} = 1.07 \times 1.12 = 1.20$$

第 12 道的线断面积

$$F_{12} = \lambda_{13}F_{13} = 1.20 \times 1.09 = 1.31\text{mm}^2$$

计算 1~12 道的总延伸系数

$$\lambda_{\Sigma1\sim12} = \frac{46.57}{1.31} = 35.6$$

则 1~12 道的平均延伸系数

$$\overline{\lambda}_{1\sim12} = \sqrt[12]{\lambda_{\Sigma1\sim12}} = \sqrt[12]{35.6} = 1.346$$

各道滑动系数

$$\tau_n = \frac{\lambda_n}{\gamma_n} = \frac{1.346}{1.25} = 1.076$$

根据 $F_n = \lambda_n F_{n-1}$ 逐一求出 11~1 道线的断面积及线直径。

3. 计算各道次线速、绝对滑动率。根据 $v_{n-1} = \dfrac{v_n}{\lambda_n}$ 计算各道的线速，继而求出绝对滑

动值与滑动率。

例9 100mm² 电车线设计,成品(如图 13-16 所示)尺寸:$A = 11.84$mm,$B = 11.84$mm,$C = 6.85$mm,$D = 7.27$mm,$E = 9.68$mm,$H = 51$mm,$G = 27.0$mm,$F = 1.40$mm,$L = 1.4$mm,$R_1 = 5.92$mm,$R_2 = 5.92$mm,$R = 0.39$mm,尺寸公差为 ±2.0%,材质为铜,设计各道次的尺寸及模具,利用 5 模拉拔机。

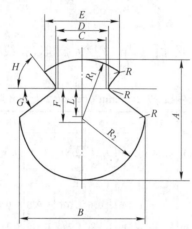

图 13-16 铜电车线形状与尺寸示意图

解: 坯料为 ϕ18mm 无氧铜杆,各道次的尺寸见表 13-17。

表 13-17 100mm² 铜电车线各道次断面几何尺寸 （mm）

道次	A	B	C	D	E	H	G	F	L	R_1	R_2	R
5	11.84	11.84	6.85	7.27	9.68	51.0	27.0	1.40	1.40	5.92	5.92	0.38
4	12.55	12.60	8.20	8.63	10.49	56.0	30.0	1.40	1.40	6.25	6.30	0.50
3	13.35	13.40	9.60	9.98	11.41	62.0	33.0	1.40	1.40	6.65	6.70	0.60
2	14.30	14.39	11.00	11.25	12.28	71.0	37.0	1.40	1.40	7.10	7.20	0.70
1	15.90	16.19	13.00	13.16	13.82	78.0	40.0	1.40	1.40	7.80	8.10	0.80

电车线拉拔模具形状与尺寸如图 13-17 所示。

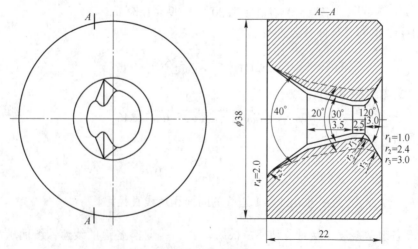

图 13-17 铜电车线拉拔模形状与尺寸

13.2.6 典型拉拔配模

根据 M. B. 埃尔马诺克，Л. C. 瓦特鲁申著，钱淑英、王振伦译《有色金属拉拔》一书提供的线材拉拔配模表，很具有参考价值，现将其作为拉拔配模典型示例，列表如表 13-18 所示。

表 13-18　线材典型拉拔配模

紫铜 T2	H80	H68	H63	HPb59-1	QCd0.5	QCr0.5	QCd1	QBe2	QSi3-1
7.20	7.20	7.20	7.20	7.20	7.20	7.20	7.20	7.20	7.20
5.80	5.80	6.20	5.60	6.00	5.80	6.20	6.20	6.20[1]	6.20
4.80	4.85	5.30	4.50[1]	5.30[1]	4.85	5.30	5.30	5.30[1]	5.30
4.00	4.05	4.50	3.90	4.50	4.05	4.50	4.50	4.50[1]	4.50
3.35	3.40	3.90	3.35	4.20[1]	3.40	3.90	3.90	3.90	3.90
2.85	3.05	3.40	2.95	3.50	3.05	3.40	3.40	3.40[1]	3.40
2.44	2.65	3.05	2.56	3.20[1]	2.65	3.05	3.05	3.05	3.00[1]
2.10	2.30	2.65	2.24	2.70	2.30	2.65	2.65	2.70	2.65
1.82	2.00	2.30	2.00[1]	2.40[1]	2.00	2.30	2.30	2.50[1]	2.30
1.60	1.70	2.00	1.70	2.00	1.70	2.00	2.00	2.30	2.00
1.41	1.50	1.70	1.56		1.50	1.70	1.70	2.00[1]	1.75
1.25	1.30	1.50	1.38		1.30	1.50	1.50	1.70	1.59
1.11	1.12	1.30	1.23		1.14	1.30	1.30	1.50[1]	1.32[1]
1.00	1.00	1.12	1.10		1.00	1.12	1.12	1.30	1.12
0.90		1.00	1.00		0.88	1.00	1.00	1.12	0.97
0.81			0.90[1]		0.80		0.88	1.00[1]	0.85
0.72			0.78		0.75		0.80	0.88	0.78
0.64			0.69		0.68		0.72	0.80[1]	0.72
0.56			0.61		0.60		0.65	0.72	0.65
0.50			0.54		0.54		0.60	0.63	0.60
0.45			0.48		0.48		0.54	0.60	0.54
0.40			0.42		0.44		0.48		0.48
⋮			⋮		⋮		⋮		
0.01[2]			0.07[2]		0.10[2]		0.15[2]		

QSn6.5-0.4	QSn4-3	BMn3-12	BMn40-1.5	BMn43-1.5	镍 Ni-2
6.40	7.20	7.20	7.20[1]	7.20[1]	7.20[1]
5.30	6.20	5.80	6.20	6.20	6.20
4.50	5.30	4.85	5.30	5.30	5.30
3.90	4.50	4.05	4.50	4.50	4.50
3.40[1]	3.90	3.40	3.90	3.90	3.90

续表 13-18

QSn6.5-0.4	QSn4-3	BMn3-12	BMn40-1.5	BMn43-1.5	镍 Ni-2
3.05	3.40	3.05	3.40	3.40	3.40
2.70	3.05	2.65	3.05	3.05	3.05
2.50	2.70	2.30	2.65	2.65	2.65
2.30	2.50①	2.00	2.30	2.30	2.30
2.00①	2.30	1.70	2.00	2.00	2.00
1.77	2.00	1.50	1.70	1.70	1.70
1.56	1.70	1.30	1.50	1.50	1.50
1.38	1.50	1.12	1.30	1.30	1.30
1.23	1.30	1.00	1.12	1.12	1.12
1.10	1.12	0.88	1.00①	1.00	1.00
1.00	1.00	0.80	0.92		0.88
0.88①	0.92	0.75	0.83		0.80①
0.80	0.83	0.68	0.75		0.72
0.72	0.75	0.60	0.68		0.65
0.65	0.68	0.54	0.60		0.54
0.60	0.60	0.48	0.54		0.48
0.54	0.54		0.49		⋮
⋮	0.50				0.03②
0.07②					

NSi0.19	NiMn3	铬镍合金 NCr10	NCu28-2.5-1.5	铝 1060，1050A	8A06
7.20①	7.20①	7.20①	7.20①	9.00	9.00①
6.20	6.20	6.50	6.50	7.40	7.50
5.30	5.30	5.50	5.30	6.00	6.20
4.50	4.50	5.00	4.50	4.90	5.20
3.90	3.90	4.40	3.90	4.00	4.45
3.40	3.40	3.90	3.40	3.25	3.80
3.05	3.05	3.40	3.05	2.70	3.25
2.65	2.65	3.20①	2.65	2.30	2.85
2.30	2.30	2.95	2.30	2.00	2.50①
2.00	2.00	2.55	2.00	1.85	2.20
1.70	1.70	2.25	1.70	1.70	1.90
1.50	1.50	2.00	1.50①	1.55	1.70
1.30	1.30	1.80	1.30	1.42	1.50
1.12	1.12	1.65	1.12	1.30	1.35
1.00	1.00①	1.50	1.00	1.20	1.20
0.88	0.88	1.40①	0.88	1.10	

NSi0. 19	NiMn3	铬镍合金 NCr10	NCu28-2. 5-1. 5	铝 1060，1050A	8A06
0. 80[1]	0. 78	1. 20	0. 80	1. 00	
0. 72	0. 70[1]	1. 10	0. 72	1. 01	
0. 65	0. 64	1. 00	0. 65	0. 93	
0. 60	0. 58	0. 88	0. 60	0. 85	
0. 54	0. 54	0. 80	0. 54	0. 78	
0. 48	0. 48	0. 72	0. 48	0. 72	
		⋮		0. 66	
	0. 20[2]			⋮	
				0. 05[2]	

铝 合 金

3A21	5A02	5A03，5A06	5A05	5A07	2A11	2A01	2A12	2A10
10. 50[1]	10. 50[1]	5. 00[1]	10. 50[1]	10. 50[1]	10. 50[1]	10. 50[1]	10. 50[1]	5. 70[1]
8. 80	8. 90	4. 55	9. 40	9. 50[1]	9. 30	9. 10	9. 40	5. 00
7. 40	7. 70	4. 05	8. 60	8. 20	8. 30	8. 00	8. 60	4. 40
6. 30	6. 70	3. 60	8. 00	7. 50	7. 50	7. 10	8. 00	4. 10[1]
5. 50[1]	6. 00[1]	3. 15[1]	7. 50[1]	7. 10[1]	7. 0[1]	6. 50[1]	7. 50[1]	3. 60
5. 00	5. 50	2. 77	7. 00	6. 00	6. 20	6. 00	7. 00	3. 20
4. 30	4. 80	2. 45	6. 30	5. 40[1]	5. 60	5. 30	6. 30	2. 90
3. 80	4. 25	2. 20	5. 70	4. 60	5. 10[1]	4. 70	5. 70	2. 70[1]
3. 30[1]	3. 70[1]	1. 97[1]	5. 10[1]	4. 20[1]	4. 40	4. 10[1]	5. 10[1]	2. 50
2. 80	3. 30	1. 75	4. 60	3. 60	3. 90	3. 60	4. 60	2. 30
2. 30	2. 95	1. 55	4. 20	3. 10[1]	3. 60[1]	3. 20	4. 20	2. 10
1. 90	2. 65	1. 40[1]	3. 80[1]	2. 70	3. 10	2. 90	3. 80[1]	1. 90
1. 70	2. 40[1]	1. 25	3. 40	2. 30[1]	2. 70	2. 70[1]	3. 40	1. 75
1. 50[1]	2. 20	1. 20	3. 10	2. 00	2. 50[1]	2. 50	3. 10	1. 60
1. 30	2. 00		2. 70		2. 35	2. 30	2. 90	
1. 20	1. 80		2. 40		2. 10	2. 10	2. 70[1]	
	1. 60[1]		2. 10		1. 90	1. 90	2. 50	
	1. 45		1. 90		1. 75	1. 75	2. 30	
	1. 30		1. 75		1. 60	1. 60	2. 10	
	1. 20		1. 60[1]				1. 90	
			1. 45				1. 75	
			1. 30				1. 60	
			1. 20					

①中间退火。

②最小尺寸。

13.3　拉拔摩擦与润滑

13.3.1　拉拔摩擦与润滑的特点

（1）摩擦特点。拉拔时金属坯料与工具接触而产生摩擦，由于摩擦的存在而产生的问题，如增加了拉拔力和能量的消耗；增加拉拔时材料的不均变形，使制品的残余应力增加，当达到一定程度时在拉拔制品的表面易产生裂纹；增加工具的损耗，降低工具的使用寿命，使制品的表面精度降低；工具易粘接金属。

（2）润滑特点。拉拔时润滑的目的就是减小摩擦，降低拉拔力，提高模具的寿命，防止坯料金属与工具粘接，减小坯料的不均匀变形，同时减少因摩擦和变形而产生的热量。润滑对产品质量的提高有着重要的意义。因此，拉拔加工时可采用不同的润滑剂进行润滑。

金属拉拔使用润滑剂的目的：第一，润滑作用，即主要是减小摩擦；第二，冷却作用，即减少因摩擦和变形而放出的热量。

13.3.2　摩擦分类

拉拔时按摩擦副表面的状态分类：

（1）干摩擦。两个接触面间没有任何其他介质和薄膜，仅仅是金属坯料与工具金属的摩擦。在金属塑性加工过程中，由于金属表面总要产生氧化膜或吸附一些气体和灰尘，所以严格地说，真正的干摩擦在生产中是不存在的。通常所说的干摩擦指的是不加润滑剂的摩擦状态。

（2）边界摩擦。两个接触面间有一层厚度不超过 $0.1\mu m$ 很薄的分子吸附膜，在吸附层内润滑剂分子成垂直于接触表面的定向排列。将两表面间仅存在润滑剂吸附层的摩擦称之为边界摩擦。其摩擦与磨损不是取决于润滑剂的黏度，而取决于两个接触表面的特性和润滑剂的特性。

（3）流体摩擦。当两个物体接触表面间完全由液体润滑剂隔开，摩擦阻力只决定于流体的性质，而与接触面的状态无关时，这种摩擦叫流体摩擦。

（4）固体膜摩擦。在两个物体接触表面间施加固态润滑剂，形成固体润滑膜，将两接触表面隔开的摩擦称之为固体膜摩擦。

在实际生产中，摩擦状态常常会出现混合摩擦，即在接触面的不同部位分别发生干摩擦、边界摩擦和流体摩擦或者发生其中两种摩擦。一般将干摩擦与边界摩擦混合的摩擦称之为半干摩擦；边界摩擦和流体摩擦混合的摩擦称之为半流体摩擦。

13.3.3　拉拔摩擦机理

拉拔时模具与坯料的接触状态如图 13-18 所示，认为模具的表面很光滑，拉拔时虽然工具与坯料接触压力高，但一般情况下，模具与坯料之间不可能达到 100% 的接触。未接触部分把

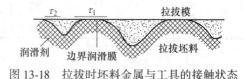

图 13-18　拉拔时坯料金属与工具的接触状态

润滑剂封在里边。此部分润滑剂要承受一部分接触压力。同时，保持低的摩擦应力，这时润滑膜的厚度大多在微米级以下。

设接触率为 φ，接触部分的摩擦应力为 τ_1，另外润滑剂部分的摩擦应力为 τ_2，那么平均摩擦应力

$$\tau = \tau_1\varphi + \tau_2(1 - \varphi)$$

用液体润滑剂可认为 $\tau_2 = 0$，则

$$\tau = \tau_1\varphi$$

真实接触率增大时摩擦应力就要增加。真实接触部分实际不一定是工具表面与坯料金属直接接触，金属表面被一层薄的氧化膜覆盖着，再者有水蒸气、有机物等物理吸附和化学吸附。因此，根据这些薄的表面膜的性质，而 τ_1 就有很大的差别，特别是金属表面吸附而形成边界润滑膜，使真实接触部分的摩擦力较小。

边界润滑膜接触压力增大，是由于拉拔时坯料与模具表面的滑动而产生变形，使之形成的新表面，破坏了边界润滑膜，而引起金属与金属的直接接触之故。真实接触部分的 τ_1 随着形成边界润滑膜部分变大而减少。τ_1 受接触压力大小、滑动量、面间距以及接触面积的影响，尤其模具金属表面的化学性质以及润滑剂的种类，对 τ_1 有着更重要的影响。润滑膜厚度若大，真实接触率 φ 就小。另外，变形程度和金属晶粒大小对 φ 也有影响。

拉拔变形过程中，模具与坯料的接触状态如图 13-19 所示。首先变形开始，平滑表面的坯料与模具接触形成润滑膜，见图 13-19（a），随着变形的进行，坯料表面逐渐与模具表面相接触，见图 13-19（b），真实接触率继续增加，如图 13-19（c）所示。润滑膜越厚，坯料表面就越难以破坏，那么真实接触率就低。

13.3.4 拉拔磨损

拉拔时的磨损主要是模具的磨损，新的模具经拉拔后模孔的尺寸变大、形状发生变化如图 13-20 所示。

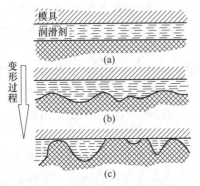

图 13-19 变形过程中模具与坯料的接触状态

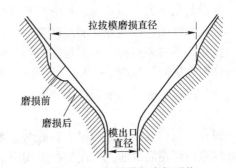

图 13-20 拉拔模的磨损形状

13.3.4.1 模孔磨损

模孔磨损主要发生在三个位置：

（1）模的入口与被加工金属接触的部位磨损得最严重，其原因除一般摩擦磨损之外，主要是由于坯料尺寸公差的变化，在拉拔过程中坯料对模孔不断产生冲击力，使模孔表面

不断受到交变冲击应力的作用。

（2）压缩锥处的磨损，引起几何尺寸形状的变化，影响润滑的效果。

（3）定径带的磨损，引起形状的变化，最终影响产品的表面质量。

13.3.4.2 拉拔时的磨损机理

它涉及物理、化学及机械的作用，在许多情况下发生化学腐蚀磨损、黏着磨损及磨料磨损。由于使用润滑剂可能发生腐蚀磨损，有时润滑膜破裂要发生黏着磨损，模具使用的时间长，模孔内具有高应力梯度的作用，就要发生疲劳磨损，被加工的金属表面往往有氧化物而要发生磨料磨损。载荷过大，模具有可能发生裂纹。

减小拉拔时磨损作用的措施包括改善模具的材质，采用耐磨性强的材料，如硬质合金、金刚石、陶瓷；选择好的润滑剂，在必要时采用强制润滑；模具加强冷却以及加反拉力拉拔。

13.3.5 拉拔润滑机理

拉拔时润滑剂被封闭在模具与坯料摩擦面间才起润滑作用，那么润滑剂是如何带到模具与坯料摩擦面间的呢？拉拔时用固体润滑剂，可全部封闭在模具与坯料金属间起润滑作用，而流体润滑剂几乎要挤出模具与坯料金属间，那么流体润滑剂如何起润滑作用的呢？

润滑作用的形成主要是由流体动压润滑机制、接触表面微观不平度夹带机制与接触表面的物理化学吸附机制共同作用，使变形区中形成润滑膜及其吸附塑化效应形成润滑。

在拉拔时，由于模具锥角的作用，润滑剂在变形区入口处形成油楔。黏附在金属表面的润滑剂随之运动，中间润滑剂作层流运动。由于模具不动与拉拔金属存在较大的速度差，产生强烈的油楔效应，使润滑剂增压，从变形区的入口处到润滑楔顶，润滑压力达到最大值，当压力达到金属的屈服极限时，润滑剂将被曳入变形区，形成一定厚度的润滑膜，这是流体动压润滑机制，如图 13-21 所示。

润滑剂的压力大于模具与坯料间的接触压力，润滑剂才能进入摩擦面。按力学理论，润滑剂产生的压力与拉拔速度、润滑剂的黏度、模具与坯料相对角度有关，若拉拔速度高，润滑剂黏度大，模具与坯料的相对角度小，那么润滑剂的压力迅速上升，润滑剂能较多地进入摩擦面，达到好的润滑效果。

拉拔时坯料表面都有不同程度的粗糙度，即表面存在凹凸不平，把液体润滑剂带到模具与坯料金属间，如图 13-22 所示，润滑剂在模具与坯料表面间的凹穴处形成润滑小池，拉拔变形过程中液体润滑剂产生很高的静水压力，将润滑剂带入变形区起润滑作用，这是润滑夹带机制。

另外，当拉拔坯料接近模入口处时，坯料沿拉拔方向逐渐被夹住，间隙逐渐变小，同时在间隙中存在润滑油，在此情况下润滑油被带入变形区，沿拉拔方向压力升高。

在润滑剂中有非极性分子和极性分子而与金属表面产生吸附，非极性分子产生物理吸附，吸附的第一层吸附得牢，在第一层间的其他分子层吸附弱，于是降低了摩擦表面的剪切强度。极性分子产生的化学吸附膜，在边界润滑过程中处于不断的破坏与形成过程，达到润滑的目的。极性活化润滑剂可使表面能降低，有利于变形金属表面积的扩大以及新鲜金属的形成，润滑剂渗入变形金属表面内部，使金属易于变形的这种现象称为吸附塑化效应。

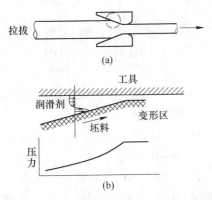

图 13-21　润滑剂的流体动压润滑机制

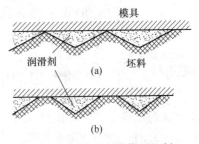

图 13-22　润滑夹带作用机制
（a）变形前；（b）变形后

综上所述，金属在变形区可能存在流体润滑区，边界润滑区，微凸体金属与模具壁表面实际接触区，理想的润滑是要使流体动压润滑占主导或全部。

13.3.6　拉拔润滑剂

13.3.6.1　拉拔润滑剂要求

拉拔润滑剂应满足拉拔工艺、经济与环保等方面的要求。由于拉拔的方式、条件与产品品种的不同，对润滑剂的要求也有所不同。但是，对拉拔润滑剂的一般要求，可概括为如下几点：

（1）工具与变形金属表面有较强的黏附能力和耐压性能，在高压下能形成稳定的润滑膜。

（2）要有适当的黏度，保证润滑层有一定的厚度，并且有较小的流动剪切应力。

（3）对工具及变形金属要有一定的化学稳定性。

（4）温度对润滑剂的性能影响小，且能有效地冷却模具与金属。

（5）对人体无害，环境污染最小。

（6）保证使用与清理方便。

（7）有适当的闪点及着火点。

（8）成本低，资源丰富。

13.3.6.2　拉拔润滑剂的种类

拉拔润滑剂包括在拉拔时使用的润滑剂和为了形成润滑膜在拉拔前对金属表面进行预处理时所用的预处理剂。某些金属构成润滑膜的吸附层很慢或者要求采取大量的措施（如钢），或者根本不形成吸附层（如铝及铝合金、银、白金等）。在此种情况下，可对金属表面进行预先处理（打底），其中包括有镀铜、阳极氧化以及用磷酸盐、硼砂、草酸盐处理和树脂涂层等。在不允许或不可能形成吸附层时，所采用的润滑剂必须具有附着性能和足够的黏度。

A　预处理剂

预处理剂具有把润滑剂带入摩擦面的功能，润滑剂与预处理剂形成整体的润滑膜。因此，从广义来说预处理剂也是润滑剂，预处理剂（膜）有如下几种。

（1）碳酸钙肥皂。它是由碳酸钙和肥皂以及水制成。碳酸钙肥皂的化学反应式为：

$$Ca(OH)_2 + 2NaRCOO + 2H_2O \rightleftharpoons Ca(OH)_2 + 2NaOH + 2RCOOH$$
$$\rightleftharpoons Ca(RCOO)_2 + 2NaOH + 2H_2O$$

（2）磷酸盐膜。目前预处理液的主要成分是磷酸锌及磷酸，在预处理液中钢材表面化学反应式如下：

$$Fe + 2H_3PO_4 \longrightarrow Fe(H_2PO_4) + H_2 \uparrow$$
$$3Zn(H_2PO_4)_2 \longrightarrow Zn_3(PO_4)_2 + 4H_3PO_4$$

前式先起反应，若磷酸减少，那么后式进行分解，不溶于水的磷酸锌的结晶成长，覆盖于钢材的表面，而形成紧密黏附的皮膜。溶解的磷酸亚铁，在催化剂作用下，使磷酸铁以泥浆形式沉淀。

$$Fe(H_2PO_4)_2 + NaNO_2 \longrightarrow FePO_4 + NaH_2PO_4 + NO \uparrow + H_2O$$

实际磷酸盐膜的组成是多孔的 $Zn_3(PO_4)_2 \cdot 4H_2O$ 和 $Zn_2Fe(PO_4)_2 \cdot 4H_2O$ 的混合物，泥浆若影响膜的形成可更换掉。

（3）硼砂膜。硼砂（$Na_2B_2O_7 \cdot 10H_2O$）制成80℃的饱和溶液，将钢材浸渍、干燥而形成硼砂膜，黏合性好。

（4）草酸盐膜、金属膜、树脂膜。对含 Cr、Ni 较高的不锈钢及镍铬合金，磷化处理并不能很好形成磷酸盐膜，所以一般采用草酸处理，形成草酸盐膜。另外，不锈钢及镍合金有时采用铜作为预处理剂，使其表面形成金属膜或者采用氯和氟的树脂的预处理剂形成树脂膜等。

B　润滑剂

润滑剂按其形态可分为湿式润滑剂和干式润滑剂，下面分别加以叙述。

a　湿式润滑剂

湿式润滑剂是使用比较广泛的，大致有以下几种：

（1）矿物油。它属于非极性烃类，通式为 C_nH_{2n+2}，常用的矿物油有锭子油、机械油、汽缸油、变压器油以及工业齿轮油等。

矿物油与金属表面接触时只发生非极性分子与金属表面瞬时偶极的互相吸引，在金属表面形成的油膜纯属物理吸附，吸附作用很弱，不耐高压与高温，油膜极易破坏。因此，纯矿物油只适合有色金属细线的拉拔。

矿物油的润滑性质可以通过添加剂改变，扩大其应用范围。

（2）脂肪酸、脂肪酸皂、动植物油脂、高级醇类和松香。它是含有氧元素的有机化合物，在其分子内部，一端为非极性的烃基，另一端则是极性基。因为这些化合物的分子中极性端与金属表面吸引，非极性端朝外，定向地排列在金属表面上。由于极性分子间的相互吸引，而形成几个定向层，组成润滑膜，润滑膜在金属表面上的黏附较牢固，润滑能力较矿物油强。

因此，在金属拉拔时，可作为油性良好的添加剂添加到矿物油中，增强矿物油的润滑能力。

（3）乳化液。乳化液通常由水、矿物油和乳化剂所组成，其中水主要起冷却作用，矿物油起润滑作用，乳化剂使油水乳化，并在一定程度上增加润滑性能。

目前有色金属拉拔所使用的乳化液是由 80%~85%机油或变压器油、10%~15%油酸、5%的三乙醇胺组成，把它们配制成乳化剂之后，再与 90%~97%的水搅拌成乳化液供生产使用。

b 干式润滑剂

与湿式润滑剂相比较，干式润滑剂有承载能力强、使用温度范围宽的优点，并且在低速或高真空中也能发挥良好的润滑作用。干式润滑剂种类很多，但最常用的是层状的石墨与二硫化钼等。

（1）二硫化钼。从外观上看是灰黑色、无光泽，其晶体结构为六方晶系的层状结构。

二硫化钼具有良好的附着性能、抗压性能和减摩性能，摩擦系数在 0.03~0.15 范围内。二硫化钼在常态下，$-60~349℃$ 时能很好地润滑，温度达到 400℃时，才开始逐渐氧化分解，540℃以后氧化速度急剧增加，氧化产物为 MoS_2 和 SO_2。但在不活泼的气氛中至少可使用到 1090℃。此外，MoS_2 还有较好的抗腐蚀性和化学稳定性。

（2）石墨。石墨和二硫化钼相似，也是一种六方晶系层状结构。

石墨在常压中，温度为 540℃时可短期使用，426℃时可长期使用，氧化产物为 CO、CO_2。摩擦系数在 0.05~0.19 范围内变化。石墨具有很高的耐磨、耐压性能以及良好的化学稳定性，是一种较好的固体润滑剂。

（3）其他。二硫化钨 WS_2 也是一种良好的固体润滑材料，WS_2 比 MoS_2 的润滑性稍好，比石墨稍差。

肥皂粉（硬脂酸钙、硬脂酸钠等）作润滑剂，有较好的润滑性能、黏附性能和洗涤性能。

脂肪酸皂为基础，再添加一定数量的各种添加剂（如极压添加剂、防锈剂等等），可作专用干式拉拔润滑剂。

C 不同金属材料拉拔时的润滑

a 钢材拉拔时的润滑

钢材拉拔润滑方法一般包括：化学处理法、树脂膜法、油润滑法。各种润滑方法的特点如表 13-19 所示。

表 13-19 各种拉拔润滑方法的特点

润滑方法	润滑膜的种类	钢种（润滑对象）	特 点
化学处理法	磷酸盐+硬质酸盐	碳素钢、低合金钢	抗粘接性好；润滑性好；工序繁多；废液需处理
	草酸盐+硬质酸盐	不锈钢、高温合金钢	
树脂膜法	氯化树脂+高压润滑油	高温合金钢	抗粘接性很好；工序多；需要有机溶剂；费用高
油润滑法	高压润滑油	所有钢种	抗粘接性差；工序简单

对钢管拉拔润滑法来说主要是这三种方法，其润滑工艺如图 13-23 所示。

对钢线及型钢拉拔润滑工艺与管材拉拔润滑工艺基本相同。

钢材拉拔所使用的干式润滑剂的成分主要是金属肥皂类（硬质酸钙、硬质酸钠等）和无机物质（碳酸钙等），并加入百分之几的添加剂（硫黄、二硫化钼及石墨等）。湿式

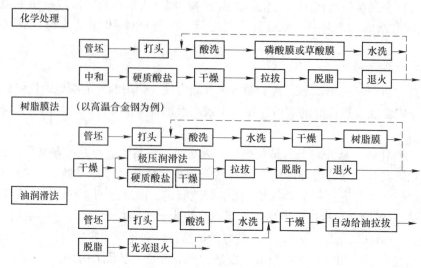

图 13-23 拉拔钢管时的润滑工艺比较

润滑剂一般采用 3%~5% 的肥皂（钠皂）水溶液作为冷却润滑剂，这种润滑剂比较经济方便，并有洗涤作用。也有采用乳液作为冷却润滑剂的，应用在高速拉拔钢管及钢线等。拉拔不锈钢或镍合金时，有时则直接用氯化石蜡润滑。

  b 有色金属拉拔时的润滑

拉拔不同的有色金属与合金的各种制品所采用的润滑剂是不同的，表 13-20 为有色金属拉拔时所常用的润滑剂。

表 13-20　有色金属拉拔时常用的润滑剂

制 品	金属与合金	润 滑 剂 成 分
管材	铝及铝合金	1. 机油；2. 重油
	紫铜、黄铜	1%肥皂+4%切削油+0.2%火碱+水
	青铜、白铜	1%肥皂+4%切削油+0.2%火碱+水
	镍与镍合金	1%肥皂+4%切削油+0.2%火碱+适量油酸+水
棒材	紫铜	50%~60%机油+40%~50%洗油
	H62，H68	机油
	H59-1	切削油
线材	紫铜，H68，H62	1. 机油；2. 切削油；3. 切削油水溶液；4. 菜油
	H59-1	1. 机油；2. 切削油；3. 切削油水溶液；4. 菜油
	铝及其合金	1. 11 号或 38 号汽缸油；2. 11 号或 38 号汽缸油+5%~15%锭子油
	钽、铌	1. 蜂蜡；2. 石蜡
	钨、钼	石墨乳

有色金属拉拔不一定需要百分之百的表面活性物质作润滑剂，以达到润滑的目的，只要在矿物油中加入一定量的表面活性物质作为油性添加剂即可。例如由油酸、三乙醇胺、变压器油以及水配制的乳液可用于铜及其合金、铝及其合金等管棒线拉拔润滑。用 5% 脂

肪酸钠皂与水调成乳脂液，也可作铜及其合金、铝及其合金的拉拔润滑剂。皂化油就是用脂肪酸钠皂和松香钠皂与 20 号、30 号机油调成的油膏，使用时加水配成 5%的乳化液可作为铝及其合金管棒线润滑剂。

润滑脂多数是由脂肪酸皂稠化矿物油而成，有时还添加少量其他物质，以改变其润滑和抗磨性质。润滑脂本身黏稠，润滑性能好，可作为有色金属管棒低速拉拔时的润滑剂。

镍及镍合金拉拔可以做表面预处理，在产生润滑底层之后，用 75%干肥皂粉和 20%硫黄粉以及 5%石墨作润滑剂进行干式润滑。

钨、钼丝拉拔往往是在高温下进行，即使拉拔细丝其温度也在 400℃以上，在此温度下，钨、钼表面易生成氧化钨或氧化钼，这些氧化物在 400℃以上就是润滑基膜，可采用石墨或二硫化钼干式润滑剂。

综上所述，金属拉拔所使用润滑剂种类有：油类、乳液、皂溶液、粉状润滑剂及固体润滑剂等。这些润滑剂的特性及应用范围列于表 13-21 与表 13-22，在拉拔时可选择合适的润滑剂。

表 13-21　拉拔用润滑剂特性

项　目	乳　液	皂溶液	油	润滑脂	肥皂粉	固体润滑剂
润滑作用	(+)	(+)	+	+	+	+
冷却作用	+	+	(+)	-	-	-
黏附性	+	(+)	+	+	(+)	-
防锈性	(+)	(+)	+	+	-	(+)
过滤性	(+)	+	+	-	-	-

注：+ —推荐使用；(+)—限制使用；- —不能使用。

表 13-22　不同金属拉拔时适用的润滑剂

金属类别 \ 润滑剂种类	钢	铜与黄铜	青铜	轻 金 属	钨、钼
油	+	+	+	+	-
乳液	+	+	(+)	+	-
皂溶液	+	+	-	-	-
润滑脂	+	+	+	+	-
肥皂粉	+		+	(+)	-
石墨、二硫化钼	+				+

注：+ —推荐使用；(+)—限制使用；- —不能使用。

13.4　拉拔产品的主要缺陷

13.4.1　实心材的主要缺陷

从拉拔角度看，制品的主要缺陷有：表面裂纹、起皮、麻坑、起刺、内外层力学性能不均匀、中心裂纹等，在此仅对实心棒材、线材常见的中心裂纹与表面裂纹加以分析。

13.4.1.1　中心裂纹

一般来说，无论是锻造坯料还是挤压、轧制的坯料，都存在内外层的力学性能不均匀的问题，即内层的强度低于表面层，又由拉拔时应力分布规律可知，在塑性变形区内中心层上的轴向主拉应力大于周边层的，因此常常在中心层上的拉应力首先超过材料强度极限，造成拉裂，如图 13-24 所示。

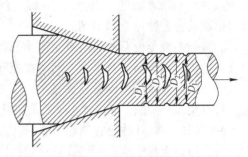

图 13-24　中心裂纹

D_1—裂纹处的直径；D_2—无裂纹处的直径

由于拉拔时，在轴线上金属流动速度高于周边层的，轴向应力由变形区的入口到出口逐渐增大，所以一旦出现裂纹，裂纹就越来越长，裂缝越来越宽，其中心部分最宽。又由于在轴向上前一个裂纹形成后，使拉应力松弛，裂口后面的金属的拉应力减小，再经过一段长度后，拉应力又重新达到极限强度，将再次发生拉裂，这样拉裂—松弛—再拉裂的过程继续下去，就出现了明显的周期性。

这种裂纹很小时是不容易发现的，只有特别大时，才能在制品表面上发现细颈，所以对某些产品质量要求高的特殊产品，必须进行内部探伤检查。目前工厂使用超声波探伤仪检查制品内部缺陷。

为了防止中心裂纹的产生，需要采取以下措施：

（1）减少中心部分的杂质、气孔。

（2）使拉拔坯料内外层力学性能均匀。

（3）对坯料进行热处理，使晶粒变细。

（4）在拉拔过程中进行中间退火。

（5）拉拔时，道次加工率不应过大。

13.4.1.2　表面裂纹

表面裂纹（三角口）在拉拔圆棒材、线材时，特别是拉拔铝线常出现的表面缺陷，如图 13-25 所示。

表面裂纹是在拉拔过程中由于不均匀变形引起的。在定径区中的被拉金属所受的沿轴向上的基本应力分布是周边层的拉应力大于中心层的，再加上由于不均匀变形的原因，周边层受到较大的附加拉应力作用。因此，被拉金属周边层所受的实际工作应力比中心层要大得多，如图 13-26 所示，当此种拉应力超过抗拉强度时，就发生表面裂纹。当模角与摩擦系数增大时，则内、外层间的应力差值也随之增大，更容易形成表面裂纹。

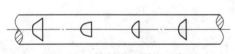

图 13-25　棒材表面裂纹示意图

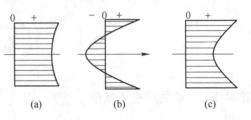

图 13-26　定径区中沿轴向工作应力分布示意图

（a）基本应力；（b）附加应力；（c）工作应力

13.4.2 管材产品的主要缺陷

拉拔管材常见的缺陷有表面划伤、皱褶、弯曲、偏心、裂纹、金属压入、断头等，以偏心、皱褶最为常见。

13.4.2.1 偏心

在实际生产中，拉拔管坯的壁厚是不均匀的，尤其是在卧式挤压机上进行脱皮挤压所生产的铜合金管坯偏心度非常严重。利用不均匀壁厚管坯进行拉拔时，空拉能起到自动纠正管坯偏心的作用，使管材偏心度减小，但有的管坯偏心过于严重而空拉纠正不过来，造成管材偏心缺陷。

13.4.2.2 皱褶

若 D_0/s_0 值较大，管壁薄厚不均匀，道次加工率又大，加之退火不均匀，则管壁易失稳而产生凹陷或皱褶。

13.4.3 拉拔产品缺陷产生的原因

在生产过程中拉拔产品常出现的缺陷及产生的原因如表 13-23 所示。

表 13-23 拉拔产品缺陷及产生的原因

缺陷名称	产 生 原 因	缺陷名称	产 生 原 因
金属压入	挤压线材毛坯时，产生的金属颗粒或由于拉拔机模盒上的导辊划伤、卷筒啃伤及挤线等原因所造成的金属颗粒被压入金属内部	跳环	1. 卷筒工作区锥度太大，产生很大的迫使线材跳出卷筒工作区的垂直分力； 2. 卷筒过于光滑，使线材出模后发生跳动； 3. 加工率过大，使线材硬化程度很大
纵向沟纹（道子）	1. 润滑油中或线材表面有砂子、水等杂质； 2. 模子因磨损而产生麻面或工作区内粘有金属碎屑（通常称为挂蜡）； 3. 退火后，线材表面残留有灰、渣子、油污等	机械损伤	线材在堆放和运输过程中产生的擦伤、刮伤等
		波纹	由于加工率在 20%~30% 时，模孔工作锥度过大，定径区过短，线材在拉拔时产生波动
毛料表面横向裂纹	1. 挤压温度高，速度快； 2. 轧制时，孔型设计不当或变形不均等	挤线	1. 卷筒工作区锥度小于 3°； 2. 卷筒根部出现深沟（于 135° 角处）； 3. 摘链时线圈重叠
三角口	金属表面被刮伤，或其他原因造成连续或不连续的三角形裂口，拉拔后更明显	腐蚀	线材毛坯或中间料由于堆放过久，被水、汽、碱、酸等物腐蚀，拉拔后出现麻点
椭圆	1. 模子定径区为椭圆； 2. 模子角度过大，定径区太短； 3. 每道加工率过小； 4. 模子中心线与卷筒不成直线相切	过烧	1. 在退火或淬火时仪表失灵； 2. 不按规定的热处理制度处理； 3. 线捆上有易燃物（如大量的油污），在热处理时发生燃烧，并造成局部过烧

13.5　圆盘拉拔工艺

13.5.1　实现圆盘拉拔的条件

盘式拉拔原理以及拉拔模具和坯料的受力状态与直条拉拔基本相同，其不同之处在于施加拉拔力的装置与原理。圆盘拉拔的特点是驱动装置带动一个圆盘，使管线材料缠在圆盘上，在旋转力的作用下，对材料施加拉拔力。管材不仅受到圆盘拉拔应力的作用，而且管材弯曲的外侧还有附加弯曲应力的作用，如图 13-27 所示。

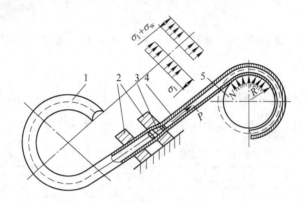

图 13-27　管材圆盘拉拔时的应力状态

1—拉拔管坯；2—拉拔导向模和外模；3—游动芯头；4—拉拔制品；

5—拉拔卷筒；P—拉拔力；N—管材对卷筒的正压力；

σ_1—拉拔应力；σ_w—弯曲应力

实现管材圆盘拉拔的条件包括下述两点：

（1）保证管材在拉拔过程中不发生断、弯、扁的现象。根据拉拔的受力状态，实现管材圆盘拉拔的基本条件：

$$\sigma_1 + \sigma_w < \sigma_s$$
$$\sigma_s / (\sigma_1 + \sigma_w) = K \tag{13-45}$$

式中　σ_s——拉拔后管材的拉拔屈服强度；

σ_1——管材拉拔时产生的拉应力，MPa；

σ_w——管材缠绕在卷筒上产生的最大弯曲应力，MPa，弯曲应力随着卷筒直径减小而增大；

K——盘管拉拔时的安全系数（$K>1$）。

为避免管材在缠绕到卷筒上受到弯曲应力与卷筒的反向力 N 的作用，管材不被压扁成椭圆形，实现正常拉拔。

（2）防止管材在缠绕到卷筒上出现打滑现象。由于靠摩擦力提供拉拔力，圆盘拉拔时必须满足：

$$F = \mu \Sigma_W \Sigma_N = P \tag{13-46}$$

式中　F——制品与卷筒（带压紧轮）之间的摩擦力；

μ——制品与卷筒之间的摩擦系数；

$\varSigma_W$——卷筒与拉拔制品的接触面积之和；

$\varSigma_N$——卷筒作用在制品上的正压力之和；

P——拉拔时需提供的最大拉拔力。

若 $F<P$，则发生打滑现象，拉拔无法进行。要实现稳定的圆盘拉拔，必须保证制品所承受拉拔力与进入圆盘切点位置的总弯曲应力，一定要小于经拉拔后材料屈服强度所能承受拉拔力。

而施加拉拔力的圆盘直径大小直接影响弯曲应力，圆盘直径越大，弯曲直径越大，则弯曲应力越小，拉拔过程所受到的不利影响也越小，能适应正常拉拔的延伸系数越大，设备也在向大的圆盘直径方向发展，圆盘直径越大，施加拉拔力的力矩也越大，对设备制造要求也越高，对设备的构造和运行越高。一般用途的管材盘拉设备圆盘直径在 2m 左右。在拉拔力允许的条件下，还可适当减小圆盘直径。而线材盘拉设备主要考虑设备多道次组合结构及运行的高效。

13.5.2　倒立式圆盘拉拔工艺

13.5.2.1　倒立式圆盘拉拔的特点

设备的主驱动装置在卷筒的顶部，卷筒旋转轴线垂直于水平面。倒立式盘拉技术最关键的创新在于推料环的设计，以及利用材料自重连续落料技术，依靠卷筒面与材料间的静摩擦作用继续拉拔。材料一方面由于推料环的作用在卷筒上受推力下移，另一方面，从压辊压住部位出来的料，依靠自重不断落入专用的收卷料筐内，使拉拔材料的长度完全脱离了卷筒直径和高度的限制，变成只受料筐承重的限制，使拉拔材料的长度可以大大增加，从而可以充分利用设备达到拉拔高速度，即 1500m/min 以上，发挥设备的最大效能。

13.5.2.2　倒立式盘管拉拔工艺操作

倒立式盘管拉拔卷筒布管阶段，如图 13-28 所示。

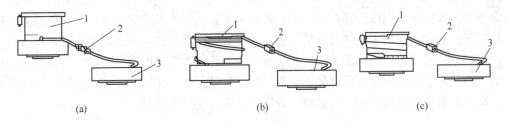

(a)　　　　　　　　　　(b)　　　　　　　　　　(c)

图 13-28　倒立式盘管拉拔工艺图

(a) 准备拉拔阶段；(b) 开机拉拔阶段；(c) 正常拉拔阶段

1—收料拉拔圆盘；2—拉拔模具；3—放料架

(1) 准备拉拔阶段。首先在管坯内壁注入工艺润滑油、装入游动芯头及进行碾头等准备，并将其通过环形链轨输送装置送到开卷位置，同时进行穿管操作，将管头夹住拉出模孔。

(2) 开机拉拔阶段。启动拉拔后卷筒加速到引入速度，当卷筒已转过约 3~8 转时，模盒滑架以适当的速度向上移动，卷筒在穿线速度下继续转动，进入卷筒布管阶段。

（3）正常拉拔阶段。直到所设定缠绕圈数的管子缠在卷筒上，压辊进入并以设定的适当压力压住管子。拉入夹钳张弛机构松弛，释放张紧力。卷筒上剪切机构动作，剪断管头，管头落入料筐，从此刻开始，管材开始通过与卷筒面之间的静摩擦力进行拉拔，并开始连续落料。同时，卷筒开始加速到设定的正常拉拔速度。卷取机构与卷筒同步运转，成品管被收集在收集卷料筐内，拉拔过程由计算机自动控制。

13.5.3 圆盘拉拔工艺制定的原则

（1）在保证生产过程稳定和产品质量的前提下，采用尽可能大的道次延伸系数，充分利用金属的塑性，提高生产效率。

（2）综合考虑设备及现有模具的特点，减壁与减径在安全的范围内，确定道次延伸系数，保证每道次减壁系数与减径系数的均匀性。

（3）圆盘拉拔因为是通过卷筒对管材施加拉拔力，管材在进入卷筒的切点位置开始弯曲，管材受到拉拔应力和附加弯曲应力作用，管材易产生断裂。因此，考虑平均每道次延伸系数应比直条拉拔要小。如对于紫铜管在 $\phi2135mm$ 卷筒的倒立式盘拉拔，考虑成品直径为 4~19mm，壁厚为 0.3~1.0mm，各道次平均延伸系数一般取 1.38~1.48，成品管壁越厚，外径值越大，选择可以偏上限；成品管壁越薄，外径越小，选择应偏下限。

（4）因为圆盘拉拔道次较多，而金属的塑性随总变形量的增加而降低，延伸系数应均匀递减。前后道次的延伸系数差值一般为 0.05~0.12，拉拔道次越多差值越大。

（5）每拉拔道次应有足够的减径量配合。一方面，为了使游动芯头容易装入管下，游动芯头的大头直径必须与管内径有足够的差值。例如紫铜管成品，外径为 4.0~19mm，壁厚为 0.3~1.0mm，其差值一般最小取为 0.20~0.60mm，管内径越小，该差值也越小；另一方面，为了防止芯头拉过模孔，游动芯头的大头直径必须大于模孔直径，其差宜一般最小取 0.15~0.30mm，管径越小，该差值也越小。

（6）考虑到盘式拉拔管材与卷筒面摩擦问题，对于表面质量要求严格的管材，对 $\phi25mm$ 以上的管材，可采用联合拉拔工艺，虽在速度、规格及工艺的设计变更的灵活性方面不如盘式拉拔，但因为其在加工率、表面质量保证等方面的优越性，可以很好地弥补盘式拉拔的不足，根据生产线管材的要求，也可采用联合拉拔后再接倒立式盘式拉拔。

总之，拉拔工艺一经确定，工艺参数包括模具几何参数、模具表面粗糙度、加工材料质量、润滑油润滑状况等进行优化，追求工艺参数最佳值，保证拉拔顺利进行，并通过加大道次延伸系数提高生产效率的条件，分配盘拉道次及其变形量。

13.6 特殊拉拔工艺

13.6.1 温热拉拔

材料在高于室温低于再结晶温度进行的拉拔属温拔，那么材料高于再结晶温度进行的拉拔属于高温拉拔，统称温热拉拔。金属在变形过程中同时存在加工硬化和再结晶软化两个过程。因此，和冷拔相比，温热拉拔可降低材料的变形抗力和提高塑性，从而可以加大变形量以及减少为消除加工硬化而进行的中间热处理的次数与相应的酸洗、涂层（见润滑载体）等表面处理工序。温热拉拔因有上述特点，多用于难变形合金，钨钼丝、工具钢丝、轴承钢丝，特别是高速工具钢丝的拉拔。

温热拉拔前线坯的加热主要采用感应加热或电阻加热。以感应加热较多。感应加热和电接触加热拉拔的示意图见图 13-29 和图 13-30。温热拉拔时要正确选择加热温度，如温热拉拔软钢，其加热温度一般在 150~400℃；拉拔高速工具钢，其加热温度一般控制在 450~550℃；钨丝的加热温度更高些。

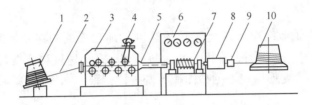

图 13-29　感应加热温热拉拔过程示意图
1—放线卷筒；2—钢丝；3，4—矫直装置；5—导管；6—操纵台；
7—感应圈；8—皂盒；9—拉丝模；10—卷取卷筒

总之，温热拉拔的加热温度要根据材料种类、加热方式、变形量、变形速度、润滑条件及设备等确定。

温热拉拔时润滑剂起关键作用。润滑剂不仅要有良好的润滑作用，而且要能导电、耐高温、不腐蚀、不污染、附着性好。石墨是首选润滑剂，其次是皂粉或滑石粉等；此外尚需加入 MoS_2 等添加剂。

拉拔模一般采用硬质合金模，而当材料的温度高于 800℃时一般不建议采用碳化钨模，因碳化钨的膨胀系数是钢的一半，那么碳化钨模芯与钢

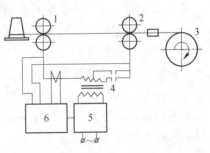

图 13-30　电接触加热温热拉拔过程示意图
1—活动接触辊；2—固定接触辊；3—卷取装置；
4—变压器；5—电位调节器；6—自动调节器

套的过盈配合易降低，在拉拔力作用下碳化钨模芯易裂开，在工业上有的采用碳化钽模，而氮化硅和金刚石模也是较为合适的模具，如钨丝的温热拉拔采用金刚石模。

模具在拉拔前要预热到接近钢丝的入模温度，并在拉拔过程中保持模子的温度，以防止拉拔时模子开裂和保证钢丝的尺寸精度。模子入口锥、工作锥的角度宜放大一些，以改善润滑条件和减少摩擦发热。

13.6.2　无模拉拔

无模拉拔就是把坯料的局部，一边急速加热一边拉拔，用来代替普通拉拔工艺中所用的模具，使材料直径均匀缩小的加工方法。如图 13-31 所示，坯料（圆棒、角棒、管、线等）的一端固定，加热其局部，坯料的另一端用可动的夹头以一定的速度 v_1 拉拔，同时使加热线圈以一定的速度 v_2 与拉拔相反的方向移动。由于被加热部分的变形抗力减小，则只在该部分产生颈缩。加热线圈继续以一定速度移动，颈缩连续扩展，其结果就可得到直径均匀的制品。

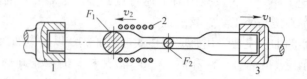

图 13-31　无模拉拔示意图

1—固定夹头；2—加热线圈；3—可动拉拔夹头

无模拉拔棒材断面收缩率 φ 决定于拉拔速度与加热线圈的移动速度。若棒材变形前后的断面积分别为 F_1、F_2。那么棒料的原始断面 F_1 以 v_2 速度移入变形区，拉拔后的 F_2 断面以 v_1+v_2 速度离开变形区。根据秒体积不变规律，则 $F_1 v_2 = F_2(v_1 + v_2)$，断面收缩率 $\varphi = 1 - \dfrac{F_2}{F_1}$。因此

$$\varphi = \frac{v_1}{v_1 + v_2} \tag{13-47}$$

无模拉拔的特点是完全没有普通拉拔方法中用的模子、模套等工具，用较小的力就可以加工，一次加工就可得到很大的断面收缩率。而且，由于坯料与工具间无摩擦，所以对于低温下强度高而塑性低、高温下因摩擦大而难以加工的材料，是一种有效的加工方法。再者，这种加工方法能加工普通拉拔无法进行加工的材料。例如，可以制造像锥形棒和阶梯形棒等变断面棒材，并且还可以进行被加工材的材质调整。

无模拉拔的速度低，它取决于在变形区内保持稳定的热平衡状态，此状态与材料的物理性能和电、热操作过程有关。为了提高生产率，可以用多夹头和多加热线圈同时拉拔数根料。无模拉拔时的拉拔负荷很低，故不必用笨重的设备，制品的加工精度可达 ±0.013mm。这种拉拔方法特别适合于具有超塑性的金属材料，据对钛合金超塑性材料的实验，其断面减缩率可达 80% 以上。

13.6.3　集束拉拔

集束拉拔就是将两根以上断面为圆形或异型的坯料同时通过圆的或异型孔的模子进行拉拔，以获得特殊形状的异型材的一种加工方法，如图 13-32 所示。如把多根圆线捆装入管子中进行拉拔，可获得六角形的蜂窝形断面型材，则可拉制出六角形的蜂窝形断面型材，若把多股镀铜铝线放入铜管中进行拉拔之后切断并把铝腐蚀掉，则可得到龟甲状铜网板。

若将不锈钢线坯放入低碳钢管中进行反复拉拔，从而得到双金属线，然后将数十根这种线集束在一起再放入一根低碳钢管中进行多次的拉拔，在这样多次的集束拉拔之后，将包覆的金属层溶解掉，则可得到直径为 $0.5\mu m$ 的超细不锈钢丝。

包覆的材料应价格低廉，变形特性和退火条件与线坯的相似，并且易于用化学方法去除。管子的壁厚为管外径的 10%~20%。线坯的纯度应高，非金属夹杂物尽可能少。

用集束拉拔法制得的超细丝虽然价格低廉，但是将这些丝分成一根一根地使用是困难的。另外，丝的断面形状有些扁平呈多角形，这也是其缺点。

13.6.4　玻璃膜金属液抽丝

这是一种利用玻璃的可抽丝性，由熔融状态的金属一次制得的超细丝的方法（图13-33）。首先将一定量的金属块或粉末放入玻璃管内，用高频感应线圈加热，使金属熔化，玻璃管产生软化。然后，利用玻璃的可抽丝性，从下方将它引出、冷却并绕在卷取机上，从而得到表面覆有玻璃膜的超细金属丝。通过调整和控制工艺参数，则可获得丝径为 $\phi 1 \sim 150 \mu m$、玻璃膜厚为 $2 \sim 20 \mu m$ 的制品。

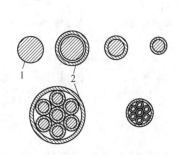

图 13-32　细丝集束拉拔法

1—线坯；2—包套

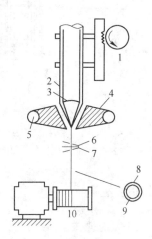

图 13-33　玻璃膜金属液抽丝工作原理

1—送料机构；2—玻璃管；3—金属坯料；
4—高频感应加热；5—冷却水；6—水冷；
7—干冰；8—玻璃层；9—金属丝；10—卷取机

玻璃膜超细金属丝是近代精密仪表和微型电子器件所必不可少的材料。当不需要玻璃膜时，可在抽丝后用化学或机械方法将它除掉。目前用此法生产的金属丝有铜、锰铜、金、银、铸铁与不锈钢等。通过调整玻璃的成分，有可能生产高熔点金属的超细丝。

13.6.5　静液挤压拉线

通常的拉拔，由于拉应力较大，故道次延伸系数很小。为了获得大的道次加工率，发展了静液挤压拉线的方法，如图13-34所示。将绕成螺管状的线坯放在高压容器中，并施以比纯挤压时的压力低一些的压力。在线材出模端加一拉拔力进行静液挤压拉线。用此法生产的线径最细达 $\phi 20 \mu m$。由于金属与模子间很容易地得到流体润滑状态，故适用于易黏模的材料，如铅、金、银、铝、铜一类软的材料。目前，国外已生产有专门的静液挤压拉线机。为了克服在高压下传压介质黏度增加，而使挤压拉拔的速度受到限制，该机采用了低黏度的煤油并加热到 $40^{\circ}C$。设备的技术特性：最大压力为 1500MPa，拉线速度为1000m/min；线坯重为 1.5kg（铜）；成品丝径为 $\phi 0.5 \sim 0.02mm$；设备的外形尺寸为 1.25m×1.65m×2.5m。

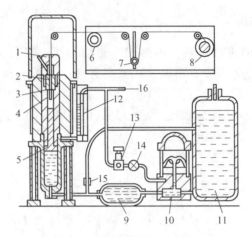

图 13-34　静液挤压拉线机

1—末端螺栓连接；2—模支撑；3—模子；4—卷成螺旋状的线坯；5—增压活塞；

6—绞盘；7—张力调节装置；8—收线盘；9—缓冲罐；10—风动液压泵；11—液罐；

12—行程指示板；13—调压阀；14—截止阀；15—低压液体节流阀；16—进气口

13.6.6　超声波拉拔

13.6.6.1　超声波拉拔的特点

拉拔时将超声频率的振动加在拉拔模上，这种拉拔方式称之超声波拉拔。超声波拉拔的特点：

（1）能明显降低拉拔力。例如直径 2.27mm 的铜丝加超声波拉到 2.07mm 时，拉拔力由 700MPa 降低到 350MPa，一般情况下，可使拉拔力降低 30%~40%。

（2）可提高道次变形量。可减少拉拔道次，提高生产率。例如加超声波拉线时，直径 0.38mm 的无氧铜，经 9 道次可拉到 0.07mm，若不加超声波，则需 14 道次；直径为 2.0mm 的镍线，一道次可拉到 1.27mm，而不加超声波振动只能拉到 1.48mm。

（3）可以提高拉拔速度。一般情况下可提高拉拔速度 1~10 倍。

（4）减少模具磨损。可延长模具的使用寿命，降低产品成本。

（5）消除线材"咬模"和管材、棒材"颤动"现象。

（6）提高产品质量。改善产品的表面质量和力学性能。

总之，不难看出超声波拉拔具有许多特点，逐渐被工业部门应用。

13.6.6.2　超声波拉拔的方式

A　超声波拉线

超声波拉线有两种方式，即间接和直接加超声波。

（1）间接加超声波。将模子、线和绞盘浸泡于水或乳液中，超声波发生器发出的振动，先激发液体，再经过液体把振动加到模子及线材上，这种方式称为水耦合加超声波。

（2）直接加超声波。将超声波直接加在模子上，通过模子到达线材，它有三种形式，如图 13-35 所示。

1）横向加超声波。如图 13-35（a）所示，拉拔模置于共振棒的中间，共振棒的长度

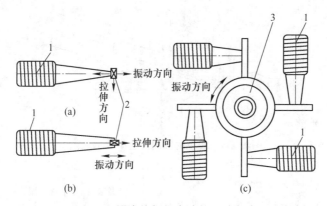

图 13-35 直接加超声波的三种方式
（a）横向加超声波；（b）轴向加超声波；（c）周向加超声波
1—振子；2—模；3—带外套的模子

为波长之半，振动方向垂直于拉拔方向，故称横向加超声波，其共振特点如下：

① 只有极小部分振动传到线材上，而且共振棒的振动特性，独立于线的长度和线的声学性能。

② 模重量和拉拔力大小对超声波振动阻尼小，对拉线效果影响不大。

③ 操作简单。

2）轴向加超声波。把模子固定在振子上，使两者的轴线相一致，如图 13-35（b）所示，超声波的振动方向与拉拔方向平行。换能器的作用是将超声频率的电振荡转变为材料的胀-缩变化，从而产生了机械振动。它主要以纵波的形式沿变幅杆的轴线方向传播，因而拉线模受到轴向振动，而变幅杆的作用，则是将振动的能量集中，在频率不变的情况下扩大振幅。

轴向加超声波的特点：

① 拉拔模置于驻波的波腹处。

② 振动能利用较低，这是因为线材紧压着模子，并与振动方向相同，故线材也发生振动，且其振动沿线的长向传播出去，逐步衰减，故用于变形的能量只是其中的一部分，因而需要设置隔离器，以使振动能集中于变形区。

③ 模重量和拉拔力阻尼超声振动，拉线效果受到影响。

④ 换能器和变幅杆中心需钻个通孔，以便通线。

3）周向加超声波。图 13-35（c）为拉拔模振动方向与拉拔方向相切的扭转振动模，其结构作用与早已出现的旋转拉模相似。其特点是变形的不均匀度大为减少，效果的优劣决定于振动速度。但由于装置复杂拉线用得很少，多用于拉管。

总的看轴向振动已很成熟，是目前的主要使用方法。对间接加超声波的方式十分适用于拉拔有剥落碎屑的难拉材料，特别是要求表面质量高的细线。

B 超声波拉管

管材拉拔加超声波的方式有下面 4 种：

（1）沿模的轴向加超声波，如图 13-36 所示。

（2）沿芯杆前端芯头的轴向加超声波，如图 13-37 所示。在一定条件下，在模和芯头

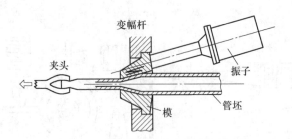

图 13-36 沿模的轴向加超声波示意图

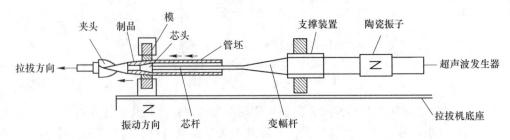

图 13-37 在芯头处加超声波拉管示意图

上同时沿轴向加超声波。

（3）使用 1/4 波长或其倍数波长的游动芯头，芯头与超声波振动模之间的管材，产生特定的应力状态，材料容易产生塑性变形。

（4）周向加超声波。与拉线加超声波方式相同，如图 13-35（c）所示，拉拔模振动方向与拉拔方向相切。其特点是变形比较均匀，但拉拔装置较复杂，适合拉管材。

C 超声波拉拔机理

超声波拉拔的理论问题涉及金属学，声学、量子力学及金属压力加工等学科的复杂问题，现将一些研究者提出的有关机理综述如下：

（1）位错的移动。Langeneeker 提出位错在声能的作用下，克服能量而移动，并用此解释金属在超声下内摩擦的减少，而降低形变力。但也有研究者反对。

（2）应力叠加效应。1967 年 Nevill 提出在拉线过程中原有的拉应力被叠加上，由于模子的振动给予线材强迫振动产生的周期应力。表现出瞬间的合成应力是脉动的。由于叠加的振动应力受系统耦合的影响，所以要获得最大叠加应力必须采取措施，保证系统经常处于耦合状态。

拉应力为 σ_1 与超声波振动应力 σ_z 叠加，使金属发生塑性变形，即

$$\sigma_1 + \sigma_z = \sigma_s$$

因为变形抗力 σ_s 是一定值，所以加超声波振动可使拉拔应力降低，其降低值正好是振动应力值的大小。

（3）旋锻效应。此效应最早是 Rosenthal 在超声拉管中提出的，金属的屈服应力是保持不变的，如在某一方面上的主应力增加，那么其他方面的主应力必须相应减少。Sansame 认为：在任何拉拔过程中形变是通过轴向拉应力和两个侧向压应力完成的。在横向加超声波振动时，向拉拔材的变形区不断施加振动冲击，在径向压应力很大，那么轴向应力只得减少，因而将此情况称为"旋锻效应"，旋锻效应是模子横向超声振动拉拔的主

要机理。

（4）界面摩擦效应。超声波拉拔过程中，减少金属表面与模孔表面间摩擦力的效应称摩擦效应。摩擦力的构成三要素：正压力、摩擦系数、摩擦矢量。超声是通过改变摩擦系数和摩擦矢量起作用的，它并不能改变接触的正压力。

超声如何使摩擦系数下降，有的学者认为线材与模接触的原有不平之处，拉线过程中出现的焊接点（黏模），在超声产生的变应力下，很快发生疲劳破裂而剥落，因而起到削平接触表面的作用。

在超声作用下可提高润滑剂的润滑效果。

摩擦矢量的改变主要出现在模子扭动振动拉线，对于纵向、横向振动拉拔不起主要作用。

总之，以上拉拔机理的几种说法各有一定道理，但是要想认识超声波拉拔的本质，需要深入研究。

超声波拉拔操作比常规拉线较为麻烦，能量利用率较低，目前只用在拉拔难加工金属以及表面质量要求高的制品。

13.6.7 强制润滑拉拔

为了减少模具与金属间的摩擦力，提高模具的寿命。在提高拉拔速度的同时，控制发热量，以便获得表面光洁度高的制品，而采用强制润滑拉拔，图13-38为铝包覆钢线拉拔所采用的强制润滑法，图13-38中模1与模2的内径比坯料的直径稍微大一点，这样把坯料以高速拉拔通过模孔时，在坯料与模之间的间隙，根据流体力学原理，润滑剂可以产生很高的压力，使原来的拉拔模3与金属间可产生强制润滑。

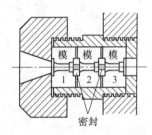

图 13-38 铝包覆钢线强制
润滑拉拔模

另外，由于普通润滑法油膜很薄，并且有非润滑区存在，所以为了加厚润滑油膜，而采用在两模之间的间隙作为密封室，而由外部供给高压油或者在模入口处加一长的套管进行强制润滑，如图13-39和图13-40所示。

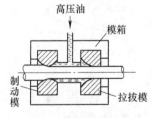

图 13-39 在两模间由外部加润滑
强制润滑拉拔

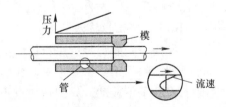

图 13-40 模入口处加套管
进行强制润滑

13.6.8 倍模拉管

倍模拉管如图13-41所示，为拉制六角形和其他形状的薄壁管材时（壁厚0.1～

0.2mm），先通过带有芯棒的第一个模子拉拔圆管坯，然后立即进入第二个型管模。采用这种拉拔时，第一个模设计成圆形，它不仅起着减壁作用，同时也有减径作用；第二个模子是型管模，它只起改变形状和整形作用。在拉圆管时也常用这种方法。其优点是，拉出的管材壁厚比较均匀，道次加工率大。

13.6.9　回转模拉拔

将模嵌在模套内，滚柱轴承装在内套和外套之间，当线坯通过拉模时只使模内套回转，这种拉拔称为回转模拉拔，如图13-42所示。

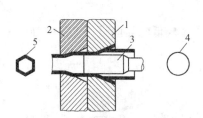

图 13-41　倍模拉拔六角形管
1—圆形模；2—六角形模；3—芯棒；
4—拉拔前管坯；5—拉拔后管材

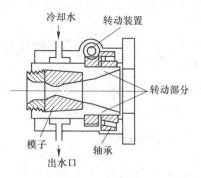

图 13-42　回转模拉拔

由于模回转，可使模子和拉拔坯料接触面的压力分布均匀。这样可提高模子的寿命，也可减少线材的椭圆度。又因改变了摩擦力的方向，所以降低了拉拔力。

此拉拔法用于线材拉拔，而拉管易产生扭曲，所以其使用受到了限制。

13.6.10　内螺旋管拉拔法

拉拔法生产的无缝内螺纹管如图13-43所示，是目前空调制冷行业普遍采用的传热管，主要有两种生产方法，即挤压拉拔法与旋压拉拔法。

13.6.10.1　挤压拉拔法

挤压拉拔法与光面管衬拉法相似，在拉拔过程中，由于受到力的作用，螺纹芯头在变形区内产生旋转运动，而管子不转动，只做轴向直线运动，在拉拔模及螺纹芯头的作用下，管子内壁被迫挤压出螺旋凸筋，从而成型内螺纹管，如图13-44所示。

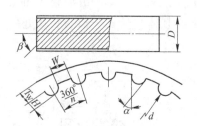

图 13-43　内螺纹管齿形图
D—外径；d—内径；T_W—底壁厚；
H—齿高；W—槽底宽；
α—齿顶角；β—螺旋角

这种方法虽然装置简单，但不易使螺纹沟槽深度达到理想状态，因在挤压成型过程中，在拉拔轴向上材料容易流动，而在成齿的径向上流动困难，而且在螺纹起槽处处于滑动摩擦状态，应力较大，温度较高。因此，难以加工小直径薄壁内螺纹管。

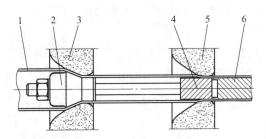

图 13-44 挤压拉拔法示意图

1—管坯；2—游动芯头；3—减径模；4—螺纹芯头；5—拉拔模；6—内螺旋管

13.6.10.2 旋压拉拔法

旋压拉拔法有两种方式，即行星滚轮旋压拉拔与行星球模旋压拉拔。旋压拉拔加工原理是几个行星式回转辊轮或滚球，对管材外表面进行高速旋转，使材料产生塑性变形，螺纹芯头上的螺旋齿映像到管材的内表面上，从而形成内表面上的螺纹。此法与挤压拉拔法相比，不但能变滑动摩擦为滚动摩擦，降低起槽应力，而且能加工较深的螺纹沟槽，管子旋压拉拔加工也大大改善了其力学性能。

A 行星滚轮旋压拉拔法

行星滚轮旋压是 20 世纪 70 年代日本创新的一种生产内螺纹管的拉拔工艺，行星滚轮旋压内螺纹管的旋压拉拔装置结构形式如图 13-45 所示。但应用于生产的滚轮加工精度和安装精度难以保证，并且磨损快，寿命短，加工成本高。故国内外绝大多数企业所采用的加工方法并不是行星滚轮旋压拉拔法，而均为行星球模旋压拉拔法，该法工艺先进，技术稳定，产品质量高。

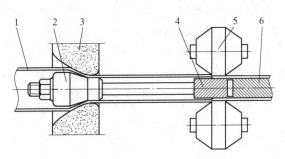

图 13-45 行星滚轮旋压内螺纹管示意图

1—管坯；2—游动芯头；3—减径拉模；4—螺纹芯头
5—行星滚轮；6—内螺旋管

B 行星球模旋压拉拔法

a 技术特点

行星球模旋压采用钢球进行内螺纹的旋压起槽，钢球与管材是点接触，且产生行星式转动，因此所需拉拔力降低，球的使用寿命长。钢球安装简单，整个旋模结构小，重量轻，转动惯量低，有利于提高球模的转速，适于高速拉拔。另外，钢球加工难度低，易生产，可降低生产成本。更为重要的是钢球尺寸均匀性好，对中方便，安装精度高，使成型后的内螺纹管质量稳定，外表面粗糙度小，管内螺纹精度高。目前，国内外用于生产内螺纹管采用的行星球模旋压拉拔成型设备，图 13-46 所示。

b　成型工艺

行星球模旋压成型工艺由游动芯头预拉拔、行星钢球沿衬有螺纹芯头的管材外壁高速旋压、定径模空拉消除管材外表面钢球压痕等组成，即通常说的"减径、旋压、定径"的"三级变形"工艺，如图 13-47 所示。

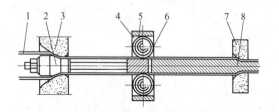

图 13-46　行星球模旋压法示意图

1—管坯；2—游动芯头；3—减径模；4—旋压环；
5—钢球；6—螺纹芯头；7—定径模；8—内螺纹管

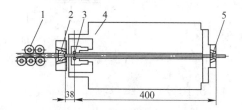

图 13-47　成型装置结构示意图

1—矫直辊；2—减径拉拔；3—滚珠旋轮；
4—空心轴高速调频电机；5—定径拉拔

（1）减径预拉拔。游动芯头预拉拔变形与普通光面管拉拔相同，有减径、变壁和定径变形过程。设置游动芯头拉拔的目的是固定螺纹芯头。螺纹芯头在工作中，由于管内壁的金属在螺纹成型时产生流动，对芯头产生轴向推力，必须设法固定才能使螺纹芯头保持在钢球的工作区域内，用连杆将游动芯头与螺纹芯头连接，可使螺纹芯头随游动芯头一道稳定在工作位置上，螺纹芯头在工作时也能以连杆为轴转动。

（2）旋压成型。当行星钢球在衬有螺纹芯头的区段内，沿管坯外表面碾过时，压迫金属流动，使芯头的槽隙充满，在管材的内壁上形成沟槽状的螺纹。

旋压内螺纹管的旋压装置的结构形式，以空心电动机传动方式较为先进合理。旋压装置被固定在电动机的空心轴上，通过调整电动机的电流频率来改变电动机的转速，使旋压与拉拔速度相匹配，拉拔速度的提高取决于电动机的转速。

旋压装置被固定在电动机的空心轴上，通过调整电动机的电流频率来改变电动机的转速，使旋压与拉拔速度相匹配，拉拔速度与电动机的旋转速度的关系式如下：

$$v = nF_d \tag{13-48}$$

式中　v——拉拔速度，m/min；

n——电动机的转速，r/min；

F_d——进给量，即电动机自转一周，管子在螺纹芯头上移动的距离，m/r。

目前，国内外用于生产内螺纹管的成型设备，空心电动机的转速一般在 20000r/min 左右，拉拔速度维持在 5m/min 左右。也有用 35000r/min 电机的，其拉拔速度已达 80m/min 左右。因此，要提高生产率，就必须解决电动机的高转速问题、相应的冷却问题和高速下模具的平衡问题。

旋压模具的设计是旋压成型的核心技术，其中行星钢球直径与数量的选择是极为重要的，钢球直径越大，旋压阻力越小，但势必造成旋压装置的重量加大，设备高转速动平衡难以控制；钢球直径过小，则旋压阻力增大，易出现打滑现象，也会影响管子的表面质量，而行星钢球的数量会直接影响加工量的大小，同时钢球的直径和数量决定了旋压环的尺寸，而旋压环的最佳尺寸必须确保球模在高速旋转工作状态时的稳定性，最大限度地减小摆震和成齿变形区的长度，充分实现最高的球模转速及管材与钢球之间的最小摩擦力。

旋压环是滚球运行的轨道，其圆度、粗糙度和尺寸要求都很高，钢球直径和数量选择的原则是充分考虑旋压的顺利进行。目前一般有 4、5、6 球工艺等，如图 13-48 所示。拉制不同参数的管材也应采用最合适的工艺。实际操作中，钢球与钢球之间留有一定的间隙，保证钢球不跳动又能顺利自转，一般取 0.02μm。

在选配旋压模具时，首先依据产品的底壁厚技术要求，计算螺纹芯头的外径尺寸，然后根据内螺纹芯头外径，设计内螺纹芯头具体齿形参数。

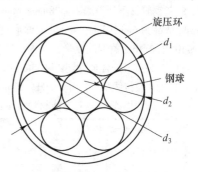

图 13-48　旋压几何模型（6 球）
d_1—旋压环内径；d_2—钢球直径；
d_3—行星钢球外切圆

例 10　内螺旋管齿轮参数：产品外径 7mm，底壁厚 0.25mm，齿高 0.18mm，齿数 40，螺旋角 18°，求内螺纹芯头外径 d 的工艺计算。

解：采用 6 球旋压工艺，钢球直径为 11.1125mm，旋压环内径尺寸为 30.16mm，则内螺纹芯头外径为：

$$d = (d_1 - 2 \times d_2) - 2 \times 底壁厚$$
$$= 30.16 - 2 \times 11.1125 - 2 \times 0.25 = 7.435mm$$

在实际操作中，要充分考虑到行星球模的自由转动灵活性和产品尺寸的可调整性，螺纹芯头的外径实际尺寸应比计算出的尺寸大 0.01~0.02mm。

（3）定径拉拔。管材在旋压后，外表面留有较深的钢球压痕，增加一道空拉，便可消除，提高管表面粗糙度，进一步控制外形尺寸。注意在定径过程中，螺旋角度会随直径而变小，螺纹芯头设计时应予以充分考虑。空拉后，管材表面的粗糙度可降到 0.7~0.8μm 以下。

"三级变形"工艺既能使变形抗力减低到最小，又能保证内螺纹管的最终外形尺寸和提高外表面的粗糙度。三级变形实践经验，变形中拉力的分配一般为第一级减径变形占 65%，第二级旋压变形占 25%，第三级定径变形占 10%。

在旋压成型过程中钢球和管材是点接触，变形区接触面积很小，钢球又是高速运，钢球易磨损并产生大量摩擦热，影响产品质量和工具寿命，因此必须对旋压变形区进行充分冷却与润滑。

思考练习题

13-1 拉拔管、棒、型、线材时，道次延伸系数根据什么确定？

13-2 固定短芯头拉拔管材时，减径量一般为 2~8mm，那么减径量过大或过小会出现什么问题？

13-3 为什么减壁所需的道次要小于或等于减径所需的道次？

13-4 为什么异型管材拉拔时管坯的外形尺寸等于或稍大于异型管材的外形尺寸？

13-5 实心型材拉拔时，成品型材的断面轮廓尺寸为什么一定要限于坯料轮廓之内？

13-6 中间退火次数应如何确定？

13-7　道次延伸系数应如何分配？

13-8　紫铜管材不经退火由 $\phi28mm\times3mm$ 拉到 $\phi14mm\times2.5mm$，试求拉拔次数及每道次后的管材尺寸。

13-9　成品为 $6mm\times9mm\times40mm$ 的梯形断面型材，应该选择什么样形状与尺寸的坯料进行拉拔？

13-10　生产 H96 黄铜波导管，其内孔尺寸为 $72mm\times20mm\times2.0mm$ 进行配模设计。

13-11　将 HSn70-1 合金管坯由 $\phi35mm\times2.5mm$ 拉至 $\phi16mm\times1mm$，试进行配模设计。

13-12　用 7 模拉线机，由 $\phi(7.0\pm0.5)mm$ 钢线杆拉到 $\phi(2.0\pm0.05)mm$ 的成品，试作配模设计。拉线机绞盘圆周线速度 u_n 与线材速度 v_n 列于下表。

绞盘号数	0	1	2	3	4	5	6	7	收线盘
线材速度 v_n/m·min^{-1}	39.2	53.5	94.5	140	206	285	377	420	420
绞盘线速度 u_n/m·min^{-1}		112	153	202	258	318	397	435	420
γ_n		1.36	1.72	1.28	1.23	1.25	1.10		
绝对滑动 u_n-v_n/m·min^{-1}		58.5	58.5	62	52	33	20	15	
相对滑动率 $\dfrac{u_n-v_n}{u_n}\times100/\%$		43.7	38.2	30.7	22.5	10.4	5.05	3.5	

13-13　如何保证滑动式多模连续拉线机的基本条件 $u_n>v_n$？

13-14　多模连续拉线机拉线时，若收线盘停转而中间绞盘仍转动，那么可否继续拉拔，若收线盘转动而中间绞盘停转，那么可否实现拉拔，为什么？

13-15　当成品模磨损后，多模连续拉线机拉线会出现什么情况？

13-16　多模连续拉线机拉线时，若发生线与绞盘短时黏结的情况，拉线是否能正常进行，如何保证正常拉线？

13-17　叙述滑动式与非滑动式多模连续拉线机的 $\lambda_n>\gamma_n$ 的意义及有何区别。

13-18　叙述润滑剂的种类及应用范围。

13-19　分析实心材中心裂纹与表面裂纹产生的原因，如何消除？

13-20　管材拉拔时产生皱褶的原因，如何避免？

13-21　试进行断面积为 $100mm^2$ 的电车线配模设计。保证电车线的断面积允许公差为 $\pm2\%$，最低抗拉强度为 345MPa。

　　　已知电车线的断面尺寸：$A=12.82mm$，$H=11.80mm$，$a=5.7mm$，$c=2.5mm$，$e=1.8mm$，$R=6.5mm$，$R_1=6.0mm$，$\gamma=50°$，$\beta=35°$。

第 三 篇

周 期 冷 轧

 周期冷轧管概述

管材轧制方法种类繁多，有斜轧和纵轧、热轧和冷轧、普通圆管轧制与带筋管轧制、螺旋管轧制、连续轧制及周期冷轧等。每种轧制方法都有其自身的特点，在不同的领域中，都获得了不同程度的应用与发展，其中周期式冷轧管在金属塑性加工管材生产领域应用比较广泛，本章对周期式冷轧管的基础理论、类型与特点、工艺及设备等，加以详细的叙述。

14.1 周期式冷轧管的类别与特点

14.1.1 周期式冷轧管的类型

周期式冷轧管机 1928 年研制，1932 年在美国首先应用。几十年来，在国内外不锈钢、轴承钢等高精度的薄壁管、厚壁管以及异型管材等生产领域，周期式冷轧管设备及技术已得到了长足发展，而在有色金属管材生产领域，发展的也比较迅速，特别在铝、铜、钛及其合金管材生产方面发挥了重要作用。

在有色金属管材生产领域，为了提高管材生产率，加大变形量，减少拉拔道次，则在管坯挤压后拉拔前增加了周期式冷轧管工序，实现管材挤压-冷轧-拉拔相结合的生产方式，获得高强度、高精度、高表面质量的管材。

周期式冷轧管按其冷轧机的轧辊数量分为：二辊周期式半圆形孔型冷轧管、二辊周期式环形孔型冷轧管、多辊周期式冷轧管。

14.1.2 周期式冷轧管的特点

周期式冷轧管的特点包括：

（1）二辊冷轧管的特点：轧制道次加工率大，壁厚纠偏能力强，可生产高精度薄壁管，也可生产厚壁管及异型管等成品，因此应用比较广泛。对于有色金属加工来说，主要不是直接作为成品，而是为连拉、盘拉或直拉工序供坯。

常用的二辊冷轧管机有半圆形孔型和环形孔型冷轧管机，半圆形孔型冷轧管机多用于旧式轧管机，环形孔型冷轧管机多用于新式高速、长行程轧管机。

（2）多辊冷轧管特点：多辊冷轧管机的轧辊数量一般为 3~5 个，它与二辊冷轧管机相比，轧辊直径小，数量多，金属变形均匀，加工制品尺寸精度高、表面质量好，尤其适用于加工径厚比大的管材，径厚比可达 250∶1。

（3）冷轧管材共有特点：冷轧管与拉拔相比较有利于发挥金属塑性的最佳应力状态，管坯在一套孔型中的变形量可高达 90% 以上；壁厚压下量与外径减缩率可分别达 70% 和40%，比用拉拔时两次退火间总加工率高 4~5 倍。这样在生产低塑性难变形合金的薄壁管材时，就可以大大地减少拉拔的生产道次以及酸洗、退火和制夹头等工序，缩短了生产流程，提高了生产率。冷轧的钢管的精度和质量可以直接作为产品交货，而对有色金属来说，通常冷轧的管材需再经过拉拔作为产品交货。

14.1.3　周期式冷轧管工艺与设备的开发

周期式冷轧管机的主要问题是设备结构较复杂，轧制速度和生产率有待提高，并且易出现故障。为了克服常规冷轧管机的固有缺点，已努力改进与开发如下各种工艺和设备。

（1）在传统冷轧管机上采取多线、高速轧制，应用环形孔型，减小辊径，将机架往复运动改变为轧辊箱往复运动，以减轻运动件重量，降低能耗和提高轧制速度。例如对大型的冷轧管机采用固定机架，只使轧辊系统做旋转往复运动，使运动部件的重量减轻三分之二。

（2）开发出带支撑辊的各种新型二辊式冷轧管机。在多辊式冷轧管机上采用双排辊与多排辊。

（3）应用行星冷轧管机，提高金属管材的生产率和质量。

（4）应用连续式冷轧管机，这种轧机具有产量高、道次变形量大、轧制节奏时间短的优点，但也存在沿管材长度尺寸不均、芯棒长要求高且制造困难、设备投资高等缺点。目前经过研究，连续式冷轧管机已用于管材生产。

14.2　周期式冷轧管机工作原理

14.2.1　二辊周期式半圆形孔型冷轧管机工作原理

14.2.1.1　周期式冷轧管机工作原理

二辊周期式冷轧管机轧管工作时，其工作机架借助于曲柄连杆机构作往复移动（图14-1）。管子的轧制是在一根拧在芯棒杆 7 上的固定不动的锥形芯棒和两个轧槽块 5 之间进行的。在轧槽块的圆周开有半径由大到小变化的孔型。孔型开始处的半径相当于管坯 1的半径，而其末端的半径等于轧成管 2 的半径。在轧制过程中，管坯和芯棒被卡盘 8、9夹住。因此，无论在正行程轧制或返行程轧制时，管坯都不能做轴向移动。

14.2.1.2　周期式冷轧管轧制过程

二辊周期式冷轧管机轧制过程，如图 14-2 所示。工作机架由后极限位置移动到前极限位置为正行程；工作机架由前极限位置移动到后极限位置为返行程。轧制过程见图 14-2（a），当工作机架移到后极限位置 Ⅰ，把管坯送进 m 长的一小段，称送进料量。工作机架向前移动后，刚送进的管坯以及原来处在工作机架两极限位置之间尚未加工完毕的管坯，

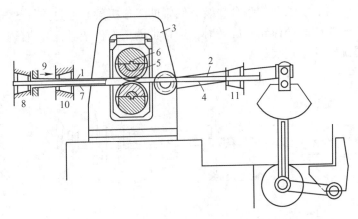

图 14-1　半圆形孔型二辊周期式冷轧管原理图

1—管坯；2—轧成管；3—工作机架；4—曲柄连杆机构；5—轧槽块；6—轧辊；7—芯棒杆；
8—芯棒卡盘；9—管坯卡盘；10—中间卡盘；11—前卡盘

在由孔型和芯棒所构成的尺寸逐渐减小的环形间隙中进行减径和管壁压下。当工作机架移动到前极限位置Ⅱ时，管料与芯棒一起回转 60°～90°。工作机架反向移动后，正行程中轧过的管体受孔型的继续轧制而获得均整，并轧成一部分管材，轧成部分的管材在下一次管坯送进时离开轧机。

周期式冷轧操作过程详见图 14-2（b），轧辊随机架的往复运动在轧件上左右滚轧。如以曲拐转角为横坐标，操作过程开始 50°将坯料送进，然后在 120°范围内轧制，轧辊辗至右端前极限位置后，再用 50°间隙轧件转动 60°，芯棒也作相应旋转，只是转角略异，以求芯棒能均匀磨损。回轧轧辊向左后滚辗，消除壁厚不均，提高精度，直至左端极限位置止。如此反复。

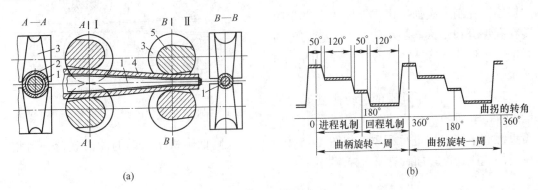

（a）　　　　　　　　　　　　　　　　　（b）

图 14-2　二辊周期式冷轧管轧制过程示意图

（a）冷轧机轧制过程；（b）冷轧操作过程

Ⅰ—轧制开始；Ⅱ—轧制结束

1—锥形芯棒；2—管料；3—轧槽；4—轧后管子；5—轧辊

14.2.1.3　轧辊旋转往复运动机构

两个轧辊的旋转往复运动是借助如图 14-3 所示的结构完成的。在上下轧辊 1 的辊颈两端装有互相啮合的同步齿轮 8，上轧辊辊径的最外端装有主动齿轮 7，主动齿轮 7 分别与固定在机座上的两个齿条 2 相啮合，装有轧辊的工作机架 6 通过连杆 5 与曲柄齿轮 4 相连接，当主动齿轮 3 使曲柄齿轮 4 旋转时，连杆带动工作机架做往复直线运动，从而使上下两个轧辊获得旋转往复直线运动。

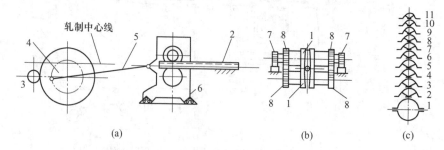

图 14-3　轧辊旋转往复运动机构示意图

（a）机架运动机构；（b）轧辊运动机构；（c）轧辊孔型剖面

1—上下轧辊；2—两个齿条；3—主传动的主动齿轮；4—曲柄齿轮；

5—连杆；6—工作机架；7—轧辊的主动齿轮；8—同步齿轮

在送进和回转时，孔型和管坯是不接触的。为此，在轧槽块孔型工作部分的前面和后面，分别加工有一定长度的送进开口（半径比管坯半径大）和回转开口（半径比轧成管的半径大）。

14.2.2　二辊周期式环形孔型冷轧管机工作原理

　　环形孔型冷轧过程与半圆形孔型冷轧不同，环形孔型辊直接热装在辊轴上，孔型轧槽的工作长度近似等于轧辊周长。因此，大大提高了轧制道次加工率，管坯的送进和回转在孔型开口最大与最小的极限位置均可同时进行环形孔型冷轧，其冷轧过程如图 14-4 所示。

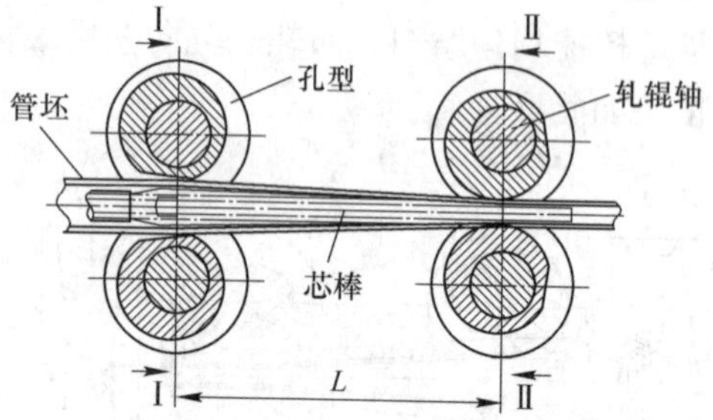

　　环形孔型上、下轧辊的旋转往复运动是借助于冷轧机的机构完成的。由于采用了平衡重锤和平衡扇块进行配重，如图 14-5 所示，大大降低了机架运动的冲击载荷。因此，设备的轧制速度较前者有了大幅度提高。

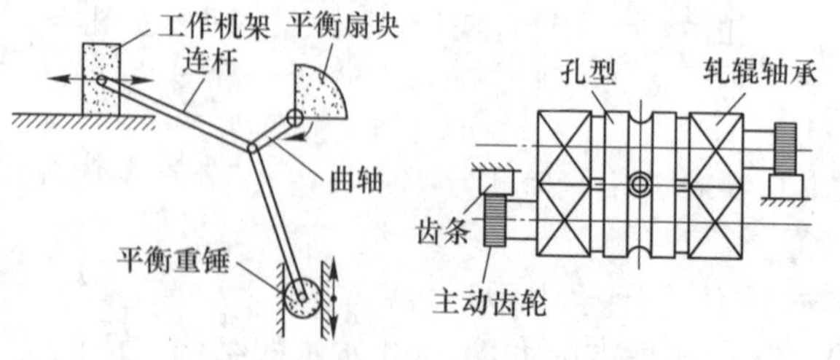

图 14-4　环形孔型二辊周期式冷轧管过程示意图

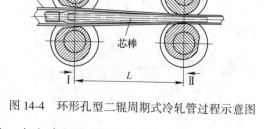

图 14-5　环形孔型轧辊旋转往复运动机构

另外，新式环形孔型轧管机多采用开式工作机架，使轧辊的更换和维修保养大为方便。当采用闭式机架时，需配专门的换辊小车，在短时间内把机架内的辊系整体地拉出或装入。

14.2.3 多辊周期式冷轧管机工作原理

多辊周期式冷轧管的变形指数与二辊周期式冷轧管相同，基本应力状态为三向压应力，应变状态是主变形为延伸，其余两向压缩。

14.2.3.1 多辊周期式冷轧管机工作原理

多辊冷轧管机轧管过程与原理，如图 14-6 所示。轧管机工作机架 5 安装在小车上，工作机架 5 本身就是一个厚壁套筒，芯棒 1 装在管坯 8 内，滑道 4 装在厚壁套筒内，三个互成 120° 的轧辊 2 装在辊架 3 中，轧辊 2 沿滑道 4 滚动。轧管机工作时，安装在小车套筒（机架）5 内的滑道 4 在摇杆 7 的带动下，随小车做往复运动。小车与辊架 3 通过大连杆 6 和小连杆分别与摇杆 7 联结。因此，辊架在轧制中心线上的水平移动速度和移动距离，都小于小车（工作机架）在轧制中心线上的水平移动速度和移动距离。由于小车与辊架有速度差，因此轧辊 2 在滑道的工作面上产生滚动。

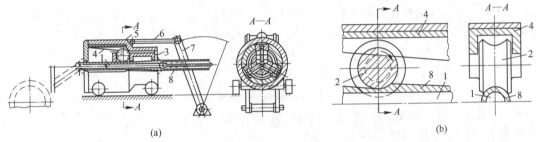

(a)　　　　　　　　　　　　　　(b)

图 14-6　多辊周期式冷轧管机工作原理图
（a）多辊冷轧机工作过程；（b）每个辊压缩管坯过程
1—芯棒；2—轧辊；3—辊架；4—∏形滑道；5—工作机架；6—连杆；7—摇杆；8—管坯

多辊式冷轧管机轧制过程中，由于滑道按一定值设计成倾斜的滑动面，如图 14-6（b）所示，当轧辊位于滑道的低端时，孔型的断面最大，此时进行坯料的送进和回转；当轧辊位于滑道的高端时，孔型的断面最小，管坯被轧到成品尺寸。

14.2.3.2 多辊周期式冷轧管的轧制过程

多辊周期式冷轧管机轧制过程如图 14-7 所示。轧制时机架连同轧辊做往复运动。当工作机架达到后极位置Ⅰ时，管料借助于专门送料机构向轧制方向送进一个送进量，然后由于机架向前运动，轧辊也产生转动，且辊颈沿滑道支撑板滚动，滑道支撑板特殊的形状使孔型半径逐渐减小，管料送进部分得到减径和壁厚压薄。在轧制过程中管料的圆柱形芯棒在轴向方向不产生移动（被专门装置锁紧）。当工作机架到达前极限位置Ⅱ时轧制结束，并同时将管料旋转一定角度以使管子横截面各部分均得到加工。之后工作机架反向运动，轧过的一段管材受到进一步精整，并由于使原来相应于孔型开口部分的金属在芯棒上得到碾轧。金属横向流动的结果，管子内径增大，使工作锥部分的管材内表面脱离了芯棒，为下一次送进管料创造条件，如此反复直到管料全长被轧完为止。

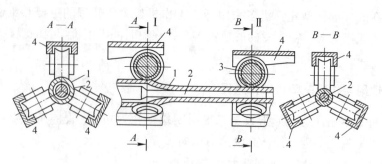

图 14-7　多辊周期式冷轧管机轧制过程图示

Ⅰ—送进一个送进量 m 待轧；Ⅱ—轧制结束

1—管料；2—圆柱形芯棒；3—辊子；4—滑道支撑板

在每一个轧制周期中，管坯金属在变形区内受到周期性压缩，与二辊周期式冷轧管不同，多辊周期式冷轧管轧辊孔型是半圆形的，孔槽的半径不变、轧辊数量多、轧辊尺寸小、金属对轧辊的压力小，由此而产生的机架系统弹性变形也相应减小，加上采用了滑道支撑板，轧机刚性高，适用轧制薄壁和特薄壁的精密管，最小壁厚为 0.03mm。缺点是道次变形量小，生产效率比二辊冷轧管低。采取双线轧制可提高生产率 50%~70%。

目前，冷轧机生产管材的规格：$\phi 4 \sim 120$mm，壁厚 0.03~3.0mm，外径与壁厚比150~250。近年来冷轧机正向高速、多线、长行程、长坯料的方向发展。

思考练习题

14-1 为什么有色金属管棒型生产采用挤压-冷轧-拉拔生产方案？

14-2 周期式冷轧管有几种类型，各有什么特点？

14-3 简述周期式冷轧管研究开发的方向。

14-4 简述二辊周期式半圆形孔型冷轧管机工作原理。

14-5 简述二辊周期式环形孔型冷轧管机工作原理。

14-6 简述多辊周期式冷轧管机轧制过程与工作原理。

周期式冷轧管变形与作用力

15.1 二辊周期式冷轧管变形过程

冷轧管过程如图 15-1 所示，当机架处于左端原始位置时，孔型与管坯脱离接触，用送料机构将管坯向前送进一段 m 长度。因此，工作锥 1（即管坯的变形段）也向前移动一段距离 m，如图 15-1（a）所示，相应地工作锥上的截面 I—I 与 II—II 分别移动到 I_1—I_1 与 II_1—II_1 位置。

在送进一段管坯后，工作锥内表面与芯棒 3 脱离接触，形成间隙 S，当机架向前运动时，孔型 2 逐渐与工作锥的一小部分相接触。先是工作锥的直径减小，壁厚略有增加，直到其内表面与芯棒相接触，随后是壁厚减薄，并且相应地构成减径角 θ_p 与压下角 θ_0，总的构成咬入角 θ_z，如图 15-1（b）所示。将咬入角所对应的弧的水平投影所包容的金属体积称为瞬时变形区。

由于这部分工作锥受到压下产生延伸变形 ΔL_x，使工作锥前端断面 II_1—II_1 移动到某一过渡位置 II_x—II_x，它相对于 II—II 断面移动一段 $\Delta L_x = m\lambda_x$ 的距离，λ_x 为在此瞬间的延伸系数。当孔型滚动到右端极限位置时，如图 15-1（c）所示，管子的总延伸量 ΔL_1 根据下式计算：

$$\Delta L_1 = \frac{s_0 \ (D_0 - s_0)}{s_1 \ (D_1 - s_1)} m = \lambda_\Sigma \cdot m \tag{15-1}$$

式中　　s_0，s_1——管坯与成品管壁厚；

　　　　D_0，D_1——管坯与成品管直径；

　　　　λ_Σ——总延伸系数，等于管坯与成品管断面积之比；

　　　　m——送进量。

15.1.1　冷轧管的分散变形度

每次送料量为 m 的一段管坯并非在机架完成一次往复运动，而是经过往复多次轧制才获得了成品尺寸。一般将送进一段 m 长的料后，由管坯轧成成品管时轧制次数的多少叫作分散变形度。显然轧制次数越少，即分散变形度小，则机架每往复一次的变形越大。在工作锥长度一定的情况下，送料量越大，则需要轧成成品尺寸的次数越少，根据上式 ΔL_1 越长，轧机的生产率也就越高。

管坯与孔型接触后，在横断面上的变形如图 15-2 所示。由图 15-2 可见，两个轧槽首先以 4 个点与管坯接触，使之产生压扁变形，继而在整个断面上产生不大的压扁变形。然后，管坯进入减径变形阶段，管壁厚度略有增加。最后进行减壁变形，金属在向纵向流动的同时也向横向流动产生宽展。上述的金属变形特性在孔型设计时必须加以考虑，否则将不可能获得合格的产品。

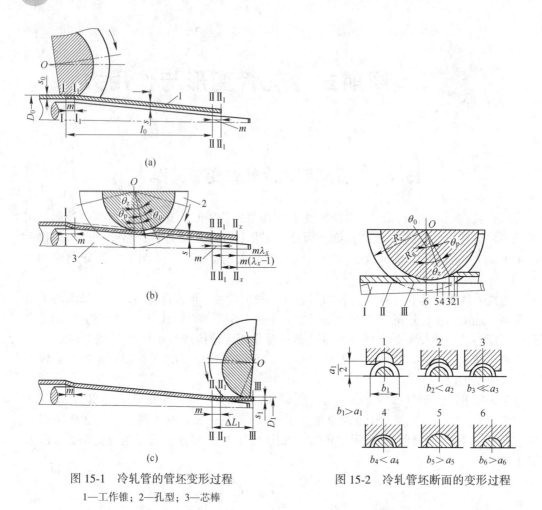

图 15-1　冷轧管的管坯变形过程
1—工作锥；2—孔型；3—芯棒

图 15-2　冷轧管坯断面的变形过程

15.1.2　周期式冷轧管瞬时变形区

计算周期式冷轧管时的瞬时变形区的确定，明确在轧制过程中沿孔型长度上各断面的相对变形量，为了进行轧管孔型设计及轧制力计算。下面具体分析它的变形特点和压下量的计算方法。

15.1.2.1　瞬时变形区的结构

无论正行程轧制或返行程轧制，瞬时变形区的出口截面都与工作机架的中心截面相重合。在二辊式冷轧管机上轧管时，由于进入变形区的管体要先减小直径再减小壁厚。因此，瞬时变形区包括由减径角 θ_p 和压下角 θ_0 构成的两部分（图 15-2），即在工作机架的行程中 θ_p、θ_0 的大小是变化的，θ_p 与 θ_0 之和构成瞬时变形区总的接触角 θ_z。在多辊式冷轧管机上轧管时，行程的开始阶段瞬时变形区由单一的减径区构成，在行程的其他部分，由于这种轧机使用圆柱形芯棒，瞬时变形区可以认为由单一的减壁区构成。

15.1.2.2　瞬时变形区变形量的确定

在一般纵轧过程中变形区的几何尺寸是不变的，所以坯料上的任意截面都可以一直从变形区的入口移动到出口。变形区进口截面和出口截面的高度差就是坯料上任意截面连续通过变形区时的压下量，而且是稳定不变的。但在冷轧管时，进入变形区和离开变形区的管体截面的尺寸是不断变化的，而且瞬时变形区进口截面和出口截面高度差也不等于工作锥上进入瞬时变形区的截面在一个轧制行程中的压下量。因此，冷轧管时工作锥上的任一截面，在一个轧制行程中连续通过不断变化着的瞬时变形区时，所达到的变形量是不相同的，而且确定它的大小也是比较复杂的。在实际计算中，通常是根据各瞬时变形区出口截面的尺寸，确定该截面变形开始时在工作锥上的位置和尺寸，再计算其变形量。这个变形量称为瞬时变形区变形量，其计算一般以下述原则为基础。

设某瞬时变形区的出口截面为Ⅰ—Ⅰ，见图15-3，该截面在通过瞬时变形区时所经受的压下量等于它与另一截面Ⅱ—Ⅱ的高度差，而这两个截面之间所包括的金属体积等于送进的金属体积，图15-3中 R_x、r_x 和 s_x 分别为瞬时变形区出口截面的外径、内半径和壁厚；$R_{\Delta x}$、$r_{\Delta x}$ 和 $s_{\Delta x}$ 分别为该截面变形前的外半径、内半径和壁厚。

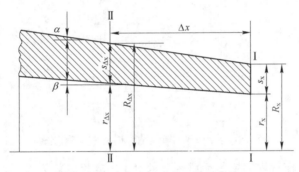

图 15-3　直角坐标中的一段工作锥

在冷轧管时，主要变形是在正行程轧制过程中完成的。但是，由于工作机架、轧辊等零部件的弹性恢复和轧制前管体的回转，有的轧机还有送进。因此，在返行程轧制时工作锥也有一定的变形，甚至较大的变形。

一般可用下列公式来计算正行程轧制和返行程轧制的壁厚压下量：

$$\Delta s_n = \left[\sqrt{s_x^2 + 2v_y(\tan\alpha - \tan\beta)} - s_x \right](1 - K_t) \tag{15-2}$$

$$\Delta s_0 = \left[\sqrt{s_x^2 + 2v_y(\tan\alpha - \tan\beta)} - s_x \right]K_t \tag{15-3}$$

式中　Δs_n——正行程轧制时的壁厚压下量，mm；

Δs_0——返行程轧制时的壁厚压下量，mm；

v_y——送进体积率，$v_y = \dfrac{R_0 + r_0}{R_x + r_x}ms_x$；

R_0，r_0——管坯的外半径和内半径，mm；

β——锥形芯棒的母线倾斜角，mm；

α——工作锥母线的倾斜角，(°)；

K_t——计算返行程轧制时变形量的系数，一般可取 $K_t = 0.3 \sim 0.4$。

一个轧制周期中的壁厚压下量为：

$$\Delta s_x = \Delta s_n + \Delta s_0 = \sqrt{s_x^2 + 2v_y(\tan\alpha - \tan\beta)} - s_x \tag{15-4}$$

15.1.2.3　瞬时变形区压下量简化计算公式

在周期式冷轧管方面，经常使用壁厚压下量 Δs_x 简化计算，假定工作锥的母线 AB 为一条直线，它与轴线的交角为 α，采用锥形芯棒，其锥角为 β（图 15-4）。现求工作锥上任意一断面 BC 的壁厚压下量 Δs_x，其原始位置应为距 BC 断面 Δx 远处的 AD 断面，两个断面间所包含的体积为一个送进量体积 v_0。由图 15-4 可知：

$$\overline{AE} = \overline{AF} - \overline{EF}$$

$$\Delta s_x = \Delta x \tan\alpha - \Delta x \tan\beta$$

$$= \Delta x (\tan\alpha - \tan\beta)$$

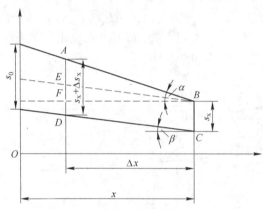

图 15-4　工作锥母线为直线时压下量确定图

由于机架一次工作行程的壁厚绝对压下量很小，故可以认为：

即
$$F_x \cdot \Delta x = v_0, \quad \Delta x = \frac{v_0}{F_x}, \quad v_0 = F_0 m, \quad \Delta x = \frac{F_0 m}{F_x}$$

故
$$\lambda_x = \frac{F_0}{F_x}, \quad \Delta x = m \cdot \lambda_x$$

从而得
$$\Delta s_x = m\lambda_x(\tan\alpha - \tan\beta) \tag{15-5}$$

式（15-5）计算比较简单，当 $\tan\alpha - \tan\beta$ 数值小于 $0.06 \sim 0.05$ 时，误差不大，故应用广泛。

为了使变形量计算精确，Ю.Φ. 舍瓦金对上述算式给予了修正。

正行程：
$$\Delta s_z = (1 - K_t)\Delta s_x \tag{15-6}$$

反行程：
$$\Delta s_j = K_t \cdot \Delta s_x \tag{15-7}$$

式中　Δs_z——机架正行程时瞬时壁厚压下量；

　　　Δs_j——机架反行程时瞬时壁厚压下量；

　　　Δs_x——按式（15-5）计算；

　　　K_t——系数，与轧制周期中的压力分布和轧辊刚度有关，一般在压下段开始处取

　　　　　0.3，在压下段终了处取 0.4，也可取其值不变。

15.1.2.4　瞬时变形区的边界和咬入角

为了计算变形时轧辊同轧件的接触面积，必须明确瞬时变形区的前后边界线。周期式冷轧时，瞬时变形区的后边界线（出口一侧的边界线）应是一条空间曲线，但实际上和

轧机中心面与工作锥的交线相差不大，故一般把后者作为瞬时变形区的后边界线。瞬时变形区的前边界线（入口一侧的边界线）是空间曲线，它取决于沿孔型周边的变形区各纵截面上的接触角 θ，如图 15-5 所示。

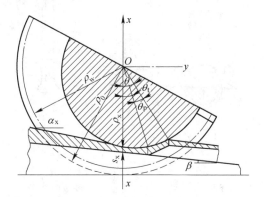

图 15-5　瞬时变形区的纵截面

θ 可按下列简化公式计算：

$$\theta = 1.4 \sqrt{\frac{\Delta R_x R_x}{C(\rho_0 - C)}} \tag{15-8}$$

式中　ΔR_x——瞬时变形区中的半径压下量；

　　ρ_0——轧辊的理想半径；

　　C——孔型周边上不同点处孔型的高度；

　　R_x——瞬时变形区出口截面工作锥的半径。

在孔型的脊部，接触角

$$\theta_r = 1.41 \sqrt{\frac{\Delta R_x}{\rho_0 - R_x}} = 1.41 \sqrt{\frac{\Delta R_x}{\rho_r}} \tag{15-9}$$

式中　ρ_r——孔型脊部轧辊的半径。

若以瞬时变形区的壁厚压下量 Δs_x 取代上式中的 ΔR_x，则可得到确定瞬时变形区前边界线上各点接触角的计算公式。

15.1.2.5　瞬时变形区的接触面积

二辊式和多辊式冷轧管机轧制管子时的变形区及接触面积如图 15-6 所示。

计算瞬时变形区接触面积的近似公式较多，常用的计算二辊式冷轧管机轧管时接触面积的方法如下。

图 15-7 为借助于计算接触角 θ 得到的正行程轧制时瞬时变形区接触表面积的垂直投影和水平投影。区域 OPLMC 为总接触表面积的垂直投影；OPRE $= F_s^y$ 为减壁区接触表面积的垂直投影；$B_1 L_1 M_1 N M_2 L_2 B_2 = F_d^x$ 为总接触表面积的水平投影；$C_1 R_1 P R_2 C_2 = F_s^x$ 为减壁区接触表面积的水平投影。

先来确定减壁区接触表面积的水平投影。由图 15-7 可知，减壁区接触表面积的水平投影可分成两部分：

$$F_s^x = 2(F_{C_1 P_1 PO} + F_{P_1 R_1 P}) \tag{15-10}$$

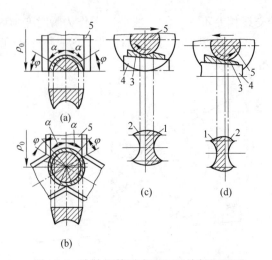

图 15-6　冷轧钢管时变形区及接触面积图

（a）二辊冷轧管机的变形区；（b）多辊式冷轧管机变形区；（c）正行程的接触面积；（d）返行程的接触面积

1—塑性和弹性变形区；2—弹性变形区；3—管子；4—芯棒；5—轧辊

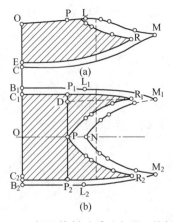

图 15-7　正行程轧制时瞬时变形区接触面积

（a）垂直投影；（b）水平投影

在孔型脊部 $C = R_x$，面积 $F_{C_1P_1PO}$ 用下式计算具有足够的精确度：

$$F_{C_1P_1PO} = 1.41 R_x \rho_r \sqrt{\frac{\Delta s_x}{\rho_r}} \tag{15-11}$$

$$F_{P_1R_1P} = \eta_1 \frac{1}{2} (P_1P)(R_1D) \tag{15-12}$$

$$R_1D = (\rho_0 - C_{\min}) \sin(\theta_{tc} - \theta_{tr}) \tag{15-13}$$

式中　η_1——系数，为 0.85；

$C_{\min}$——孔型周边与工作锥最先接触处轧槽的高度；

θ_{tr}——孔型脊部减壁区的接触角；

θ_{tc}——孔型周边和工作锥最先接触处减壁区的接触角。

所以计算 F_s^x 的公式可写成 $[$ 取 $\sin(\theta_{tc} - \theta_{tr}) \approx \theta_{tc} - \theta_{tr}]$：

$$F_s^x = \left[2.82\sqrt{\Delta s_x \rho_r} + 0.85(\rho_0 - C_{min})(\theta_{tc} - \theta_{tr}) \right] R_x \qquad (15\text{-}14)$$

由于孔型侧壁的开口角通常 $16° \sim 22°$，用于工程计算可取 $C_{min} = \frac{1}{3} R_x$，所以孔型周边与工作锥最先接触处的总接触角为：

$$\theta_{oc} = 1.41\sqrt{\frac{\Delta R_x R_x}{C_{min}(\rho_0 - C_{min})}} = 1.41 \times 1.73\sqrt{\frac{\Delta R_x}{\rho_0 - C_{min}}} \qquad (15\text{-}15)$$

而孔型脊部的总接触角为：

$$\theta_{or} = 1.41\sqrt{\frac{\Delta R_x}{\rho_r}} \qquad (15\text{-}16)$$

因此

$$\frac{\theta_{oc}}{\theta_{or}} = 1.73\sqrt{\frac{\rho_r}{\rho_0 - C_{min}}} \qquad (15\text{-}17)$$

取

$$\frac{\theta_{tc}}{\theta_{tr}} = \frac{\theta_{oc}}{\theta_{or}} = \eta_2 \qquad (15\text{-}18)$$

对不同轧机 η_2 波动在 $1.60 \sim 1.70$ 范围，轧机较大时其值较小。

以角 θ_{tr} 表示角 θ_{tc}，并把所得的值代入 F_s^x，可把 F_s^x 的计算公式写成更简单的形式：

$$F_s^x = 2.82\eta_3 R_x \sqrt{\rho_x \Delta s_x} \qquad (15\text{-}19)$$

式中 η_3——接触面积的形状系数，对于二辊冷轧机其值为 $1.20 \sim 1.25$；对于三辊式冷轧管机可取 1.10。

相应地减壁区的总接触表面积可按下式确定：

$$F_s = 1.41\pi\eta_3 R_x \sqrt{\rho_r \Delta s_x} \qquad (15\text{-}20)$$

上两式以 ΔR_x 取代 Δs_x，则可求得总接触表面积的水平投影及总接触表面积。

15.2 周期式冷轧管金属的受力状态

冷轧管时变形区内金属各部位的应力状态比较复杂，而且会发生一定的变化，它主要与外摩擦、变形不均匀性、轧制制度有关。

15.2.1 冷轧管变形时的作用力

冷轧管时金属在轧辊与芯棒的作用下，金属是在不断改变着位置和形状瞬时变形区内变形的，金属的变形所受的作用力为轧辊的正压力 P、芯棒的正压力 N，轧辊的摩擦阻力 T 以及芯棒的摩擦阻力 T_1，如图 15-8 所示。

若在金属与轧辊接触的变形区中取一单元体，则其径向主应力 σ_1、周向主应力 σ_2 和轴向主应力 σ_3 均为压应力，所以冷轧管时金属变形基本应力的状态是三向压应力，但只在辊缝处（φ 角范围内）轴向承受单向拉应力，如图 15-9 所示。冷轧管时这种应力状态更有利于金属塑性的发挥。

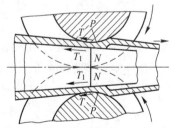

图 15-8 冷轧管变形时的作用力

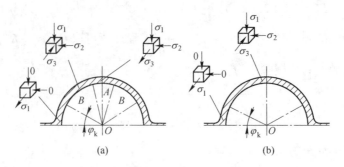

图 15-9　冷轧管时管壁不同部位的应力状态

(a) 机架正行程；(b) 机架反行程

15.2.2　冷轧管作用力计算

冷轧管时的作用力主要是轧制力与轴向力。

15.2.2.1　冷轧管时的轧制力

影响轧制力（全压力）的因素有送进量、变形量、金属的强度、管子的直径、润滑条件以及轧槽的开口度、半径和工作段长度等。轧制时金属对轧辊的全压力是随所在位置的变化而变化，沿孔型长度全压力的分布，如图 15-10 所示。

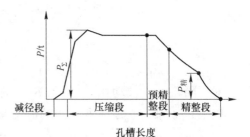

图 15-10　全压力沿孔型长度上的分布

15.2.2.2　某断面金属对轧辊的全压力公式

A　二辊冷轧管时轧制力的计算

在轧制过程中，计算断面上的金属对轧辊的全压力 p_Σ 为：

$$p_\Sigma = \bar{p}F \tag{15-21}$$

式中　$\bar{p}$——平均单位压力；

F——金属与轧槽接触面积的水平投影，mm^2。

B　金属与轧槽的接触面积

接触面积水平投影指的是压下段的接触面积，而减径段的接触面积可忽略，工作机架正行程时压下段接触面积的水平投影可用下式确定：

$$F_z = 1.41\eta D_x \sqrt{2\rho_{xz}\Delta s_z} \tag{15-22}$$

式中　η——形状系数，对两辊轧机 $\eta = 1.26$，对三辊轧机 $\eta = 1.10$；

D_x——计算断面处的孔型轧槽直径；

ρ_{xz}——断面处的轧槽顶部轧槽块半径，$\rho_{xz} = \rho_0 - R_x$；

ρ_0——轧槽块半径，亦即轧辊半径；

R_x——计算断面处的轧槽半径；

Δs_z——机架正行程瞬时壁厚绝对压下量，用式（15-6）计算。

工作机架反行程时压下段接触面积的水平投影可用下式计算

$$F_f = 1.41 \eta D_x \sqrt{2\rho_{xf} \Delta s_f} \tag{15-23}$$

式中　F_f——工作机架反行程时压下段接触面积的水平投影；

　　　Δs_f——工作机架反行程时压下段壁厚压下量；

　　　ρ_{xf}——反行程。

考虑到轧制强度高的合金，如钢、钛及黄铜时，孔型会产生弹性压扁，因孔型弹性变形而造成的接触面增量的水平投影，采用 Ю. Ф. 舍瓦金推荐用下式计算：

$$\Delta F = 3.9 \times 10^{-4} \sigma_b D_x \left(0.393\rho_0 - \frac{D_x}{6} \right) \tag{15-24}$$

工作机架正、反行程时压下段接触面积的全水平投影为：

正行程：
$$F = F_z + \Delta F \tag{15-25}$$

反行程：
$$F = F_f + \Delta F \tag{15-26}$$

C　单位压力的确定

下面介绍 Ю. Ф. 舍瓦金精度较高的计算公式。

正行程时的平均单位压力：

$$\bar{p}_z = \sigma_b \left[n_w + f \left(\frac{s_0}{s_{xz}} - 1 \right) \frac{\rho_{xz}}{\rho_i} \frac{\sqrt{2\rho_{xz}\Delta s_z}}{s_x} \right] \tag{15-27}$$

反行程时的平均单位压力：

$$\bar{p}_f = \sigma_b \left[n_w + (2.0 \sim 2.5) f \left(\frac{s_0}{s_x} - 1 \right) \frac{\rho_i}{\rho_{xf}} \frac{\sqrt{2\rho_{xf}\Delta s_f}}{s_x} \right] \tag{15-28}$$

式中　σ_b——金属在该变形量下的抗拉强度；

　　　n_w——考虑中间主应力 σ_2 影响系数，$n_w = 1.02 \sim 1.08$，一般取 1.05；

　　　s_x——计算断面处管子的壁厚，mm；

　　　s_0——管坯厚度，mm；

　　　f——摩擦系数，对钢、铝合金 $f = 0.08 \sim 0.10$；对紫铜、黄铜及其他有色金属 $f = 0.05 \sim 0.07$；

　　　ρ_{xz}——计算正行程断面处的轧槽顶部轧辊半径；

　　　ρ_{xf}——计算反向行程处的轧槽顶部轧辊半径；

　　　ρ_i——自动齿轮节圆半径。

机架反行程时的平均全压力大约等于 $(0.7 \sim 0.9)\bar{p}_z$。

15.2.3　金属对轧辊的平均全压力计算公式

在用上面给出的公式计算在轧制的某一瞬间的全压力时，必须具备孔型设计图和确定瞬时压下量。通常，在制订轧制工艺规程和设计轧机及选择参数时，可以用金属对轧槽的平均全压力来估算。平均全压力可由下面 Ю. Ф. 舍瓦金给出的公式求得。

（1）二辊式冷轧管金属作用轧辊上的平均轧制力计算：

$$\bar{P}_\Sigma = K_a K_b \sigma_{bc} (D_0 + D_1) \sqrt{m\lambda_\Sigma (s_0 - s_1) \frac{\bar{\rho}_k}{l_{pk}}} \tag{15-29}$$

式中　K_a——与金属强度有关的系数，铝合金取 $K_a = 1.1 \sim 1.17$，对钢可取 1.42；

K_b——与芯头锥度和不均匀变形有关的系数，当 $\tan\beta > 0.02$ 时，由公式 $K_b = \sqrt[8]{\dfrac{\tan\beta}{0.02}}$ 计算，当 $\tan\beta \leqslant 0.02$ 时 $K_b = 1.0$；

σ_{bc}——变形前后管材强度极限的平均值；

D_0——管坯的直径；

D_1——轧成管的直径；

ρ_k——轧槽压下段轧辊的平均半径；

l_{pk}——轧槽压下段的长度；

s_0——管坯的壁厚；

s_1——轧成管的壁厚；

λ_Σ——总延伸系数。

（2）多辊冷轧管金属作用轧辊上轧制力计算：

$$P_\Sigma = K\,\overline{\sigma}_b(D_0 + D_1)\sqrt{\left[m\lambda_\Sigma(s_0 - s_1)\right]\frac{\rho_r}{l_{dy}}} \qquad (15\text{-}30)$$

式中 K——系数，与轧制条件（外接触区、均匀变形、摩擦条件）和滑道精整段形状有关。当滑道精整段做成合适的反斜度时，一般取 1.6~2.2，轧制条件和调整不好时取上限；

$\overline{\sigma}_b$——变形前后管材强度极限的平均值；

ρ_r——轧辊的轧制半径，$\rho_r = R_n\dfrac{OB}{AB} = R_x\dfrac{l_1}{l_0}$（$R_n$ 为辊颈半径、AB 为摇杆上部 l_0；OB 为摇杆下部 l_1，参见图 15-11）；

l_{dy}——滑道压缩段长度；

m——送料量；

λ_Σ——总延伸率。

15.2.4　冷轧管的轴向力

在冷轧管过程中，管坯在轴向上受到轧辊作用的力。在机架正、反行程开始时受到轴向拉力，终了时受到轴向压力，而且可达最大值。轴向力的大小，大约为金属对轧辊全压力的 10%~35%。

轴向压力的存在会造成插头，即前后两个管子的端头相互插入，此种现象在轧制薄壁管时特别严重。此外还会使管子折皱、芯杆纵向弯曲、工作锥向后审动，使送进时管子由芯棒上脱开力增大，导致轧机生产率降低和送进机构迅速磨损。轴向拉力和压力的存在还会使管坯纵向移动，引起轧槽工作段长度上的压下量发生变化。

轴向力的产生从根本上来说是由于在变形区中作用力在轧制轴线上的投影不为零所

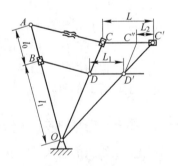

图 15-11　多辊周期式冷轧管机杆系调整示意图

（传动机构示意图可参见图 16-17）

致。它与冷轧管过程中的运动学特点有关。轴向力的大小与轧制力、送进量、变形量、金属与轧槽间的相对滑动、摩擦力、工艺润滑以及孔型设计有关。但是，对轴向力影响最大的因素是轧辊主动齿轮的节圆半径，它决定着轴向力的大小和符号。

轴向力的大小在机架正、反行程时是不相同的。在正行程时，为轧制力的 6% ~ 10%；反行程时为 10% ~ 15%。而且，轴向力在机架行程中是变化的，特别在行程终了时可达最大值。确定两辊和多辊冷轧管机轧制时的轴向力可参阅有关书籍。

例 1 在 LG-30 冷轧管机上用 39mm×（3.5~25）mm×1.0mm 孔型轧制 H68 黄铜管，$m = 40.8$mm，$\tan\beta = 0.02$，轧槽压下段轧辊半径 $\rho_0 = 150$mm，主动齿轮节圆半径 $\rho_j = 140$mm，求断面 2 处的全压力 P_Σ 及平均全压力 $\bar{p}_\Sigma$（参见图 15-12）。

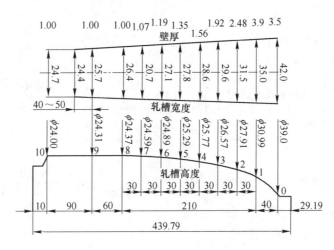

图 15-12　轧槽尺寸

解：

1. 确定断面 2 处管子壁厚压下量

$$\Delta s_2 = m\lambda_2(\tan\alpha_{1\sim2} - \tan\beta)$$

$$\tan\alpha_{1\sim2} = \frac{D_1 - D_2}{2l_{1\sim2}} = \frac{30.99 - 27.91}{2 \times 30} = 0.0514$$

$$\lambda_2 = \frac{(D_0 - s_0)s_0}{(D_2 - s_2)s_2} = \frac{(39 - 3.5) \times 3.5}{(27.91 - 2.48) \times 2.48} = 1.97$$

$$\varepsilon_2 = 49.2\%$$

则 $\Delta s_2 = 7.9 \times 1.97 \times (0.0514 - 0.02) = 0.767$mm

在机架正行程时 $\Delta s_{z2} = 0.7\Delta s_2 = 0.7 \times 0.767 = 0.537$mm

在机架反行程时 $\Delta s_{f2} = 0.3\Delta s_2 = 0.3 \times 0.767 = 0.230$mm

2. 确定断面 2 处轧槽顶部轧槽块半径

$$\rho_2 = \rho_0 - D_2/2 = 150 - 27.91/2 = 136.05\text{mm}$$

3. 确定接触面积的水平投影，可用式（15-23）计算。

对机架正行程：

$$F_z = 1.41 \times 1.26 \times 27.91 \times \sqrt{2 \times 136.05 \times 0.537} + 3.90 \times 666.8 \times$$

$$27.91 \times 10^{-5} \times \left(0.393 \times 150 - \frac{27.91}{6}\right)$$

$$= 599.3 + 39.4 = 638.7 \text{mm}^2$$

变形量为 49.2% 的 H68 黄铜的 $\sigma_b = 666.8$MPa。

对机架反行程：

$$F_f = 1.41 \times 1.26 \times 27.91 \times \sqrt{2 \times 136.05 \times 0.23} + 3.90 \times 666.8 \times$$

$$27.91 \times 10^{-5} \times \left(0.393 \times 150 - \frac{27.91}{6}\right)$$

$$= 391.98 + 39.4 = 431.38 \text{mm}^2$$

4. 确定平均单位压力。

对机架正行程：

$$\bar{p}_z = 666.8\left[1.05 + 0.05 \times \left(\frac{3.5}{2.48} - 1\right) \times \frac{136.05}{140} \times \frac{\sqrt{2 \times 136.05 \times 0.537}}{2.48}\right]$$

$$= 764.8 \text{MPa}$$

对机架反行程：

$$\bar{p}_f = 666.8\left[1.05 + 2.2 \times 0.05 \times \left(\frac{3.5}{2.48} - 1\right) \times \frac{140}{136.05} \times \frac{\sqrt{2 \times 136.05 \times 0.230}}{2.48}\right]$$

$$= 798.4 \text{MPa}$$

5. 确定断面 2 处金属对轧槽的全压力。

机架正行程：

$$P_{z\Sigma} = \bar{p}_z F_z = 764.8 \times 638.7 = 488.5 \text{kN}$$

机架反行程：

$$P_{j\Sigma} = \bar{p}_f F_f = 798.4 \times 431.38 = 344.4 \text{kN}$$

6. 确定金属对轧槽的平均全压力

$$\bar{p}_\Sigma = 1.12 \times 1.0 \times 668.8 \times (39 + 25) \times \sqrt{40.8 \times 1.97 \times (3.5 - 1.0) \times \frac{140}{310}}$$

$$= 456.87 \text{kN}$$

例2 在 LD-60 多辊轧管机上轧制 5A05 合金 $\phi 47$mm×1.0mm 管材，管坯尺寸为 $\phi 51 \times$ 1.5mm，送进量 m 为 10mm。轧机与工具的参数为：轧辊辊颈半径 $R_n = 32.5$mm、摇杆下部 $OB = 552$mm、摇杆上部 $AB = 348$mm、滑道压缩段长度 $L_{dy} = 120$mm。求金属对轧辊的平均全压力。

解：

1. 确定工作锥压下段长度

$$L_{zy} = L_{dy}\frac{OB}{AB} = L_{dy}\frac{l_i}{l_o}$$

$$L_{zy} = 120 \times \frac{552}{348} = 190 \text{mm}$$

2. 确定轧辊轧制半径

$$\rho_r = R_e \frac{OB}{AB} = R_e \frac{l_i}{l_o}$$

$$\rho_r = 32.5 \times \frac{552}{348} = 51.6\text{mm}$$

3. 确定延伸系数与变形程度

$$\lambda_\Sigma = \frac{(51 - 1.5) \times 1.5}{(47 - 1.0) \times 1.0} = 1.61$$

$$\varepsilon_\Sigma = \frac{1.61 - 1}{1.61} \times 100\% = 38\%$$

4. 确定平均抗拉强度 $\overline{\sigma}_b$。由有加工手册中查得，5A05 退火状态的 σ_{b0} 为 284.4MPa，$\varepsilon_\Sigma = 38\%$ 时，σ_{b1} 为 402.1MPa，则

$$\overline{\sigma}_b = \frac{284.4 + 402.1}{2} = 343.3\text{MPa}$$

5. 确定平均全压力。取系数 $K = 2.0$，则按式（14-30）求得

$$\overline{p}_\Sigma = 2.0 \times 343.3 \times (51 + 47) \times \sqrt{10 \times 1.61 \times (1.5 - 1.0) \times \frac{51.6}{190}} = 99.6\text{kN}$$

思考练习题

15-1 分析冷轧管变形过程。

15-2 明确说明工作锥、芯棒的作用以及孔型结构、变形区结构、瞬时变形区、分散变形度的含义。

15-3 给出冷轧管正行程与反行程壁厚压下量计算以及一个轧制周期中壁厚压下量计算方法。

15-4 分析冷轧管时金属的受力与应力状态。

15-5 结合例题分析二辊、多辊冷轧管时轧制力计算过程与公式。

16 周期式冷轧管孔型设计

16.1　周期式冷轧管孔型设计概述

周期式冷轧管的孔型设计对管材生产是一项非常重要的工作，它直接影响到冷轧管机的生产率、管材的质量及工具使用寿命。设计者的工作是制定工艺，选择设备与设计孔型，对设备参数、孔型参数及工艺参数等进行计算。

16.1.1　孔型设计依据与内容

16.1.1.1　设计依据

（1）设备固有参数：轧辊直径、工作机架的行程长度、孔型空转行程长度（入口和出口）、轧辊间隙。

（2）设计目标参数：管坯和成品管的尺寸（外径和壁厚）、设计预期的每次工作行程的最大送进量。

16.1.1.2　设计内容

根据制定的工艺，选择设备，确定的孔型并进行设计和计算。

（1）主动齿轮的节圆直径；

（2）孔型上各段对应的展开长度及其圆心角；

（3）孔型轧槽和芯棒形状与尺寸；

（4）轧槽侧边开口与过度圆半径。

16.1.2　孔型设计参数

孔型设计参数包括：轧辊直径、主动齿轮节圆、管的直径与壁厚以及按主动齿轮节圆周长所计算的送进、回转和工作段长度。

对一台冷轧管机而言，轧制力、轴向力、送进量、变形量、金属与轧槽间的相对滑动、摩擦力、工艺润滑是与孔型设计有关的参数。但是，对轴向力影响最大的因素是轧辊主动齿轮的节圆半径，它决定着轴向力的大小。轴向力在机架正、反行程时是不相同的，而且轴向力在机架行程中是变化的，特别在行程终了时可达最大值。

16.1.3　孔型的形状

任一径向截面上的孔型形状一般是一个带直线侧壁的圆孔型，如图 16-1 所示。该圆孔型的半径 R_x 在工作部分开始处最大，并等于管坯半径，在精整段上最小，并等于所轧管的半径，中间逐渐过渡。孔型的宽度 B_x 略大于孔型高度（$2R_x$）。宽度和孔高之差即为孔型的开口度。和孔型侧壁开口部分相对应的中心角 φ_p 称为开口角，确定轧槽孔型各截面的宽度时，应同时考虑开始咬入时进入所讨论的孔型截面的工作锥的原始宽度，以及它在以后变形过程中由于压扁和宽展所造成的宽度变化。

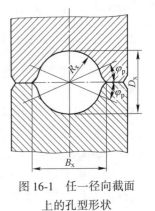

图 16-1　任一径向截面上的孔型形状

16.1.4　轧槽块的结构形式

轧槽的孔型按其轧槽块的形状主要有马蹄孔型、环形孔型及半圆形孔型 3 种结构形式，如图 16-2 所示。其中，环形孔型比较先进，它具有较大的回转角度和工作段长度，生产效率高。但是，目前现场大量使用的仍然是旧式冷轧管机，轧槽块皆为半圆形的。因而，以下的孔型设计只针对半圆形孔型。

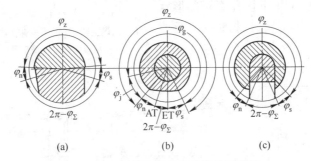

图 16-2　不同结构形状的轧槽块示意图

(a) 半圆孔型；(b) 环形孔型；(c) 马蹄形孔型

φ_z—轧制角；φ_n—出口回转角；φ_s—入口回转角；

φ_g—工作角；φ_j—精整角；$\varphi_\Sigma = \varphi_z + \varphi_n + \varphi_s$

16.2　二辊周期式冷轧管半圆形孔型设计

16.2.1　半圆形孔型组成

轧槽块成半圆形，其圆心角为 180°，属于传统的孔型。半圆形孔型脊部展开图，如图 16-3 所示，它主要由 3 个基本部分组成，即送进空转部分 Ⅰ、工作部分 Ⅱ~Ⅴ 和回转空转部分 Ⅵ，长度分别为 l_z、l_g、和 l_{zn}。

孔型的工作部分可细分成几部分，即减径段 Ⅱ、壁厚压下段 Ⅲ、预精整段 Ⅳ 和精整段 Ⅴ 组成，其各段的长度分别为 l_j、l_y、l_n、和 l_d。

(1) 减径段 Ⅱ：作用是压缩管坯送进部分的直径，该段的长度与管内径和芯棒间的间隙以及孔型脊部的锥度有关，在减径过程中管壁稍有增厚。

(2) 壁厚压下段 Ⅲ：对管壁进行压下，是金属变形最集中的区域。

(3) 预精整段 Ⅳ：完成管壁的最终成型。

(4) 精整段（定径段）Ⅴ：使管材外径达到规定尺寸并获得质量良好的表面。

孔型的工作部分轧槽块脊部的半径 R_γ，在工作部分的开始处具有最小值，并且向这一部分的末端逐渐增大，在精整段 R_γ 不变。

16.2.2 芯棒形状及在孔型中的位置

二辊周期式冷轧管机一般使用锥形芯棒，芯棒及其在孔型中的位置如图16-4所示。使用锥形芯棒可调整它与孔型间的相对位置，改变所轧管子壁厚。芯棒的锥度一般取 $2\tan\beta$ $=0.01\sim0.04$。二辊冷轧管变形主要集中在壁厚压下段。压下段孔型脊部的形状决定了变形过程中沿孔型长度上变形量及轧制力分布，直接影响轧机生产力、产品质量及工具寿命。因此，正确合理地确定压下段孔型脊部形状是二辊冷轧管机工具孔型设计的一个重要内容。

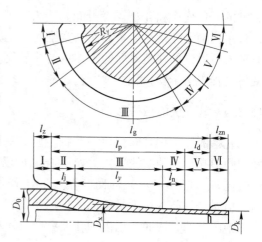

图16-3 二辊冷轧管半圆形孔型脊部展开图

Ⅰ—送进空转部分；Ⅱ—减径段；Ⅲ—壁厚压下段；
Ⅳ—预精整段；Ⅴ—精整段；Ⅵ—回转空转部分

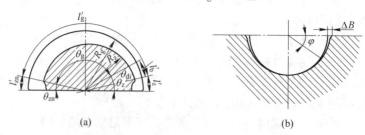

图16-4 芯棒及芯棒在工作锥中的位置

Ⅱ—减径段；Ⅲ—壁厚压下段；Ⅳ—预精整段；Ⅴ—精整段
1—轧槽精整段的原始位置；2—轧槽精整段的工作位置

16.2.3 轧槽块与轧槽

冷轧管机沿孔型顶部剖开断面展开图如图16-5所示，它主要由3个基本部分组成，即送进空转部分圆心角为 θ_z 的空转轧槽块与轧槽断面部分长度 l_z'、金属变形工作部分圆心角为 θ_g 的工作长度 l_g' 以及回转空转部分圆心角为 θ_{zn} 空转部分长度 l_{zn}'，在图16-5中：

（1）按轧槽块圆周计算的各段长度：l_z'、l_g'、和 l_{zn}'。

（2）按主动齿轮节圆计算的各段长度：l_z、l_g、和 l_{zn}。

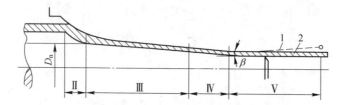

图16-5 沿孔型顶部剖开的孔槽块与轧槽横断面

（a）沿孔型顶部剖开的轧槽块断面；（b）孔型轧槽横断面

孔型的孔槽宽度 B_x 略大于孔槽的直径 D_x，宽度和直径之差即为孔型的侧壁开口度，

即 $\Delta B_x = B_x - D_x$。

这一开口是制作在 φ 角所包括的那一部分在孔型上，如图 16-5（b）所示，φ 角的参考值如表 16-1 所示。

表 16-1　孔型孔槽侧面开口所在角度 φ 的参考值

轧槽块直径 /mm	$\varphi/(°)$			
	在减径段开始	在压下段	在预精整段开始	在预精整段
300	35~32	32~29	29~27	20~25
364	24~31	31~27	27~25	25~23
434	20~25	25~22	22~20	20~18
550	16~18	孔型中部	22~20	17~15

对于同一种型号的轧管机，在其技术性能范围内设计任一种孔型时，孔型的工作部分和空转部分的长度，在预先确定之后就不再改变，表 16-2 列出几种轧机的孔型空转部分和工作部分长度的参考值。

表 16-2　孔型工作部分和空转部分长度的参考值　　　　　　　　（mm）

轧机规格	按主动齿轮节圆计算的各段长度			按轧槽块圆周计算的各段长度		
	l_z	l_g	l_{zn}	l'_z	l'_g	l'_{zn}
LG30（32）	20.9	389	29.8	22.4	417	31.9
LG55（55）	6.2	537.4	6.2	6.45	558.9	6.45
LG80（75）	21.0	609.0	7.5	22.5	650.8	8.7

如果知道了孔型回转角 θ_{zn}、送进角 θ_z 和工作角 θ_g 时，可以按轧辊主动齿轮的节圆直径 $D_节$，求出各段长度：

孔型送进段长度　　　　　　　　$$l_z = \frac{\theta_z \cdot \pi \cdot D_j}{360} \qquad (16-1)$$

孔型回转段长度　　　　　　　　$$l_{zn} = \frac{\theta_{zn} \cdot \pi \cdot D_j}{360} \qquad (16-2)$$

孔型工作段长度　　　　　　　　$$l_g = \frac{\theta_g \cdot \pi \cdot D_j}{360} \qquad (16-3)$$

孔型的总行程也即机架的工作行程，它是每台轧管机固有的技术数据，很明显它必然符合式（16-4）关系：

$$l_\Sigma = l_g + l_z + l_{zn} \qquad (16-4)$$

式中　l_Σ——机架工作行程长度，也即孔型的总行程长度。

孔型工作部分的轧槽可以分为下列几个区段，参考图 16-6。

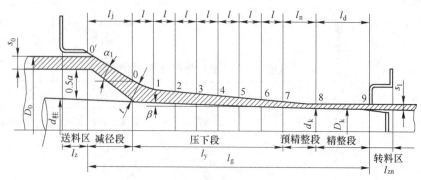

图 16-6　轧槽展开分段与孔型设计用图

16.2.4　轧槽工作段长度计算

16.2.4.1　减径段

减径段的长度 l_j 要根据孔型允许的最大锥度来确定，可按式（16-5）计算：

$$l_j = \frac{a}{2\tan\alpha_1 - 2\tan\beta}$$　（16-5）

式中　$2\tan\alpha_1$——减径段中孔型顶部锥度，一般情况下 $2\tan\alpha_1 = 0.13 \sim 0.2$；

　　　$2\tan\beta$——芯头锥度，对 LG30、LG55 其值可按表 16-3 推荐数值选取；

　　　a——管坯内表面与芯头圆柱部分间的间隙，$a = d_0 - d_{bz}$（d_0 为管坯内径，d_{bz} 为芯棒圆柱部分直径）。

管坯在减径段被减径后，壁厚增加值可按下面公式求得：

$$\Delta s_0 = (0.05 \sim 0.06)a$$

表 16-3　各种轧管机芯棒锥度范围

轧管机规格	管坯与成品管直径差 $D_0 - D_1$ /mm	芯头锥度 $2\tan\beta$
LG30（32）	<13	0.01~0.015
	<13	0.02
LG55	<14	0.01
	14~18	0.015
	>18	0.02~0.03
LG80（76）	12~16	0.01
	17~22	0.02
	23~28	0.03
	>29	0.04

注：轧制特薄壁厚管材时，芯头锥度应更小一些，更小可取 0.0035~0.002。

16.2.4.2　压下段

管坯在压下段 l_y 中除逐渐减小直径之外，主要是进行壁厚减薄的变形，轧槽块及孔型断面形状和分段（见图 16-3）。孔型各段长度有两种表示方法，即按主动齿轮的节圆周长或轧槽块外圆周长表示孔型各段长度。前一种表示方法用于孔型及靠模设计与计算，后一种表示方法用于加工制造轧槽块时在其外圆上画线，以便检查孔型各段尺寸。压下段的长度可按表 16-2 来选取。

A　压下段工作锥各段壁厚 s_x 的确定

常把压下段长度分为 5~10 段，压下段工作锥各段的壁厚 s_x 可按下式计算：

（1）线性变形关系壁厚计算：

$$s_x = \frac{s}{\dfrac{\lambda_{\Sigma s} - 1}{1 + n_1}\left(1 + n_1 \dfrac{x}{l_y}\right)\dfrac{x}{l_y} + 1} \tag{16-6}$$

（2）对数变形关系壁厚计算：

$$s_x = \frac{s}{\dfrac{\lambda_{\Sigma s} - 1}{1 - e^{-n}}\left(1 - e^{-n\frac{x}{l_y}}\right) + 1} \tag{16-7}$$

式中　s_x——所求断面上管材壁厚；

　　　s——考虑经过减径之后，管壁增厚的管坯壁厚；

　　$\lambda_{\Sigma s}$——考虑壁厚变形的总延伸系数；$\lambda_{\Sigma s} = s/s_d$（$s_d$ 为成品管壁厚）；

　　　x——从压下段起点到计算断面的距离；

　　　l_y——压下段长度；

　　x/l_y——以压下段为起点的变动坐标位置（在 0~1 之间）；

　　　n——系数，取 0.64；

　　　n_1——系数，取 0.1。

对于式（16-6）能满足相对变形按线性关系逐渐减小的规律，而式（16-7）则能满足相对变形按对数关系逐渐减小的规律。

B　压下段 l_y 的确定

压下段是孔型的主要塑性变形段，管坯在此段进行减径和减壁。如已知工作段 l_g、减径段 l_j、预精整段 l_n 和精整段 l_d 的长度，则可求出压下段长度

$$l_y = l_g - (l_j + l_n + l_d) \tag{16-8}$$

在孔型设计时，应在保证管子质量的前提下尽可能增加压下段长度。压下段缩短，则一个送进量体积在此段辗轧次数相应地减少，每一个工作行程中的变形量相应增加，从而有可能出现横向裂纹。因此，在求出压下段长度后，最好用分散变形系数 n_s 进行验算：

$$n_s = \frac{3l_y}{m(1 + 2\lambda_{\Sigma})} \tag{16-9}$$

所得的分散变形系数 n_s 应大于最小分散变形系数 n_{smin}，否则应减小送进量 m 或总变形量、增大 l_g 长度。表 16-4 所列数据可供参考。

表 16-4　各种合金的最小分散变形系数

合　金	变形程度/%	n_{smin}
紫铜	85	5.5~7
H62[①]	85~88	6.7, 9~10
H62	85~83	10~14
H68	80~85	5~5.5
HSn70-1	73~78	7.2~9.0
B5	70~80	5~5.5
TA1	70~80	7.5~8
TA7	50~65	14~15
TC2	60~70	10~11
1Cr18Ni9Ti	81	11~12

①挤压后退火的管坯。

16.2.4.3　预精整段

预精整段 l_n 的作用是对管子的壁厚进行精整，管坯经过此段后，壁厚不再变化，并等于成品管的壁厚。为此，预精整段的锥度必须与芯棒锥度相等，即 $\alpha_1 = \beta$，否则将使成品管在纵向上的壁厚不均匀。

预精整段 l_n 的长度值，应不小于每次工作行程后的金属纵向增长量，并可用式（16-9）求得：

$$l_n \geqslant Nm\lambda_\Sigma \tag{16-10}$$

式中　N——预精整系数，$N = 1.0 \sim 1.4$。上限用于轧制高精度壁厚的管子，一般取 $N = 1.0$；

m——进料量，mm；

λ_Σ——总延伸系数。

在轧制厚壁的管或中间坯料，即冷轧后进行拉拔的管子时，不一定有此段。

16.2.4.4　精整段

精整段（定径段）l_d 的作用是使管子获得精确的外径，因此这一段的轧槽顶部的半径是不变的。精整段的长度

$$l_d = K_d m\lambda_\Sigma \tag{16-11}$$

式中　K_d——整径系数，$K_d = 1.5 \sim 3.0$，其中 $2\tan\alpha_1$ 值大的取上限，小的取下限，即 $2\tan\alpha_1 \leqslant 0.01$ 时，$K_d = 1.5$；$2\tan\alpha_1 = 0.01 \sim 0.04$ 时，$K_d = 2 \sim 2.5$。

16.2.5　孔型轧槽的计算

孔型轧槽宽度也与孔型顶部一样，对管子质量和冷轧管机的生产率有着很大的影响。孔型轧槽开口不够大时，会使轧出的管子表面发生折叠、压痕、啃伤等缺陷。孔型轧槽开口过大，将增加壁厚压下（沿周边）的不均匀性，从而造成成品管的壁厚不均，对塑性差的硬合金，过大的孔型开口，容易在管子上形成裂纹。

16.2.5.1　轧槽边圆角

若孔型轧槽开口度过大时，还引起工具局部的很快磨损。为避免轧槽边啃伤管子，除了按一定值增加开口度之外，轧槽边应当做成圆角，圆角数值见表 16-5。

表 16-5　轧槽圆角参考值　（mm）

成品管壁厚	圆角范围
≤0.8	1.2~1.5
≤0.6	0.8~0.5

16.2.5.2　轧槽宽度计算

轧槽宽度计算公式

$$B_x = D_x + 2[K_t m\lambda_{xs}(\tan\alpha_x - \tan\beta) + K_d m\lambda_{xs} \cdot \tan\beta]$$
$$= D_x + K_t m\lambda_{xs} \cdot 2(\tan\alpha_x - \tan\beta) + K_d m\lambda_{xs} \cdot 2\tan\beta \qquad (16\text{-}12)$$

式中　D_x——所计算断面上的孔型直径，mm；

$\quad m$——送料量，mm；

$\quad \lambda_{xs}$——该断面上管壁的延伸系数 $\lambda_{xs} = s_0/s_x$；

$\quad \alpha_x$——同该断面对应的那段孔型的圆锥角；

$\quad \beta$——芯头锥角；

$\quad K_t$——考虑强迫宽展和工具磨损系数，对各种规格的冷轧管机，都可参考表 16-6 选取 K_t 的值；

$\quad K_d$——考虑水平压扁系数，K_d 取 0.7。

表 16-6　磨损系数 K_t 值

计算截面序号	1	2	3	4	5	6	7
K_t	1.75	1.70	1.70	1.60	1.40	1.20	1.05

孔型入口处宽度（即 01 断面）可取 $D_x + (1.2 \sim 1.51)$mm，而 0 断面上的轧槽扩展量与 1 断面相同，8 断面上的孔型宽度可取 $D_x + (0.2 \sim 0.8)$mm，大规格轧管机取大值。

任一断面上的轧槽扩展量 ΔB 可写成下式：

$$\Delta B_x = B_x - D_x \qquad (16\text{-}13)$$

轧槽扩展量 ΔB_x 也可将式（16-13）简化为下式计算：

$$\Delta B_x = Km\lambda_{xs}2\tan\alpha_x \qquad (16\text{-}14)$$

式中　K——考虑金属强迫宽展和工具磨损的系数，取 1.1~1.15。

16.2.6　芯棒尺寸计算

芯棒分直锥芯棒与曲面芯棒，芯棒的设计与孔型的设计相匹配，直锥与曲面锥有所区别。直锥芯棒设计的主要参数是锥度、锥体母线的形状、长度及直径。在二辊冷轧管机上皆采用锥形芯棒，其母线最合理的应是一曲线。曲线芯棒应根据金属的屈服强度变化特性和对管子的质量所提出的要求而异。但是，这样的芯棒加工较复杂，所以广泛采用的仍是母线为直线的锥形芯棒。

芯棒的锥度对轧制过程有很大的影响。芯棒锥度越大，金属的变形越不均匀，从而导致轧制压力增大。但是，芯棒的锥度也不能过小，否则会使减径段中管坯减径量增加，引起管坯壁厚增加和金属显著加工硬化，给压下段的变形带来困难。

16.2.6.1 芯棒锥形部分的长度设计

芯棒锥形部分长度应等于轧槽顶部展开后的减径段 l_j、压下段 l_y、预精整段 l_n 长度之和 l_g，再加上精整段 $l_d = 100 \sim 150mm$ 的长度，（参见图 16-4）。

16.2.6.2 芯棒锥度计算：

芯棒锥度可用式（16-15）计算：

$$2\tan\beta = \frac{d_{bz} - d_1}{l_g} \tag{16-15}$$

式中 β——芯棒圆锥母线的倾角；

d_{bz}——芯棒圆柱部分的直径；

d_1——成品管内径，也即对应孔型预精整段完了芯头直径；

l_g——芯棒工作段长度。

芯头锥度小时，轧出的成品管尺寸比较精确，表面质量也好些。芯头锥度的选择可参考表 16-3。

16.2.6.3 芯棒各断面直径的确定

芯棒各断面的直径 d_x 是由精整段开始向前用式（16-16）进行计算：

$$d_x = d_1 + l_x 2\tan\beta \tag{16-16}$$

式中 d_1——管子内径；

l_x——由精整段开始处到所求断面的距离。

16.2.6.4 孔型高度（直径）的确定

各计算断面的孔型高度（直径）D_x 为：

$$D_x = d_x + 2s_x \tag{16-17}$$

但是，孔型各断面实际高度应由式（16-18）确定：

$$D'_x = d_x + 2s_x - \Delta_k \tag{16-18}$$

式中，Δ_k 为考虑在轧制、镗孔及研磨孔型时两个轧槽块的间隙，$\Delta_k = 0.4 \sim 0.5mm$。

16.2.6.5 芯棒形状与尺寸的实际设计参考例

（1）二辊冷轧管芯棒的形状，如图 16-7 所示。

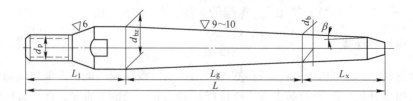

图 16-7 二辊冷轧管芯棒的形状

（2）二辊冷轧管芯棒的尺寸，参见表 16-7。

表 16-7　二辊周期式冷轧管芯棒的尺寸　　　　　　　　　　（mm）

轧机规格	公　差						
	0.05	±0.05	—	—	±1.0~1.5	—	—
	d_{bz}	d_b	d_p	L_1	L	L_g	L_x
LG-32	22~35.5	11~28	15.9~20.6	110~140	530	290	130
LG-55	34~56	17~42	20.6~31.8	140~120	690	110	150
LG-75	45~89	30~82	31.8~44.5	130~120	760	477	153

16.2.7　靠模设计

靠模是在专用机床上用来镗、磨加工轧槽块孔型时的样板。靠模设计包括计算其各段长度与高度（参阅图 16-8）。

16.2.7.1　计算靠模各段长度

靠模各段长度 L_x 与机床常数 k 和 ρ_j 有关并可用下式计算：

$$L_x = k\frac{l_x}{\rho_j} \tag{16-19}$$

式中　k——机床常数，对 52064、52065 型等机床，$k = 0.01^{-1}$；2629 型机床 $k = 0.00785^{-1}$。

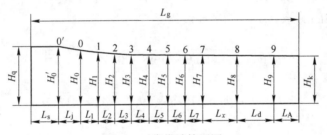

图 16-8　靠模计算用图

16.2.7.2　计算靠模各段高度

靠模各段高度 H_x 计算方法是从定径段终了断面 H_9 开始，逐一向前计算，精整段高度 H_9 的数值根据机床要求给定，一般为 33mm。在确定了靠模精整段标高后，用式（16-20）求其余断面高度：

$$H_x = H_{x+1} + \frac{D'_x - D'_{x+1}}{2} \tag{16-20}$$

靠模做出后应进一步加工，以便使各段圆滑过渡。

例 1　在 LG55 轧管机上，使用的 53mm×41mm 孔型轧制，给定的管坯尺寸为 53mm×47mm×3.0mm，轧出成品管尺寸为 41mm×39mm×1.0mm 2A12 铝合金管材，设计孔型。

解：

1. 已知数据

（1）轧辊主动齿轮节圆直径 $D_j = 350$mm；

（2）送进角 $\theta_z = 3°$，回转角 $\theta_{zn} = 2°$；

（3）芯头锥度查表 16-3，选取 $2\tan\beta = 0.01$；

（4）送料量定为 8mm；

（5）轧槽块半圆周长（按节圆齿轮计算）$l_{zh} = D_j \pi 1/2 = 549.5$mm；

（6）孔型工作段长度 $l_g = 534.5$mm。

2. 孔型各段长度设计

（1）总延伸系数　　$\lambda_\Sigma = \dfrac{(D_0 - s_0)s_0}{(D_1 - s_1)s_1} = \dfrac{(53 - 3) \times 3}{(41 - 1) \times 1} = 3.75$

（2）送进段长度　　$l_z = \dfrac{\theta_z \cdot \pi \cdot D_j}{360} = \dfrac{3 \times 3.14 \times 350}{360} = 9.2$

（3）回转段长度　　$l_{zn} = \dfrac{\theta_{zn} \cdot \pi \cdot D_j}{360} = \dfrac{2 \times 3.14 \times 350}{360} = 6.1$

（4）预精整段长度　　$l_n = K_z m \lambda_\Sigma = 1.4 \times 8 \times 3.75 = 42$mm

（5）精整段长度　　$l_d = K_d m \lambda_\Sigma = 2.0 \times 8 \times 3.75 = 60$mm

（6）减径段长度。已知工作段长度 l_g 为 534.5mm，则有效压下段长度

$$l_u = L_g - l_d = 534.5 - 60 = 474.5\text{mm}$$

芯棒圆柱段直径

$$d_{bz} = 2\tan\beta \times l_u + (D_1 - 2S_1) = 0.01 \times 474.5 + (41 - 2 \times 1) = 43.74\text{mm}$$

又　　　　$a = D_0 - 2S_0 - d_{bz} = 53 - 2 \times 3 - 43.74 = 3.26\text{mm}$

减径段锥度 $2\tan\alpha_1$ 取 0.18，则减径段长度

$$l_j = \frac{a}{2\tan\alpha_1 - 2\tan\beta} = \frac{3.26}{0.18 - 0.01} = 19.2\text{mm}$$

（7）压下段长度

$$l_y = l_u - l_j - l_z = 474.5 - 19.2 - 42 = 413.3\text{mm}$$

取 413mm。

3. 孔型压下段轧槽顶部尺寸计算

（1）壁厚总延伸系数。考虑变形量最大的情况，管坯取正偏差，成品管取负偏差，则：管坯壁厚：$s_0 = 3.0 + 0.35 = 3.35$mm；成品管壁厚 $s_1 = 1.0 - 0.1 = 0.9$mm；管坯经过减径变形后的壁厚增量为 $\Delta s = 0.05a = 0.05 \times 3.26 = 0.16$mm 壁厚总延伸系数

$$\lambda_{s\Sigma} = \frac{s_0 + \Delta s}{s_1} = \frac{3.35 + 0.16}{0.9} = 3.9$$

（2）压下段分段长度。将压下段分 7 小段，每段长度：

$$\frac{l_y}{7} = \frac{413}{7} = 59\text{mm}$$

（3）计算各段壁厚。各段管壁厚，利用式（16-7）计算得：

$$s_1 = \frac{3.51}{\dfrac{3.9 - 1}{1 - e^{-0.64}}(1 - e^{-0.64\frac{1.59}{413}}) + 1} = 2.22\text{mm}$$

$$s_2 = \frac{3.51}{\dfrac{3.9 - 1}{1 - e^{-0.64}}(1 - e^{-0.64\frac{2.59}{413}}) + 1} = 1.72\text{mm}$$

$$\vdots$$

$$s_7 = \frac{3.51}{\dfrac{3.9 - 1}{1 - e^{-0.64}}(1 - e^{-0.64\frac{7.59}{413}}) + 1} = 0.90\text{mm}$$

（4）计算芯棒各段面直径。用式（16-16）计算，当考虑成品管壁厚负偏差时，管子内径应为 39.2mm，则芯棒各断面直径为：

$$d_7 = 39.2 + 0.01 \times 42 = 39.62\text{mm}$$

$$d_6 = 39.2 + 0.01(42 + 59) = 40.21\text{mm}$$

$$d_5 = 39.2 + 0.01(42 + 2 \times 59) = 40.80\text{mm}$$

$$\vdots$$

$$d_0 = 39.2 + 0.01(42 + 7 \times 59) = 43.75\text{mm}$$

$$d_{0'} = 39.2 + 0.01(42 + 413 + 19.2) = 43.94\text{mm}$$

（5）各断面孔型高度（直径）。用式（16-17），得：

$$D_0 = 43.75 + 2 \times 3.51 = 50.77\text{mm}$$

$$D_1 = 43.16 + 2 \times 2.22 = 47.60\text{mm}$$

$$\vdots$$

$$D_8 = 39.2 + 2 \times 0.9 = 41\text{mm}$$

4. 孔型各断面开口值及宽度

（1）按面积确定各断面延伸系数：

$$\lambda_{0'} = 1.0$$

$$\lambda_0 = \frac{(53 - 3.35) \times 3.35}{(50.77 - 3.51) \times 3.51} = 1.67$$

$$\vdots$$

$$\lambda_8 = \frac{(53 - 3.35) \times 3.35}{(41.0 - 0.90) \times 0.90} = 4.60$$

（2）轧槽各断面锥度。根据式（16-15）计算各轧槽，见图 16-9，得：

$$2\tan\beta_{0'-0} = \frac{53 - 50.77}{19.2} = 0.116$$

$$2\tan\beta_{0-1} = \frac{50.77 - 47.60}{59} = 0.053$$

$$\vdots$$

$$2\tan\beta_{7-8} = \frac{41.42 - 41.0}{42} = 0.01$$

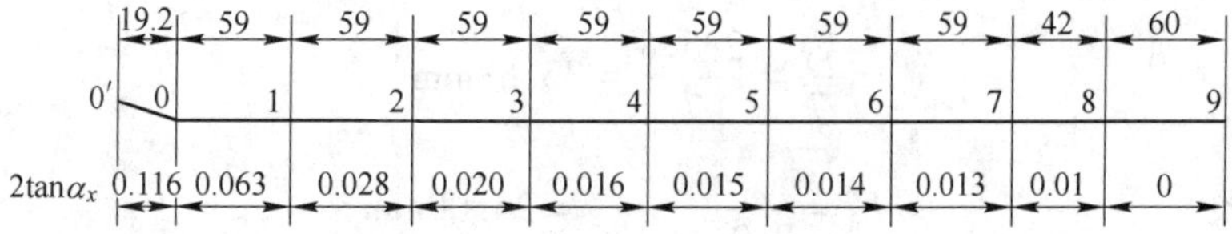

图 16-9　各计算区段中孔型轧槽锥度

（3）孔型宽度。根据式（16-12）、式（16-14）计算孔型宽度 $B_x = D_x + \Delta B_x$。ΔB_x 为孔型的开口值，

$$B_x = D_x + K_t m \lambda_{xs} \cdot 2(\tan\alpha_x - \tan\beta) + K_d m \lambda_{xs} \cdot 2\tan\beta$$

$$\Delta B_x = K_t m \lambda_{xs} \cdot 2(\tan\alpha_x - \tan\beta) + K_d m \lambda_{xs} \cdot 2\tan\beta$$

$$\Delta B_1 = 1.75 \times 8 \times 1.58 \times (0.053 - 0.01) + 0.7 \times 8 \times 1.58 \times 0.01$$
$$= 1.17 + 0.09 = 1.26\text{mm}$$

$$\Delta B_2 = 1.70 \times 8 \times 2.05 \times (0.028 - 0.01) + 0.7 \times 8 \times 2.05 \times 0.01$$
$$= 0.5 + 0.11 = 0.61\text{mm}$$

$$\vdots$$

$$\Delta B_7 = 1.05 \times 8 \times 3.9 \times (0.013 - 0.01) + 0.7 \times 8 \times 3.9 \times 0.01$$
$$= 0.10 + 0.22 = 0.32\text{mm}$$

取： $\Delta B_8 = 0.30\text{mm}$

$\Delta B_0 = \Delta B_1 = 1.26\text{mm}$

$\Delta B_{0'} = 1.4\text{mm}$

（4）轧槽宽度计算：

$$B_x = D_x + \Delta B_x$$
$$B_{0'} = 53.0 + 1.4 = 54.40\text{mm}$$
$$B_0 = 50.77 + 1.26 = 52.03\text{mm}$$
$$\vdots$$
$$B_7 = 41.42 + 0.32 = 41.74\text{mm}$$
$$B_8 = 41 + 0.30 = 41.30\text{mm}$$

5. 靠模各段长度及各断面高度确定：

（1）确定各断面孔型实际高度（直径），用式（16-18），得：

$$D_0' = 53\text{mm}$$
$$D_1' = 50.77 - 0.5 = 50.27\text{mm}$$
$$\vdots$$
$$D_8' = 41 - 0.5 = 40.50\text{mm}$$

（2）确定靠模各段长度。用式（16-19），取 $k = 0.01^{-1}$，得：

减径段 $$L_j' = \frac{19.2}{0.01 \times 175} = 10.92\text{mm}$$

压下段 $$L_y' = \frac{413}{0.01 \times 175} = 235.8\text{mm}$$

将压下段等分为 7 小段，每小段长度：

$$\frac{L_y'}{7} = \frac{235.8}{7} = 33.68\text{mm}$$

预精整段 $$L_n' = \frac{42}{0.01 \times 175} = 24.00\text{mm}$$

精整段 $$L_d' = \frac{60}{0.01 \times 175} = 34.29\text{mm}$$

（3）确定靠模各断面高度。用式（16-20），见图 16-10，取 $H_8 = 15\text{mm}$，得：

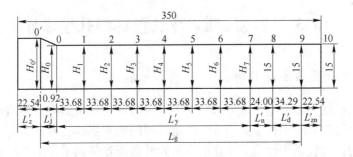

图 16-10　制造 53mm×41mm 孔型的靠模各断面高度

$$H_7 = 15 + \frac{40.92 - 40.50}{2} = 15.21\text{mm}$$

$$H_6 = 15.21 + \frac{41.65 - 40.92}{2} = 15.57\text{mm}$$

$$\vdots$$

$$H_0 = 18.3 + \frac{50.27 - 47.10}{2} = 19.89\text{mm}$$

$$H_{0'} = 19.89 + \frac{53 - 50.27}{2} = 21.25\text{mm}$$

孔型设计计算数据如表 16-8 所示。

表 16-8　孔型设计计算数据汇总表

计算断面号 计算参数	0′	0	1	2	3	4	5	6	7	8
管坯壁厚 s_x/mm	—	3.5	2.22	1.70	1.40	1.23	1.08	0.97	0.90	0.90
芯棒直径 d_x/mm	43.94	43.75	43.16	42.57	41.98	41.39	40.80	40.21	39.62	39.20
孔型高度 D_x/mm	53.00	50.77	47.60	45.97	44.78	43.85	42.96	42.15	41.42	41.00
延伸系数 λ_x	—	1.01	1.67	2.20	2.70	3.17	3.71	4.16	4.55	4.60
轧槽锥度 $2\tan\beta_x$	—	0.116	0.053	0.028	0.020	0.016	0.015	0.014	0.013	0.010
孔型开口值 ΔB_x/mm	1.40	1.26	1.26	0.61	0.48	0.38	0.36	0.34	0.32	0.30
孔型宽度 B_x/mm	54.40	52.03	48.83	46.58	45.26	44.23	43.32	42.49	41.74	41.30
孔型实际高度 D'_x/mm	53.00	50.27	47.10	45.47	44.28	43.35	42.46	41.65	40.92	40.50
靠模高度 H_x/mm	21.25	19.89	18.31	17.50	16.90	16.43	15.98	15.57	15.21	15.00

注：详见《轻金属材料加工手册》。

16.3　二辊周期式冷轧管环形孔型设计

16.3.1　主动齿轮节圆直径 D_j 的确定

轧辊直径是根据工艺要求来设计的，为了减少金属与孔型的相对滑动速度，减轻孔槽的磨损，轧辊齿轮的节圆半径应选择等于轧辊孔型的轧制半径，即 $R_j = R_z$。由于轧辊孔型的断面是变化的，故轧制半径也是变化的。通常轧辊齿轮节圆半径用经验公式估算：

$$R_j = R_z - 0.7R_1 \tag{16-21}$$

式中　R_j——轧辊齿轮节圆半径，mm；

R_z——轧辊半径，mm；

R_1——成品管外半径，mm。

16.3.2　孔型各段展开长度及对应圆心角计算

孔型各段展开长度及其对应圆心角，如图 16-11 所示。

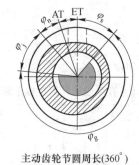

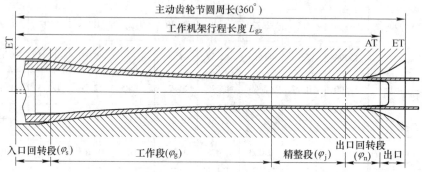

图 16-11　孔型各段展开长度及其对应的圆心角

（1）入口回转段：

$$L_s = \frac{\varphi_s \pi D_j}{360°} \tag{16-22}$$

式中　L_s——入口回转段长度（设备固有参数）；

φ_s——入口回转段对应的圆心角；

D_j——轧辊齿轮节圆直径。

（2）出口回转段：

$$L_n = \frac{\varphi_n \pi D_j}{360°} \quad (16\text{-}23)$$

式中 L_n——出口回转段长（设备固有参数）；

φ_n——出口回转段对应的圆心角。

（3）精整段：

$$L_j = \eta m \lambda_\Sigma = \frac{\varphi_j \pi D_j}{360°} \quad (16\text{-}24)$$

式中 L_j——精整段长度；

η——系数，一般取 1.5~2.0，对成品管尺寸精度要求较高时取 2.5~4.0；

m——设计预期的每次工作行程的最大送进量；

λ_Σ——总延伸系数，等于管坯与成品管断面面积之比；

φ_j——精整段对应的圆心角。

（4）工作段

$$L_g = L_{gz} - L_s - L_n - L_j = \frac{\varphi_g \pi D_j}{360°} \quad (16\text{-}25)$$

式中 L_g——工作段长度；

L_{gz}——工作机架行程长度；

φ_g——工作段对应的圆心角。

在进行孔型设计时，应根据轧机的具体情况，对孔型的空转行程长度（入口回转段和出口回转段）留有一定余量，以防止出现送进或回转不灵活的现象。

16.3.3 孔型各段轧槽顶部曲线直径的设计

工作段轧槽顶部曲线直径的计算方法如下，环形孔型轧槽展开图，如图 16-12 所示。

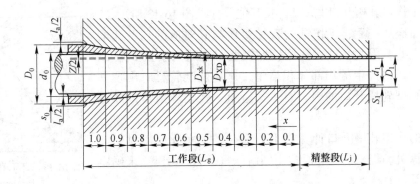

图 16-12 环形孔型轧槽展开示意图

当 $\dfrac{x}{L_g} > \left(\dfrac{x}{L_g}\right)_{limit}$ 时：

$$D_{xk} = D_1 + (D_0 - D_1 - Z - l_i)\left(\frac{x}{L_g}\right)^{E_3} + Z\frac{x}{L_g} + (l_i + l_a)\left[\frac{\dfrac{x}{L_g} - \left(\dfrac{x}{L_g}\right)_{limit}}{1 - \left(\dfrac{x}{L_g}\right)_{limit}}\right]^{E_2}$$

（16-26）

当 $\dfrac{x}{L_g} \leqslant \left(\dfrac{x}{L_g}\right)_{limit}$ 时：

$$D_{xk} = D_1 + (D_0 - D_1 - Z - l_i)\left(\frac{x}{L_g}\right)^{E_3} + Z\frac{x}{L_g} \qquad (16\text{-}27)$$

式中　D_{xk}——x 点的轧槽顶部直径；

D_1——成品管外径；

D_0——管坯外径；

Z——芯棒要求最小锥度；$Z_m \times (L_g/100)$；Z_m 为相对最小锥度，以 0.25% 进行计算；

l_i——管坯内壁与芯棒之间的间隙；

l_a——在 $x/l_g = 1$ 处轧槽顶部与管坯外壁之间的间隙；

E_2——孔型间隙指数，对铜及铜合金通常取 $E_2 = 2.0$；

E_3——孔型指数，对铜及铜合金通常取 $E_3 = 2.5$；

$(x/L_g)_{limit}$——随 E_2 变化的极值，对铜及铜合金通常取值为 0.7。

在充分考虑管坯尺寸公差的前提下，应将 l_1 和 l_a 的值尽可能选择小些。

由上述式中可看出，孔型工作段轧槽顶部直径的变化与管子的内径无关，孔型指数 E_3 决定减径量。

16.3.4　孔型工作段轧槽开口宽度 B_{kw} 的计算

孔型工作段轧槽开口宽度 B_{kw} 及其他尺寸见图 16-13 所示。

由于每次送进后，工作锥的直径要比与其对应的孔型轧槽顶部直径大些，因此必须在孔型轧槽侧壁留有适当余量 F_x，以容纳因管子送进产生的局部体积增量，避免轧制管材时出现耳子。影响孔型轧槽开口的因素有：送进量、孔型轧槽顶部曲线和芯棒曲线。

精确的孔型轧槽开口计算是十分复杂的，实际应用时只能借助于计算机编程来实现。通常用图解法（见图 16-14）来确定孔型轧槽开口。

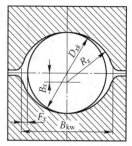

图 16-13　环形孔型轧槽断面示意图

上图中的横坐标 x 也就是前面提到的 x/L_g。根据图 16-13 可以得到如下孔型工作段轧槽开口宽度 B_{kw} 的计算公式：

当 $\dfrac{x + m\lambda_x}{L_g} > \left(\dfrac{x}{L_g}\right)_{limit}$ 时：

$$B_{kw} = D_1 + (D_0 - D_1 - Z - l_i)\left(\frac{x + m\lambda_x}{L_g}\right)^{E_3} + Z\frac{x + m\lambda_x}{L_g} + (l_i + l_a)\left[\frac{\dfrac{x + m\lambda_x}{L_g} - \left(\dfrac{x}{L_g}\right)_{\mathrm{limin}}}{1 - \left(\dfrac{x}{L_g}\right)_{\mathrm{limin}}}\right]^{E_2}$$

$$(16\text{-}28)$$

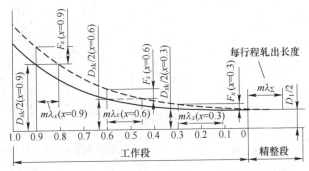

图 16-14　孔型轧槽开口的确定

当 $\dfrac{x + m\lambda_x}{L_g} \leqslant \left(\dfrac{x}{L_g}\right)_{\mathrm{limit}}$ 时：

$$B_{kw} = D_1 + (D_0 - D_1 - Z - l_i)\left(\frac{x + m\lambda_x}{L_g}\right)^{E_3} + Z\frac{x + m\lambda_x}{L_g} \qquad (16\text{-}29)$$

式中　m——送进量；

　　　λ_x——计算断面的延伸系数，等于管坯与计算断面管子的断面面积之比。

其他尺寸：

$$F_x = \frac{B_{kw} - D_{xk}}{2} \qquad (16\text{-}30)$$

$$R_x = \frac{D_{xk}}{2} + B_x \qquad (16\text{-}31)$$

$$B_x = F_x + \frac{F_x^2}{D_{xk}} \qquad (16\text{-}32)$$

在实际制造过程中，孔型轧槽两侧的边部应加工一定的圆角，以确保孔型轧槽开口处的圆滑。

16.3.5　孔型精整段轧槽顶部直径与轧槽开口宽度的确定

孔型设计时，孔型精整段各断面的轧槽顶部直径是不变的，其值等于成品管外径 D_1。轧槽开口宽度应从工作段结束时的宽度逐渐圆滑过渡到接近成品管外径。

孔型过渡段（从精整段到 ET）轧槽顶部直径和轧槽开口宽度的计算，见图 16-15。

（1）孔型过渡段轧槽顶部直径的计算公式：

$$D_k = 2(T_x + t) \qquad (16\text{-}33)$$

式中　D_k——孔型过渡段轧槽顶部直径，mm；

　　　t——轧辊间隙，mm；

T_x——孔型过渡段轧槽顶部深度，mm；

$$T_x = \frac{1}{2}D_z - s \qquad (16\text{-}34)$$

D_z——轧辊直径，mm。

当 $0 \le \alpha \le \alpha_0$ 时：

$$s = \frac{s_1}{\cos\alpha} \qquad (16\text{-}35)$$

当 $\alpha_0 < \alpha \le \beta$ 时：

$$s = R\frac{\sin(\beta - \alpha + \gamma)}{\sin(\beta - \alpha)} \qquad (16\text{-}36)$$

$$s_1 = \frac{D_z + t - D_0 - l'_a}{2} \qquad (16\text{-}37)$$

$$R = \frac{S_1 - S_0\cos\beta}{1 - \cos\beta} \qquad (16\text{-}38)$$

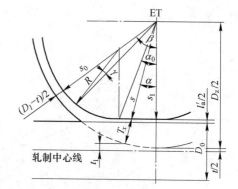

图 16-15　环形孔型过渡段轧槽示意图

$$\beta = 360° - \varphi_z - \varphi_g - \varphi_d \qquad (16\text{-}39)$$

式中　l'_a——孔型过渡段轧槽与管坯外径之间的间隙（取值比 l_a 大于 4~5mm）。

$$\gamma = \arcsin\left[\left(\frac{s_0}{R} - 1\right)\sin(\beta - \alpha)\right] \qquad (16\text{-}40)$$

$$\alpha_0 = \arctan\frac{(s_0 - R)\sin\beta}{s_1} \qquad (16\text{-}41)$$

（2）孔型过渡段轧槽开口宽度的计算公式：

$$B_{kw1} = 2\sqrt{\left(\frac{D_0 + l'_a}{2}\right)^2 - t_1^2} \qquad (16\text{-}42)$$

式中　B_{kw1}——孔型过渡段轧槽的开口宽度。

$$t_1 = \frac{t}{2} + \frac{D_z}{2}(1 - \cos\alpha) \qquad (16\text{-}43)$$

16.3.6　环形孔型芯棒设计

（1）芯棒工作段曲线直径的计算。抛物线形芯棒工作段直径的计算公式：

$$D_{xD} = d_1 + (d_0 - d_1 - Z - l_i)\left(\frac{x}{L_g}\right)^{E_1} + Z\frac{x}{L_g} \qquad (16\text{-}44)$$

式中　D_{xD}——x 点的芯棒直径；

　　　d_1——成品管内径；

　　　d_0——管坯内径；

　　　E_1——芯棒指数，对铜及铜合金通常取 $E_1 = 2.5$。

锥形芯棒工作段直径的计算公式：

$$D_{xD} = d_1 + Z\frac{x}{L_g} \qquad (16\text{-}45)$$

式中，$Z = d_0 - l_i - d_1$。

由上式可以看出，芯棒工作段直径的变化与管坯、成品管的外径是无关的。

（2）芯棒精整段各断面的直径，理论上也是不变的，其值等于成品管内径 d_1。在实际生产中，为了减小送进时的阻力和减少对芯棒精整段的磨损，通常在制造时，在芯棒精整段都留有一定的锥度（0.1~0.2mm）。

16.4 多辊周期式冷轧管孔型设计

多辊周期式冷轧管工具主要包括滑道、轧辊及芯棒。

多辊周期式冷轧管机由于辊子数目增多（3~6 个），使得轧辊与管坯表面间的滑动减小，从而改善了管子的表面质量。同时，由于辊子的尺寸大大减小，使金属对轧辊的压力以及由此而产生的机架系统的弹性变形亦相应减小，故可以生产出高表面质量、高精度的薄壁管材。

但是，此种结构形式的多辊冷轧管机也有其弱点，如送进量、减径量和一次工作行程的总变形量不能大，否则就会使管坯的表面质量和几何形状变坏，出现棱子、断面壁厚不均、划伤等缺陷。所有这些毛病都是由于所采用的辊子具有与成品管外径相同孔型之故。

因此，管坯的外径与成品管的外径相差不能太大，所以减径量自然也就很小。

例如：LD-15、LD-30 轧机，减径量不大于 2mm；

LD-60 轧机不大于 4mm；

LD-120 轧机不大于 5~7mm。

如此一来，对管坯的外径公差要求也较严格，一般 D_0 公差为 $\pm_{0.2}^{0.6}$。由于减径量小，管坯的偏心实际上得不到纠正，故成品管的壁厚偏差大约相当于管坯的壁厚偏差。多辊式冷轧管机总延伸系数通常为 1.5~3，最大可达 6 左右、相应的送进量 m 为 1~7mm，最大可达 15mm。

多辊式冷轧管机工具孔型设计：滑道、轧辊和芯棒的外形及尺寸。

16.4.1 滑道工作面设计

轧制时，轧辊的辊颈在滑道的工作面上滚动，滑道工作面的形状决定了管坯在轧制变形过程中工作锥（变形锥）的形状。轧辊在工作锥上滚动，因此工作锥各段的长度与滑道各段长度相差 ρ_r/R_n。

滑道由 4 段构成，即送进回转段、减径段、压下段和精整段组成，见图 16-16，每段的作用皆与二辊式冷轧管机轧槽块上的相同。

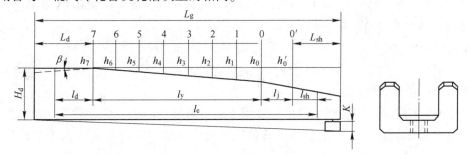

图 16-16 滑道设计用示意图

16.4.1.1　滑道总长度

滑道的总长度由下式确定，滑道总长度计算与轧机的连杆传动有关，如图 16-17 所示。不同型号的轧机滑道的最大长度 L_{max} 也不同。

$$L_{max} = L[\,1 - (l_0/l_1)\,] \qquad\qquad (16\text{-}46)$$

式中　L——机架行程长度，由设备设计时确定；

l_0——摇杆上臂最小长度；

l_1——摇杆下臂长度。

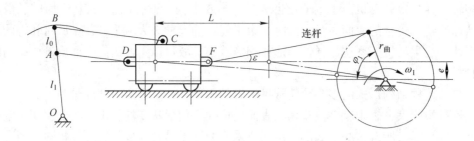

图 16-17　多辊周期式冷轧管机传动示意图

16.4.1.2　滑道工作段长度

滑道工作段长度

$$l_g = L(1 - l_0/l_1) - l_{sh} \qquad\qquad (16\text{-}47)$$

或

$$l_g = L/[\,1 + (\rho_r/R_n)_{max}\,] \qquad\qquad (16\text{-}48)$$

式中　l_{sh}——滑道送进回转段长度；

ρ_r——轧辊轧制半径；

R_n——轧辊辊颈半径。

16.4.1.3　滑道送进回转段长度

滑道送进回转段长度

$$l_{sh} = L_{sh}/[\,1 + (\rho_r/R_n)_{max}\,] \qquad\qquad (16\text{-}49)$$

式中　L_{sh}——管坯送进回转时机架移动的距离，由设备设计时确定。

16.4.1.4　滑道减径段长度

在多辊式冷轧管机上轧制管材时，根据前述主要是减壁，管坯内径与芯棒直径相差很小，对 LD-30 一般不超过 $1.0 \sim 1.5 \mathrm{mm}$，所以滑道的减径段长度 l_j 可取 $10 \sim 15 \mathrm{mm}$。

16.4.1.5　滑道精整段长度

滑道精整段长度

$$l_d = K_d m \lambda_{\Sigma} R_n/\rho_r \qquad\qquad (16\text{-}50)$$

式中　K_d——精整系数，取 $4 \sim 5$。

滑道的定径段通常与轧制轴线平行。为了减小薄壁成品管上的"波浪"和精整段上的力以及增加 $m\lambda_{\Sigma}$ 值，滑道精整段最好带点斜度，其精整段终了断面的下降高度 h_d 值如下：

轧管机	$h_{\mathrm{d}}/\mathrm{mm}$
LD-15	0.15~0.20
LD-30	0.20~0.30
LD-60	0.25~0.35
LD-120	0.35~0.45

也可以取 $\tan\beta = 0.005 \sim 0.008$ 的斜度。

16.4.1.6　滑道压下段长度

滑道压下段长度

$$l_{\mathrm{y}} = l_{\mathrm{e}} - (l_{\mathrm{sh}} + l_{\mathrm{j}} + l_{\mathrm{d}}) \tag{16-51}$$

式中　l_{e}——滑道有效长度，$l_{\mathrm{e}} = L \Big/ \left[\left(1 + \dfrac{\rho_{\mathrm{r}}}{R_{\mathrm{n}}}\right)_{\max}\right]$。

将压下段等分 3~7 小段，段数越多，曲线越精确。滑道两端在长度上还有一定余量，其数值由设备原始设计给定。

16.4.1.7　滑道各断面高度的确定

滑道压下段各断面的高度可以用式（16-6）求出各计算断面壁厚，然后用式（16-52）求出各断面高度：

$$h_x = s_x - s_1 \tag{16-52}$$

式中　s_x——断面处的管子壁厚；

　　　s_1——成品管壁厚。

滑道减径段与压下段 0—1 段的高度差为管坯直径减缩量之半。滑道定径段高度由原始设计给定。送进回转段与减径段的高度差可以取其等于零，也可以等于 3~4mm。滑道底面带有一定的斜度 K，其作用是可以用楔铁来调整轧辊间的距离，以便适应轧制不同规格的管子和控制成品管的外径偏差。

16.4.2　轧辊孔型设计

多辊式冷轧管机的轧辊形状及主要尺寸如图 16-18 所示。

16.4.2.1　轧槽顶部轧辊半径 ρ_{d} 的确定

轧槽顶部轧辊半径的大小关系到用它们可能轧出的成品管最小壁厚。如果 ρ_{d} 过大，则由于轧辊与金属接触面积增大而使轧制压力增大，从而引起轧辊弹性变形量增加，而轧不出所需的壁厚。根据在该轧辊上轧制的最小壁厚，用式（16-53）确定轧槽顶部轧辊半径 ρ_{d}：

$$\rho_{\mathrm{dmax}} \leqslant \frac{s_{1\min} \times 10^4}{1.87 f \sigma_{\mathrm{s}}} \tag{16-53}$$

式中　$s_{1\min}$——成品管的最小壁厚；

　　　f——摩擦系数，取 0.1。

轧辊的实际轧槽顶部轧辊半径要比式（16-53）计算出的数值要小。

16.4.2.2　辊环厚度 a 的确定

根据实验，辊环厚度可以用式（16-54）确定：

$$a = 0.7 R_1 \left(1 - \cos\frac{180°}{n}\right) \tag{16-54}$$

式中　n——轧辊个数；

　　　R_1——成品管外半径。

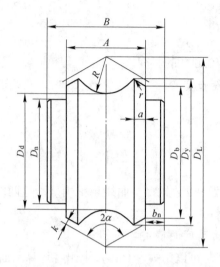

图 16-18　轧辊外形及主要尺寸图

D_n—轧辊辊颈直径；b_n—轧辊辊颈宽度；D_L—轧制成品管中心距直径；

D_b—轧辊辊肩直径；D_y—轧辊辊环直径；D_d—孔型顶部轧辊直径；R—成品管外径；

k—在精整段上两个辊子之间的间隙之半；a—辊环厚度；2α—包角

16.4.2.3　轧辊辊颈直径 D_n 与宽度 b_n 的确定

对一种规格的滑道所配备不同规格的轧辊，其辊颈直径相同。为了保证辊颈具有足够的强度，应满足下面给出的比值：

三辊：
$$\frac{D_n}{D_d} \approx 0.71 \sim 0.766$$

四辊：
$$\frac{D_n}{D_d} \approx 0.60 \sim 0.65$$

辊颈的宽度与其半径之比 b_n/R_n，根据轧管机规格的不同大约在下列范围内：

轧管机	b_n/R_n
LD-15	0.74
LD-30	0.78~0.82
LD-60	0.92
LD-120	0.57~0.60

16.4.2.4　轧槽开口的确定

为了避免辊环在轧制时压伤管子，轧槽必须有开口。一般轧槽开口角 φ_k 为 10°~18°。

16.4.2.5　轧辊轧制直径的确定

轧辊的轧制直径 D_r 可用下式求得：

$$D_r \approx D_n \frac{l_1}{l_0} \tag{16-55}$$

或

三辊：
$$D_r = D_z + 0.2D_1$$

四辊：
$$D_r = D_z + 0.1D_1$$

五辊：
$$D_r = D_z + 0.06D_1$$

16.4.2.6 轧辊其他尺寸的确定

（1）轧制成品管中心距

$$D_1 = D_z + D_1$$

（2）轧辊辊环直径

$$D_y = D_L - D_L\cos\frac{\alpha}{2} - 2k\sin\frac{\alpha}{2} \tag{16-56}$$

式中 α——包角，对三辊轧机 $2\alpha = 120°$；

k——在精整段上两个辊子之间的间隙之半，对 LD-15，$k = 0.5$mm、LD-30，$k = 0.5 \sim 0.75$mm、LD-60，$k = 0.8 \sim 1.0$mm。

（3）轧辊辊肩

$$D_b = D_1 - \alpha\cot\frac{\alpha}{2} - \frac{2k}{\sin\frac{\alpha}{2}} \tag{16-57}$$

当轧制薄壁管时开口角 φ 比计算值小 20% 左右，开口深度对中小轧机可取 0.2~0.3mm。

（4）开口圆角半径

$$r \approx 0.6(R_0 - R_1) \tag{16-58}$$

（5）轧辊。不同型号多辊周期式冷轧管机的轧辊结构尺寸参见表 16-9。

表 16-9 三辊周期式冷轧管机的轧辊结构尺寸

轧机型号	R_1	D_b	D_n	D_d	D_1	B	A
	7.5	75.0	45	80.62	90	34.5	74
LD-30	10	70	45	77.87	90	34.5	74
	15	60	45	72.35	90	34.5	74
	7	28	22	33.52	42	19	35
LD-15	6.5	29	22	34.07	42	19	35
	6	30	22	34.62	42	19	35
	3	27	16	28	30	11	23
LD-8	5	25	16	27	30	11	23
	8	22	16	25.5	30	11	23

16.4.3 芯棒设计

多辊式冷轧管机所使用的芯棒是圆柱形的（图 16-19）。为了消除管子内表面出现环形压痕和减小送进时所需之力，芯棒的前端稍带锥度。对 LD-15~LD-120 冷轧机，在芯棒前端送进量 $m = 20\sim50$mm 的长度上，直径差值约为 0.2~0.3mm。芯棒的长度应比辊架的最大行程长 80~150mm，以保证所轧出的管子具有较小的弯曲度。

表 16-10 为多辊周期式冷轧管机芯棒结构尺寸。

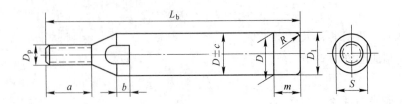

图 16-19　圆柱形芯棒图

表 16-10　多辊周期式冷轧管机芯棒结构尺寸　　　　　　（mm）

轧机型号	D	L_b	S	a	b	D_1	R	D_p
	28~36	520	22	40	20	$D-0.3$	4	M16×2
LD-60	36.1~46	520	27	40	20	$D-0.3$	4	M22×1.5
	46.1~60	520	32	40	20	$D-0.3$	4	1M30×2
	12~14	480		30		$D-0.2$	2	M8×1
LD-30	18.1~22	480		30		$D-0.2$	2	M12×1
	26.1~30	480		30		$D-0.2$	2	M20×1.5
	6~8	400	4	10	10	$D-0.2$	2	M4
LD-15	10.1~11	400	8	12	10	$D-0.2$	2	M6
	14.1~15	400	12	20	10	$D-0.2$	2	M10×1.25

制造冷轧管工具的材料，目前广泛使用的是 GCr15 滚珠轴承钢，经淬火、回火后硬度要求为 HRC58~62。螺纹连接部分硬度为 HRC25~35，工具的工作表面粗糙度 Ra 为 0.32。

例 2　在 LD-30 多辊式冷轧管机上用管坯 $\phi27.5mm×2mm$ 轧制成 $\phi24mm×1mm$ 管材，机架行程长度 $L=450mm$；送进和回转时机架行程长度 $L_{sh}=69mm$；$(\rho_r/R_n)_{max}=1.61$；$m\lambda_\Sigma=15mm$；试对滑道及轧辊进行孔型设计。

解：

滑道的有效长度 $l_e=L/[1+(\rho_r/R_n)_{max}]=450/(1+1.6)=173mm$。

滑道的送进回转段长度 $l_{sh}=L_{sh}/[1+(\rho_r/R_n)_{max}]=69/(1+1.6)=26mm$。

滑道的减径段长度取 $l_j=12mm$。

滑道的精整段长度 $l_d=4m\lambda_\Sigma R_n/\rho_r=4×15×0.6=36mm$。

滑道的压下段长度 $l_y=l_g-(l_{sh}+l_j+l_d)=173-(26+12+36)=99mm$。

管子壁厚总延伸系数 $\lambda_\Sigma=s_0/s_1=2/1=2$。

压下段等分 7 小段，每小段长为 14mm。用式（16-6）求出各计算断面壁厚与滑道压下段各计算断面高度用 $h_x=s_x-s_1$ 确定，计算值如表 16-11 所示。

表 16-11　滑道压下段管子各断面的壁厚与高度

名　　称	滑道压下段管子各断面的壁厚与高度值						
断面号数	1	2	3	4	5	6	7
壁厚/mm	1.69	1.48	1.38	1.21	1.12	1.05	1.00
高度/mm	0.69	0.48	0.38	0.21	0.12	0.05	0.00

思考练习题

16-1　明确几个概念：孔型、芯棒、瞬间变形、分散变形度、轧制力、轴向力、送进量、变形量、摩擦力、工艺润滑以及孔型设计有关孔型各段展开周长、轧辊直径、主动齿轮节圆直径与周长、管直径与壁厚等参数。

16-2　冷轧管孔型的结构与径向断面的形状是什么？

16-3　孔型轧槽块的种类、结构及各有什么特点？

16-4　了解二辊冷轧管半圆形孔型锥形芯棒的结构与设计，为什么二辊冷轧管采用锥形的芯棒。

16-5　了解二辊冷轧管半圆形轧槽各段长度计算与功能。

16-6　了解二辊冷轧管环形孔型设计孔型结构以及孔型轧槽展开长度计算各段作用。

16-7　明确多辊冷轧管孔型、滑道设计及芯棒设计，为什么芯棒设计为圆柱形。

16-8　LG80 冷轧机上轧制紫铜管材 $\phi45mm \times 2mm$，坯料为 $\phi65mm \times 7.5mm$。已知数据：主动齿轮节圆直径 $D_j = 406mm$；轧辊直径 $D_z = 434mm$；送料量 $m = 8.5mm$；送料段角度 $\theta_z = 8.05°$；回转段角度 $\theta_{zn} = 2.13°$；延伸系数 $\lambda_\Sigma = 5$；芯头锥度 $2\tan\beta = 0.01$。试完成该轧制孔型设计。

17　周期式冷轧管设备

17.1　二辊周期式冷轧管机结构与传动系统

17.1.1　二辊周期式冷轧管机结构

17.1.1.1　二辊周期式冷轧管机主要组成部分

二辊周期式冷轧管机主要组成部分包括：

(1) 主传动装置；

(2) 工作机架及底座；

(3) 管坯的回转和送进机构；

(4) 芯棒回转机构；

(5) 卡盘与装送料系统；

(6) 冷却及润滑系统；

(7) 电气传动及控制系统等；

(8) 液压系统。

17.1.1.2　二辊周期式冷轧管机在轧制过程中主要完成的动作

二辊周期式冷轧管机在轧制过程中主要完成的 3 个动作包括：

(1) 工作机架沿轧制方向往复移动；

(2) 轧辊在随工作机架移动的同时，围绕各自的轴心做相对转动；

(3) 工作机架移动到前、后两极限位置时，芯棒和管坯的回转与管坯的送进。

为了实现以上 3 个动作，冷轧管机通过传动与控制系统把各组成部分有机地组合起来，使冷轧管机有规律、协调地完成轧制过程。

二辊周期式冷轧管机结构如图 17-1 所示。

17.1.2　二辊周期式冷轧管机传动系统

目前，二辊周期式冷轧管机传动系统大致有 3 种类型：

(1) 机架主传动机构与回转送进机构是由同一个电机拖动的。

(2) 机架主传动机构由主电机拖动，而回转送进机构是由各自的电机单独拖动的。

(3) 机架主传动机构由液压缸拖动，回转送进机构由各自的电机单独拖动。

现简述其中第 2 种类型，如图 17-2 所示。在传动系统中，由主传动电机 1 轴端传递转动至主减速机 2 使传动轴 3 转动，传动轴 3 带动曲柄齿轮 4 转动，通过连杆 5 使工作机架 6 沿轧制中心线做往复移动。主传动电机的另一端传至减速机 11，通过回转送进减速机 12，传递至成品卡盘 10、管坯回转机构 13、芯杆回转机构 16，使芯棒、管坯和成品在

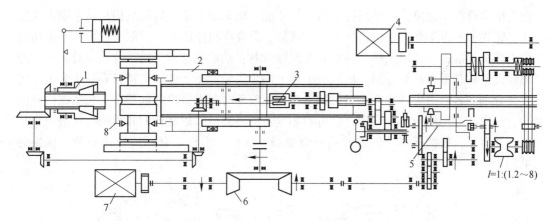

图 17-1 LG30 二辊周期式冷轧管机结构示意图

1—成品卡爪；2—曲柄连杆机构；3—坯料卡爪；4—坯料卡爪加速返回电机；

5—供给机构；6—减速机；7—主传动电机；8—工作机架

工作机架行至前极限位置时同时转动一个角度。在工作机架移动到后极限位置时，回转送进减速机使丝杠转动，使管坯前进一个"送进量"。该系统回转送进是靠机械协调来完成的。

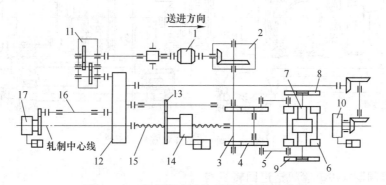

图 17-2 二辊周期式冷轧管机机械传动系统

1—主传动电机；2—主减速机；3—传动轴；4—曲柄齿轮；5—连杆；6—工作机架；

7—轧辊；8—上齿条及齿轮；9—下齿条及齿轮；10—成品卡盘；11—减速机；12—回转送进减速机；

13—管坯回转机构；14—管坯卡盘及送进小车；15—丝杠；16—芯棒回转机构；17—芯杆卡盘

17.1.3 二辊周期式冷轧管机工作主机结构

二辊周期式冷轧管机工作主机的一般结构，它由牌坊、轧辊、轴承、主动齿轮、同步齿轮、轧辊调整装置和平衡装置以及滚轮和滑板等组成，如图 17-3 所示。

在闭口牌坊 7 中安装有四个轴承盒 1，其中有圆锥滚子（一般用四排）轴承 2。在轧辊 3 的两端装有同步齿轮 4，在下轧辊的外端还装有主动齿轮 5，它可以在机座的齿条上滚动，从而使两个轧辊随同机架作往复运动的同时作往复转动。上轧辊的平衡是靠安放在下轧辊轴承盒中的 8 个弹簧 6 来实现的。轧辊间隙的调整是用上轧辊轴承盒与牌坊之间的楔铁 8 与螺杆 9 完成的。轧辊在轴向上的调整则借助于牌坊两侧的压板 10 来实现。工作机架下面有滚轮 11 和滑板 12，可以在基座的导轨上滚动和滑动。主动齿轮安装在下轧辊上对轧机检修很不方便，因必须拆下前挡板才能将机架取出来。新的结构是将主动齿轮安装在上轧辊上，齿条在主动齿轮的下面。这样，只要将机座的安全罩取下便可从上面用吊车将工作机架取走。其缺点是，调整轧辊间隙时对主动齿轮与齿条的啮合情况有影响。为了减轻机架的总重，新型号的轧机取消了 4 个同步齿轮，上下轧辊交错各安装 1 个主动齿轮，并分别与各自的齿条啮合。当机架下部使用滚轮时对导轨的磨损严重。根据国内外的经验，一致认为用滑板比较合理，它可增加导轨的寿命。所以在新的轧管机上又进一步采用了整体滑板，使滑板和导轨的使用寿命提高了 3 倍。滑板上有调整楔铁来调整机架的高低。

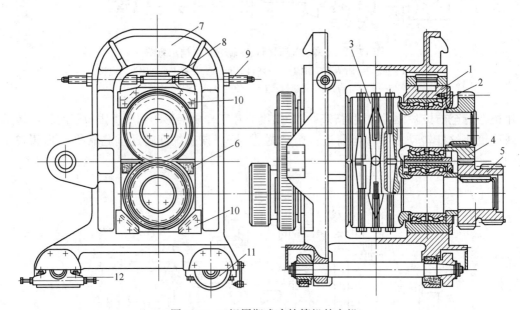

图 17-3 二辊周期式冷轧管机的主机

17.1.4 二辊周期式冷轧管机送进回转机构

送进回转机构是冷轧管机的关键部分，由于是瞬时间歇动作，部件所受到的冲击力很大，故极易损坏、磨损和出现故障。对送进回转机构的要求是：

（1）送进量准确、均匀、稳定，其不均匀性不得超过送进量的 15%。否则为了避免发生设备部件损坏事故和避免管材上出现缺陷，不得不减小送进量，从而导致轧机生产率降低。回弹量要小，一般不超过 0.5~2.5mm。回弹产生的原因是在轴向力的作用下，送进机构中的部件存在间隙减小之故。如果回弹量超过 3.0~5.0mm 就会发生金属黏结芯棒现象。

（2）送进量调整范围要宽，以适应轧制不同品种和规格管材的需要。一般应有 3.0~10mm 可调范围。

（3）保证管坯在轧制过程中能有 60°~90° 范围回转角度的自动变化而不重复。转料的目的是使孔型开口处的管壁错开原来的位置，以便在机架返回时对它进行辗轧使壁厚均匀。但是如果每次的转角固定不变，则会使孔型磨损不均匀，即管子厚壁处接触的孔型同一处所受的轧制压力较大的缘故。

（4）送进丝杠应具备快速返回机构，以便在重新装料时管坯卡盘能快速退后至极限位置减少辅助时间。

（5）尽可能地降低机构的惯性矩，减少冲击，以保证在高速条件下能可靠地工作。冷轧管机的送进回转机构几经演变，出现了各种结构的设计。目前在轧机上使用比较多的是减速机式送进回转机构。

17.1.5 二辊周期式冷轧管机主要技术性能

二辊周期式冷轧管机的主要技术性能如表 17-1 所示。

表 17-1 二辊周期式冷轧管机主要技术性能

轧机型号	LG-25	LG-30	LG-55	LG-80	LG-120	LG-150	LG-200	LG-30-Ⅲ
管坯外径/mm	45	22~46	38~73	75~102	89~146	108~171	180~230	22~46
管坯壁厚/mm	—	1.35~6.0	1.75~12.0	2.5~20.0	约26	约28	6~32	1.35~6.0
管坯长度/m		1.5~5.0	1.5~5.0	1.5~5.0	2.5~6.5	2.0~6.5	1.5~6.5	1.5~5.0
成品管外径/mm	10~25	16~32	25~55	40~80	80~120	100~150	125~200	16~32
成品管壁厚/mm	0.2~0.5	0.4~5.0	0.6~10.0	0.75~18.0	1.61~16.0	3.0~180	3.5~20	0.5~5.0
成品管长度/m	—	约25	约25	约25	4~10	4~10	4~25	—
工作机架行程/mm	214.8	453.4	625	705	802	905.59	1076	约453.4
工作机架双行程次数/次·min⁻¹	80~240	80~120	68~90	60~70	60~100	45~80	45~80	70~210
管坯送进量/mm	—	2~30	2~30	2~30	2~20	2~20	2~12	3~20
轧辊直径/mm		300	364	434	—			
主动齿轮节圆直径/mm	—	289	336	—	—			
最大允许轧制力/kN	—	≤650	≤1000	≤1700				
主传动电机功率/kW	40	80	100	130	320	320	600	115
主传动电机转速/r·min⁻¹	—	575	475	600	500/100			
轧机外形尺寸（长×宽）/m×m	—	24.4×4.45	25.21×4.47	25.4×4.44	31.7×8.5	58.6×9.5		
机架重量/t	0.30	186	2.848	6.32	约13	22.4~24	34	1.6
平衡重量/t	0.22	—	—	—	约13	21.5~24.5	34	—
轧机总重量/t		60.5	71.5	85.6	304	240	340	39.4
生产率/m·h⁻¹		115	108	95	90	75	70	343

17.1.6 二辊周期式冷轧管机冷轧管机调整

（1）孔型间隙调整。孔型顶面之间的缝隙即为孔型间隙。调整孔型间隙，首先应加孔型垫片，使孔型顶部高出轧辊辊面 0.1mm 左右。孔型垫的材料一般为碳素钢板，铜加工厂也使用 QSn6.5-0.1 材料的青铜板，厚度有 0.5mm、0.75mm、1.0mm 三种，安装垫片数越少越好，最多不要超过三片。当孔型高出轧辊后，可升降上轧辊来调整孔型间隙。

孔型间隙的变化，也将引起管材外径和壁厚的变化。

测量孔型间隙时，应使机架停车在中间位置，并以中间位置的孔型间隙为准。为了防止孔型装配不当，还应测量机架停在两头时的孔型间隙。

（2）管材壁厚调整。管材壁厚可以通过调整芯棒在孔型中的位置及更换芯棒来调整。通过调整支撑杆座中的调整螺钉，就可调整芯棒在孔型中的位置。芯棒调整过前或过后，都会造成轧制废品，因此当壁厚调整量过大时，应更换芯棒。

（3）转角的调整。为防止轧制飞边和裂纹的产生，必须把孔型开口处的管材不断地翻转到孔型顶部去。孔型的开口角为22°，转角则应大于42°，且不能对称。

（4）送料量的调整。不同类型的轧机的送料量调整的方法不同。送料量增大，轧制压力增加不明显，提高送料量是提高轧机产量的有力措施，但是送料量过大就会产生飞边等轧管缺陷。

（5）车速的调整。轧制速度对产品质量无直接影响，但是高速往往使设备负荷增加，造成设备事故，因此车速的选择应以不使电机超负荷，不造成设备事故，不造成部件及工具损坏为原则。车速调整是通过调整主电机激磁绕组中的电阻来实现的。

17.2　高速周期式冷轧管机性能及结构

17.2.1　高速周期式冷轧管机性能

在轧制铜及铜合金管材，如紫铜管材或各种不同的青铜管材时，逐渐采用高速多线冷轧管机。其生产效率为低速冷轧管机的 2~3 倍，高速周期式冷轧管机的技术性能列于表17-2。三线冷轧管机如图 17-4 所示。

表 17-2　高速周期式冷轧管机技术性能

轧机种类	最大管坯直径/mm	成品管直径范围/mm	最大管坯长度/mm	轧辊直径/mm	行程次数/次·分钟$^{-1}$	不带运输辊道长度/mm	机器最大宽度/mm
单线轧管机	45	12~32	5000	280	70~210	25000	3000
	76	20~63	5000	336	60~180	26500	3500
	90	32~75	5000	403	55~165	28500	4500
	115	50~95	5000	468	50~150	30000	5500
	170	85~150	5000	640	50~100	34000	7000
	220	120~195	5000	760	42.5~85	38000	9000
	270	175~225	5000	960	35~70	44000	12000
双线冷轧机	45	12~32	5000	334	60~180	27000	4000
	60	16~45	5000	400	55~160	29500	4500
	80	20~64	5000	460	50~140	31000	5000
三线冷轧机	45	12~32	5000	334	60~180	30500	4500
	60	16~45	5000	400	55~160	31500	5000
	80	20~64	5000	460	50~140	33000	5500

17.2.2　高速周期式冷轧管机结构

高速周期式三线冷轧管机如图 17-4 所示，其结构包括：冷轧主机、传动系统、曲柄调整机构、料送进与回转机构、芯棒系统等。

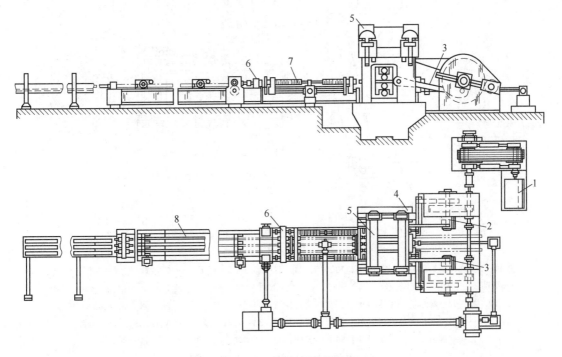

图 17-4   三线周期式冷轧管机

1—主电机；2—曲柄；3—曲轴；4—基座；5—机架；6—芯棒夹具；7—送进丝杠；8—芯棒

17.3   多辊周期式冷轧管机结构与传动系统

多辊式冷轧管机首创于苏联，其型号为 ХПТР，即滚轮式冷轧管机。我国制造的多辊式冷轧管机也系列化了，型号以 LD 开头，后面的数字表示轧制出的管子最大外径。

17.3.1   多辊周期式冷轧机工作主机结构

图 17-5 为 LD-30 多辊周期式冷轧管机的主机结构图，它由机架本体 8、厚壁筒 42、摇杆机构 7、大连杆 44 和曲柄齿轮 45 组成。在轧制过程中，机架小车同装在厚壁筒 42 中的滑道 29 一同作往复运动。小车由曲柄连杆机构 44 带动，并由长度可以调整的上连杆 3 同摇杆 7 相连。当小车运动时，摇杆 7 绕固定轴 O 点摆动。装有辊子的辊架 31 用中连杆 39 同摇杆 7 相连。小车连杆 3 和辊架连杆 39 在摇杆 7 的两个定点 A、B 位置，要求保证辊架的线速度和它沿轧制轴线的移动量比小车的小一半左右。

17.3.2   多辊周期式冷轧机机头套筒结构及运行原理

17.3.2.1   多辊周期式冷轧机机头套筒的结构

机头套筒的结构如图 17-6（a）所示，多辊式周期冷轧管机的操作过程和二辊式相同，不同的是对轧件 1 的加工是由安装在辊隔离架 2 内的 3~5 个小辊 3 进行的，小辊沿着固定在机头套筒 5 上的楔形滑道 4 往返运动，依靠滑道的摩擦力传动滚轧管材。

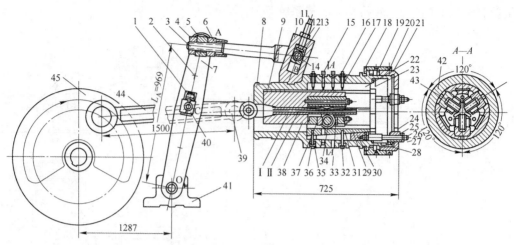

图 17-5　LD-30 多辊周期式冷轧管机主机结构图

Ⅰ—管坯；Ⅱ—芯棒

1—吊钗；2—连杆螺钉；3—上连杆；4, 12, 16, 24, 27—螺母；5—横梁；6—锁紧螺母；7—摇杆；8—机体；
9—滑动垫片；10—斜支座；11—调整螺钉；13—金属轴承；14—轴；15—销钉；17—螺栓；18—活络板；
19, 25—调整螺母；20—压紧螺母；21—大套；22—固定板；23—压盖；26—调节螺钉；28—键；
29—滑道；30—调整斜楔；31—辊架；32—压板；33—轧辊轴承；34—轧辊；35, 37—弹簧；
36—螺钉；38—三角导筒；39—中连杆；40—调整块；41—调动轴承；42—厚壁筒；
43—孔型；44—大连杆；45—曲柄齿齿轮

17.3.2.2　运行原理

机头套筒和小辊隔架间的运行关系见图 17-6（b），摇杆在往复摆动的过程中，一般

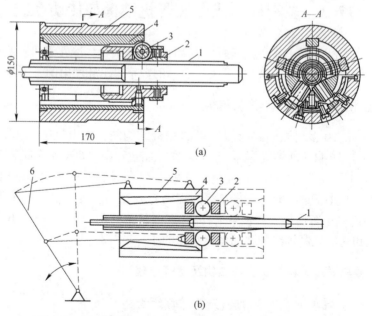

图 17-6　多辊周期式冷轧管机机头套筒结构与运行示意图

（a）机头套筒构造图；（b）机头运行示意图

1—管料；2—辊隔离架；3—小辊；4—滑轨；5—机头套筒（机架）；6—摇杆

使套筒两倍于隔离架的速度运行。楔形滑道的表面曲线按变形要求设计，多辊组成的孔型槽浅，管料和工具间的滑动小，这种轧机可以生产高精度的特薄壁管材。

17.3.3　传动系统

多辊周期式冷轧管机传动系统如图 17-7 所示。多辊周期式冷轧管机一般包括：主传动部分、工作机架部分、前台架部分、送进回转部分、后台架部分、芯棒卡紧部分、装料台架部分、出料台部分以及润滑冷却部分和电气部分。

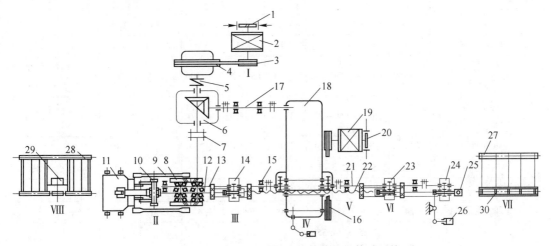

图 17-7　LD-30 三辊周期式冷轧管机的传动系统

Ⅰ—主传动部分；Ⅱ—主机架部分；Ⅲ—前台架部分；Ⅳ—送进回转部分；
Ⅴ—肩台架部分；Ⅵ—芯棒杆卡紧部分；Ⅶ—装料台部分；Ⅷ—出料台部分

1—主电动机制动器；2—主电动机；3，4—皮带传动；5—弹性柱销联轴器；6—变向箱；7—刚性联轴器；
8—偏心轮；9—大连杆；10—摇杆；11—轧机机架；12—芯棒连接杆；13—滑键轴；14—前卡盘；
15—轴承座；16—快速返回皮带；17—传动轴；18—回转送进机构；19—快速返回电动机；
20—制动器；21—滑键轴；22—空心丝杠；23—后卡盘；24—芯棒转动装置；25—芯棒连接杆卡盘；
26—芯棒连接杆卡紧用手柄；27—装料台架；28—出料台架；29—锯切机；30—辊道

17.4　多辊周期式冷轧管机主要技术性能

我国制造的多辊周期式冷轧管机的主要技术性能如表 17-3 所示。

表 17-3　多辊周期式冷轧管机主要技术性能

项　　目	LD-8 (3辊)	LD-12 (双线)	LD-12 (4级)	LD-15 (3辊)	LD-30 (3辊)	LD-60 (3辊)	LD-120 (5辊)	SG-32-1 (3辊)	SG-70/50 (3辊)	SG-70/50 (4辊)
管坯直径范围/mm	3.5~9.0	6.5~14.0	6.5~14.0	9~17	17~34	32~64	63.5~127	17~34	54/34~76/57	54/34~76/5
管坯最大壁厚/mm	1.3	1.3	1.3	1.8	2.5	4	3.5	3.5	6	6
管坯长度范围/m	1.2~3.0	1.2~3.0	1.2~3.0	0.8~4.0	2~5	2~5	2~5	1.5~3.0	1.5~5.0	1.5~5.0
成品管直径范围/mm	3~8	6~12	6~12	8~15	15~30	30~60	60~120	16~32	50/30~70/50	50/30~70/5

续表 17-3

项　目	LD-8 （3辊）	LD-12 （双线）	LD-12 （4级）	LD-15 （3辊）	LD-30 （3辊）	LD-60 （3辊）	LD-120 （5辊）	SG-32-1 （3辊）	SG-70/50 （3辊）	SG-70/50 （4辊）
成品管壁厚范围/mm	0.1~ 1.0	0.1~ 1.0	0.1~ 1.0	0.1~ 1.0	0.1~ 2.0	0.3~ 3.0	0.25~ 2.5	0.2~ 2.0	0.2~ 2.0	0.2~ 2.0
成品管最大长度/m	6	6	6	8	15	15	15	8	18	18
延伸系数范围	2.4	2.5	2.5	—	2~3.5	3	3	2~3	2~3.5	2~3.5
送料量/mm	1.5~ 4.3	1.5~ 4.3	1.5~ 4.3	1.65~ 7.1	2~ 14	2~ 14	2.04~ 7.14	1.5~ 5.0	1~ 10	1~ 10
工作机架行程/mm	400	400	400	450	475	603	755.64	364	475	475
工作机架双行程次数 /次·分钟$^{-1}$	60~150	47~141	64~192	70~140	65~130	50~100	35~100	50	51, 81, 103	51, 81, 103
平均小时产量 /m·h^{-1}	20	25~40	60~100	15~30	20~30	20~30	—	—	—	—
主电机型号	Z145	JZS-61	JZS-61	Z290	Z750	Z1750	—	AR	AR	AR
主电机功率/kW	4.7	2.5~7.5	2.5~7.5	10	30	56	100	40	40	40
主电机转速/r·min^{-1}	550/1650	470/1410	470/1410	550/1650	750/1500	450/1350	410/1240	945	965	965
机头部分重量/kg	64	90	90×2	150	694	1340	3500	840	2206	1637
轧机总重量/t	2.49 （不包括 电机）	2.25 （不包括 电机）	4.55 （不包括 电机）	4.75	14.5	28	42.5	4	24	13
轧机尺寸（长×宽×高） /m×m×m	5.4×1.9 ×1.1	5.6×1.9 ×1.1	5.7×1.2 ×1.1	7.1×2.2 ×1.1	13.6×3.3 ×1.3	18.5×3.2 ×1.4	28×3.5 ×1.7	6.13×2.5 ×1.0	17.2×3.5 ×1.5	10×3.5 ×1.5

17.5　多辊周期式冷轧管机操作与调整

17.5.1　多辊周期式冷轧管机的操作

多辊周期式冷轧管机的操作要求包括：

（1）全面检查各工作部位和所有电器自动控制系统经过空转试车调整合格后，按照轧制某合金的管材工艺规定选择轧制速度、送料量、转角、加工率等参数。

（2）在轧制工作过程中发现问题及时解决，凡是已磨损的零件不允许继续使用并及时更换。出现事故时，及时按动紧急停车开关停车。

（3）轧机润滑油箱中的润滑冷却用油，应定期地或视油污程度予以更换。

（4）轧机周围保持清洁。

17.5.2　多辊周期式冷轧管机的调整

多辊周期式冷轧管机的调整内容包括：

（1）主机孔型的调整一般在更换滑道或发现被轧制的成品管的外径和壁厚尺寸超差

时，进行调整。

（2）轧制不同规格的管材而更换轧制工具后，必须相应地调整摇杆和连杆有关点的位置，以达到轧辊辊颈沿滑道的滚动和轧辊轧制半径处的轧制速度（即沿管坯滚动的速度）的一致性。

（3）在轧制过程中的送进回转机构的调整，应严格地与主机架的往复运动相协调，即当工作机架处于后极限位置时，要求送进回转动作完成一半。

（4）当轧制的品种规格变更或工具磨损时，应相应地更换滑道、轧辊、芯棒、芯杆、芯杆卡爪和管坯卡爪等。

多辊周期式冷轧管设备结构比较复杂，要进行正确的操作及调整，需要清楚地了解各种型号轧机的构造及其各部件间的相互作用，实现正确操作与调整。

思考练习题

17-1　说明二辊周期式冷轧管机的结构及每个部件的作用。

17-2　说出二辊周期式冷轧管机实现轧制需要完成几个动作。

17-3　阐述二辊周期式冷轧管机传动系统类型及特点。

17-4　阐述二辊冷轧机主机的结构及动作原理。

17-5　为什么冷轧机送料机构的部件有特殊要求？

17-6　二辊冷轧管机为什么要进行调整？

17-7　阐述多辊冷轧管机主机的结构与传动系统动作原理。

17-8　请比较多辊与二辊冷轧机结构有什么不同。

18　周期式冷轧管工艺

18.1　二辊周期式冷轧管工艺

18.1.1　坯料辅助处理

二辊式冷轧管机所用的管坯料，一般是由挤压机供给的，为保证轧制的顺利进行并获得合格的产品，其管坯的尺寸偏差及表面质量应符合冷轧管要求。在轧制之前还必须对坯料进行如下辅助处理。

A　矫直

（1）拉伸矫直：用张力矫直机进行拉伸矫直，矫直后管材应平直。

（2）辊式矫直：对某些弯头不严重的管坯料，可以用辊式矫直代替拉伸矫直，而对拉伸矫直之后仍有较大弧度的管坯料，在轧制之前再进行一次辊式矫直。辊式矫直设备多为双曲线型面多辊式矫直机。

B　切头

不论用何种方式矫直的管坯料，都应切去两端不规整的头部，切头后应保证管端椭圆度不超过偏差要求，并注意打毛刺，用压缩空气吹去管内残留的锯屑等脏物，对内表面有中等程度擦伤的管坯料进行清洗。

C　退火

对于变形抗力高的合金管坯料，一般在冷轧前根据情况进行退火。

D　内外表面处理

保持内外表面清洁，光滑平整，无脏物。

E　内表面涂油润滑

在管坯内表面均匀涂上润滑油。

18.1.2　冷轧管工艺参数

18.1.2.1　孔型系列

应根据车间整体的工艺流程、设备配置、产品结构等综合因素进行选择。孔型设计要根据生产工艺给定的管坯和成品管尺寸进行，首先明确管坯及成品管的外径、壁厚可在一定范围内调整，常用孔型系列如表 18-1 及表 18-2 所示。

18.1.2.2　变形程度

变形程度常用延伸系数 λ 和加工率 ε 分别由式（18-1）和式（18-2）来表示。

$$\lambda = F_0/F_1 = (D_0 - s_0) \times s_0/(D_1 - s_1) \times s_1 \qquad (18\text{-}1)$$

$$\varepsilon = (F_0 - F_1)/F_0 \times 100\% = (1 - 1/\lambda) \times 100\% \tag{18-2}$$

式中　F_0——管坯截面积，mm^2；

　　　F_1——成品管截面积，mm^2；

　　　D_0——管坯外径，mm；

　　　D_1——成品管外径，mm；

　　　s_0——管坯壁厚，mm；

　　　s_1——成品管壁厚，mm。

表 18-1　冷轧铜合金管常用孔型系列

轧机型号	孔型系/mm×mm			
LG-100C	φ115×φ56	φ115×φ80		
LG-80	φ100×φ85	φ85×φ60	φ65×φ45	φ65×φ38
LG-55	φ65×φ45	φ65×φ38	φ55×φ32	
LG-30	φ38×φ28	φ38×φ25		
LG-75C	φ85×φ46			

表 18-2　冷轧铝合金管常用的孔型系

轧机型号	孔型系/mm×mm					
LG-30	φ26×φ16	φ31×φ18	φ33×φ21	φ38×φ20	φ43×φ31	
32 型	φ27×φ16	φ29×φ18	φ31×φ18	φ32×φ21	φ38×φ26	φ42×φ31
LG-55	φ45×φ31	φ50×φ36	φ55×φ41	φ60×φ46	φ65×φ51	φ70×φ56
55 型	φ45×φ36	φ53×φ41	φ58×φ46	φ62×φ51	φ68×φ56	
LG-80	φ73×φ56	φ78×φ61	φ83×φ66	φ88×φ71	φ93×φ76	φ98×φ81

　　冷轧管的变形程度与产品质量要求及孔型设计（环形或半圆形）等因素有关。通常塑性好的合金，其延伸系数大于塑性差的；轧制厚壁管的延伸系数大于轧制薄壁管；环形孔型的延伸系数大于半圆形孔型的。冷轧管最大加工率可超过90%，延伸系数最大可超过10以上。

18.1.2.3　轧制速度

二辊冷轧机的轧制速度见表 18-3。

表 18-3　二辊冷轧管机轧制速度

轧机型号（低速）	双行程次数/次·分钟$^{-1}$
LG-30	90~100
LG-55	75~85
LG-75C	70~80
LG-80	60~65
LG-100C	60~80
轧机型号（高速）	双行程次数/次·分钟$^{-1}$
SKW75VMRCK	50~145
ITAM 冷轧机	70~105

18.1.2.4　回转角

轧制过程中使管坯转动一个适当的角度，可减少轧制管坯壁厚不均，防止裂纹的出现。通常，轧制制度为单回转时，取回转角为40°~60°；轧制制度为双回转时，取入口回转角70°，出口回转角为40°，且角度都不能是360°，以避免回转角的耦合。

18.1.3　冷轧管工艺

18.1.3.1　铝合金冷轧管工艺

A　送进量选择

送进量关系到轧机的生产效率和产品质量，送进量选择要适中，过小不能发挥设备能力，降低生产效率；过大可能出现飞边、椭圆、管棱及裂纹等缺陷，还可能损坏工具、发生安全事故等。因此，应根据合金牌号、状态、加工率、轧制速度等因素合理选择送进量。通常合金塑性好、变形抗力小的合金，送进量可大些；轧制加工率大，则送进量应小些。二辊冷轧管机送进量范围见表18-4。

表18-4　二辊式冷轧管机铝合金最大送进量参考值　　　　　　　　（mm）

轧出管材壁厚	2A11、2A12、3A02、3A05、3A06			1060~1200、6A02、5A02、5A21		
	LG-30	LG-55	LG-80	LG-30	LG-55	LG-80
0.71~1.00	4.4	5.5	6.0	4.9	7.0	7.5
1.01~1.50	7.2	8.5	9.0	7.8	12.0	12.5
1.51~2.00	8.1	9.5	10.0	8.8	13.0	13.5
>2.01	10.5	12.5	13.0	11.5	14.5	15.6

注：当轧出的管材质量良好时，也可以超过表中规定的送料量进行轧制。

轧制不同合金和不同壁厚的管材时，应当相应地确定出一个允许的最大送进量值，找到一个确切反映各种因素对送料大小影响的理论计算方法。在一般情况下，送进量与下列因素有直接关系：

（1）所轧管材的合金性质硬合金应比软合金送进量小，一般要小小于10%~20%。

（2）轧出壁厚：壁厚薄的管材应比壁厚厚的送进量小。

（3）变形量：变形量大的送进量要小些。

（4）孔型形状：孔型形状、设计、制造等较差的送进量应适当减小。

（5）工具使用寿命：工具已磨损较大，修理技术较差时，也应降低送进量。

（6）轧管机的结构：轧制高强度的合金管时，过大的送进量将增加轧机的负荷，以至超过轧管机的某一部件强度允许值，如轧辊轴承的经常破坏等。

轧机在轧制某一品种的管材时，确定其允许的最大送进量步骤如下。

先按式（18-3）初步计算出同一个孔型在轧制不同壁厚时的计算送进量：

$$m_{最大} \leqslant \frac{l_{精}}{K\lambda_{\Sigma}}$$
　　　　　　　　　　　　　　　　　　　　　　（18-3）

式中　$m_{最大}$——允许的最大送进量计算值；

　　　$l_{精}$——孔型精整段的长度；

　　K——系数，$K=1.5\sim2.5$，管材的质量要求高、工具状况差，K值选上限；

　　λ_{Σ}——轧制总延伸系数。

　　计算的送进量必须进行现场试生产，然后适当加以调整，便可得出该台轧管机在轧制各种不同品种时的允许最大送进量。

　　B　冷轧管工艺

　　铝及其合金的管材轧制典型工艺见表 18-5（详见《轻金属材料加工手册》），该表是壁厚 0.5~0.75mm 的小直径管材轧制工艺，根据不同合金的坯料和成品的尺寸，确定轧制尺寸、减径系数及延伸系数。

表 18-5　壁厚 0.5~0.75mm 的小直径管材轧制典型工艺

成品尺寸 /mm×mm	坯料尺寸 /mm×mm	1305~1200			3A21、2A11、2A12			5A02、6A02		
		轧制尺寸 /mm×mm	减径系数	延伸系数	轧制尺寸 /mm×mm	减径系数	延伸系数	轧制尺寸 /mm×mm	减径系数	延伸系数
6×0.5	24×2.0	16×0.40	2.27	7.05	16×0.35	1.92	8.03	16×0.35	1.92	8.03
8×0.5	24×2.0	16×0.42	1.75	6.72	16×0.37	1.54	7.60	16×0.37	1.54	7.00
10×0.5	24×2.0	16×0.44	1.44	6.43	16×0.40	1.31	7.05	16×0.40	1.31	7.05
11×0.5	24×2.0	16×0.45	1.33	6.20	16×0.42	1.25	6.70	16×0.42	1.25	6.70
12×0.5	24×2.0	16×0.46	1.24	6.15	16×0.43	1.16	6.58	16×0.43	1.16	6.58
13×0.5	24×2.0	16×0.47	1.16	6.02	16×0.45	1.12	6.30	16×0.45	1.12	6.30
14×0.5	24×2.0	16×0.48	1.10	5.90	16×0.47	1.07	6.02	16×0.47	1.07	6.02
15×0.5	24×2.0	16×0.49	1.05	5.80	16×0.49	1.05	5.80	16×0.49	1.05	5.80
6×0.75	24×2.0	16×0.65	2.46	4.54	16×0.55	2.16	5.18	16×0.57	2.23	5.00
8×0.75	24×2.0	16×0.65	1.84	4.40	16×0.59	1.67	4.84	16×0.61	1.72	4.68
10×0.75	24×2.0	16×0.67	1.48	4.29	16×0.63	1.39	4.55	16×0.64	1.42	4.47
11×0.75	24×2.0	16×0.69	1.35	4.16	16×0.65	1.30	4.40	16×0.66	1.32	4.34
12×0.75	24×2.0	16×0.70	1.26	4.10	16×0.67	1.19	4.28	16×0.68	1.24	4.22
14×0.75	24×2.0	16×0.73	1.13	3.95	16×0.71	1.09	4.05	16×0.72	1.10	4.00
15×0.75	24×2.0	16×0.74	1.05	3.90	16×0.73	1.04	3.94	16×0.73	1.04	3.95

　　上表中所规定的轧出管材壁厚偏差，应符合表 18-6 偏差。表 18-5 中轧出管的直径与厚度再经拉拔获得成品。

表 18-6　轧出管材的壁厚偏差

成品壁厚/mm	0.5	0.75~1.0	1.5	2.0~2.5	3.0~3.5
轧制壁厚偏差/mm	±0.04	±0.07	±0.12	±0.15	±0.20

18.1.3.2　铜合金冷轧管工艺

　　A　坯料选择

　　冷轧坯料应根据合金性质、孔型系列、设计要求的范围确定，对管坯的具体要求见表 18-7。

表 18-7　铜合金冷轧坯料管直径与壁厚允许偏差

名义外径/mm	26	27	32	38	55	65	75	100
偏差/mm	±0.52	±0.54	±0.64	±0.72	±1.1	±1.3	±1.7	±2.0
名义壁厚/mm	1.2	1.8	2	3.5	5	6	7.5	10
偏差/mm	±0.12	±0.18	±0.2	±0.35	±0.5	±0.6	±0.75	±1.0

B　送进量选择

铜合金送进量的选择原则与铝合金基本一致。铜及铜合金的送进量如表 18-8 所示。

表 18-8　铜及其合金冷轧管送进量

合金牌号	送进量/mm·次$^{-1}$				
	LG-30	LG-55	LG-75C	LG-80	LG-100C
紫铜	5~15	4~15	4~20	5~30	4~20
黄铜	4~15	4~15		5~25	
白铜	4~15	4~15		5~30	

C　坯料尺寸和延伸系数

坯料尺寸和轧制孔型系列确定后，冷轧加工率也基本确定。冷轧管的坯料尺寸要根据选用的孔型系列、被轧合金的性能、轧机的能力、制品质量和轧制工艺要求来确定。表 18-9 列出了常用冷轧延伸系数范围和表 18-10 列出了铜及铜合金的送进量。

表 18-9　铜及铜合金冷轧管延伸系数

轧机型号	合　金	延伸系数	轧机型号	合　金	延伸系数
LG-30		4.5~9.5	LG-30		3.0~10
LG-55	紫铜	5.5~9.0	LG-55	铜合金	4.5~6.5
LG-80		9.0~12.5	LG-80		3.5~8.0

表 18-10　冷凝管用铜合金轧制往复次数与送进量

轧机型号	孔型系列	延伸系数	轧机允许次数	机架双行程次数/次·毫米$^{-1}$ H68A；HAl77.2；HSn70-1；HSn70-1B；HSn70-1AB；BFe10-1-4；BFe30-1-1	送进量/mm H68A；HAl77.2；HSn70-1；HSn70-1B；HSn70-1AB；BFe10-1-1；BFe30-1-1
LG-80	100×85 85×60 65×45	1.65~2.86 1.8~3.5 1.8~4	60~70	60~65	2~30 一般常用 3~10
LG-55	65×45 65×38 55×32	1.86~6.08 5.24~3.13 2.34~5.46	68~90	75~85	2~30 一般常用 8~10

18.2　多辊周期式冷轧管工艺

18.2.1　坯料处理

多辊周期式冷轧管的坯料，通常由二辊冷轧管或直条拉伸供坯。坯料应进行矫直（坯料最大弯曲度不大于3mm/m）、切头尾、打毛刺、清洁内外表面。多辊冷轧管的壁厚纠偏能力较小，管坯的壁厚偏心率应接近成品的壁厚偏心率。为充分利用金属的塑性，坯料宜选软状态的。

18.2.2　工艺参数的选择

（1）延伸系数。多辊冷轧管的加工率较小，延伸系数在1.5~3.0之间。变形抗力低如纯金属、软合金等可取上限，变形抗力高的如硬铝、白铜等可取下限。

（2）送进量。多辊冷轧管的送进量除与金属塑性与轧管机大小有关。LD-15以下的小轧管机送进量在1.5~3.0毫米/次。LD30以上场大轧管机送进量在1.5~6毫米/次。紫铜取上限，黄铜、白铜取下限。

（3）减径量。多辊冷轧管的道次减径量小，不同规格轧管机的减径量见表18-11。

表 18-11　不同规格轧管机的减径量

轧管机规格	减径量/mm
LD-8	≤1.5
LD-15，LD-30	≤2.0
LD-20	≤4~5
LD-120	≤5~7

（4）轧制速度。多辊冷轧管机的双行程，次数多半控制在每分钟60次左右，尽管理论上多辊周期式冷轧管机性能允许达到每分钟100次以上。多数情况下，受到被轧合金塑性、工具的结构和材质、多辊轧管机的结构等综合因素的限制，多辊轧管机的轧制速度都不高。

（5）多辊冷轧管的润滑。多辊周期式冷轧管必须进行润滑。实际上润滑有两个作用，一是润滑，二是冷却。为确保产品质量，在润滑外表面的同时，还应润滑内表面。常用的润滑剂是冷轧管专用乳化液。轧制速度、延伸系数和送进量都较低时，亦可用机油做润滑剂。

18.2.3　多辊冷轧管产能计算

多辊冷轧管生产能力以每小时产量计算，即：

$$Q = 60k_1k_2cFmn \tag{18-4}$$

式中　Q——每小时生产能力，kg/h；

　　　k_1——同时轧制根数；

　　　k_2——设备利用系数，通常取$k_2 = 0.8 \sim 0.9$；

c——轧制金属密度，kg/mm^3；

F——轧制管坯的横截面积，mm^2；

m——送进量，毫米/次；

n——机架双行程次数，次/分钟。

显而易见，增加轧机的行程次数和送进量可以提高多辊冷轧管的生产能力，但受到多辊轧管机的变形特点和结构限制。增加同时轧制根数，对小型多辊轧管易于实现，如LD-12型三辊冷轧管机有双线和四线的。而加强设备的维护，提高设备利用系数，则是提高生产能力更为有效的途径。

18.3 周期式冷轧管材质量控制

18.3.1 管材精度控制

轧出管材的壁厚偏差应符合要求，直径的允许偏差如表18-12所示。

表 18-12 轧出管材的直径和壁厚允许偏差

管材名义直径/mm	6~20	20~30	32~55	52~80	
允许偏差值/mm	-0.15	-0.20	-0.25	-0.35	
成品壁厚/mm	0.50	0.75~1.0	1.50	2.0~2.5	3.0~3.5
轧制厚度偏差/mm	±0.04	±0.07	±0.12	±0.15	±0.2

18.3.2 表面质量控制

18.3.2.1 内外表面质量问题

冷轧管的内外表面应光洁、平滑，不得有折叠、横向裂纹扣波坎、纵向裂纹和划道、擦伤和碰伤、坳陷、金属压入及压坑、飞边和飞边压入、管端破裂、圆环、棱子等缺陷。

18.3.2.2 主要废品产生原因

冷轧管常见的主要废品及产生原因如表18-13~表18-15所示。

表 18-13 冷轧管常见的外表面废品及产生原因

废品名称	产生原因
纵向划道	1. 成品卡爪不光或黏有金属； 2. 导路不光滑； 3. 成品拭擦胶皮夹带或黏金属； 4. 出料台裸露金属
耳子	1. 孔型间隙不一致； 2. 回转角不适宜（90°左右）； 3. 孔型间隙太大； 4. 送进量太大； 5. 送进量不稳定； 6. 孔型设计和制造不合适； 7. 管子停止回转

废品名称	产生原因
圆环	1. 芯头过于往后或尺寸不符合； 2. 孔型精整区开口不好； 3. 送进量太大
裂纹	1. 管毛料有裂纹或划伤； 2. 刮皮的刮痕有毛刺或小裂口； 3. 管毛料退火不够； 4. 孔型磨损，侧面开口度过大； 5. 导路或卡爪划伤毛坯料； 6. 送进量过大
金属压入和压坑	1. 毛坯料端头有毛刺或有金属屑； 2. 毛坯料端头切斜； 3. 孔槽上黏有金属； 4. 润滑油内有金属碎屑
横向擦伤	1. 回转机构调整不正确； 2. 孔型回转腔长度不够； 3. 前卡盘的卡爪表面不光滑
飞边	1. 成品卡爪太松，管子不回转； 2. 孔型孔槽开口度过小或过渡圆角过小而啃伤管子； 3. 送进量太大或突然猛进； 4. 轧槽表面局部地方损坏； 5. 轧槽块在水平面内互相错开
凹下	1. 孔型设计有毛病，锥度过大； 2. 孔型开口度过大
波浪	1. 送进量太大； 2. 孔型间隙太大或孔槽太浅； 3. 孔型固定不紧； 4. 孔型精整段不够长； 5. 芯头端部磨损过大； 6. 孔型精整段磨损并变成锥形
棱子	1. 孔型开口度过大； 2. 送进量太大

表 18-14　冷轧管常见的内表面废品及产生原因

废品名称	产生原因
周期性划伤	1. 拭擦杆没有包好或弯曲； 2. 芯头前端有棱角或黏有金属
裂纹	1. 芯杆不光并有棱角，毛刺； 2. 管毛料弯曲过大； 3. 管毛料退火不够； 4. 芯子头表面粗糙； 5. 送进量太大； 6. 管毛料内径过小

续表 18-14

废 品 名 称	产 生 原 因
金属压入或压坑	1. 管毛料内孔有金属屑； 2. 芯头黏有金属； 3. 芯头局部损坏； 4. 内表面润滑油中有金属屑
圆环	1. 芯头太往后，前端处于预精整段； 2. 送进量太大
纵向划伤	芯杆弯曲过大或有棱角

表 18-15　冷轧管常见的其他废品及产生原因

废 品 名 称	产 生 原 因
横向壁厚不均	1. 孔型间隙不一致； 2. 回转角不适当； 3. 导向杆弯曲； 4. 送进量太大； 5. 毛料壁厚不均过大； 6. 孔槽椭圆度过大； 7. 预精整段太短
壁厚超差	1. 芯头尺寸不对； 2. 芯头位置过前成过后； 3. 孔型设计和制造有误差
管端破裂	1. 金属塑性低和孔型开口度过大； 2. 变形量过大； 3. 管端切不齐，有明显的缺口； 4. 管端对头切入； 5. 轧槽块之间的间隙分布不均
椭圆	1. 孔型设计和制造的误差使孔槽形成椭圆； 2. 孔槽磨损过大； 3. 间隙调整不正确
纵向壁厚不均	1. 芯头的锥度和预精整段的锥度太大； 2. 孔型磨损过大； 3. 送进量太大； 4. 芯杆太细，在轧制时发生弹性弯曲； 5. 芯杆在轧制时纵向窜动量过大

思考练习题

18-1 说明二辊冷轧管坯料选择的原则及为什么要对坯料进行预辅助处理。

18-2 叙述选择二辊冷轧管孔型系与轧制工艺参数的依据与原则。

18-3 为什么冷轧铜合金于铝合金的孔型系有所不同？

18-4 二辊冷轧机的送进量选择原则为何，过大或过小会出现什么问题？

18-5 多辊冷轧管机坯料的选择同二辊比较有什么不同，多辊为什么用直条拉拔管作为坯料？

18-6 分析各种缺陷与废品产生的原因以及如何控制应采取的措施。

参 考 文 献

[1] 马怀宪. 金属塑性加工学——挤压、拉拔与管材冷轧 [M]. 北京：冶金工业出版社，1989.

[2] 温景林. 金属挤压与拉拔工艺学 [M]. 沈阳：东北大学出版社，1996.

[3] 谢建新，刘静安. 金属挤压理论与技术 [M]. 北京：冶金工业出版社，2001.

[4] 东北大学，中南工业大学. 有色金属及合金管棒线型生产 [M]. 北京：中国工业出版社，1962.

[5] 钟卫佳，马可定，吴维志，等. 铜加工技术实用手册 [M]. 北京：冶金工业出版社，2007.

[6] 杨守山. 有色金属塑性加工学 [M]. 北京：冶金工业出版社，1982.

[7] 谢建新. 材料加工新技术与新工艺 [M]. 北京：冶金工业出版社，2006.

[8] 王廷溥. 现代轧钢学 [M]. 北京：冶金工业出版社，2014.

[9] Kurt Laue, 等. Extrusion：Processes, machinery, tooling. American Society for Metals, 1981.

[10] В. В. Жолобов, 等. Прессование металлов. Металлургия, 1971.

[11] Л. Х. Райтбарг Производство прессованных профилей, Металлургия, 1984.

[12] И. Л. Перлин, 等. Теория прессования металлов, Металлургия. 1984.

[13] 田中浩. 非铁金属の塑性加工 [M]. 日本：日刊工业新闻社，1975.

[14] М. С. Гильденгорн. Прессование со сваркой подых нзделий из алюминиевых сплавов. Металлургия, 1975.

[15] Н. Л. Перлин. Теория волочения. Металлургия, 1971.

[16] Н. А. Юхвец. Волочилвное производство Часть Металлургиздат, 1954.

[17] В. Я. Шапиро. Ьухтовое волочение труб, Металлургия, 1972.

[18] М. З. Ерманок. Волочение цветных металлов. Металлургия, 1982.

[19] Ю. Ф. Шевакин. Производство труб из цветных металлов. Металлургиздат, 1962.

[20] Ю. Ф. Шевакин. Калибровкаиусилия при холодной прокатке труб. Металлургиздат, 1963.

[21] 重金属材料加工编写组. 重有色金属材料加工手册 [M]. 北京：冶金工业出版社，1980.

[22] 轻金属材料加工编写组. 轻金属材料加工手册 [M]. 北京：冶金工业出版社，1980.

[23] 稀有金属材料加工编写组. 稀有金属材料加工手册 [M]. 北京：冶金工业出版社，1984.

[24] （苏）Л·E·米列尔. 有色金属及合金加工手册 [M]. 子群，等译. 北京：中国工业出版社，1965.

[25] 温景林，吴庆龄，李体彬，等. 铝材连续铸挤工艺的研究 [J]. 东北大学学报，1992，13（5）.

[26] 曹富荣，温景林，等. 铝钛硼线材连续铸挤的分区与显微组织的研究 [J]. 轻金属，1995（6）.

[27] И. А. Соколов, в. йуральскпп. остатоисае Наира Жении кагаство. леталлроддкпии. 1981.

[28] 刘华鼎，刘培兴，刘晓瑭. 铜合金管棒材加工工艺 [M]. 北京：冶金工业出版社，2013.

[29] 曹富荣，温景林，等. 连续铸挤力的分析与实验研究 [J]. 东北大学学报，1994，15（4）.

[30] Green D. Improvements in or Relating to Extrusion [P]. UK Patent 1370894, March, 1971.

[31] Green D. Continuous extrusion forming of wire forming [J]. Journal of the Institute of Metals, 1972, 10 (10)：295-300.

[32] Hunter E. Continuous extrusion by the Conform process [C]. Society of Manufacturing Engineers SMEMF-76-407, Dearborn, Michigan, 1976.

[33] European Paternt Office Publlcation number 0244254 Extrusion of metals, 1987.

[34] Н. З. Днестровский. Волочение пветныхметаллов сплавов, Металлургиздат, 1954.

[35] 温景林. 科技综述百科——挤压工艺学的发展 [M]. 北京：北京出版社，1995.

[36] 赵志业. 金属塑性加工力学 [M]. 北京：冶金工业出版社，1980.

[37] （日）米谷茂. 残余应力的产生和对策 [M]. 朱荆璞，等译. 北京：机械工业出版社，1983.

[38] 王祝堂，等．铝及其合金加工手册 [M]．长沙：中南工业大学出版社，1989.

[39] （日）铃木弘．塑性加工 [M]．日本：裳华房发行，1980.

[40] （日）前田祯三．塑性加工 [M]．日本：诚文堂新光社，1976.

[41] （日）河合望．应用塑性加工学 [M]．赖耿阳，译．日本：复汉出版社，1980.

[42] （日）森永卓一．アルシンウムおよいその金の押出加工 [M]．日本：轻金属协会出版社，1970.

[43] 日本塑性加工学会．プレス加工便览，1975.

[44] 西北铝加工厂．铝型材挤压工具．陇西：西北铝加工厂印刷，1985.

[45] 茹静，等．塑性加工摩擦学 [M]．北京：科学出版社，1992.

[46] 温景林，孝云祯，丁桦，等．中国冶金百科全书"塑性加工卷——挤压" [M]．北京：冶金工业出版社，1999.

[47] 叶茂．金属塑性加工时的摩擦与润滑 [M]．沈阳：东北大学出版社，1990.

[48] Ц. Э. 德涅斯特罗夫斯基．有色金属及合金的拉伸 [M]．吴庆龄，丁修堃，译．北京：冶金工业出版社，1957.

[49] 郑弃非，石力开．挤压模 CAD/CAM 系统简介 [J]．轻合金加工技术，1993，21（4）.

[50] М. З. 叶尔曼诺克．铝合金型材挤压 [M]．李西铭，译．北京：国防工业出版社，1992.

[51] 许其亮，史文华，等．建筑铝型材生产 [D]．西安：西安冶金建筑学院，1989.

[52] 魏军．有色金属挤压车间机械设备 [M]．北京：冶金工业出版社，1984.

[53] 赵志业，等．金属塑性变形与轧制理论 [M]．北京：冶金工业出版社，1994.

[54] E.G. 汤姆生．金属塑性加工力学 [M]．陈适先，译．北京：知识出版社，1989.

[55] 林肇琦．有色金属材料学 [M]．沈阳：东北大学出版社，1986.

[56] 王振范．上界法及其在塑性加工的应用 [M]．沈阳：东北大学出版社，1991.

[57] 温景林，曹富荣，等．液态金属连续铸挤成形技术及其发展 [J]．轧钢（专辑），1995.

[58] 吴诗享．挤压原理 [M]．北京：国防工业出版社，1994.

[59] 王祖唐，张新泉．铝型材挤压导流模设计的研究 [J]．轻合金加工技术，1992（1）.

[60] М. Э. 叶尔曼诺夫．铝合金壁板挤压 [M]．李西铭，张绿泉，译．北京：国防工业出版社，1991.

[61] 吴诗享．冷温挤压 [M]．西安：西北工业大学出版社，1991.

[62] 徐文嘉，陈纪纲．铝线拉拔力的测量装置 [J]．轻合金加工技术，1995（6）.

[63] 娄尔康．现代电缆工程 [M]．沈阳：辽宁科学技术出版社，1989.

[64] 李玉芝，等．铝管材游动芯头盘管拉伸工艺研究 [J]．轻合金加工技术，1989（8）.

[65] 刘魁山．铝及铝合金连续挤压论文集 [M]．石家庄：河北省金属学会出版社，1993.

[66] 陈玉、王朋．铝型材挤压模断裂原因分析 [J]．轻合金加工技术，1990（8）.

[67] 宫春立．数控机床在挤压模加工中的应用 [J]．轻合金加工技术，1990（5）.

[68] 彭大暑．英国 Conform 连续挤压技术近期的发展 [J]．轻合金加工技术，1990（1）.

[69] 王真伟．有色金属连续铸挤新工艺的研究 [J]．轻合金加工技术，1991，19（2）.

[70] 崔秀英．液氮冷却模具挤压建筑型材试验 [J]．轻合金加工技术，1991，19（4）.

[71] 胡建国、彭大暑、左铁镛．径向式 Conform 连续挤压变形的研究 [J]．轻合金加工技术，1991，19（8）.

[72] 韩刚．铝薄壁型材挤压模具的设计修正 [J]．轻合金加工技术，1991，19（10）.

[73] 张胜华，胡建国．连续挤压（Conform）管材焊合性能的研究 [J]．轻合金加工技术，1991，19（12）.

[74] 管仁国 马伟民，等．金属半固态成形理论与技术 [M]．北京：冶金工业出版社，2005.

[75] 齐乐华，李贺军，等．铝合金管液态挤压的成形工艺 [J]．轻合金加工技术，1993，21（8）.

[76] （苏）В.И. 多巴特金，等．铝合金半成品的组织与性能 [M]．洪永先，谢继三，等译．北京：冶

金工业出版社，1985.

[77] 娄燕雄，等．超声振动拉丝［J］．铜加工．1983（4）.

[78] （苏）H. U. КАСАТКИН，等. 铜和铜合金空心型材生产综述［J］．夏立信，译．铜加工，1983（4）.

[79] 林效农，刘明珠．挤压管材时采用浮动穿孔针的工艺试验［J］．铜加工，1983（1）.

[80] （苏）A. A 纳盖采夫，等. 铜及铜合金管棒材的挤压［M］．白淑文，等译．北京：冶金工业出版社，1992.

[81] 王曾权．棒材连续拉伸矫直机列的使用概况［J］．铜加工，1984（1）.

[82] 刘静安．铝挤压模具技术的发展［J］．轻金属，1987（8）.

[83] M. 3. 埃尔马诺克，Л. C. 瓦特鲁申. 有色金属拉伸［M］．钱淑英，王振伦，译．北京：冶金工业出版社，1988.

[84] 洛阳铜加工厂．游动芯头拉伸铜管［M］．北京：冶金工业出版社，1975.

[85] （日）木内学．押出し［J］．塑性と加工．Vol, 28 №. 317，1987，6.

[86] （日）佐藤优．引板き［J］，塑性と加工．Vol. 28 №. 317，1987，6.

[87] 菅原．热温间引拔き加工［J］．特殊钢，Vol. 35 №4，1986.

[88] 谢士英，译．用先进的模具冷却技术提高铝挤压生产率［J］．有色金属加工，1987（6）.

[89] 罗守靖．复合材料液态挤压［M］．北京：冶金工业出版社，2002.

[90] 谢水生，黄声宏．半固态金属加工技术及其应用［M］．北京：冶金工业出版社，1999.

[91] 温景林．金属材料成形摩擦学［M］．沈阳：东北大学出版社，2000.

[92] 曹乃光．金属塑性加工原理［M］．北京：冶金工业出版社，1983.

[93] 张忠明，王锦程，唐文亭，等．通道转角挤压（ECAP）工艺的研究现状［J］．铸造技术，2004，25（1）：10-12

[94] 石凤健，汪建敏，许晓静．等截面角形挤压的研究内容及现状［J］．热加工工艺，2003（1）.

[95] （苏）A. A. 纳盖采夫，Л. M. 格拉巴尔尼口. 铜及铜合金棒材的挤压［M］．白淑文，译．马怀宪，校．北京：冶金工业出版社，1988.

[96] A. Ф. 别洛夫，等．铝合金半成品生产［M］．北京：冶金工业出版社，1982.

[97] 王敏，孙爱学，高凤玲．铝合金正挤实心件挤压力计算比较［J］．模具制造，2003（5）.

[98] 魏伟，陈光，等．径角挤压的上限解分析［J］．有色金属，2005，57（1）：23-26.

[99] 钟毅．连续挤压技术及其应用［M］．北京：冶金工业出版社，2004.

[100] 江西冶金学院．金属挤压（内部讲义）.

[101] 潘复生，张丁非．铝合金及应用［M］．北京：冶金工业出版社，2006.

[102] 沈璋．CA59 金属陶瓷挤压模及挤压组合模套在 1200 吨水压机上的应用［J］．铜加工，1983（4）：28-35.

[103] 刘志兰，王耀宇，李升，等．4Cr5MoV1Si 钢模具离子碳氮氧硫硼五元共渗工艺［J］．金属热处理，1997（8）：35-37.

[104] 刘静安．车辆用大型铝合金型材特种挤压模的制造技术研究［J］．中国有色金属加工，2004（3）：12-18.

[105] 周天国．6201 导电材料连续铸挤成形与性能的研究［D］．沈阳：东北大学，2005.

[106] 陈彦博，温景林．铝材连续铸挤动态凝固过程有限元分析［J］．中国有色金属学报，2001，11（1）：16-17.

[107] 陈彦博，温景林．连续铸挤生产铝管的力学计算与分析研究［J］．轻合金加工技术，2002，30（2）：27-29.

[108] Zhao Hong Liang, Wen Jing Lin. FEM analysis of physical field in the level rolljng precess of inversion by

ANSYS program［J］, Journal of Iron and Steel Research, 2000, 7（1）: 73-76.

［109］史志远, 温景林. 连续铸挤凝固区的三维有限元分析［J］. 中国有色金属学报, 2001, 11（1）99-102.

［110］温景林. 金属压力加工车间设计（第二版）［M］. 北京: 冶金工业出版社, 2012.

［111］温景林, 孝云祯, 曹富荣. Al-Ti-B 线材连续铸挤工艺参数的研究［C］. 中俄会议论文集, 1993.

［112］温景林, 吴庆令, 李体彬, 等, AI-Ti-B 线材连续铸挤工艺的研究［J］. 轻金属, 1992（4）.

［113］倪澄江, 连续挤压和连续铸挤概述［J］. 轻金属, 1990（10）.

［114］陈彦博, 温景林, 等. 连续铸挤扩展挤压的实验研究［J］. 轻合金加工技术, 2002, 30（3）: 26-27.

［115］王顺成, 陈彦博, 温景林. 连续铸挤生产 Al-Sr 中间合金线材工艺研究［J］. 轻合金加工技术, 2003, 13（3）: 9-22.

［116］郝凤昌, 孝云祯, 温景林. Al-Ti-C 晶粒细化剂的实验研究［J］. 轻合金加工技术, 2001, 29（10）: 10-13.

［117］汪厚泰. 高效空调换热器内螺纹铜管的研究及应用［J］. 制冷与空调, 2010（4）: 27-34.

［118］孙宝田. C330H 型 CONFORM 生产线机械设计简介［J］. 轻合金加工技术, 1992, 20（9）: 20-23.

［119］陈彦博, 温景林. 连续铸挤生产铝管材的研究［J］. 轻合金加工技术, 2000, 28（2）: 3-5.

［120］魏长传, 付垚, 谢水生, 等. 铝合金管、棒、型、线材生产技术［M］. 北京: 冶金工业出版社, 2013.

［121］郑祥健. LD2 合金挤压棒材粗晶环的研究［J］. 轻合金加工技术, 1992, 20（28）.

［122］邓汝荣. 铝型材分流组合模设计中关键参数的确定［J］. 轻合金加工技术, 2000, 28（2）23-25.

［123］王凤琴, Conform 连续挤压 D97 多孔扁管开裂原因分析［J］. 轻合金加工技术, 2000, 28（2）: 18-21.

［124］温景林, 管仁国, 石路, 等. 连续铸挤成形技术的发展及应用［J］. 轻合金加工技术, 2005, 33（4）: 12-15.

［125］陈家民, 塑性加工力学［M］. 沈阳: 东北大学出版社, 2006.

［126］贾俐俐. 挤压工艺及模具［M］. 北京: 机械工业出版社, 2004.

［127］陈振华. 变形镁合金［M］. 北京: 化学工业出版社, 2005.

［128］严量力. Castex 连续铸挤工艺的最新进展［J］. 有色金属加工, 1996（4）: 27-30.

［129］翟德梅. 挤压工艺及模具［M］. 北京: 化学工业出版社, 2004.

［130］王顺成. SCR 技术制备 A2017 合金半固态材料组织演化扩展成形［D］. 沈阳: 东北大学, 2006.

［131］李生智, 高有志. 金属丝温拉的评述（轧拔技术）［J］鞍钢技术（增刊）, 1984.

［132］丁小凤, 双远华, 林伟路, 等. 挤压镁合金流变行为及本构模型研究［J］. 塑性工程学报, 2017（6）.

［133］李宏磊, 娄花芬, 马可定. 铜加工生产技术问答［M］. 北京: 冶金工业出版社, 2008.

［134］朱泉, 左铁镛. 中国冶金百科全书塑性加工卷［M］. 北京: 冶金工业出版社, 1999.

［135］齐克敏, 丁桦. 材料成形工艺学［M］. 北京: 冶金工业出版社, 2012.

［136］R. G. Guan, J. L. Wen, X. H. Liu. Finite element modelling analysis of aluminium alloy 2017 thermal/fluid multiple fields during a single roll stirring process, Materials Science and Technology Aprill 2003 Vol. 19.

［137］铝合金连续铸挤机, 实用新型专利 ZL 95232318.4, 1996.

［138］铝钛硼合金线材连续铸挤工艺, 发明专利 ZL 95113968.1, 2000.

［139］管仁国. 技术制备 A2017 半固态合金及其成形的模拟与实验研究［D］. 沈阳: 东北大学, 2003.

［140］王真伟, 王祖唐. 铝型材连续铸挤新工艺及设备的开发研究和数值模拟［D］. 北京: 清华大

学，1989.

[141] 徐亦公，等．CASTEX 连续铸机设备的开发研究［J］．锻压机械，1994（1）：42.

[142] 钟毅．连续挤压技术及其应用［M］．北京：冶金工业出版社，2004.

[143] 宋宝蕴．连续挤压和连续包覆技术理论研究与工程实践［J］，中国机械工程，1998，9（8）：69.

[144] 上海交通大学．冷挤压技术［M］．上海：上海人民出版社，1976.

[145] 郭鸿运．国外 Conform 连续挤压技术的发展［J］．铜加工，1986（6）.

[146] 杨如柏，张胜华．连续挤压译文集［M］．长沙：中南工业大学出版社，1989.

[147] 周永利．内螺纹铜管生产技术发展状况［J］．有色金属加工，2001（6）：42-45.

[148] 徐亦公．铝材连续铸挤新技术工艺参数优化的试验研究和数值模拟［D］．北京：清华大学，1993.

[149]（日）五弓勇雄．金属塑性加工的进步．日本：コロナ社，1978.

[150] 张俊生，张斌，王风岚，等．复合材料连续铸挤新工艺的研究［J］．大连铁道学院学报，1992（3）：43-50.

[151] 严量力．Castex 连续铸挤工艺的最新进展［J］．有色金属加工，1996（4）：28-31.

[152] 陈朝伟，张荣欣．高速履带式连续拉拔机的设计研究［J］，制管工艺与装备，2014，43（5）：36-40.

[153] 张学辉．钢丝生产中的硬质合金拉丝模［J］．工业技术，2019（3）：73-76.

[154] 孙新春，张佳佳，等．焊接内螺纹铜管与拉拔内螺纹铜管性能对比［J］．制冷与空调，2018（9）：35-37.

[155] 李连诗．铜管塑性变形原理（上下册）［M］．北京：冶金工业出版社，1989.

[156] 李巧云，等．重有色金属及其合金管棒型线材生产［M］．北京：冶金工业出版社，2013.